高职高专“十一五”规划教材

机械制图

（第2版）

主　编　张信群

副主编　阮五洲

主　审　李学京

合肥工业大学出版社

内容简介

本书主要内容有制图的基本知识与基本技能、正投影的基本原理、基本体的投影及表面交线、轴测图、组合体的视图、机械图样的表示法、标准件和常用件、零件图、装配图、其他工程图样简介等。

本书采用最新颁布的《技术制图》和《机械制图》国家标准。

本书为高职高专机械类及近机械类各专业的制图课程的教材，也可作为相关专业学生的自学参考书和有关学校的技能培训教材。

图书在版编目(CIP)数据

机械制图/张信群主编. —2 版. —合肥:合肥工业大学出版社,2011.9(2019.9 重印)
ISBN 978-7-5650-0556-5

Ⅰ.①机… Ⅱ.①张… Ⅲ.①机械制图—高等学校—教材 Ⅳ.①TH126

中国版本图书馆 CIP 数据核字(2011)第 157411 号

机械制图(第 2 版)

主编 张信群　　责任编辑 汤礼广

出　版	合肥工业大学出版社	版　次	2009 年 1 月第 1 版
地　址	合肥市屯溪路 193 号		2011 年 9 月第 2 版
邮　编	230009	印　次	2019 年 9 月第 10 次印刷
电　话	总　编　室:0551—62903038	开　本	787 毫米×1092 毫米　1/16
	市场营销部:0551—62903198	印　张	17.5　　字数　390 千字
网　址	www.hfutpress.com.cn	印　刷	安徽省瑞隆印务有限公司
E-mail	hfutpress@163.com	发　行	全国新华书店

ISBN 978-7-5650-0556-5　　定价:35.00 元

前　言

本书为安徽省高等学校“十一五”省级规划教材(见安徽省教育厅教秘高[2005]95号文件)。

本书是根据教育部《高职高专教育　工程制图课程基本要求》,并总结了近几年来高职高专院校的教学改革实践经验编写的。书中较系统地介绍了高职高专机械类和近机械类各专业学生所应具备的机械制图的基础理论和基本技能。本书以“必需、够用”为指导思想,贯彻理论与实际相结合的原则,努力培养学生空间想像力和思维能力,着重提高学生的绘图能力和读图能力。本书共分10章,主要内容有制图的基本知识与技能、正投影的基本原理、基本体的投影及其表面交线、轴测图、组合体的视图、机械图样的表示法、标准件和常用件、零件图、装配图、其他工程图样简介等,并附有必要的技术标准摘录。

改版后的本书主要有以下特点:

(1) 凡涉及国家标准变动的部分,本书均作了相应的变动,同时力求符合与机械制图相关的其他最新国家标准。对投影、视图、剖视图、断面图、轴测图等相关的术语、定义都按新标准统一表述,对各章中涉及的图样画法、简化表示法,均以最新国家标准为准。

(2) 在章节的编排上,既考虑内容的系统性,又兼顾教学的便利。对内容的选取,在不降低教材质量的前提下,并在保持本学科知识体系完整性的基础上,尽量降低难度,注重实用性。

(3) 为了培养学生在实际工作中具备现场绘图的能力,教材中增加了徒手绘图等方面的内容。

(4) 为了兼顾不同基础的学生的学习要求,在第二章增加了变换投影面法和旋转法,以供选用;另外还在教材中增加了“其他工程图样”一章,主要介绍了展开图和焊接图的知识,以满足学生日后工作需要。

(5) 全书文字精练，语言通俗，图例丰富，插图清晰，所选择图例均紧密结合机械专业需求，并力求结合生产实际。

本书由滁州职业技术学院张信群教授担任主编，由合肥工业大学工程图学系阮五洲副教授担任副主编。

合肥工业大学李学京教授对修订后的本书进行了认真的审读，并提出了许多宝贵意见，在此，对其表示衷心的感谢。

但由于编者水平有限，书中难免存在着缺点和错误，敬请专家和广大读者批评指正。

编　者

目　录

绪 论

一、本课程的研究对象和基本要求

在现代工业生产中，无论是机械制造、仪器设备或建筑工程等，都离不开图样。准确地表达物体的形状、尺寸和技术要求的图，称为图样。图样是表达设计意图、交流技术思想与指导生产的重要工具，是生产中重要的技术文件，因此工程图样常常被誉为“工程界技术语言”。作为一个工程技术人员如果不懂得和掌握这种语言，就无法从事工程技术工作。

不同的生产部门对图样有不同的要求，在建筑工程中使用的图样称为建筑图样，在机械工程中使用的图样称为机械图样。机械制图就是研究如何运用正投影基本原理，绘制和阅读机械工程图样的课程。本课程是工科院校的一门十分重要的技术基础课。学生在学完本课程以后，应达到以下基本要求：

(1) 通过学习制图基本知识与基本技能，掌握正确地使用绘图仪器、绘图工具和徒手绘图的方法，并具有查阅有关标准及手册的能力。

(2) 通过学习正投影法的基本原理，掌握运用正投影法表达空间物体的基本理论和方法，具有图解空间几何问题的初步能力。

(3) 掌握机械图样的基本表示法和常用机件及结构要素的特殊表示法。

(4) 具有一定的空间想像力。

(5) 养成严肃认真的工作态度和严谨细致的工作作风，并具有阅读和绘制中等复杂程度的零件图和装配图的能力。

二、本课程的特点和学习方法

本课程是一门既有理论，又有较强实践性的技术基础课。因此，学习本课程应采用理论联系实际的学习方法，既要注重学好基本理论、基本知识和基本方法，又要注意练好基本功。在弄懂和掌握书本知识的前提下，通过大量的作业练习和绘图、读图及上机实践，加深理解和巩固理论知识。并要注意深入生产实际，不断丰富自己的感性认识和实践知识，尽快树立空间概念，培养空间想像能力和空间构思能力。具体的学习方法有：

(1) 在学习本课程时，除了认真听课、复习，掌握基本理论、基本知识和基本方法以外，还要结合生产实际完成一系列的制图作业，进行将空间物体表达成平面图形，再由平面图形想像空间物体的反复训练，以掌握空间物体和平面图形的转化规律，并逐步培养空间想像力。

(2) 正确处理读图和画图的关系。对于从事机械制造工作的人员，正确地读懂图样是非常重要的。但是，绘制图样也同样重要，画图可以加深对制图规律和内容的理解，从而提高读图能力。同样，只有对图样理解得好，才能又快又好地将其画出。

(3) 在读图和画图的实践过程中要注意逐步熟悉和掌握《国家标准　技术制图与机械制图》及其他有关规定，在学习中应注意养成认真负责、耐心细致、一丝不苟的优良作风。

三、我国工程图学发展的简介

工程图样是劳动人民在长期的生产实践中创造和发展起来的。我国古代由于水利工程、房屋施工和宫廷建筑的需要，因此，对工程图学方面的研究也有着悠久的历史。

在公元前一千多年，我国就出现了用以营造城邑的建筑区域平面图。宋代李诫所著《营造法式》中，就有运用正投影、轴测投影和透视投影的平面图、立面图和断面图等图样，充分证明了我国工程图学技术很早以前就已达到了较高水平。另外，元代王帧所著的《农书》、明代宋应星所著的《天工开物》等书中都附有上述类似图样。清代徐光启所著的《农政全书》画出了许多农具图样，包括构造细部和详图，并附有详细的尺寸和制造技术的注解。但是由于过去长期的封建统治和列强侵略，致使我国工程图学的发展停滞不前。

1949 年以后，机械工业发展迅速。我国于 1959 年颁布了《机械制图》国家标准。改革开放以后，随着工业生产和科学技术突飞猛进的发展，工程图学也随之日益发展完善。特别是近些年，由于计算机技术的发展与普及，计算机绘图已逐步取代了传统仪器的手工绘图。随着科学技术的进步，工程图学在图学理论、图学应用、图学教育、计算机图学、制图技术与制图标准方面必将得到更大的发展。

第一章　制图的基本知识与技能

机械图样是设计和生产过程中的重要技术资料和主要依据。为方便技术交流，对图样进行科学管理，国家制定并颁布了一系列有关《机械制图》与《技术制图》的国家标准，简称“国标”。国标代号为“GB”（“GB/T”为推荐性国标），字母后面的两组数字，分别表示标准顺序号和标准批准的年份。例如“GB/T17451－1998 技术制图　图样画法　视图”表示图样画法的视图部分，顺序号为 17451，批准年份为 1998 年。每个工程技术人员均应熟悉并严格遵守有关制图的国家标准。

本章将介绍《国家标准　技术制图与机械制图》的有关规定、常用绘图工具和仪器的使用方法以及工程中常见的几何图形的作图方法和过程。

第一节　国家标准关于制图的一般规定

一、图纸幅面的规定（GB/T 14689－1993）

1. 图纸幅面

绘制图样时，优先采用表 1－1 中规定的基本幅面尺寸，必要时也可加长幅面，但应按基本幅面的短边整数倍增加。各种加长幅面参见图 1－1。其中粗实线部分为基本幅面，细实线部分为第一选择的加长幅面。加长后幅面代号记作：基本幅面代号×倍数。如 A3×3，表示按 A3 图幅短边 297 加长 3 倍，即加长后图纸尺寸为 420×891。基本幅面图纸中，A0 幅面为 1 m^2，长边是短边的$\sqrt{2}$倍，因此 A0 图纸长边 $L=$ 1 189 mm，短边 $B=$841 mm；A1 图纸的面积是 A0 的一半；A2 图纸的面积是 A1 的一半；其余如此类推。其关系如图 1－1 所示。

表 1－1　基本幅面尺寸

mm

<table>
<tr><td colspan="2">幅面代号</td><td>A0</td><td>A1</td><td>A2</td><td>A3</td><td>A4</td></tr>
<tr><td colspan="2">尺寸 B×L</td><td>841×1189</td><td>594×841</td><td>420×594</td><td>297×420</td><td>210×297</td></tr>
<tr><td rowspan="3">边框</td><td>a</td><td colspan="5">25</td></tr>
<tr><td>c</td><td colspan="3">10</td><td colspan="2">5</td></tr>
<tr><td>e</td><td colspan="2">20</td><td colspan="3">10</td></tr>
</table>

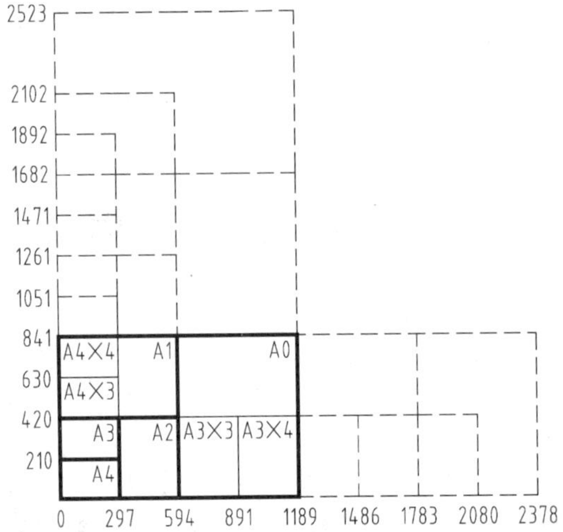

图 1-1　图纸幅面尺寸

2. 图纸格式

图纸应用粗实线画出图框和标题栏的框线。图框有两种格式:不留装订边和留装订边。不留装订边的图样,其格式如图 1-2(a)所示;留装订边时,其格式如图 1-2(b)所示,其中尺寸"*a*"、"*b*"、"*e*"见表 1-1。同一产品中所有图样均应采用同一格式。

图纸可横放或竖放,一般采用 A4 竖放或 A3 横放。

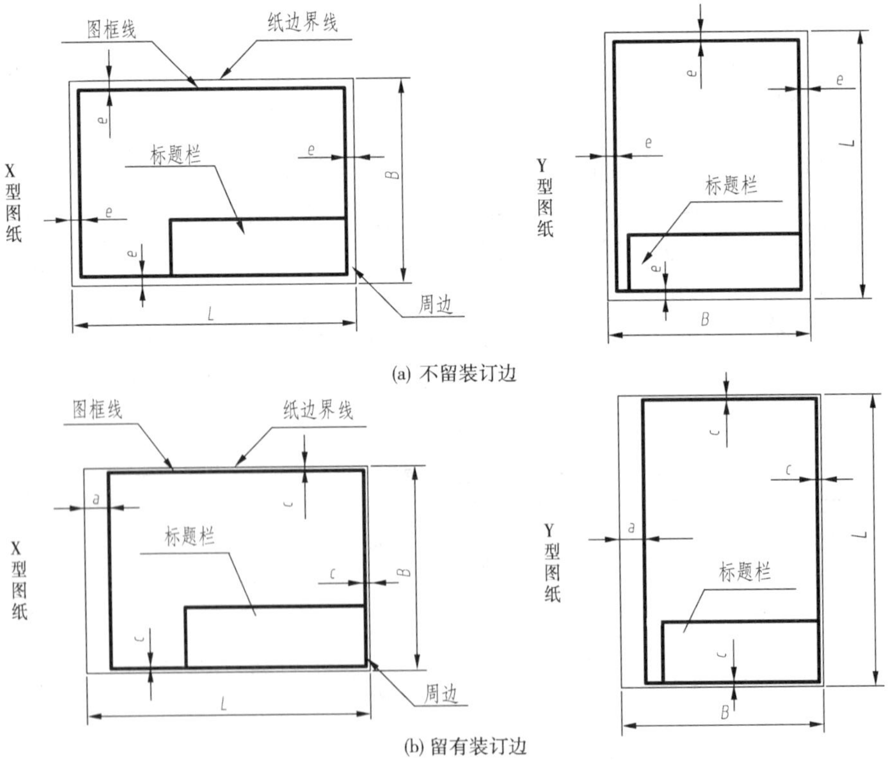

图 1-2　标题栏的位置

3. 标题栏的位置和格式

为使绘制的图样便于管理及查阅，每张图都必须有标题栏。标题栏的位置一般在图框的右下角。若标题栏的长边置于水平方向并与图纸长边平行时，构成 X 型图纸；若标题栏的长边垂直于图纸长边时，则构成 Y 型图纸，如图 1-2 所示。看图的方向应与标题栏的方向一致。GB/T10609.1-1989《技术制图　标题栏》规定了两种格式，包括下列内容：零件的名称、制图者姓名、制图日期、制图的比例、图号、审核者姓名、审核日期等，如图 1-3(a)所示。制图作业中建议采用如图 1-3(b)所示的格式。

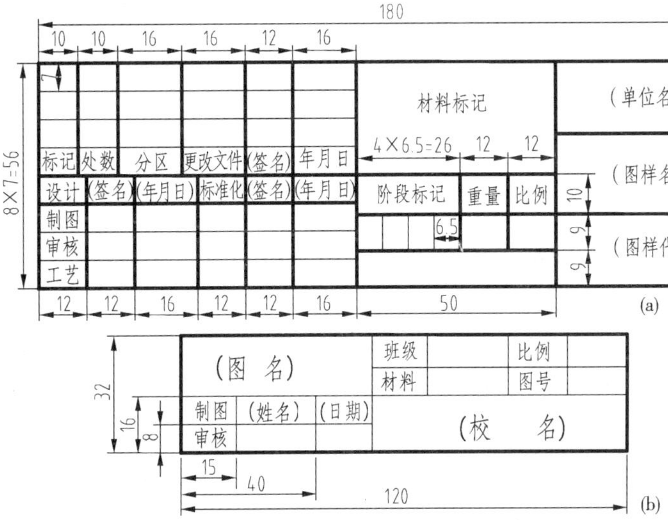

图 1-3　标题栏的格式

二、比例(GB/T 14690-1993)

比例是指图样中机件要素的线性尺寸与实际机件相应要素的线性尺寸之比。比例分为原值、缩小、放大三种。画图时应尽量采用 1∶1 的比例(即原值比例)画图。绘制图样时一般应采用表 1-2 规定的比例。

表 1-2　比　例

种类	比　例	
	第一系列	第二系列
原值比例	1∶1	
缩小比例	1∶2　1∶5　1∶10　$1:10^n$ $1:2\times10^n$　$1:5\times10^n$	1∶1.5　1∶2.5　1∶3　1∶4 $1:1.5\times10^n$　$1:2.5\times10^n$ $1:3\times10^n$　$1:4\times10^n$　$1:6\times10^n$
放大比例	2∶1　5∶1　$10^n:1$ $2\times10^n:1$　$5\times10^n:1$	2.5∶1　4∶1　$2.5\times10^n:1$ $4\times10^n:1$

注：n 为正整数

不论放大或缩小，图样上标注的尺寸均为机件的实际大小，而与采用的比例无关。绘制同一机件的各个视图应采用相同的比例，并在标题栏的比例栏中填写。当某个视图需要采用不同比例时，必须另行标注。

图 1－4 所示是采用不同比例所画的图形。

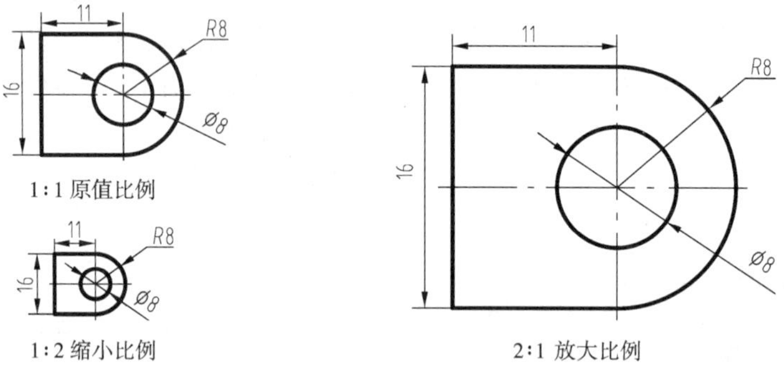

图 1－4　采用不同比例所画的图形

三、字体(GB/T 14691－1993)

1. 汉字

图样中的汉字应采用长仿宋体，字的大小应按字号规定，字体号数代表字体的高度。高度尺寸为 1.8 mm、2.5 mm、3.5 mm、5 mm、7 mm、10 mm、14 mm和 20 mm，字体高度按比率递增。写汉字时字号不能小于 3.5。字宽一般为 $h/\sqrt{2}$。

长仿宋体汉字书写的特点：横平竖直、起落有锋、粗细一致、结构匀称。图 1－5 所示是长仿宋体汉字书写示例。

10号字

字体工整笔画清楚间隔均匀排列整齐

7号字

横平竖直注意起落结构均匀写满方格

5号字

写长仿宋字要耐心细致不可潦草一笔一画认真书写

图 1－5　汉字书写示例

2. 字母和数字

在图样中，字母和数字可写成斜体或直体。斜体字字头向右倾斜，与水平基准线成 75°。字母和数字分 A 型和 B 型，B 型的笔划宽度比 A 型宽。在同一图样上，只允许选用一种型式。用作指数、分数、极限偏差、注角的数字及字母，一般应采用小一号字体。图 1－

6 所示是字母和数字的书写示例。

ABCDEFGHIJKLMNOPQRSTUVWXYZ

abcdefghijklmnopqrstuvwxyz

0123456789

图 1-6　字母和数字书写示例

四、图线(GB/T17450-1998 和 GB/T4457.4-2002)

绘制图样时,所采用的各种线型及其应用场合应符合国标的规定。表1-3中列出了机械图样采用的九种线型及其应用场合。图 1-7 示例出了各种型式图线的主要用途。

表 1-3　线型及应用

代号	线　型	名　称	应　用
01.2		粗实线	(1) 可见轮廓线 (2) 表示剖切面起讫的剖切符号
01.1		细实线	(1) 尺寸线及尺寸界线 (2) 剖面线 (3) 指引线 (4) 重合断面轮廓线
01.1		波浪线	(1) 断裂处边界线 (2) 视图和剖视图分界线
01.1		双折线	断裂处边界线
02.1	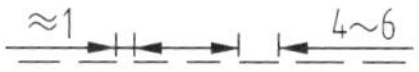	细虚线	不可见轮廓线
02.2		粗虚线	允许表面处理的表示线
04.1		细点画线	(1) 轴线 (2) 对称中心线
04.2		粗点画线	有特殊要求的线或表面的表示线
05.1		双点画线	(1) 相邻辅助零件轮廓线 (2) 极限位置轮廓线 (3) 假想投影轮廓线

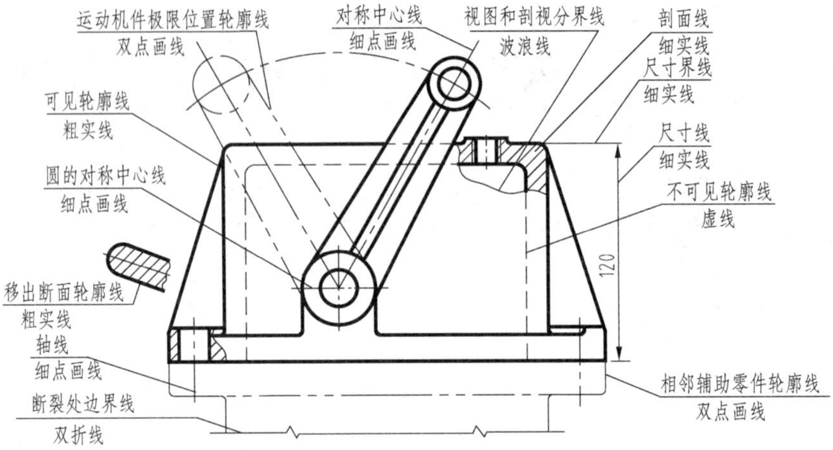

图 1-7　图线应用示例

图线分粗、细两种。粗线的宽度 b 应按照图的大小及复杂程度，在 0.5～2 mm 之间选择，细线的宽度约为 $b/2$。

图线宽度的推荐系列为：0.18 mm、0.25 mm、0.35 mm、0.5 mm、0.7 mm、1 mm、1.4 mm、2 mm。制图作业中一般选择 0.7 mm 为宜。

绘图时，图线的画法有如下要求（如图 1-8 所示）：

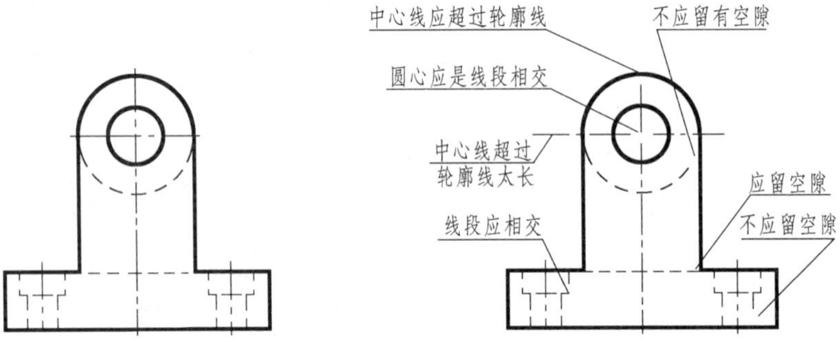

(a) 正确　　(b) 错误

图 1-8　细点画线和虚线应用正误对比

（1）同一图样中，同类图线的宽度应基本一致。虚线、点画线及双点画线的线段长度和间隔应各自大致相等。

（2）两条平行线（包括剖面线）之间的距离应不小于粗实线的两倍宽度，其最小距离不得小于 0.7 mm。

（3）绘制圆的对称中心线时，圆心应为线段的交点。

（4）在较小的图形上绘制细点画线或双点画线有困难时，可用细实线代替。

（5）点画线、虚线以及其他图线相交时，都应在线段处相交，不应在空隙处或短划处相交。当虚线成为实线的延长线时，在虚线、实线的连接处，虚线应留出空隙。当虚线圆弧与实线相切时，虚线圆弧的线段画到切点。

(6) 点画线和双点画线中的"点"应画成约 1 mm 的短划，点画线和双点画线的首尾两端应是线段而不是短划。

(7) 轴线、对称中心线、双折线和作为中断处的双点画线，应超出轮廓线2～5 mm。

五、尺寸注法

工程图样中视图表达了机件的形状，其大小则通过标注的尺寸确定。标注尺寸必须按国家标准中对尺寸标注的基本规定进行标注。下面介绍国标"尺寸标注"(GB/T 4458.4-2003 及 GB/T16675.2-1996)的一些基本内容。

1. 基本规则

(1) 机件的真实大小应以图样上所注的尺寸数值为依据，与图形的大小及绘图的准确度无关。

(2) 图样中(包括技术要求和其他说明)的尺寸，一般以毫米为单位。以毫米为单位时，不注计量单位的代号或名称，如采用其他单位，则必须注明相应的计量单位的代号或名称。

(3) 图样中所标注的尺寸，为该图样所表示机件的最后完工尺寸，否则应另加说明。

(4) 机件的每个尺寸，一般只标注一次，并应标注在反映该结构最清晰的图形上。

2. 标注尺寸的基本规定

完整的尺寸标注包含下列四个要素：尺寸界限、尺寸线、尺寸数字和终端(箭头)，具体如图 1-9 所示。

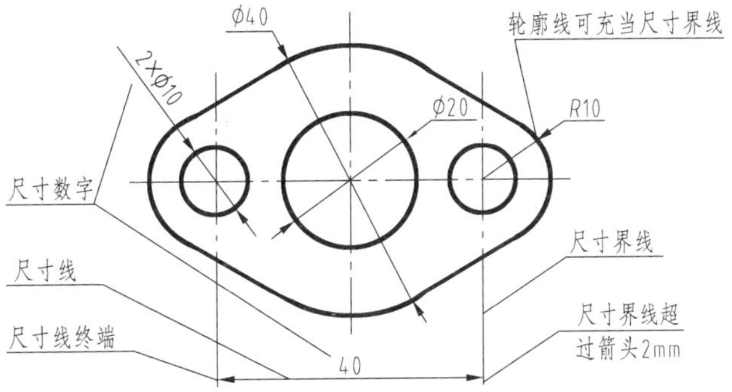

图 1-9　尺寸标注的要素

(1) 尺寸界线

尺寸界线表示所注尺寸的起始和终止位置，用细实线绘制，并应由图形的轮廓线、轴线或对称中心线处引出，也可利用轮廓线、轴线或对称中心线本身作尺寸界线，如图 1-10(a)所示。尺寸界线一般应与尺寸线垂直，并超出尺寸线 2 mm 左右。特别需要时，尺寸界线可画成与尺寸线成适当的角度，此时尺寸界线尽可能画成与尺寸线成 60°，如图 1-10(b)所示。

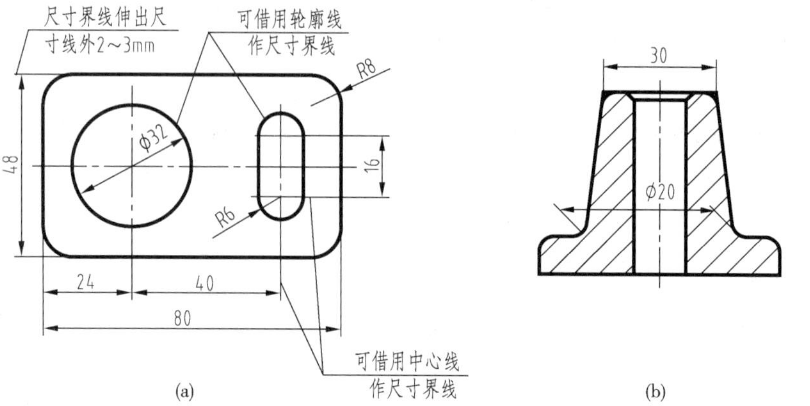

(a)　(b)

图 1-10　尺寸界线示例

(2) 尺寸线

尺寸线表示所注尺寸的范围,用细实线绘制。尺寸线不能用其他图线代替,不得与其他图线重合或画在其延长线上,并应尽量避免尺寸线之间及尺寸线与尺寸界线相交。

标注线性尺寸时,尺寸线必须与所标注的线段平行。相互平行的尺寸线小尺寸在内,大尺寸在外,依次排列整齐。并且各尺寸线的间距要均匀,间隔应大于 5 mm,以便注写尺寸数字和有关符号。如图 1-11 所示。

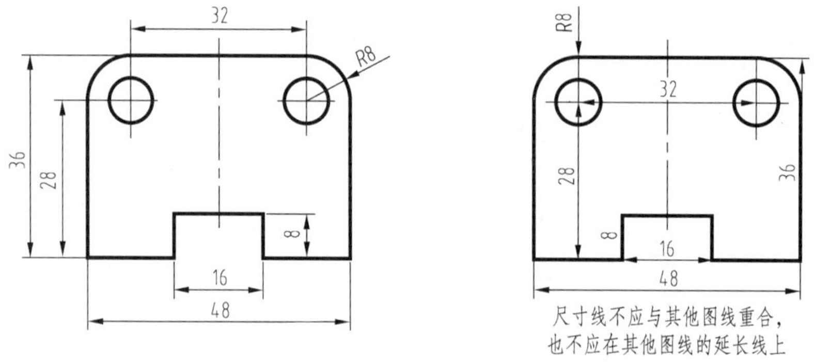

(a) 正确　(b) 错误

图 1-11　尺寸线示例

(3) 尺寸线终端

尺寸线终端有两种形式:箭头和细斜线。机械图样一般用箭头型式,箭头尖端与尺寸界线接触,不得超出也不得离开,如图 1-12(a)所示。

当尺寸线太短,没有足够的位置画箭头时,允许将箭头画在尺寸线外边;标注连续的小尺寸时可用圆点代替箭头,如图 1-12(b)所示。

图 1-12　尺寸线箭头

(4) 尺寸数字

尺寸数字表示所注尺寸的数值。

① 线性尺寸的标注:线性尺寸的数字应按图 1-13 中(a)所示的方向填写,图示 30°范围内,应按图(b)形式标注。尺寸数字一般应写在尺寸线的上方,当尺寸线为垂直方向时,应注写在尺寸线的左方,也允许注写在尺寸线的中断处,如图(c)所示。狭小部位的尺寸数字按图(d)所示方式注写。

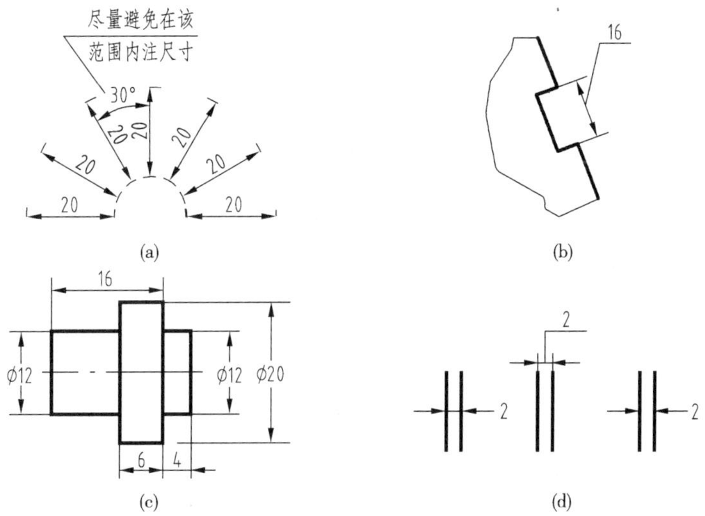

图 1-13　线性尺寸标注示例

② 角度尺寸的标注:角度的尺寸界线应沿径向引出,尺寸线是以角的顶点为圆心画出的圆弧线。角度的数字应水平书写,一般注写在尺寸线的中断处,必要时也可写在尺寸线的上方或外侧。角度较小时也可以用指引线引出标注。角度尺寸必须注出单位,如图 1-14 所示。

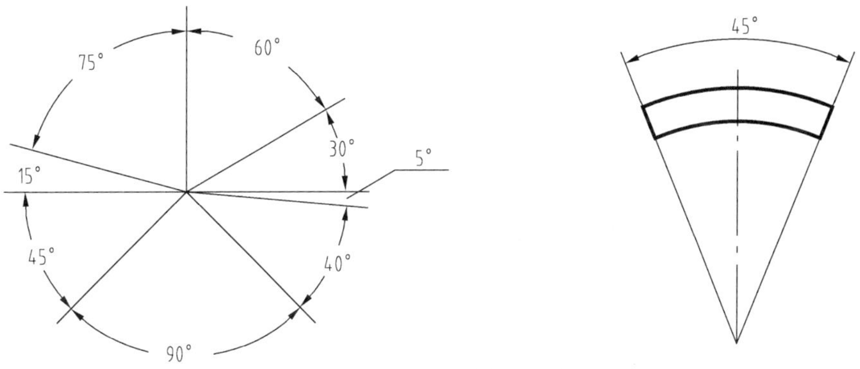

图 1-14　角度尺寸标注示例

③ 圆弧、半径及其他尺寸的标注：标注圆及圆弧的尺寸时，一般可将轮廓线作为尺寸界线，尺寸线或其延长线要通过圆心。大于半圆的圆弧标注直径，在尺寸数字前加注符号“ϕ”，小于和等于半圆的圆弧标注半径，在尺寸数字前加注符号“R”。没有足够的空位时，尺寸数字也可写在尺寸界线的外侧或引出标注。圆和圆弧的小尺寸以及常见结构的尺寸，可按图 1－15 所注。

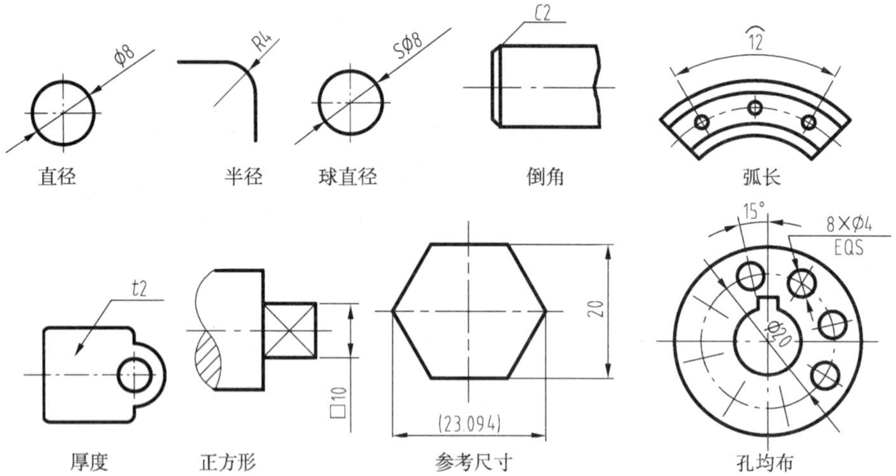

图 1－15　圆弧、半径及其他尺寸的标注示例

3. 标注尺寸时应注意的问题(如图 1－16 所示)

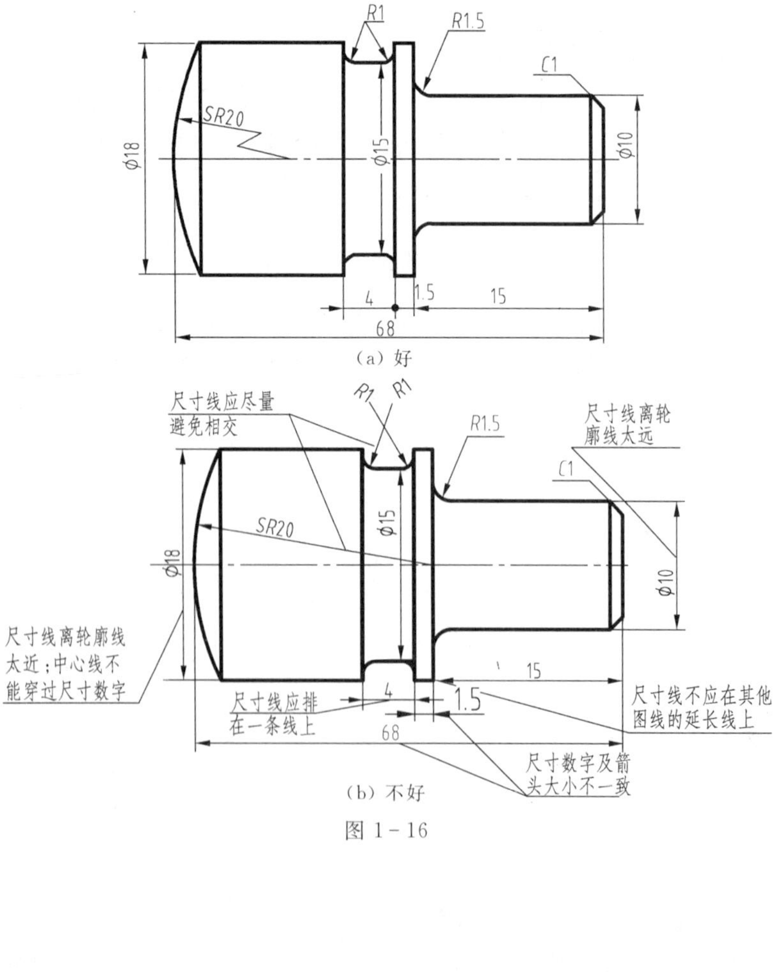

图 1－16

(1) 尺寸数字

在同一张图上基本尺寸的字高要一致，一般采用 3.5 号字，不能根据数值的大小而改变字符的大小，字符间隔要均匀，字体应严格按 GB 规定书写。

(2) 箭头

在同一张图上箭头的大小应一致，机械图样中的箭头一般为闭合的实心箭头。

(3) 尺寸线

互相平行的尺寸线间距要相等。尽量避免尺寸线相交。

第二节　绘图工具和仪器的使用方法

正确使用绘图工具和仪器是保证绘图质量和加快绘图速度的一个重要方面，因此，必须养成正确使用和维护绘图工具和仪器的良好习惯。本节将介绍一些常用的绘图工具及仪器。

一、图板、丁字尺、三角板

图板用作画图时的垫板，要求表面平坦光洁；又因它的左边用作导边，所以左边必须平直。

丁字尺是画水平线的长尺。丁字尺由尺头和尺身组成。画图时，应使尺头靠着图板左侧的导边。画水平线必须自左向右画，如图 1－17 所示。

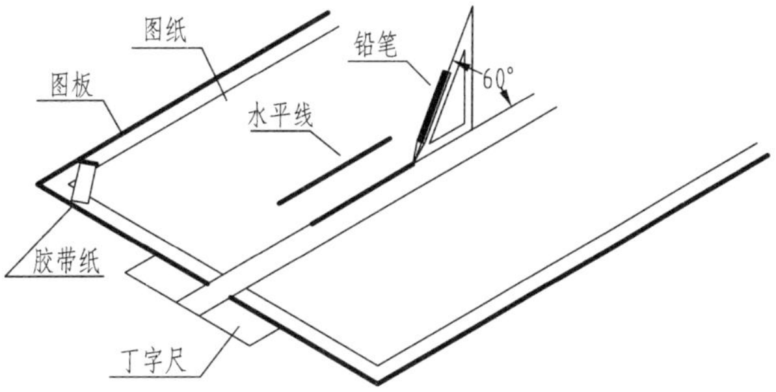

图 1－17　图板和丁字尺

一副三角板有两块，一块是 45°三角板，另一块是 30°和 60°三角板。除了直接用它们来画直线外，也可配合丁字尺画铅垂线和其他倾斜线。用一块三角板能画与水平线成 30°、45°、60°的倾斜线。用两块三角板能画与水平线成 15°、75°、105°和 165°的倾斜线，如图 1－18 所示。

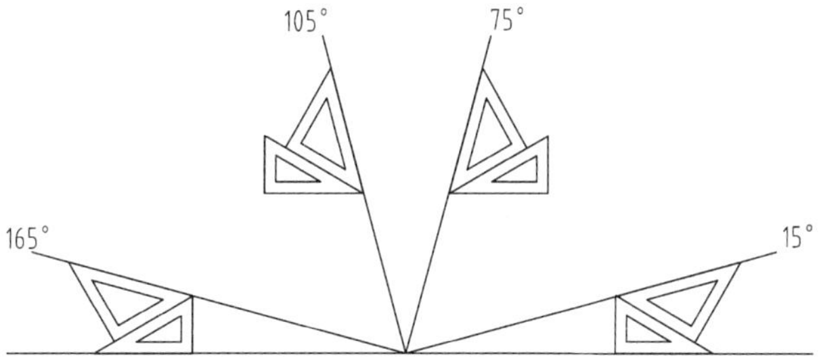

图 1－18　用两块三角板配合画线

二、圆规和分规

1. 圆规

圆规用来画圆和圆弧。圆规的一个脚上装有钢针，称为针脚，用来定圆心；另一个脚可装铅芯，称为笔脚。在使用前应先调整针脚，使针尖略长于铅芯，如图1-19所示。笔脚上的铅芯应削成楔形，以便画出粗细均匀的圆弧。

画图时圆规向前进方向稍微倾斜。画较大的圆时，应使圆规两脚都与纸面垂直，如图1-20所示。

2. 分规

分规是用来等分和量取线段的。分规两脚的针尖在并拢后，应能对齐，如图1-19所示。

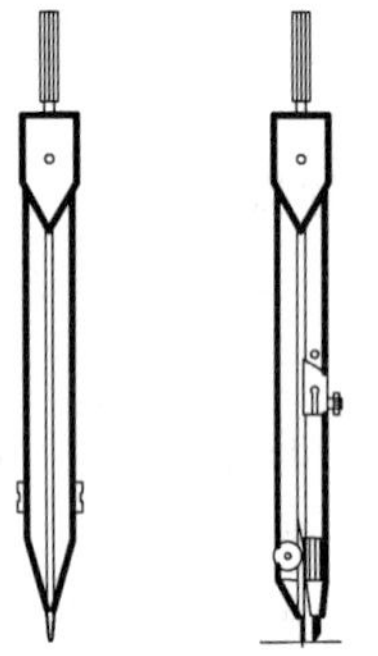

图1-19　分规和圆规

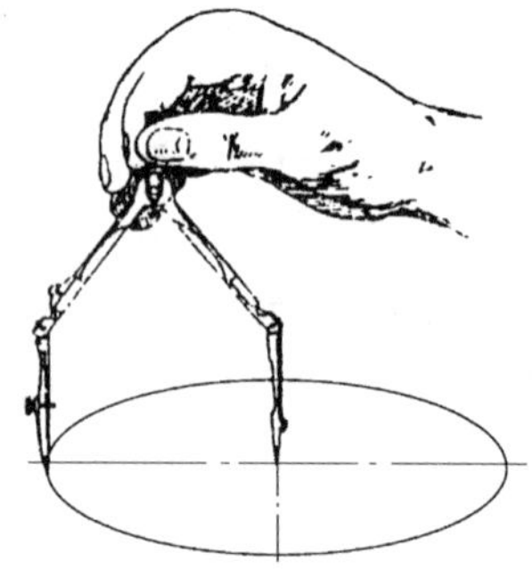

图1-20　圆规的使用

三、曲线板

曲线板是用来绘制非圆曲线的。首先要定出曲线上足够数量的点，再徒手用铅笔轻轻地将各点光滑地连接起来，然后选择曲线板上曲率与之相吻合的部分分段画出各段曲线。注意应留出各段曲线末端的一小段不画，用于连接下一段曲线，这样曲线才显得圆滑，如图1-21所示。

图1-21　用曲线板作图

四、铅笔

常用绘图铅笔的铅芯按软硬程度的不同分别以字母B、H前的数值表示。字母B前的数字越大表示铅芯越软，字母H前的数字越大表示铅芯越硬，标号HB表示铅芯软硬适中。画图时，通常用H或2H铅笔画底稿，用B或2B铅笔加粗加深全图，写字时用HB铅笔。

铅笔可修磨成圆锥形或扁铲形，如图1-22所示。圆锥形铅芯的铅笔用于画细线及书写文字，扁铲形铅芯的铅笔用于描深粗实线。

图 1-22　铅笔芯形状

图样上的线条应清晰光滑，色泽均匀。用铅笔绘图时，用力要均匀。用锥形笔芯的铅笔画长线时要经常转动笔杆，使图线粗细均匀。画线时铅笔与尺身之间应该没有空隙，笔身可向走笔方向倾斜约 60°，如图 1-17 所示。

五、其他常用绘图工具

工程中常用的绘图工具还有比例尺、模板等。

作图时，为方便尺寸换算，将常用比例按照标准的尺寸刻度换算为缩小比例刻度或放大比例刻度刻在尺上，具有此类刻度的尺称为比例尺。当确定了某一比例后，不需要计算，可直接按照尺面所刻的数值，截取或读出实际线段在比例尺上所反映的长度。

为了提高绘图速度，可使用各种多功能的绘图模板直接描画图形。有适合绘制各种专用图样的模板，如椭圆模板、六角螺栓模板等。模板作图快速简便，但作图时应注意对准定位线。

第三节　几何作图

在绘制的机件图样中，虽然机件的轮廓形状是多样化的，但它们基本上都是由直线、圆弧和其他一些曲线组成的几何图样，所以在工程图样中需要运用一些基本的作图方法。所谓几何作图，就是依照给定的条件，准确地绘出预定的几何图形。若遇到一些复杂的图形，必须学会分析图形，并掌握基本的几何作图方法，才能准确无误地将图形绘制出来。本节将介绍常用的作图方法。

一、线段和圆周的等分

1. 等分直线段

过已知线段的一个端点，画任意角度的直线，并用分规自线段的起点量取 n 个线段。将等分的最末点与已知线段的另一端点相连，再过各等分点作该线的平行线，与已知线段相交即得到等分点。如图 1-23 所示。

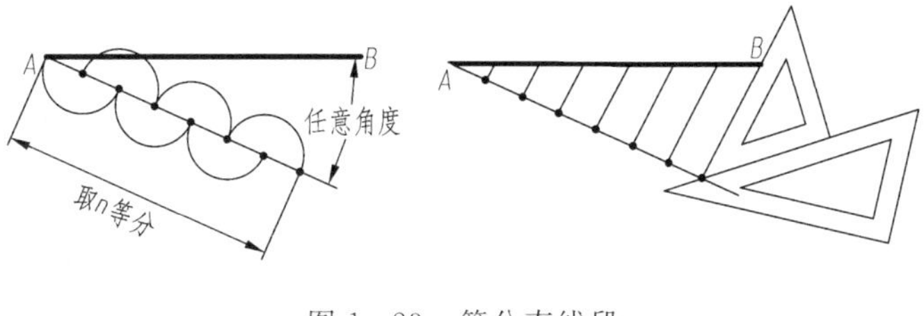

图 1-23　等分直线段

2. 等分圆周

下面介绍圆内接正五边形、正六边形的作法；并以正七边形为例，介绍圆内接正 n 边形的近似作法。

（1）正五边形（如图 1－24 所示）

作 OA 的中点 M；以 M 点为圆心，$M1$ 为半径作弧，交水平直径于 K 点；以 $1K$ 为边长，将圆周五等分，即可作出圆内接正五边形。

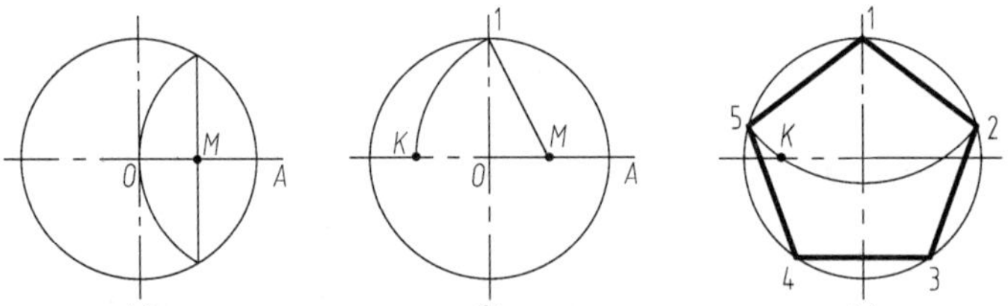

(a) (b) (c)

图 1－24　正五边形画法

（2）正六边形（如图 1－25 所示）

画法分为圆规作图和三角板作图两种。

① 用圆规作图：分别以已知圆在水平直径上的两处交点 A、B 为圆心，以 $R = D/2$ 作圆弧，与圆交于 C、D、E、F 点，依次连接 A、D、C、B、E、F 点即得圆内接正六边形，如图 1－25(a)所示。

② 用三角板作图：以 60°三角板配合丁字尺作平行线，画出四条斜边，再以丁字尺作上、下水平边，即得圆内接正六边形，如图 1－25 (b)所示。

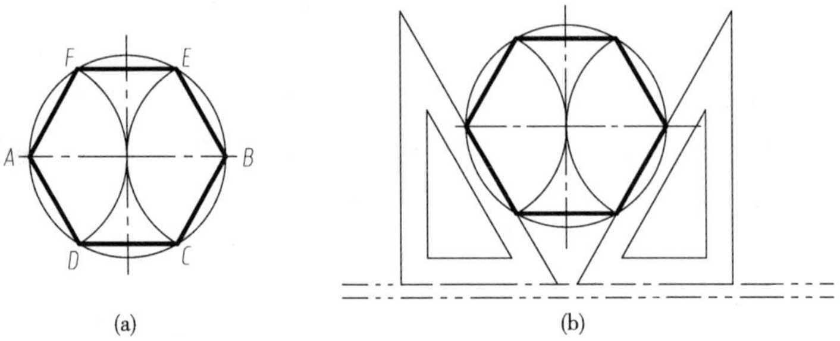

(a) (b)

图 1－25　正六边形画法

（3）正 n 边形（如图 1－26 所示）

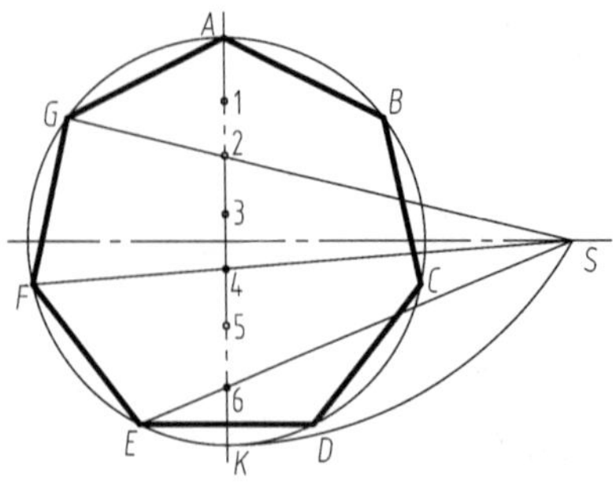

图 1－26　正七边形画法

n 等分铅垂直径 AK（在图中 $n=7$），以 A 点为圆心，AK 为半径作弧，交水平中心线于点 S，延长连线 $S2$、$S4$、$S6$，与圆周交得点 G、F、E，再作出它们的对称点 B、C、D，即可作出圆内接正七边形。

二、斜度和锥度

1. 斜度

斜度是指一直线（或平面）对另一直线（或平面）的倾斜程度。斜度的大小就是这两条直线夹角的正切值。斜度的比值要化作 1∶n 的形式，并在前面加注斜度符号"∠"，其方向与斜度的方向一致。斜度的画法如图 1-27 所示，斜度的符号如图 1-28(a)所示。

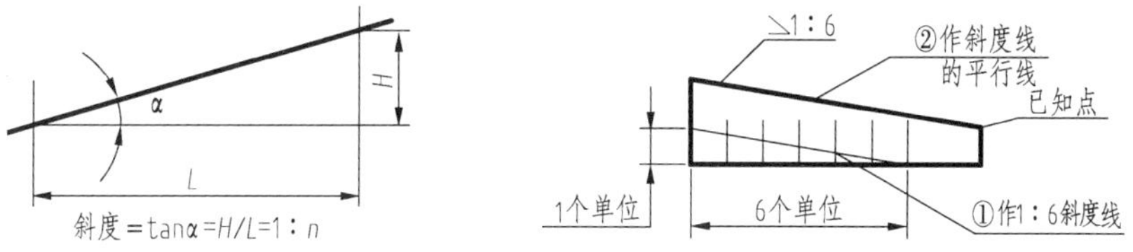

图 1-27　斜度的画法

(a) 斜度符号　　(b) 锥度符号

图 1-28　斜度和锥度符号

2. 锥度

锥度是指正圆锥底圆直径与其高度之比，或正圆台的两底圆直径差与其高度之比。锥度的大小也是圆锥素线与轴线夹角的正切值的两倍。锥度的比值也要化作 1∶n 的形式，并在前面加注锥度符号，其方向与锥度的方向一致。锥度的画法如图 1-29 所示，锥度的符号如图 1-28(b)所示。

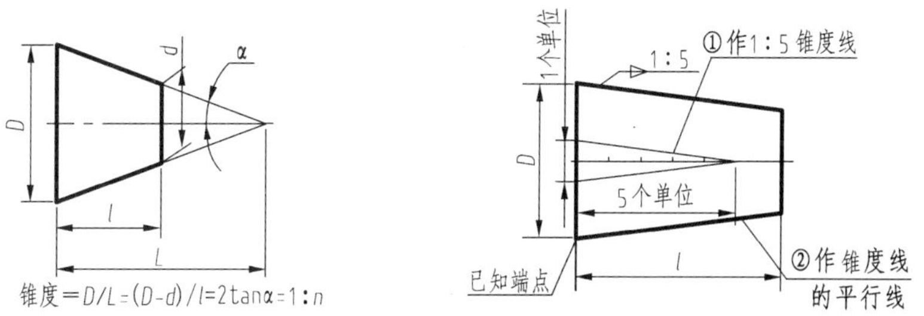

图 1-29　锥度的画法

三、圆弧的连接

用已知半径的圆弧光滑连接（即相切）两已知线段（直线或圆弧），称为圆弧连接。为了保证相切，必须准确地作出连接圆弧的圆心和切点。

1. 圆弧连接的基本作图

（1）半径为 r 的圆弧与已知直线Ⅰ相切，圆心的轨迹是距离直线Ⅰ为 r 的两条平行直线，当圆心为 O 时，由 O 向直线 I 所作垂线的垂足就是切点，如图 1－30(a)所示。

(2) 半径为 r 的圆弧与已知圆弧(半径为 R)外切，圆心的轨迹是已知圆弧的同心圆，其半径 $R_1=R+r$。当圆心为 O_1 时，连接圆心线 OO_1 与已知圆弧的交点就是切点，如图 1－30(b)所示。

(3) 半径为 r 的圆弧与已知圆弧(半径为 R)内切，圆心的轨迹是已知圆弧的同心圆，半径 $R_2=|R-r|$。当圆心为 O_2 时，连接圆心线 OO_2 与已知圆弧的交点就是切点，如图 1－30(b)所示。

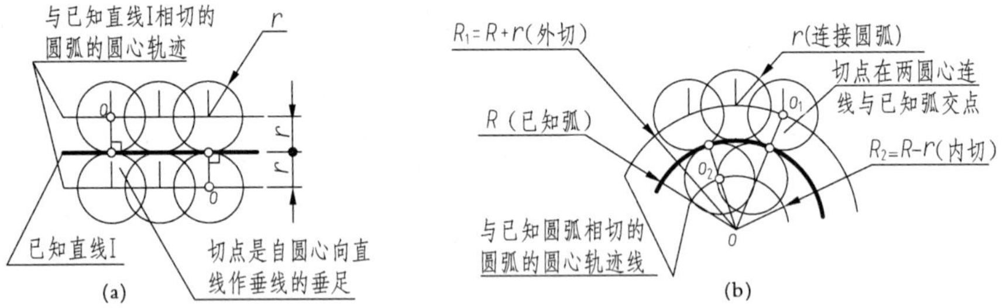

图 1－30　圆弧连接的基本作图

2. 用已知半径为 R 的圆弧连接作图举例(见表 1－4)

表 1－4　圆弧连接作图举例

	已知条件	作图方法和步骤 1. 求连接弧圆心 O	作图方法和步骤 2. 求切点 A、B	作图方法和步骤 3. 画连接弧并描粗
圆弧连接两已知直线	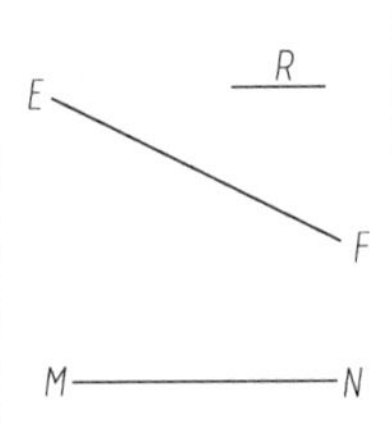	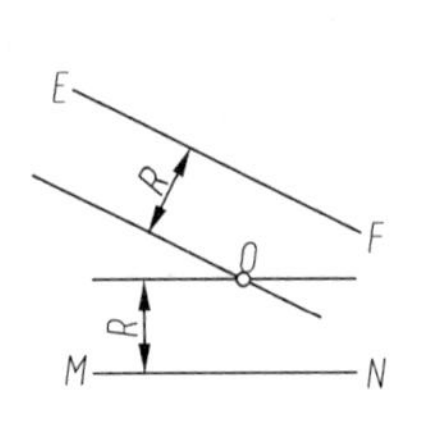	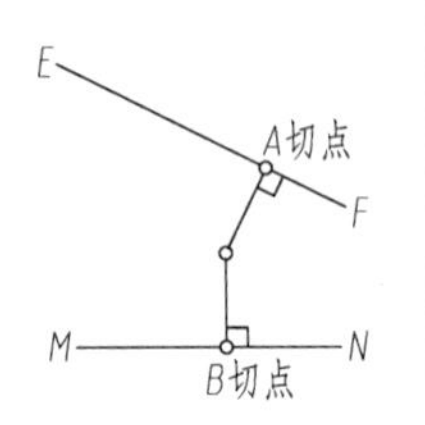	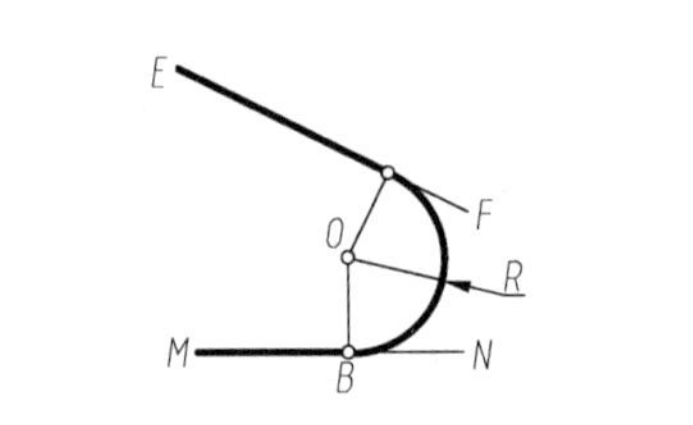
圆弧连接已知直线和圆弧	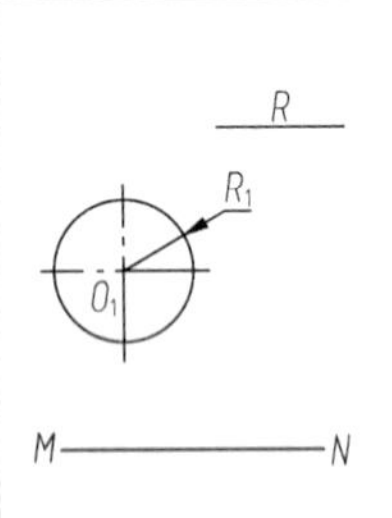	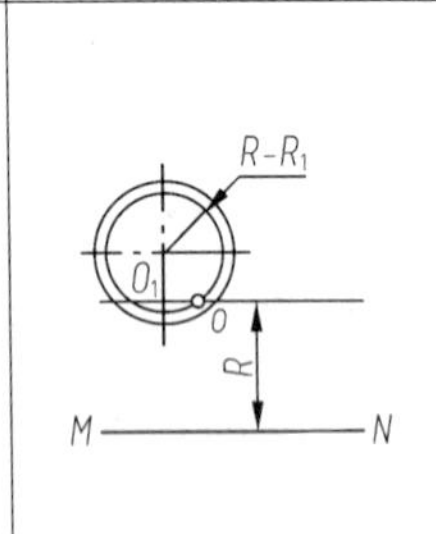	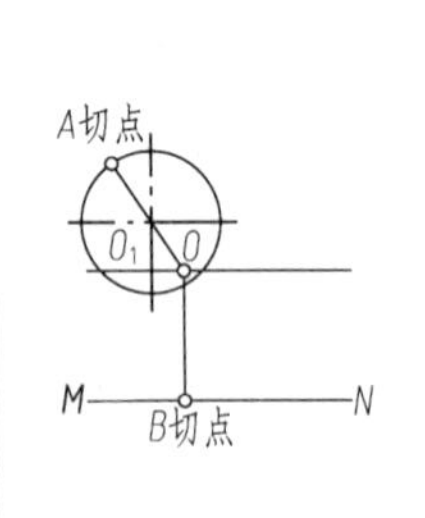	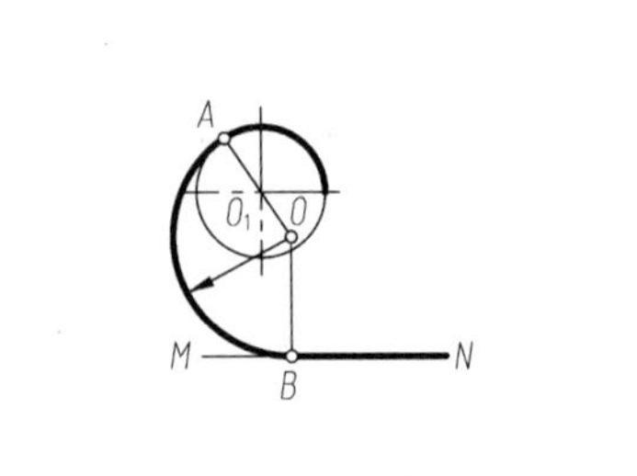
圆弧外切连接两已知圆弧	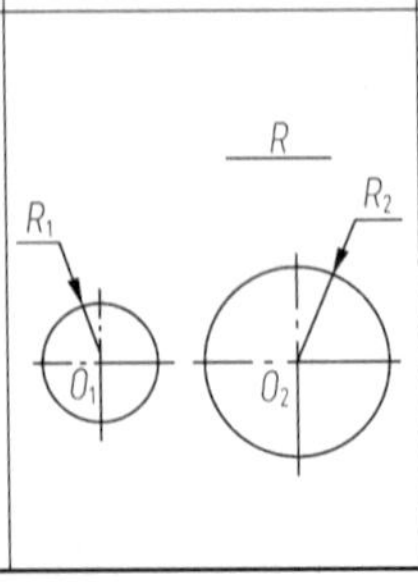	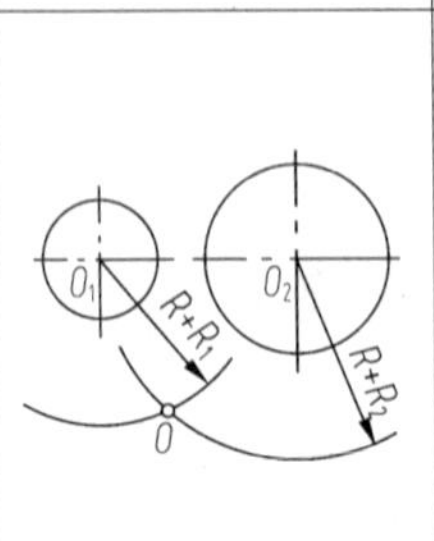	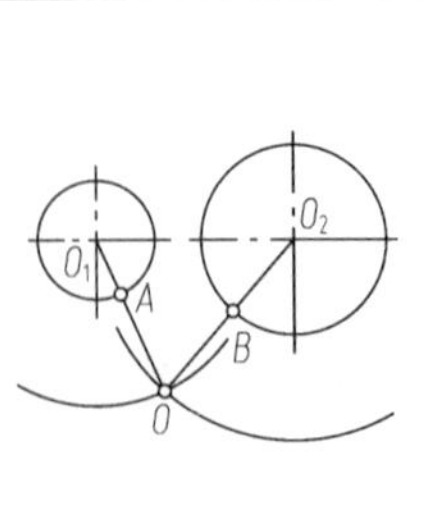	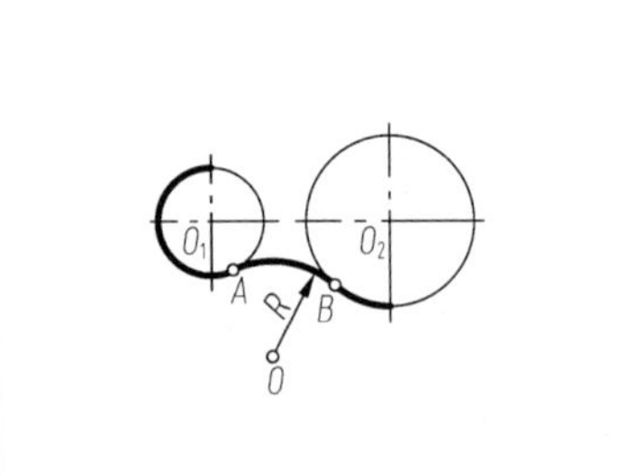

（续表）

	已知条件	作图方法和步骤		
		1. 求连接弧圆心 O	2. 求切点 A、B	3. 画连接弧并描粗
圆弧内切连接两已知圆弧	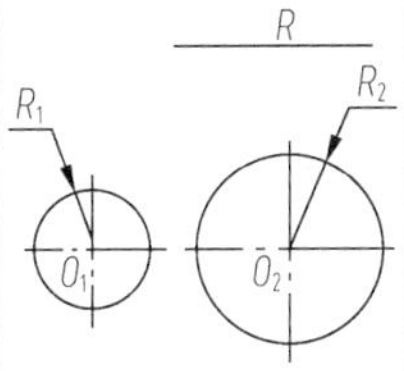	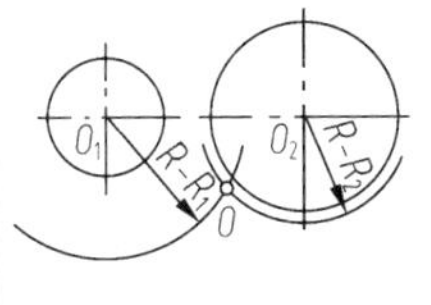	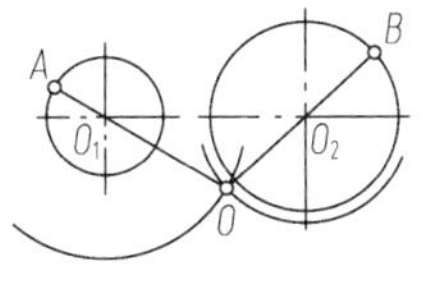	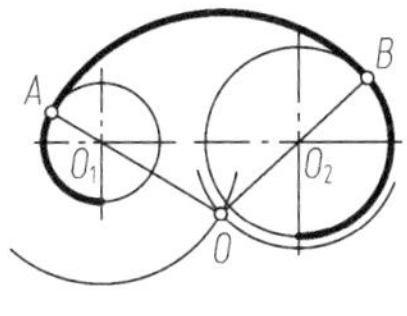

3. 作与已知圆相切的直线

与圆相切的直线，垂直于该圆心与切点的连线。因此，利用三角板的两直角边，便可作圆的切线。

图 1－31(a)所示是过圆上一点 A 作圆的切线。图 1－31(b)是过圆外一点 K 作圆的切线。图 1－31(c)、(d)是作两圆的公切线。

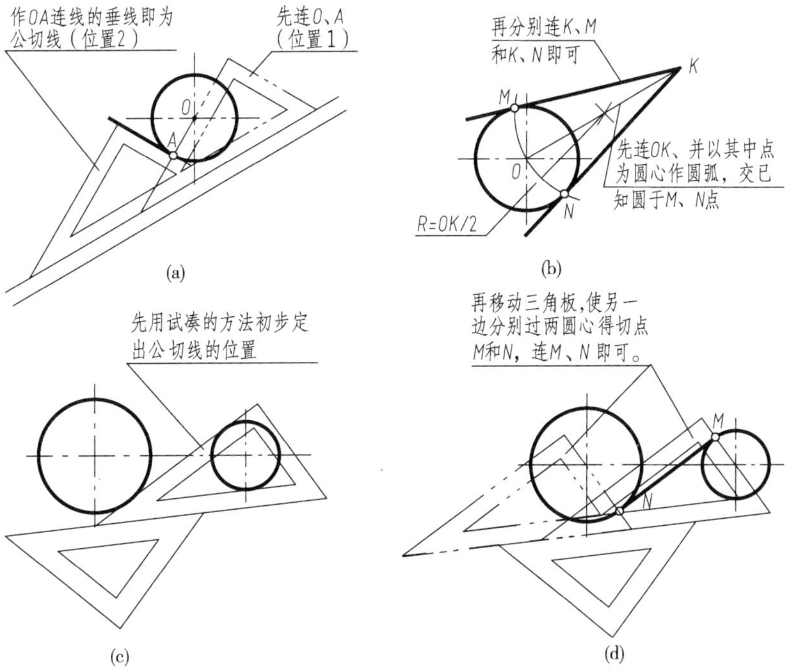

图 1－31　作圆的切线

四、椭圆的画法

椭圆常用画法有同心圆法和四心圆弧法两种。

1. 同心圆法

已知椭圆的长轴 AB 与短轴 CD，如图 1－32(a)所示，以 AB 和 CD 为直径画同心圆，然后过圆心作一系列直径与两圆相交。由各交点分别作与长轴、短轴平行的直线，即可相应找到椭圆上各点。最后，光滑连接各点即可。

2. 椭圆的近似画法（四心圆弧法）

已知椭圆的长轴 AB 与短轴 CD，如 1－32(b)所示。

(1) 连 AC，以 O 为圆心，OA 为半径画圆弧，交 DC 延长线于 E。

(2) 以 C 为圆心，CE 为半径画圆弧，截 AC 于 E_1。

(3) 作 AE_1 的中垂线，交长轴于 O_1，交短轴于 O_2，并找出 O_1 和 O_2 的对称点 O_3 和 O_4。

(4) 把 O_1 与 O_2、O_2 与 O_3、O_3 与 O_4、O_4 与 O_1 分别连直线。

(5) 以 O_1、O_3 为圆心，O_1A 为半径；O_2、O_4 为圆心，O_2C 为半径，分别画圆弧到连心线，K、K_1、N_1、N 为连接点，即可完成椭圆。

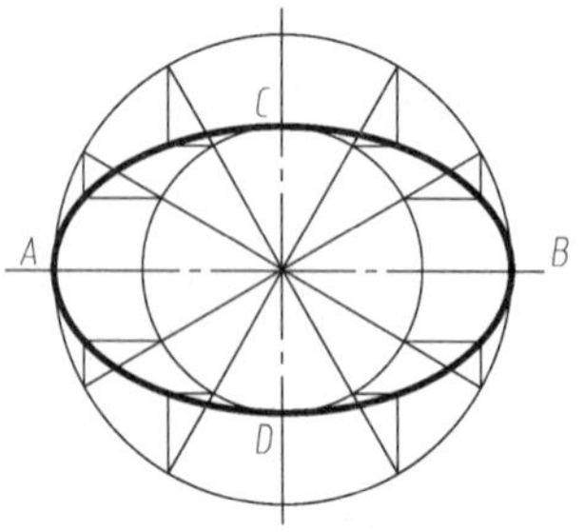

(a) 同心圆法

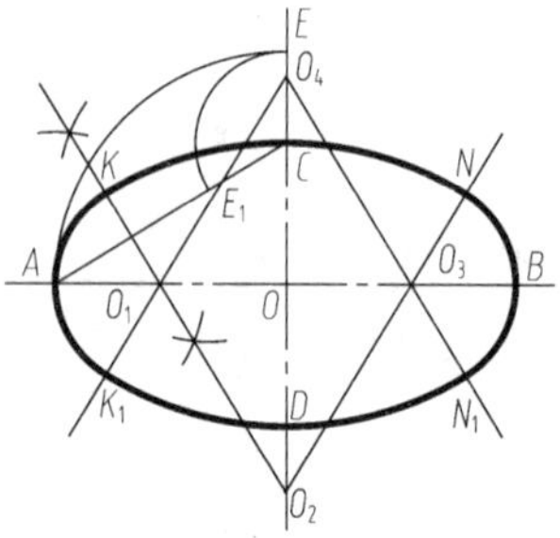

(b) 四心圆弧法

图 1－32 椭圆的画法

第四节 平面图形的绘制

正确绘制一个平面图形，必须掌握平面图形的线段分析方法和尺寸注法。

一、平面图形的尺寸分析

平面图形上的尺寸，按作用可分为定形尺寸和定位尺寸两大类。

1. 定形尺寸

定形尺寸是指确定平面图形上几何元素形状大小的尺寸，如图 1－33 中的 ϕ12、R13、R26、R7、R8、48 和 10。一般情况下确定几何图形所需定形尺寸的个数是一定的，如直线的定形尺寸是长度，圆的定形尺寸是直径，圆弧的定形尺寸是半径，正多边形的定形尺寸是边长，矩形的定形尺寸是长和宽两个尺寸等。

2. 定位尺寸

定位尺寸是指确定各几何元素相对位置的尺寸，如图 1－33 中的 18、40。确定平面图形位置需要两个方向的定位尺寸，即水平方向和垂直方向，也可以以极坐标的形式定位，即半径加角度。

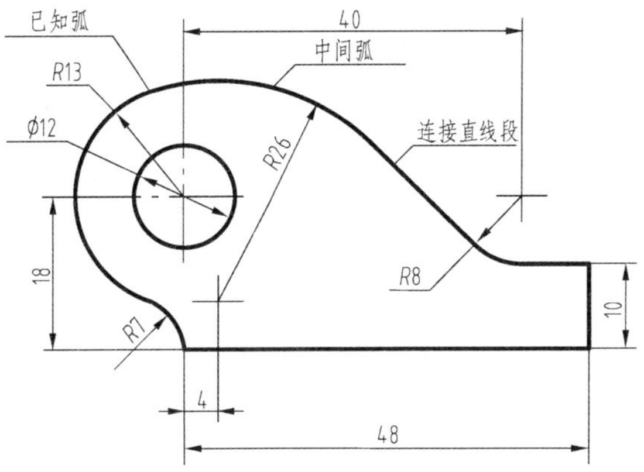

图 1-33 平面图形

3. 尺寸基准

标注尺寸的起点称为尺寸基准，平面图形中尺寸基准是点或线。常用的点基准有圆心、球心、多边形中心点、角点等，线基准往往是图形的对称中心线或图形中较长的边线。

二、线段分析

根据定形、定位尺寸是否齐全，可以将平面图形中的图线分为以下三大类。

1. 已知线段

已知线段为定形、定位尺寸齐全的线段。作图时该类线段可以直接根据尺寸作图，如图 1-33 中的 $\phi12$ 的圆、$R13$ 的圆弧、48 和 10 的直线均属已知线段。

2. 中间线段

中间线段为只有定形尺寸和一个定位尺寸的线段。作图时必须根据该线段与相邻已知线段的几何关系，通过几何作图的方法求出，如图 1-33 中的 $R26$ 和 $R8$ 两段圆弧。

3. 连接线段

连接线段为只有定形尺寸却没有定位尺寸的线段。其定位尺寸需根据与线段相邻的两线段的几何关系，通过几何作图的方法求出，如图 1-33 中的 $R7$ 圆弧段、$R26$ 和 $R8$ 间的连接直线段。

在两条已知线段之间，可以有多条中间线段，但必须而且只能有一条连接线段。否则，尺寸将出现缺少或多余。

三、平面图形的画图步骤

(1) 分析平面图形中哪些是已知线段，哪些是中间线段，哪些是连接线段，以及所给定的连接条件。

(2) 根据各组成部分的尺寸关系确定作图基准、定位线，如图 1-34(a)所示。

(3) 依次画已知线段、中间线段和连接线段，如图 1-34(b)、(c)和(d) 所示。

(4) 标注尺寸，如图 1-34(e)所示。

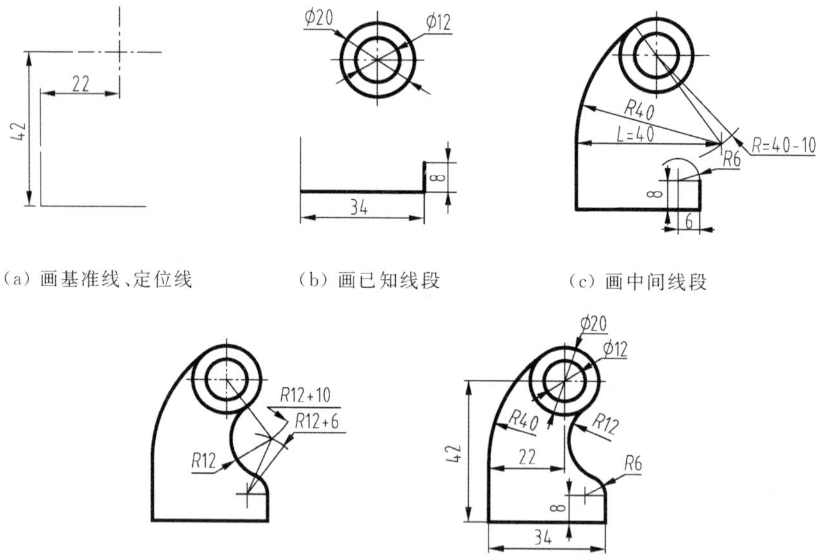

(a) 画基准线、定位线　(b) 画已知线段　(c) 画中间线段

(d) 画连接线段　(e) 标注尺寸

图 1-34　平面图形的画图步骤

四、平面图形的尺寸注法

平面图形中标注的尺寸，必须能唯一地确定图形的形状和大小，不遗漏、不多余地标注出确定各线段的相对位置及其大小的尺寸。标注尺寸的方法和步骤如下：

(1) 先选择水平和垂直方向的基准线。

(2) 确定图形中各线段的性质。

(3) 按已知线段、中间线段、连接线段的次序逐个标注尺寸。

如图 1-35 所示的平面图形，分析步骤和过程如下：

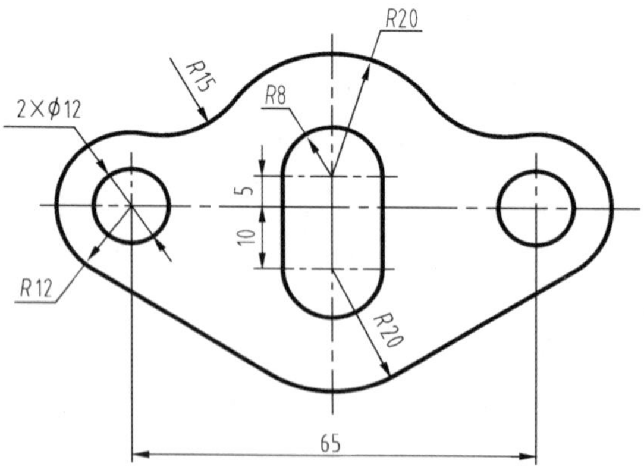

图 1-35　平面图形的尺寸标注

① 分析图形。确定基准图形由外线框、内线框和两个小圆构成。整个图形是左右对称的，所以选择对称中心线为水平方向基准。垂直方向基准选择两个小圆的中心连线。

② 标注定形尺寸。外线框需注出 $R12$ 和两个 $R20$ 以及 $R15$，内线框需注出 $R8$，两个小圆要注出 $2\times\phi12$。

③ 标注定位尺寸。左右两个圆心的定位尺寸65,上下两个半圆的圆心定位尺寸5和10。

不同形状的平面图形的尺寸标注示例如图1-36所示。

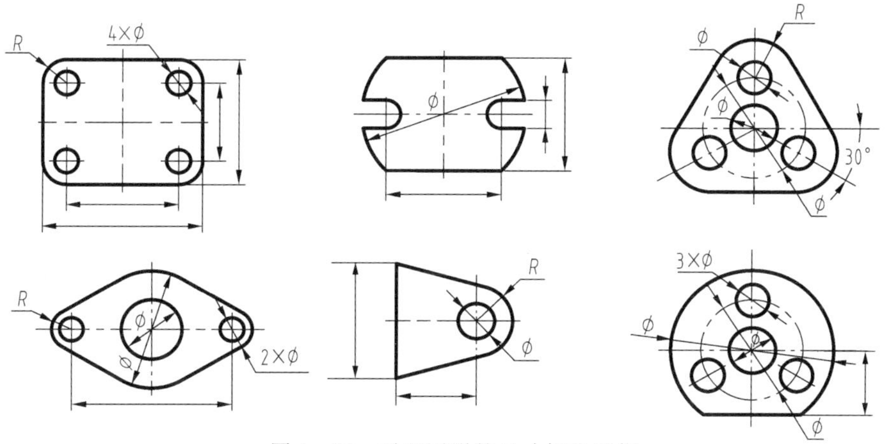

图1-36　平面图形的尺寸标注示例

第五节　绘图的基本方法和步骤

一、仪器绘图

1. 准备工作

画图前应先了解所画图样的内容和要求,准备好必要的绘图工具:圆规、铅笔、橡皮、丁字尺、图板、三角板、透明胶带等。清理桌面,暂时不用的工具、资料不要放在图板上。

2. 选定图幅

根据图形大小和复杂程度选定比例,确定图纸幅面。

3. 固定图纸

图纸要固定在图板左下方,下部空出的距离要能放得下丁字尺,图纸要用胶带纸固定,不得使用图钉,以免损坏图板。

4. 画底稿

画出图框和标题栏轮廓。画图形时,应先画出各图形的对称中心线、圆形的中心线,再画主要轮廓线,然后画细部。注意各图的位置要布局匀称,底稿线要细、轻,但应清晰。

5. 检查并清理底稿,加深图形和标注尺寸等

加深图形的步骤与画底稿时不同。一般先加深图形,其次加深图框和标题栏,最后标注尺寸和书写文字(也可在注好尺寸后再加深)。

加深图形时,应按照先曲线后直线,由上到下,由左到右,所有图形同时加深的原则进行。将同一种粗细的图线加深后,再加深另一种图线;在粗细相同的直线中,将同一方向的直线加深完后,再加深另一方向的直线。

6. 全面检查图纸

加深图形后再一次全面检查全图,确认无误后,填写标题栏,完成全图。

二、徒手绘图

依靠目测来估计物体各部分的尺寸比例，徒手绘制的图样称为草图。在设计、测绘、修配机器时，都要绘制草图。所以，徒手绘图是和使用仪器绘图同样重要的绘图技能。

1. 草图的绘制方法

绘制草图时使用软一些的铅笔（如 HB、B 或者 2B），铅笔削长一些，铅芯呈圆形，粗细各一支，分别用于绘制粗、细线。

画草图时，可以用有方格的专用草图纸，或者在白纸下面垫一张有格子的纸，以便控制图线的平直和图形的大小。

（1）直线的画法

画直线时，可先标出直线的两端点，在两点之间先画一些短线，再连成一条直线。运笔时手腕要灵活，目光应注视线的端点，不可只盯着笔尖。

画水平线应自左至右画出，垂直线自上而下画出，斜线斜度较大时可自左向右下或自右向左下画出，如图 1－37 所示。

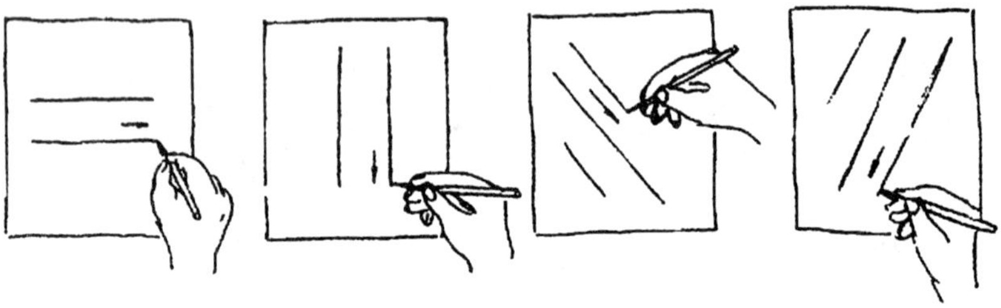

图 1－37　徒手绘制直线

（2）圆的画法

画圆时，应先画中心线。较小的圆在中心线上定出半径的四个端点，过这四个端点画圆。稍大的圆可以过圆心再作两条斜线，再在各线上定半径长度，然后过这八个点画圆。圆的直径很大时，可以用手作圆规，以小指支撑于圆心，使铅笔与小指的距离等于圆的半径，笔尖接触纸面不动，转动图纸，即可得到所需的大圆。也可在一纸条上作出半径长度的记号，使其一端置于圆心，另一端置于铅笔，旋转纸条，便可以画出所需圆。如图 1－38 所示。

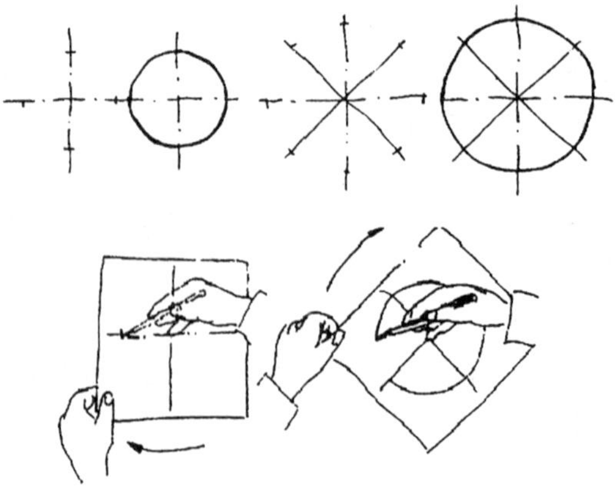

图 1－38　徒手绘制圆形

2. 徒手绘制平面图形

徒手绘制平面图形时，也和使用尺规作图时一样，要进行图形的尺寸分析和线段分析，先画已知线段，再画中间线段，最后画连接线段。在方格纸上画平面图形时，主要轮廓线和定位中心线应尽可能利用方格纸上的线条，图形各部分之间的比例可按方格纸上的格数来确定。图 1-39 所示为徒手在方格纸上画平面图形的示例。

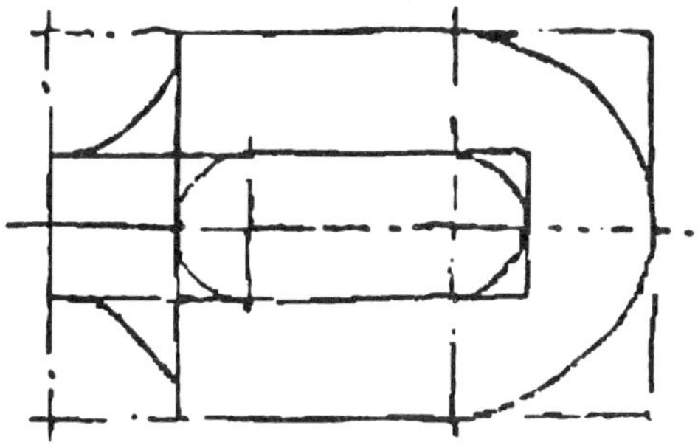

图 1-39　徒手绘制平面图形

第二章 正投影的基本原理

机械图样是用正投影法绘制的。正投影法能够准确表达物体的形状，而且度量性好，作图方便，因此得到了广泛的应用。理解和掌握正投影法的基本原理，是学习本门课程的一项重要内容。本章从立体出发，着重研究构成立体的基本几何元素——点、直线、平面的投影规律及作图问题，为学习后面的内容奠定基础。

第一节 投影法的基本知识

一、投影法的概念

在日常生活中，人们看到太阳光或灯光照射物体时，在地面或墙壁上出现物体的影子，这就是一种投影现象。人们对这类现象进行了长期的观察和研究，建立了投影法。我们把光线称为投射线（或叫投影线），地面或墙壁称为投影面，影子称为物体在投影面上的投影。

下面进一步从几何观点来分析投影的形成。设空间有一定点 S 和任一点 A，以及不通过点 S 和点 A 的平面 P，如图 2-1 所示。从点 S 经过点 A 作直线 SA，直线 SA 必然与平面 P 相交于一点 a，则称点 a 为空间任一点 A 在平面 P 上的投影，称定点 S 为投影中心，称平面 P 为投影面，称直线 SA 为投影线。据此，要作出空间物体在投影面上的投影，其实质就是通过物体上的点、线、面作出一系列的投影线与投影面的交点，并根据物体上的线、面关系，对交点进行恰当的连线。

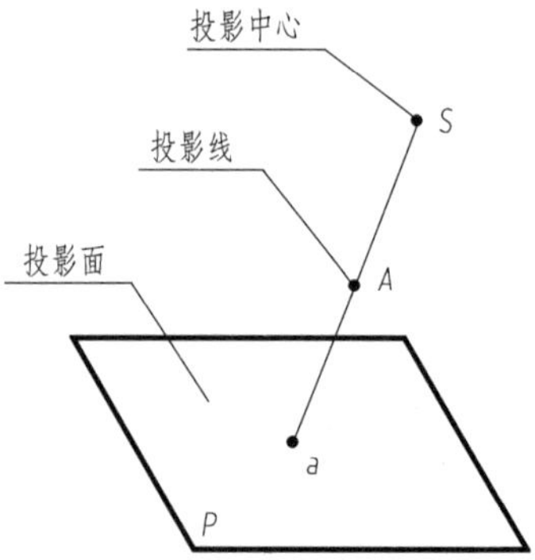

图 2-1 投影法的概念

如图 2-2 所示，作△ABC 在投影面 P 上的投影。先自点 S 过点 A、B、C 分别作直线 SA、SB、SC 与投影面 P 的交点 a、b、c，再过点 a、b、c 作直线，连成△abc。△abc 即为空间的△ABC 在投影面 P 上的投影。

上述这种用投射线（投影线）通过物体，向选定的面投影，并在该面上得到图形的方法称为投影法。

二、投影法的种类及应用

投影法分为中心投影法和平行投影法两种。

1. 中心投影法

投影中心距离投影面在有限远的地方，投影时投影线汇交于投影中心的投影法称为中心投影法，如图 2－2 所示。

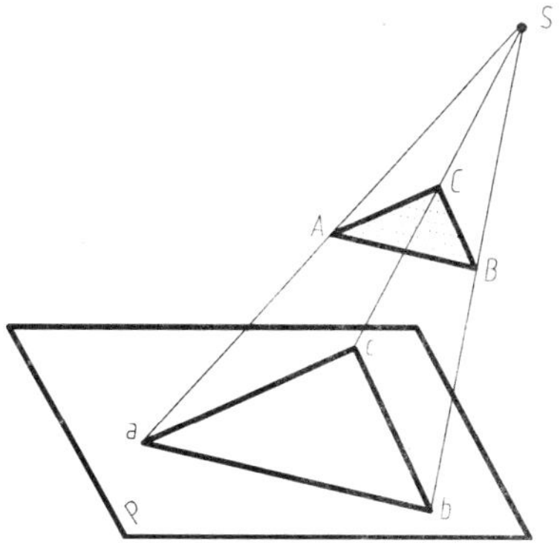

图 2－2　中心投影法

中心投影法的原理和人眼成像的原理一样，因此，用中心投影法绘制的图形有立体感，但是这种图形不能真实地反映物体的形状和大小，故机械图样不采用这种投影法绘制，而工程上常用这种方法绘制建筑物的透视图。

2. 平行投影法

投影中心距离投影面在无限远的地方，投影时投影线都相互平行的投影法称为平行投影法，如图 2－3 所示。

根据投影线与投影面是否垂直，平行投影法又可以分为两种：

（1）斜投影法——投影线与投影面相倾斜的平行投影法，如图 2－3(a)所示。

（2）正投影法——投影线与投影面相垂直的平行投影法，如图 2－3(b)所示。

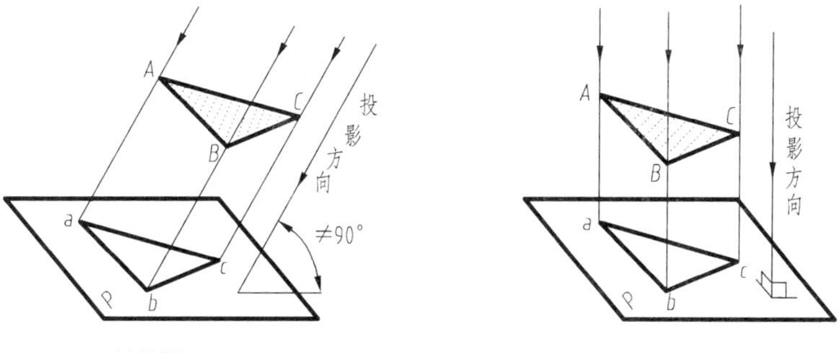

（a）斜投影法　　（b）正投影法

图 2－3　平行投影法

由于正投影法能够表达物体的真实形状和大小，绘制方法也较简单，所以在工程上普遍采用，已成为机械制图的基本原理与方法。

三、机械工程上常用的图样简介

1. 轴测投影图

轴测投影图是用平行投影法画出的单面投影图，如图 2－4 所示。它能同时反映空间物体的长、宽、高三个方向的形状。这种图的优点是立体感强，物体形象表达得较清楚；缺点是度量性较差，作图较麻烦。因此，通常只适用于表达物体的立体形象，作为正投影图的辅助图样。

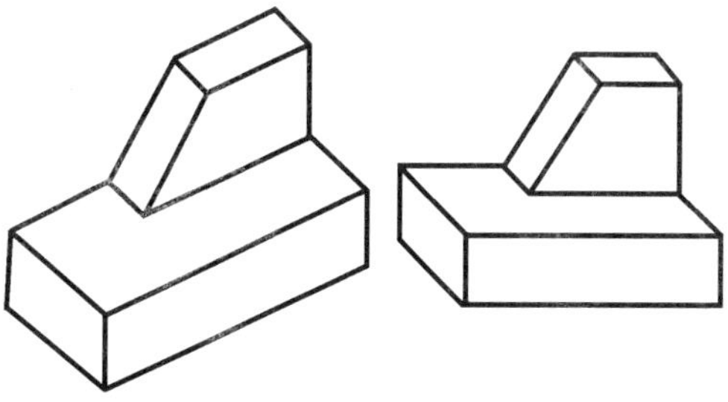

图 2－4　轴测投影图

2. 多面正投影图

多面正投影图是用正投影法，把物体分别投影到两个以上相互垂直的投影面上，然后把几个投影面展平到一个平面上所得到的一组图形，如图 2-5 所示。多面正投影图可以准确地反映物体的形状大小，便于度量且作图简便，所以工程上应用最广。它的缺点是立体感不强。机械图样主要是用正投影法绘制出的多面正投影图，这是我们学习的重点内容，必须很好地掌握。

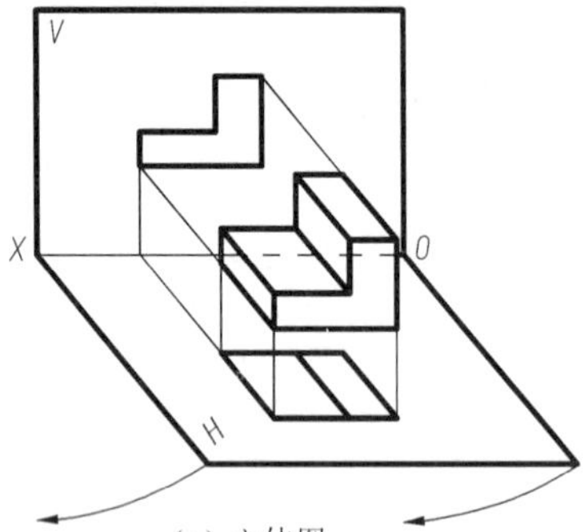

(a) 立体图

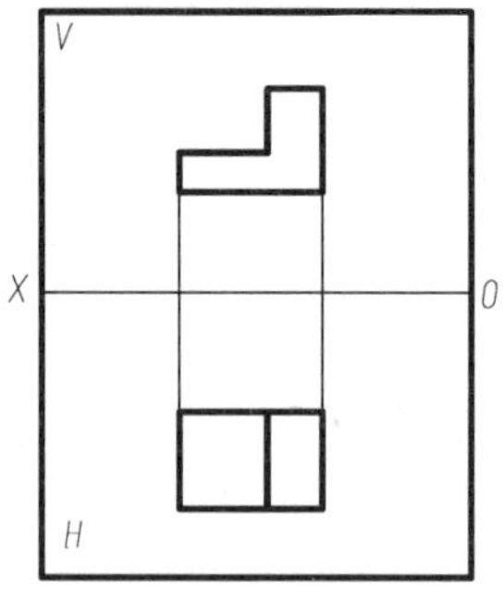

(b) 投影图

图 2-5 多面正投影图

通过以上分析，我们可以看到，当用正投影法绘制物体的图形时，为了能反映物体的真实形状和大小，并且作图简便，应尽量使物体的平面和直线对投影面处于平行或垂直的位置。

第二节 三视图的形成与投影规律

在机械制图中，通常假设人的视线为一组平行且垂直于投影面的投影线，这样在投影面上所得到的正投影称为视图。

一般情况下，一个视图不能确定物体的形状。如图 2-6 所示，两个形状不同的物体，它们在投影面上的投影都相同。因此，要反映物体的完整形状，必须增加由不同投影方向所得到的几个视图，互相补充，才能将物体表达清楚。工程上常用的是三视图。

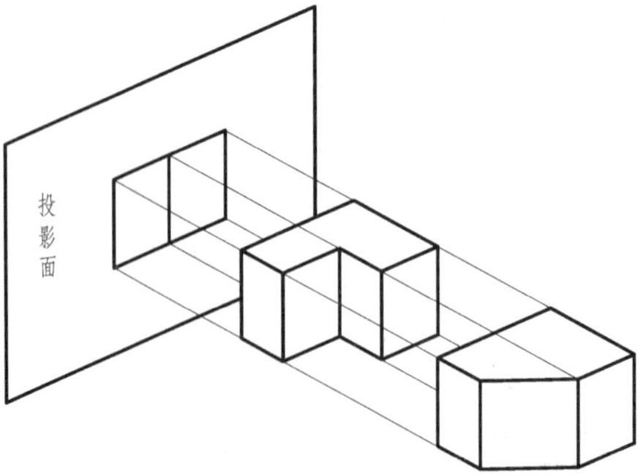

图 2-6 一个视图不能确定物体的形状

一、三投影面体系与三视图的形成

1. 三投影面体系的建立

三投影面体系由三个互相垂直的投影面所组成，如图 2-7 所示。在三投影面体系中，三个投影面分别为：

正立投影面——简称为正面，用 V 表示；

水平投影面——简称为水平面，用 H 表示；

侧立投影面——简称为侧面，用 W 表示。

三个投影面的相互交线，称为投影轴。它们分别是：

OX 轴——V 面和 H 面的交线，它代表长度方向；

OY 轴——H 面和 W 面的交线，它代表宽度方向；

OZ 轴——V 面和 W 面的交线，它代表高度方向。

三个投影轴垂直相交的交点 O，称为原点。

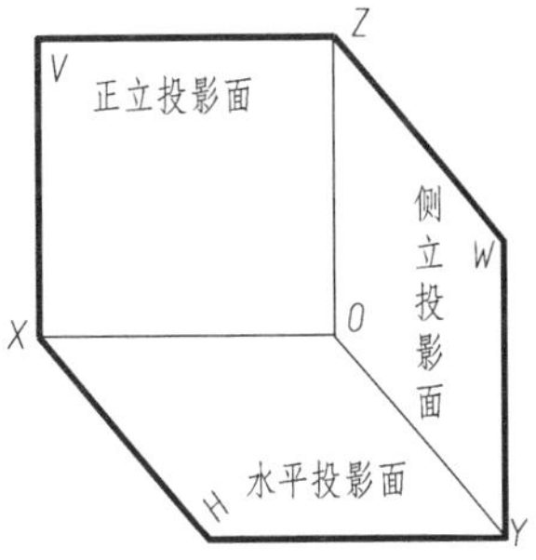

图 2-7　三投影面体系

2. 三视图的形成

将物体放在三投影面体系中，物体的位置处在人与投影面之间，然后将物体对各个投影面进行投影，得到三个视图，这样才能把物体的长、宽、高三个方向以及上下、左右、前后六个方位的形状表达出来，如图 2-8(a)所示。三个视图分别为：

主视图——从前往后进行投影，在正立投影面(V 面)上所得到的视图；

俯视图——从上往下进行投影，在水平投影面(H 面)上所得到的视图；

左视图——从左往右进行投影，在侧立投影面(W 面)上所得到的视图。

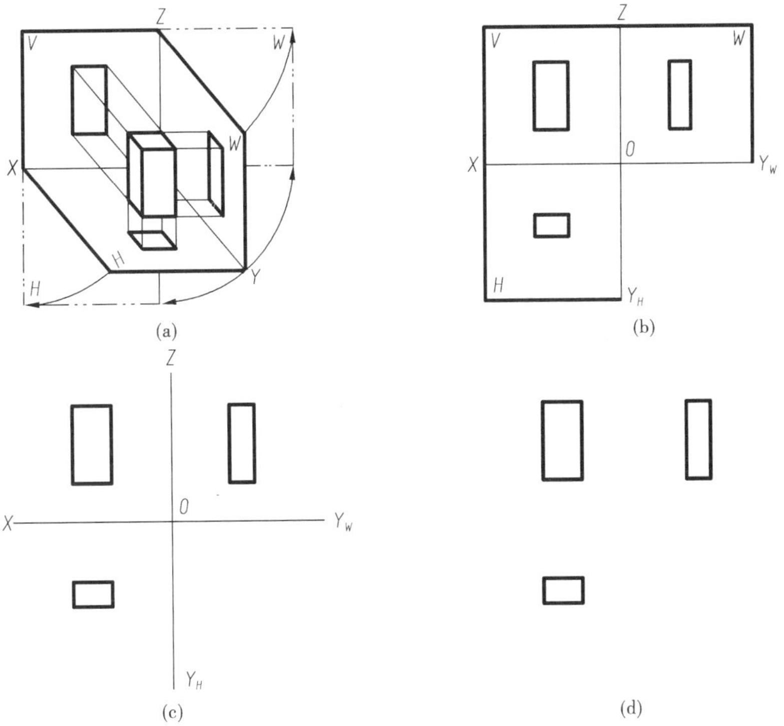

图 2-8　三视图的形成及展开

3. 三投影面体系的展开

在实际作图中,为了画图方便,需要将三个投影面在一个平面(纸面)上表示出来,规定:使 V 面不动,H 面绕 OX 轴向下旋转 90°与 V 面重合,W 面绕 OZ 轴向右旋转 90°与 V 面重合,这样就得到了在同一平面上的三视图,如图2-8(b)所示。可以看出,俯视图在主视图的下方,左视图在主视图的右方。在这里应特别注意的是:同一条 OY 轴旋转后出现了两个位置,因为 OY 是 H 面和 W 面的交线,也就是两投影面的共有线,所以 OY 轴随着 H 面旋转到 OY_H 的位置,同时又随着 W 面旋转到 OY_W 的位置。为了作图简便,投影图中不必画出投影面的边框,如图 2-8(c)所示。由于画三视图时主要依据投影规律,所以投影轴也可以进一步省略,如图 2-8(d)所示。

二、三视图的投影规律

从图 2-9 可以看出,一个视图只能反映两个方向的尺寸,主视图反映了物体的长度和高度,俯视图反映了物体的长度和宽度,左视图反映了物体的宽度和高度。由此可以归纳出三视图的投影规律:

主、俯视图"长对正"(即等长);

主、左视图"高平齐"(即等高);

俯、左视图"宽相等"(即等宽)。

三视图的投影规律反映了三视图的重要特性,也是画图和读图的依据。无论是整个物体还是物体的局部,其三面投影都必须符合这一规律。

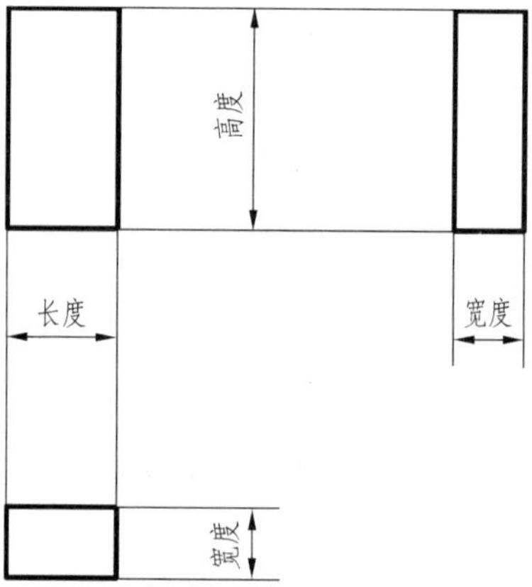

图 2-9 视图间的"三等"关系

三、三视图与物体方位的对应关系

物体有长、宽、高三个方向的尺寸,有上下、左右、前后六个方位关系,如图 2-10(a)所示。六个方位在三视图中的对应关系如图 2-10(b)所示。

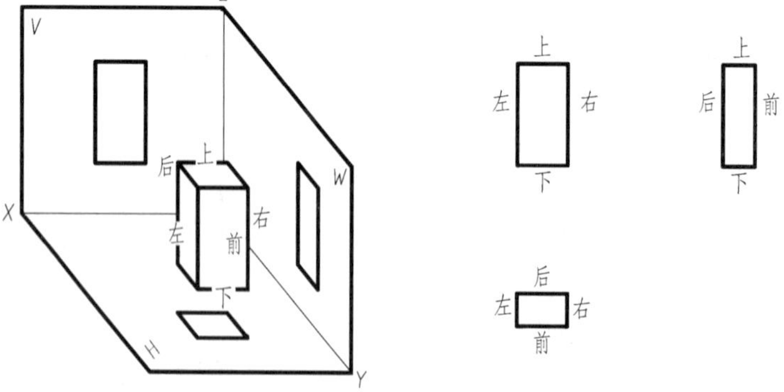

(a) 立体图 (b) 投影图

图 2-10 三视图的方位关系

主视图反映了物体的上下、左右四个方位的关系;

俯视图反映了物体的前后、左右四个方位的关系；

左视图反映了物体的上下、前后四个方位的关系。

在这些方位关系中，上下、左右关系较易判别，只有俯视图和左视图的前后关系容易弄错。应该注意：以主视图为中心，俯视图、左视图靠近主视图的一侧为物体的后面，远离主视图的一侧为物体的前面。

第三节　点的投影

任何物体都是由点、线、面等几何元素构成的。只有学习和掌握了几何元素的投影规律和特征，才能透彻理解机械图样表达的物体的具体结构形状。

一、点的投影及其标记

当投影面和投影方向确定时，空间一点只有唯一的一个投影。如图 2－11(a)所示，假设空间有一点 A，过点 A 分别向 H 面、V 面和 W 面作垂线，得到三个垂足 a、a'、a''，便是点 A 在三个投影面上的投影。在这里规定用大写字母(如 A)表示空间点，它的水平投影、正面投影和侧面投影，分别用相应的小写字母(如 a、a'和 a'')表示。

根据三面投影图的形成规律将其展开，可以得到如图 2－11(b)所示的带边框的三面投影图，即得到点 A 三面投影；省略投影面的边框线，就得到如图 2－11(c)所示的 A 点的三面投影图。

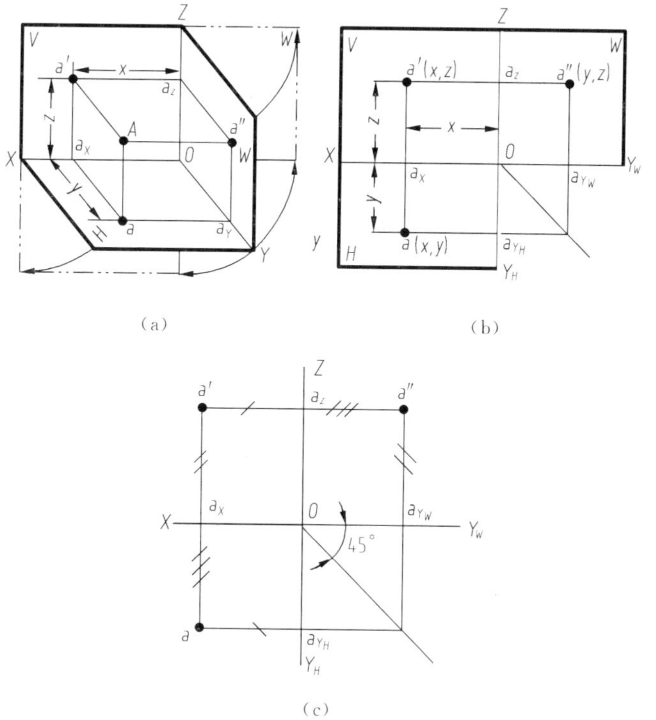

(a)　(b)

(c)

图 2－11　点的三面投影

二、点的三面投影规律

从图 2－11(a)、(b)可以看出，Aa、Aa'、Aa'' 分别为点 A 到 H、V、W 面的距离，即：

$Aa = a'a_X = a''a_Y$（即 $a''a_{Y_W}$），反映空间点 A 到 H 面的距离。

$Aa' = aa_X = a''a_Z$，反映空间点 A 到 V 面的距离。

$Aa'' = a'a_Z = aa_Y$（即 aa_{Y_H}），反映空间点 A 到 W 面的距离。

以上反映的是点的投影与点的空间位置的关系。根据这个关系，若已知点的空间位置，就可以画出点的投影；反之，若已知点的投影，就可以完全确定点在空间的位置。由图 2－11 中还可以看出：

$aa_{Y_H} = a'a_Z$，即 $a'a \perp OX$；

$a'a_X = a''a_{Y_W}$，即 $a'a'' \perp OZ$；

$aa_X = a''a_Z$。

这说明点的三个投影不是孤立的，而是彼此之间有一定的位置关系。而且这个关系不因空间点的位置改变而改变，因此可以把它概括为普遍性的投影规律：

(1) 点的正面投影和水平投影的连线垂直 OX 轴，即 $a'a \perp OX$；

(2) 点的正面投影和侧面投影的连线垂直 OZ 轴，即 $a'a'' \perp OZ$；

(3) 点的水平投影 a 到 OX 轴的距离等于侧面投影 a'' 到 OZ 轴的距离，即 $aa_X = a''a_Z$。

根据上述投影规律，若已知点的任何两个投影，就可求出它的第三个投影。

【例 2－1】 已知点 A 的正面投影 a' 和侧面投影 a''（图 2－12），求作其水平投影 a。

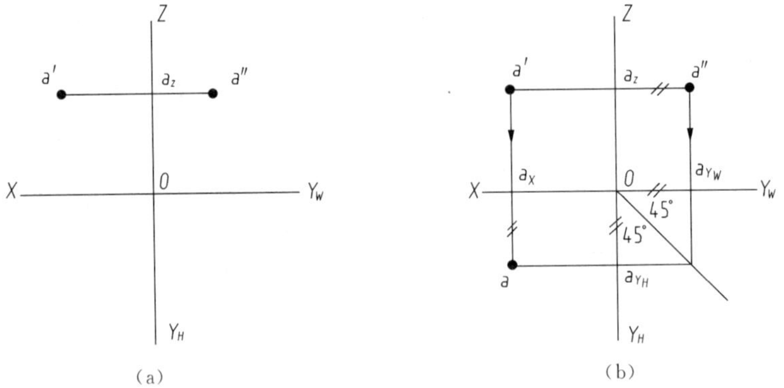

图 2－12　已知点的两个投影求第三个投影

分析： 如图 2－12(b)所示，由于 a 与 a' 的连线垂直于 OX 轴，所以 a 一定在过 a' 且垂直于 OX 轴的直线上。又由于 a 到 OX 轴的距离必等于 a'' 到 OZ 轴的距离，因此截取 $aa_X = a''a_Z$，便求得了 a 点。

为了作图简便，可自点 O 作与水平方向夹角为 45°的辅助线，以表明 $aa_X = a''a_Z$ 的关系。

三、点的三面投影与直角坐标

三投影面体系可以看成是一个空间直角坐标系，因此可用直角坐标确定点的空间位置。投影面 H、V、W 作为坐标面，三个投影轴 OX、OY、OZ 作为坐标轴，三轴的交点 O 作为坐标原点。

由图 2－13 可以看出 A 点的直角坐标与其三个投影的关系：

点 A 到 W 面的距离 $= oa_X = a'a_z = aa_{Y_H} = X$ 坐标；

点 A 到 V 面的距离 $= oa_{Y_H} = aa_x = a''a_Z = Y$ 坐标；

点 A 到 H 面的距离 $= oa_Z = a'a_X = a''a_{Y_W} = Z$ 坐标。

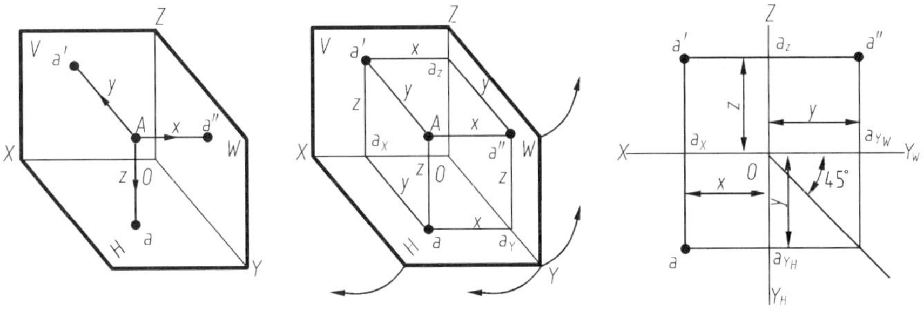

图 2－13　点的三面投影与直角坐标

用坐标来表示空间点位置比较简单，可以写成 A（X，Y，Z）的形式。

由图 2－13(b)可知，坐标 X 和 Z 决定点的正面投影 a'，坐标 X 和 Y 决定点的水平投影 a，坐标 Y 和 Z 决定点的侧面投影 a''，若用坐标表示，则为 $a(X,Y,0)$，$a'(X,0,Z)$，$a''(0,Y,Z)$。

因此，已知一点的三面投影，就可以量出该点的三个坐标；相反地，已知一点的三个坐标，就可以作出该点的三面投影。

【例 2－2】 已知点 A 的坐标(20，10，18)，作出点的三面投影，并画出其立体图。

点的三面投影的作图方法与步骤如图 2－14 所示：

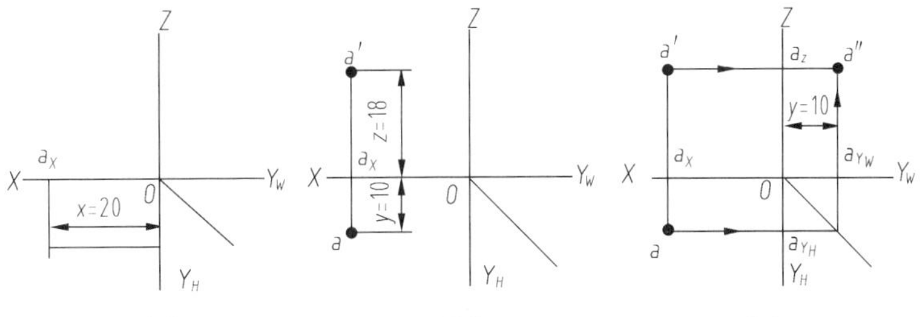

图 2－14　由点的坐标作点的三面投影

(1) 画坐标轴，在 OX 轴上自 O 向左量取 20，定出 a_X。

(2) 过 a_X 作 OX 轴的垂线，并从 a_X 向下量取 $aa_X = 10$，得 a 点，从 a_X 向上量取 $a'a_X = 18$，得 a' 点。

(3) 自 a' 点作 OZ 轴的垂线，得交点 a_Z，自 a_Z 向右量取 $a_Z a'' = 10$，得 a'' 点。

立体图的作图步骤如图 2－15 所示：

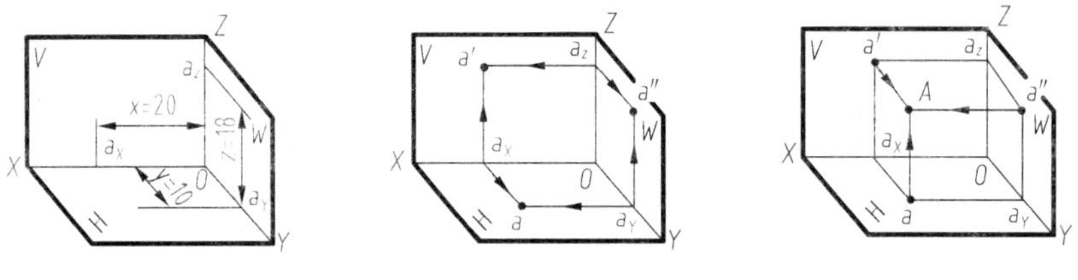

(a) (b) (c)

图 2-15 由点的坐标作立体图

（1）根据投影图的坐标值，按 1∶1 的比例沿各轴量取 X、Y、Z 尺寸得 a_X、a_Y、a_Z。

（2）过 a_X、a_Y、a_Z 在各坐标面上分别引各轴的平行线，得点 A 的三个投影 a、a'、a''。

（3）过 a 作 aA // OZ，过 a' 作 $a'A$ // OY，过 a'' 作 $a''A$ // OX，所作三直线的交点即为空间的点 A。

四、特殊位置点的投影

1. 在投影面上的点

由于它有一个坐标为 0，因此，它的三面投影中，必定有两个投影在投影轴上，另一个投影和其空间点本身重合。例如在 V 面上的点 A，它的 Y 坐标为 0。所以，它的水平投影 a 在 OX 轴上，侧面投影 a'' 在 OZ 轴上，而正面投影 a' 在 V 面上，与其空间点本身重合为一点，如图 2-16(a)所示。

2. 在投影轴上的点

由于它有两个坐标为 0，因此，它的三面投影中，必定有一个投影在原点上，另两个投影和其空间点本身重合。例如在 OZ 轴上的点 B，它的 X、Y 坐标为 0。所以，它的水平投影 b 在坐标原点，正面投影 b'、侧面投影 b'' 在 OZ 轴上，与其空间点本身重合为一点，如图 2-16(b)所示。

3. 在原点上的空间点

由于它的三个坐标都为 0，因此，它的三个投影必定都在原点上，如图2-16(c)所示。

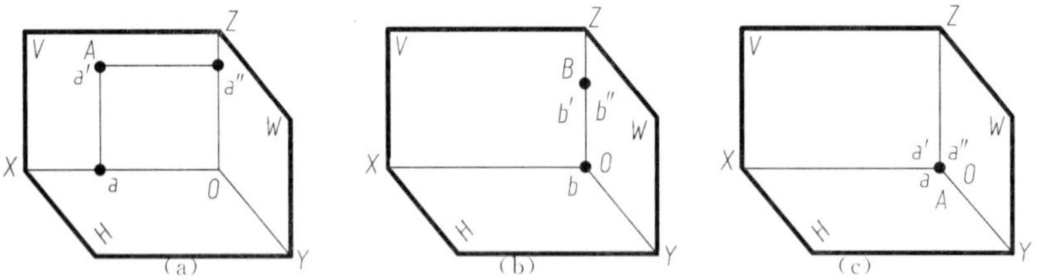

(a) (b) (c)

图 2-16 特殊位置点的投影

五、两点的相对位置

1. 两点的相对位置

空间两点的相对位置，在投影图中是由它们同面投影的坐标差来判别的。其中左、右由 X 坐标判别，前、后由 Y 坐标判别，上、下由 Z 坐标判别。

如图 2-17 所示，若已知空间两点的投影，即点 A 的三个投影 a、a'、a'' 和点 B 的三个投影 b、b'、b''，用 A、B 两点同面投影坐标差就可判别 A、B 两点的相对位置。由于 $X_A >$

X_B，表示 B 点在 A 点的右方；$Z_B > Z_A$，表示 B 点在 A 点的上方；$Y_A > Y_B$，表示 B 点在 A 点的后方。总的来说，就是 B 点在 A 点的右方、后方、上方。

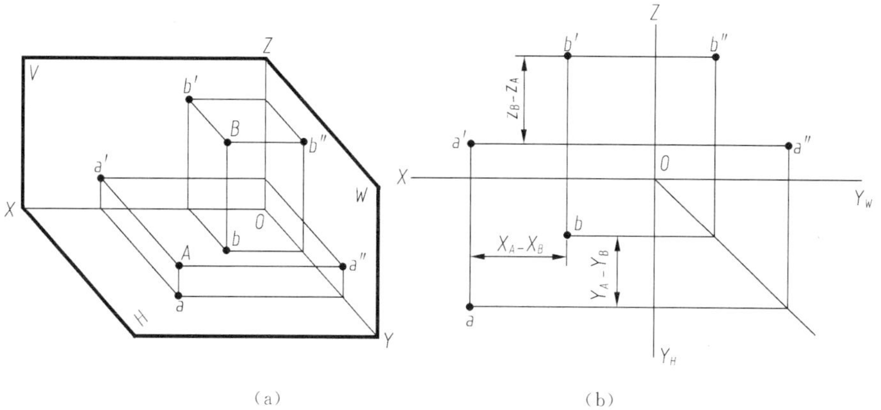

图 2-17　两点的相对位置

2. 重影点

若空间两点在某一投影面上的投影重合，则这两点是该投影面的重影点。这时，空间两点的某两坐标相同，并在同一投射线上。

当两点的投影重合时，就需要判别其可见性，即两点中哪一点可见，哪一点不可见。判别可见性时应注意：对 H 面的重影点，从上向下观察，Z 坐标值大者可见；对 W 面的重影点，从左向右观察，X 坐标值大者可见；对 V 面的重影点，从前向后观察，Y 坐标值大者可见。在投影图上不可见的投影加括号表示，如(a')。

如图 2-18 中，C、D 位于垂直于 H 面的同一条投射线上，c、d 重合为一点，则 C、D 为对 H 面的重影点，Z 坐标值大者为可见，图中 $Z_C > Z_D$，所以 c 为可见，d 为不可见，用 $c(d)$ 表示。

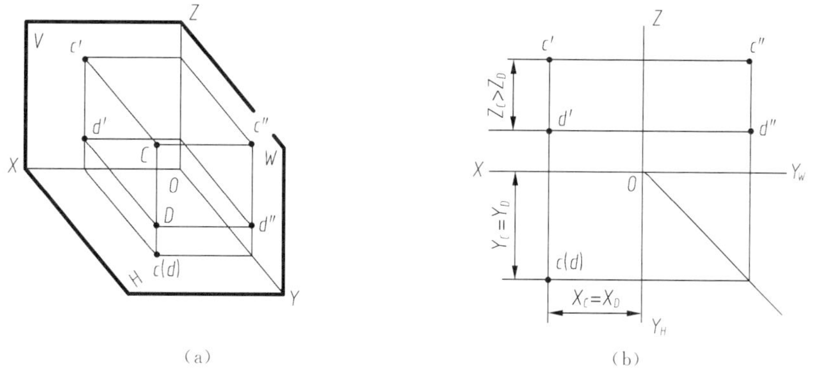

图 2-18　重影点的投影

第四节　直线的投影

一、直线的投影图

空间一直线的投影可由直线上的两点（通常取线段两个端点）的同面投影来确定。如

图 2-19 所示的直线 AB，求作它的三面投影图时，可分别作出 A、B 两端点的投影（a、a'、a''）、（b、b'、b''），然后将其同面投影连接起来即得直线 AB 的三面投影图（ab、$a'b'$、$a''b''$）。

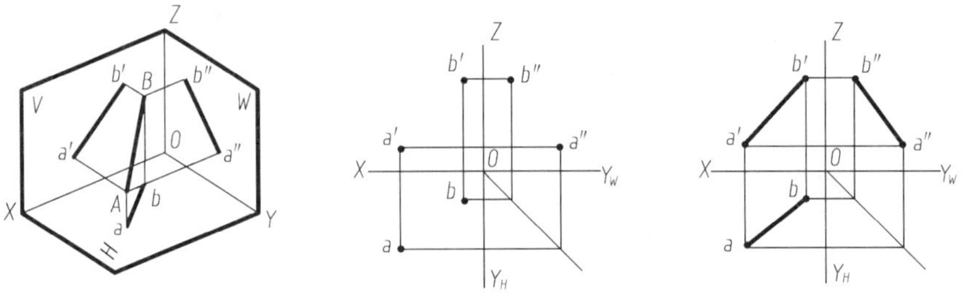

(a)　　(b)　　(c)

图 2-19　直线的投影

二、直线对于一个投影面的投影特性

空间直线相对于一个投影面的位置有平行、垂直、倾斜三种。三种位置有不同的投影特性。

1. 真实性

当直线与投影面平行时，则直线的投影为实长，这种投影性质称为真实性，如图 2-20(a)所示。

2. 积聚性

当直线与投影面垂直时，则直线的投影积聚为一点，这种投影性质称为积聚性，如图 2-20(b)所示。

3. 收缩性

当直线与投影面倾斜时，则直线的投影小于直线的实长，这种投影性质称为收缩性，如图 2-20(c)所示。

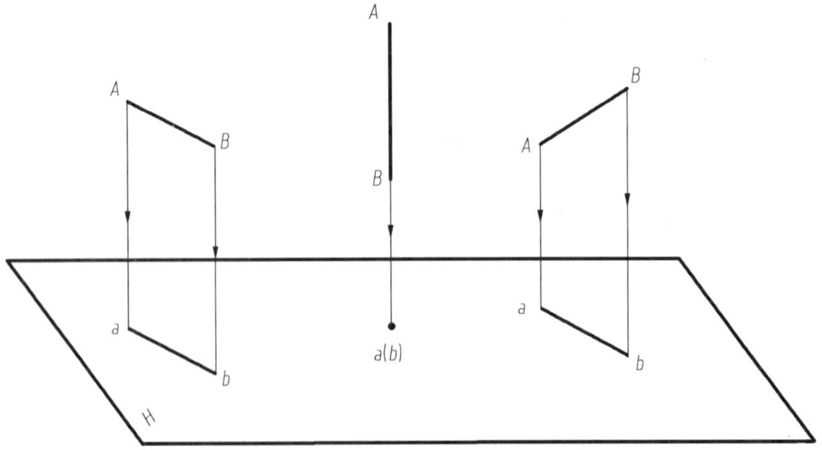

(a)　　(b)　　(c)

图 2-20　直线的投影

三、各种位置直线的投影特性

根据直线在三投影面体系中的位置可分为投影面倾斜线、投影面平行线、投影面垂直线三类。前一类直线称为一般位置直线，后两类直线称为特殊位置直线。它们具有不同的投影特性。

1. 投影面平行线

平行于一个投影面且同时倾斜于另外两个投影面的直线称为投影面平行线。平行于 V 面的称为正平线，平行于 H 面的称为水平线，平行于 W 面的称为侧平线。直线与投影面所夹的角度称为直线对投影面的倾角。α、β、γ 分别表示直线对 H 面、V 面、W 面的倾角。表 2-1 为投影面平行线的立体图、投影图及投影特征。

表 2-1　投影面平行线的投影特性

名称	正平线（//V）	水平线（//H）	侧平线（//W）
实例	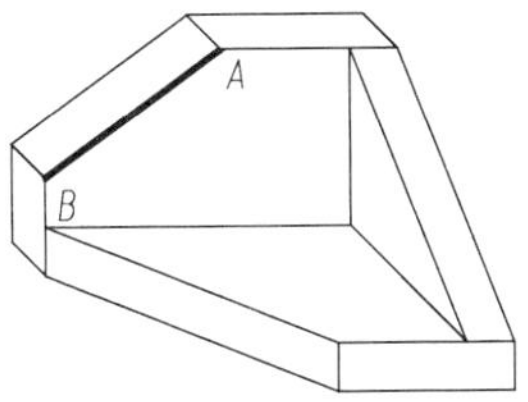	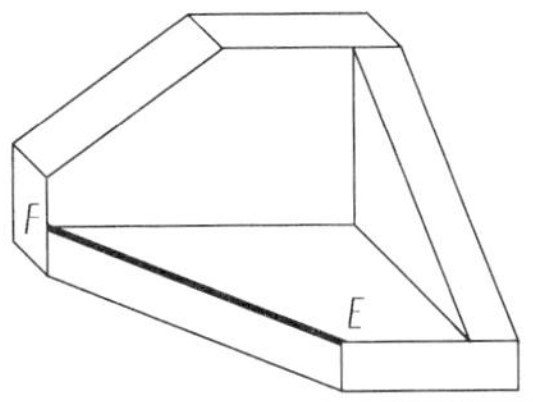	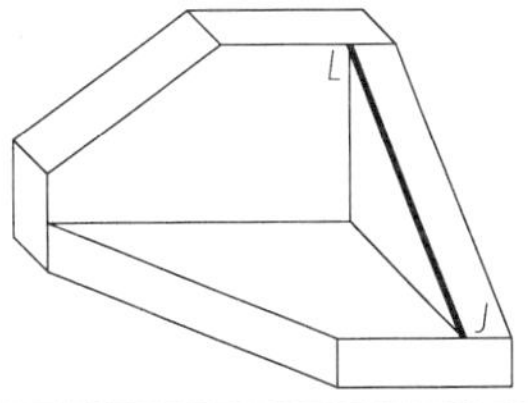
立体图	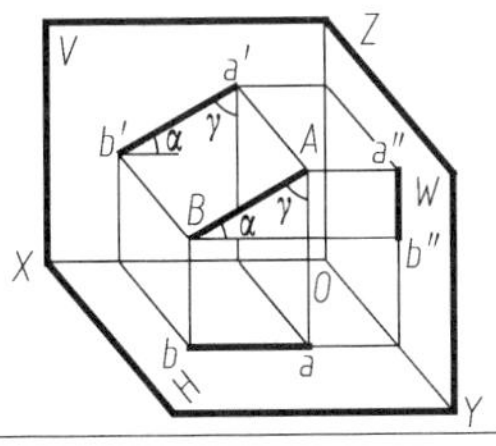	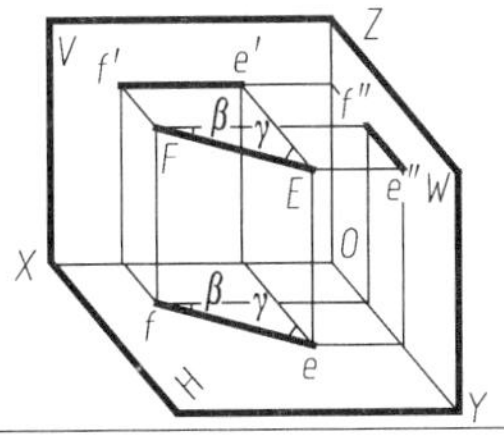	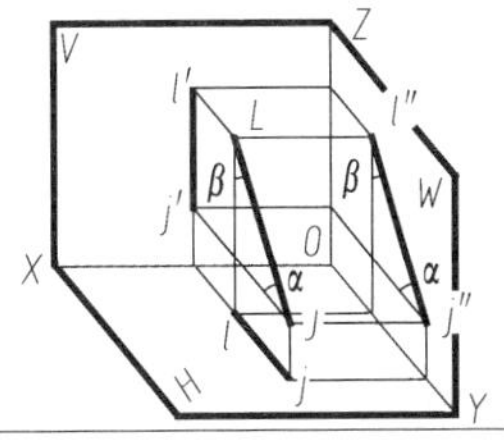
投影图	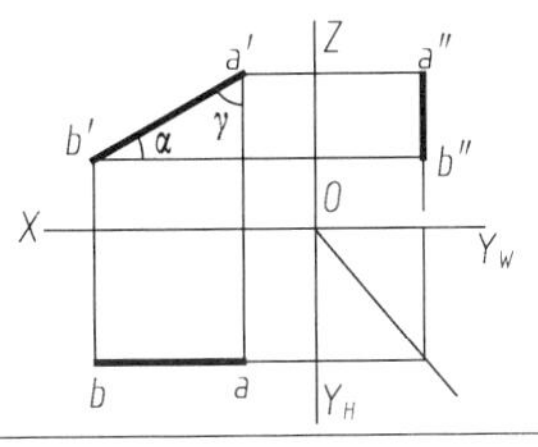	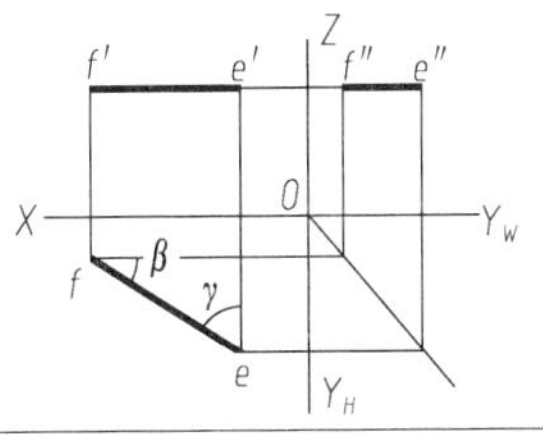	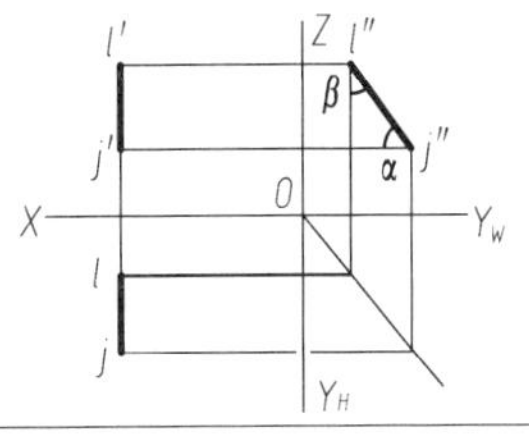
投影特性	（1）正面投影 $a'b'$ 反映实长。 （2）正面投影 $a'b'$ 与 OX 轴和 OZ 轴的夹角 α、γ 分别为 AB 对 H 面和 W 面的倾角。 （3）水平投影 ab // OX 轴，侧面投影 $a''b''$ // OZ 轴，且都小于实长。	（1）水平投影 ef 反映实长。 （2）水平投影 ef 与 OX 轴和 OY_H 轴的夹角 β、γ 分别为 EF 对 V 面和 W 面的倾角。 （3）正面投影 $e'f'$ // OX 轴，侧面投影 $e''f''$ // OY_W 轴，且都小于实长。	（1）侧面投影 $l''j''$ 反映实长。 （2）侧面投影 $l''j''$ 与 OZ 轴和 OY_W 轴的夹角 β、α 分别为 LJ 对 V 面和 H 面的倾角。 （3）正面投影 $l'j'$ // OZ 轴，水平投影 lj // OY_H 轴，且都小于实长。

从表 2-1 中可得出投影面平行线的投影特征：

(1) 直线平行于哪个投影面，它在该投影面上的投影就反映空间线段的实长，且这个投影和投影轴所夹的角度，等于空间线段对相应投影面的倾角。

(2) 其他两个投影都小于空间线段的实长，而且与相应的投影轴平行。

对于投影面平行线的辨认：当直线的投影有两个平行于投影轴，第三投影与投影轴倾斜时，则该直线一定是投影面平行线，且一定平行于其投影为倾斜线的那个投影面。

【例 2-3】 如图 2-21 所示，已知空间点 A，试作线段 AB，长度为 15，并使其平行于 V 面，与 H 面倾角 $\alpha=30°$（只需一解）。

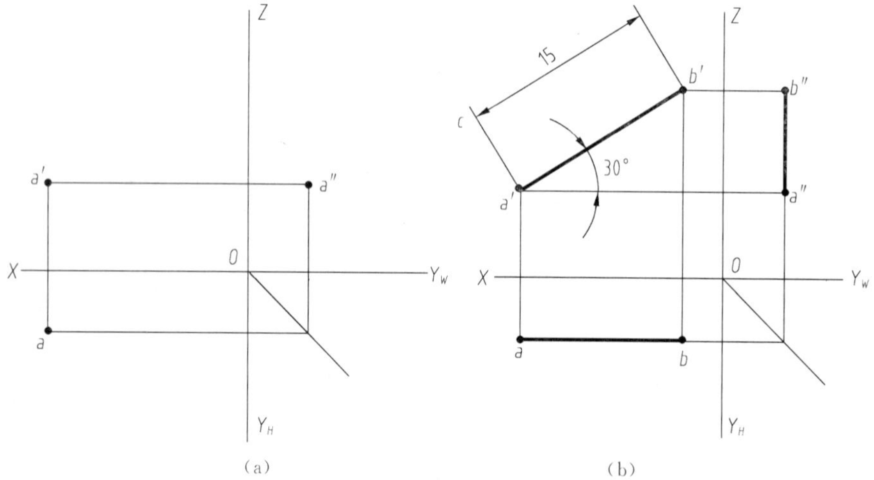

图 2-21　作正平线 AB

分析：所求线段 AB 是正平线。根据正平线的投影特性以及已知条件可知 $ab /\!/ OX$ 轴，$a''b'' /\!/ OZ$ 轴，$a'b'=15$；$a'b'$ 与 OX 轴的夹角 $\alpha=30°$。

作图方法与步骤如图 2-21(b)所示：

(1) 自 a' 作直线与 OX 轴倾斜 30°，并在其上量取 $a'b'=15$。$a'b'$ 即是所求线段 AB 的正面投影。

(2) 过 a 及 a'' 各自作 OX 及 OZ 轴的平行线。

(3) 自 b' 作直线垂直 OX 及 OZ 轴，并与上述两平行线相交于 b 及 b''，连接 ab 及 $a''b''$，即是所求线段 AB 的水平投影和侧面投影。

2. 投影面垂直线

垂直于一个投影面且同时平行于另外两个投影面的直线称为投影面垂直线。垂直于 V 面的称为正垂线；垂直于 H 面的称为铅垂线；垂直于 W 面的称为侧垂线。表 2-2 为投影面垂直线的立体图、投影图及投影特征。

表 2-2 投影面垂直线的投影特性

名称	正垂线（$\perp V$）	铅垂线（$\perp H$）	侧垂线（$\perp W$）
实例	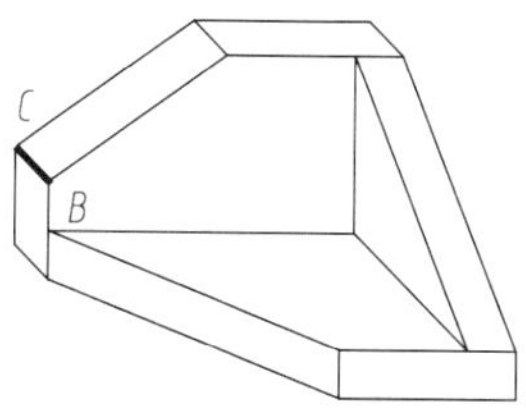	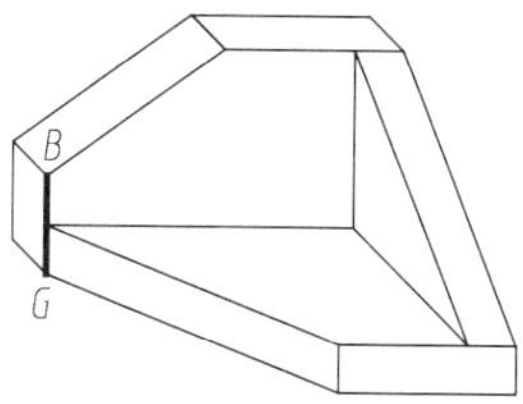	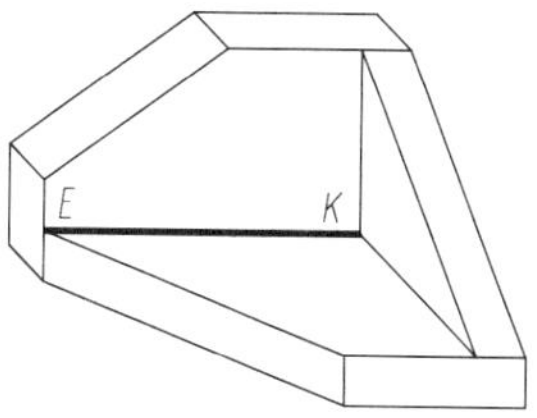
立体图	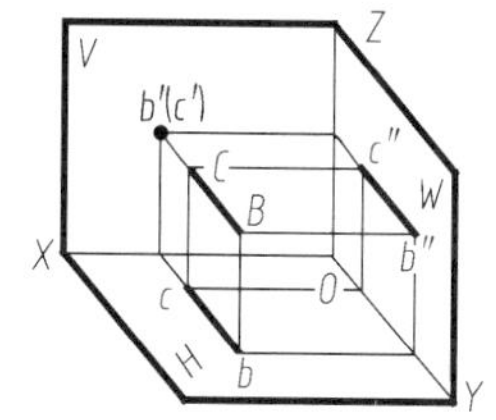	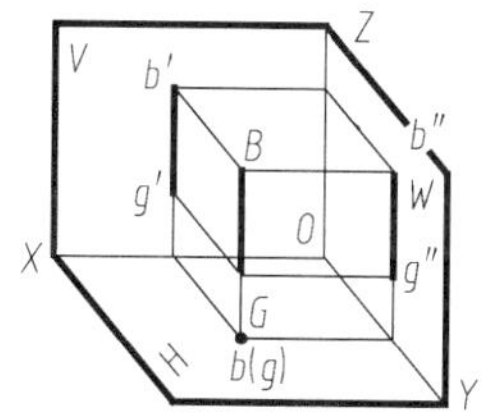	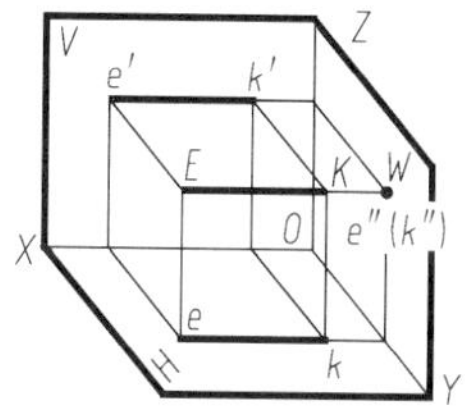
投影图	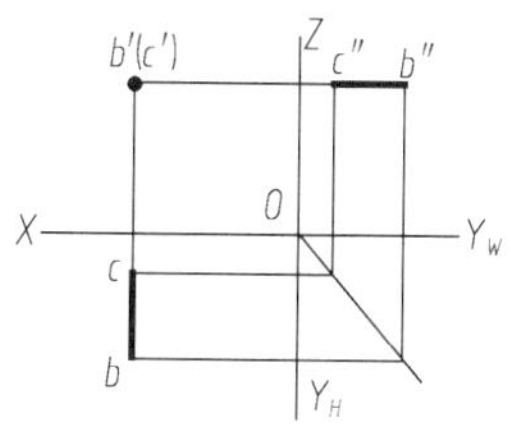	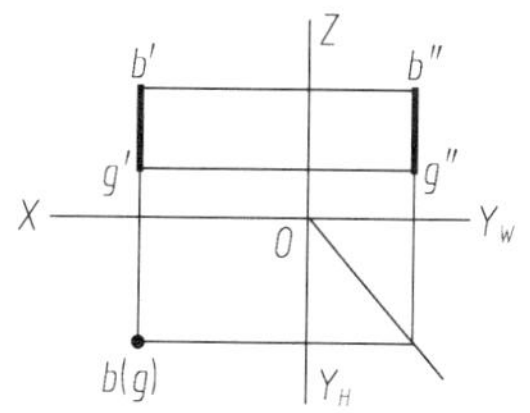	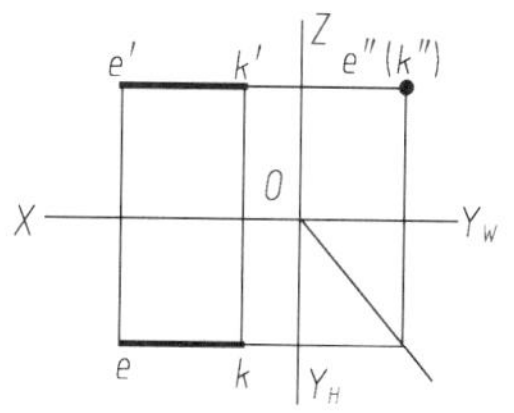
投影特性	（1）正面投影 $b'(c')$ 积聚成一点。 （2）水平投影 bc，侧面投影 $b''c''$ 都反映实长，且 $bc\perp OX$，$b''c''\perp OZ$。	（1）水平投影 $b(g)$ 积聚成一点。 （2）正面投影 $b'g'$，侧面投影 $b''g''$ 都反映实长，且 $b'g'\perp OX$，$b''g''\perp OY_W$。	（1）侧面投影 $e''(k'')$ 积聚成一点。 （2）正面投影 $e'k'$，水平投影 ek 都反映实长，且 $e'k'\perp OZ$，$ek\perp OY_H$。

从表 2-2 中可得出投影面垂直线的投影特征：

（1）直线垂直于哪个投影面，它在该投影面上的投影就积聚为一点。

（2）其他两个投影都与相应的投影轴垂直，并且都反映空间线段的实长。

对于投影面垂直线的辨认：直线的投影中只要有一个投影积聚为一点，则该直线一定是投影面垂直线，且一定垂直于其投影积聚为一点的那个投影面。

【例 2-4】 如图 2-22 所示，已知正垂线 AB 的点 A 的投影，直线 AB 长度为 10 mm，试作直线 AB 的三面投影（只需一解）。

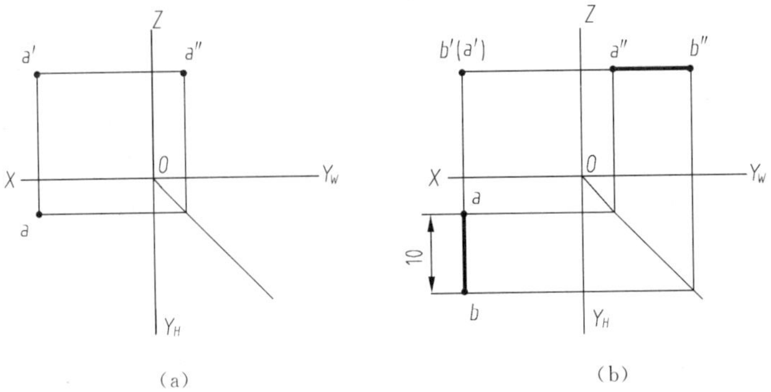

图 2-22　作正垂线 AB

分析：所求线段 AB 是正垂线。根据正垂线的投影特性可知，$a'b'$ 积聚为一点，$ab\perp OX$，$a''b''\perp OZ$，且 $ab=a''b''=10$。

作图方法与步骤如图 2-22(b)所示：

(1) 直线 AB 的正面投影 $a'b'$，积聚在 a' 一点。

(2) 自 a(或 a'')在 OX 轴(或 OZ 轴)的垂线上取 ab 或($a''b''$)$=10$。

(3) 由 b(或 b'')和 b'，求出 b''(或 b)。则 ab、$a''b''$ 即是所求正垂线 AB 的水平投影和侧面投影。

3. 一般位置直线

与三个投影面都处于倾斜位置的直线称为一般位置直线。如图 2-23(a)所示，直线 AB 与 H、V、W 面都处于倾斜位置，倾角分别为 α、β、γ。其投影如图 2-23(b)所示。

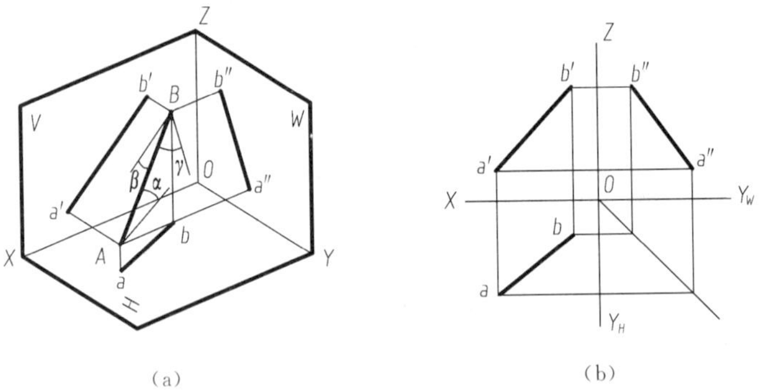

图 2-23　一般位置直线

一般位置直线的投影特征可归纳为：

(1) 直线的三个投影和投影轴都倾斜，各投影和投影轴所夹的角度不等于空间线段对相应投影面的倾角。

(2) 任何投影都小于空间线段的实长，也不能积聚为一点。

对于一般位置直线的辨认：直线的投影如果与三个投影轴都倾斜，则可判定该直线为一般位置直线。

4. 一般位置直线的实长和对投影面的倾角

一般位置直线的投影不反映空间线段的真实长度，也不反映它与各投影面所成夹角的真实大小。但是如果有了空间线段的两个投影，这一线段的空间位置就完全确定了，我们就可以根据这两个投影通过图解法求出线段的实长及其对投影面的倾角。常用的方法是直角三角形法。

图 2-24 表示用直角三角形法求一般位置线段的实长及其对投影面的倾角的原理。AB 为一般位置直线，过端点 A 作直线平行其水平投影 ab 并交 Bb 于 C，得直角三角形 ABC。在直角三角形 ABC 中，斜边 AB 就是线段本身，底边 AC 等于线段 AB 的水平投影 ab，对边 BC 等于线段 AB 的两端点到 H 面的距离差（Z 坐标差），也即等于 $a'b'$ 两端点到投影轴 OX 的距离差，而 AB 与底边 AC 的夹角即为线段 AB 对 H 面的倾角 α。

根据上述分析，只要用一般位置直线在某一投影面上的投影作为直角三角形的底边，用直线的两端点到该投影面的距离差为另一直角边，作出一直角三角形。此直角三角形的斜边就是空间线段的真实长度，而斜边与底边的夹角就是空间线段对该投影面的倾角。这就是直角三角形法。

作图方法与步骤如图 2-25 所示，用线段的任一投影为底边均可用直角三角形法求出空间线段的实长，其长度是相同的，但所得倾角不同。

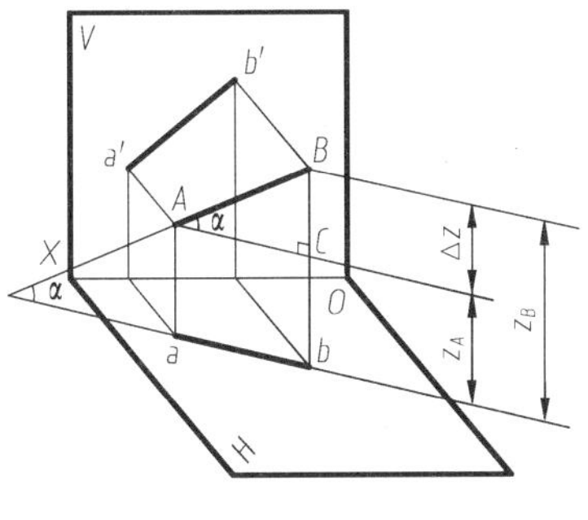

图 2-24 用直角三角形法求线段实长及其与投影面的倾角的原理

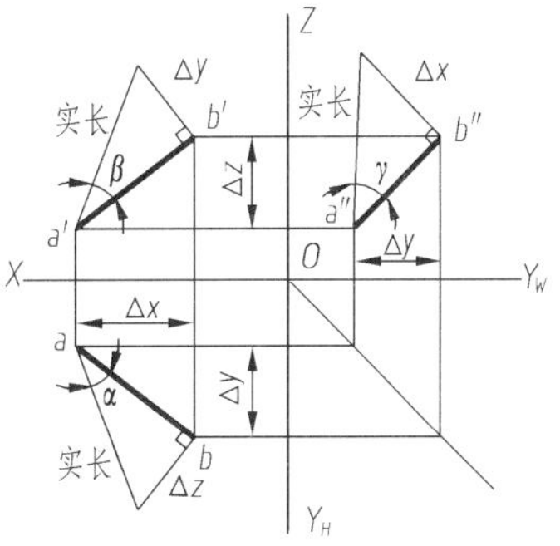

图 2-25 直角三角形法

在直角三角形法中，直角三角形包含四个因素：投影长、坐标差、实长、倾角。只要知道两个因素，就可以将其余两个求出来。

【例 2-5】 如图 2-26(a)所示，已知直线 AB 的实长 $L=15$ mm，及直线 AB 的水平投影 ab 和点 A 的正面投影 a'，试用直角三角形法求出直线 AB 的正面投影 $a'b'$。

分析：用直线 AB 的实长 L 和直线 AB 的水平投影 ab 可以作出直角三角形 $\triangle abA_0$，从而得到 A、B 两点与 H 面的距离差，由距离差即可确定出 b' 的位置，作 a'、b' 连线就是直线 AB 的正面投影。

作图方法与步骤如图 2-26(b)所示：

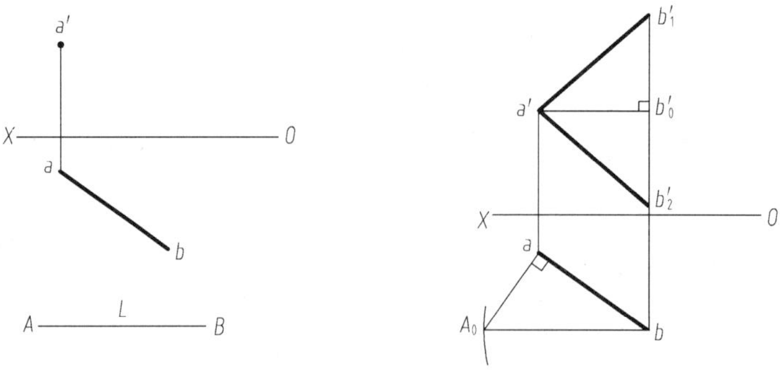

(a)　　　　　　　　　　(b)

图 2－26　直角三角形法应用示例

(1) 在 H 面中，自 a 点作直线垂直于 ab，以 b 点为圆心，以直线 AB 的实长 L 为半径作弧，与 ab 的垂线交于 A_0，连 bA_0 得直角三角形△abA_0，该直角三角形中的直角边 aA_0 即为 A、B 两点距 H 面的距离差。

(2) 过 b 作垂直 OX 轴的直线；过 a' 作 OX 轴的平行线，两线相交于 b'_0。由 b'_0 可向上或向下量取 $b'_0b'_1$ 或 $b'_0b'_2$，使之都等于 aA_0，得到 b'_1、b'_2 两点。

(3) 连 $a'b'_1$ 和 $a'b'_2$，则 $a'b'_1$ 和 $a'b'_2$ 均可为直线 AB 的正面投影，表明该题有两个解。

四、直线上点的投影

1. 直线上点的投影

点在直线上，则点的各个投影必定在该直线的同面投影上；反之，若一个点的各个投影都在直线的同面投影上，则该点必定在直线上。如图 2－27 所示，直线 AB 上有一点 C，则 C 点的三面投影 c、c'、c'' 必定分别在该直线 AB 的同面投影 ab、$a'b'$、$a''b''$ 上。

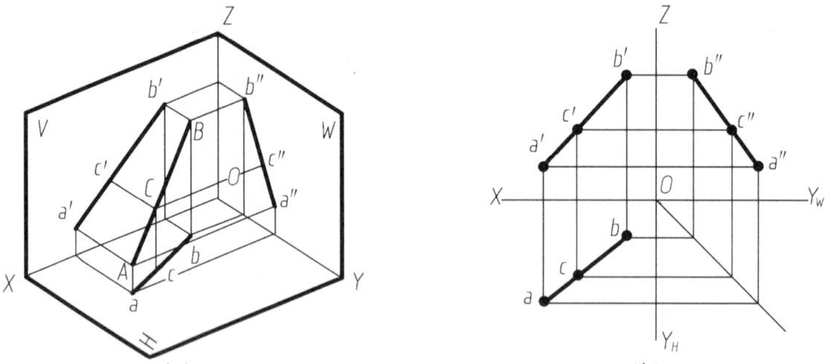

(a)　　　　　　　　　　(b)

图 2－27　直线上点的投影

2. 直线投影的定比性

直线上的点分割线段之比等于其投影之比，这称为直线投影的定比性。

在图 2－27 中，点 C 在线段 AB 上，它把线段 AB 分成 AC 和 CB 两段。根据直线投影的定比性，$AC : CB = ac : cb = a'c' : c'b' = a''c'' : c''b''$。

【例 2－6】 如图 2－28(a)，已知侧平线 AB 的两投影和直线上 K 点的正面投影 k'，求

K 点的水平投影 k。

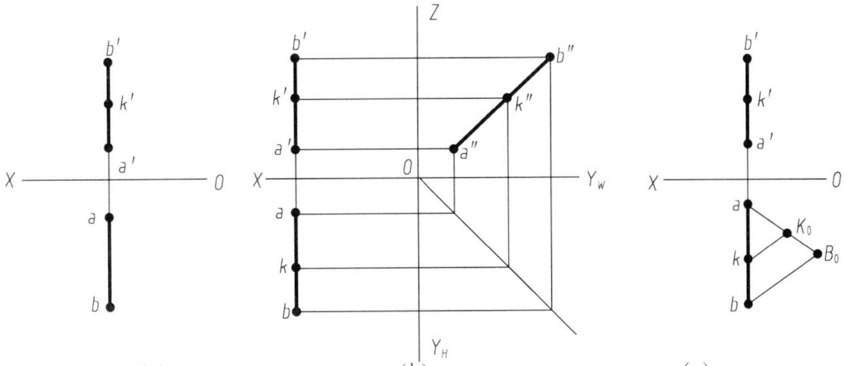

(a)　　(b)　　(c)

图 2-28　求直线上点的投影

方法一　根据点的各个投影必定在该直线的同面投影上这一性质求解。作图方法与步骤如图2-28(b)所示：

(1) 作出 AB 的侧面投影 $a''b''$，同时作出 K 点的侧面投影 k''。

(2) 根据点的投影规律，由 k'、k''求出 k。

方法二　根据直线投影的定比性这一性质求解。作图方法与步骤如图2-28(c)所示：

(1) 过 a 作任意辅助线，在辅助线上量取 $aK_0 = a'k'$，$K_0B_0 = k'b'$。

(2) 连接 B_0b，并由 K_0 作 $K_0k /\!/ B_0b$，交 ab 于 k 点，k 即为所求的水平投影。

五、两直线的相对位置

两直线的相对位置有平行、相交、交叉三种情况。

1. 两直线平行

若空间两直线平行，则它们的各组同面投影必定互相平行。如图 2-29 所示，由于 $AB /\!/ CD$，则必定 $ab /\!/ cd$、$a'b' /\!/ c'd'$、$a''b'' /\!/ c''d''$。反之，若两直线的各组同面投影互相平行，则此两直线在空间也必定互相平行。

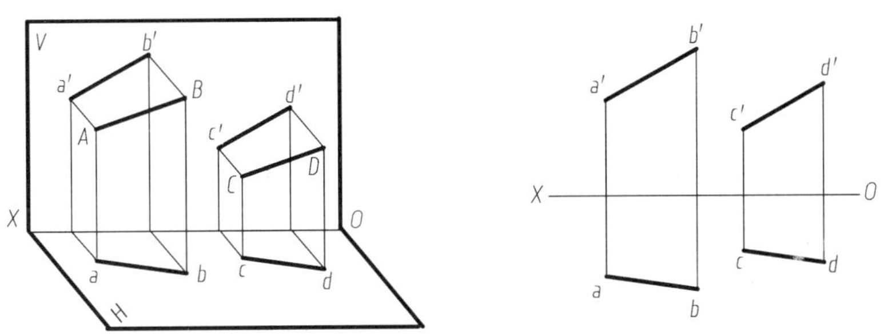

(a)　　(b)

图 2-29 两直线平行

在投影图上判定两直线是否平行：若两直线处于一般位置时，则只需观察两直线中的任何两组同面投影是否互相平行即可判定；但当两平行直线平行于某一投影面时，则需观察两直线在所平行的那个投影面上的投影是否互相平行才能确定。如图2-30所示，两直线 EF、GH 均为侧平线，虽然 $ef \parallel gh$、$e'f' \parallel g'h'$，但不能断言两直线平行，还必须求作两直线的侧面投影进行判定，由于图中所示两直线的侧面投影 $e''f''$ 与 $g''h''$ 相交，所以可判定直线 EF、GH 不平行。

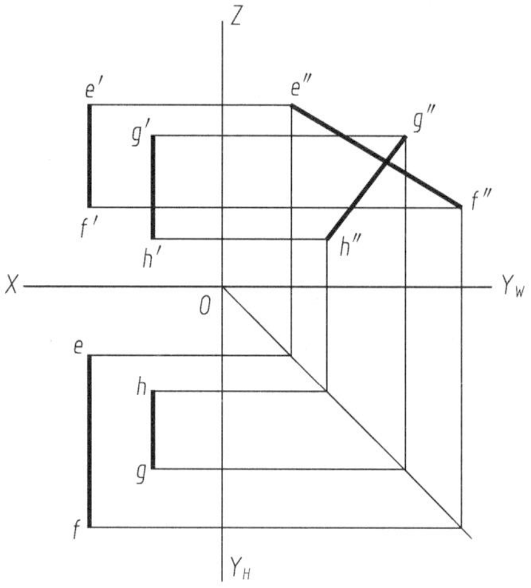

图2-30　判断两直线是否平行

2. 两直线相交

若空间两直线相交，则它们的各组同面投影必定相交，且交点符合点的投影规律。如图2-31所示，两直线 AB、CD 相交于 K 点，因为 K 点是两直线的共有点，则此两直线的各组同面投影的交点 k、k'、k'' 必定是空间交点 K 的投影。反之，若两直线的各组同面投影相交，且各组同面投影的交点符合点的投影规律，则此两直线在空间也必定相交。

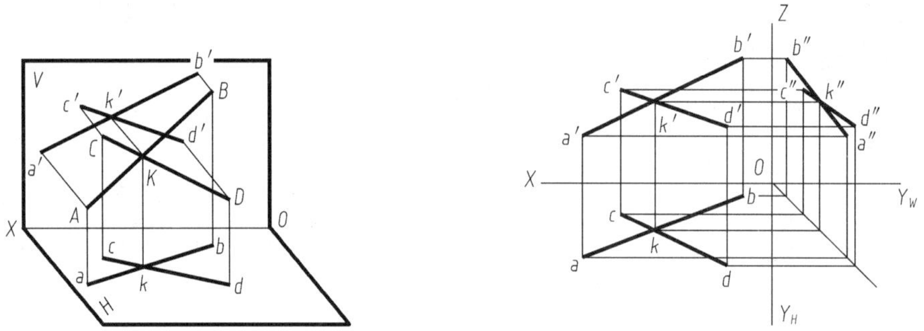

(a)　(b)

图2-31　两直线相交

在投影图上判定两直线是否相交：若两直线均为一般位置线时，则只需观察两直线中的任何两组同面投影是否相交且交点是否符合点的投影规律即可判定；但当两直线中有一条直线为投影面平行线时，则需观察两直线在该投影面上的投影是否相交且交点是否符合点的投影规律才能确定；或者根据直线投影的定比性进行判断。如图2-32所示，两直线 AB、CD 两组同面投影 ab 与 cd、$a'b'$ 与 $c'd'$ 虽然相交，但经过分析判断，可判定两直线在空间不相交。

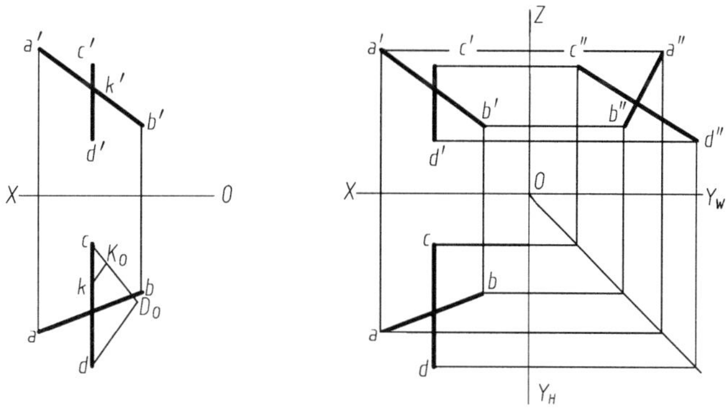

(a)　　　　　　　　(b)

图 2-32　两直线在空间不相交

3. 两直线交叉

两直线既不平行又不相交,称为两直线交叉。若空间两直线交叉,则它们的各组同面投影必不同时平行,或者它们的各组同面投影虽然相交,但其交点不符合点的投影规律;反之亦然。如图 2-33(a)所示。

空间交叉两直线的投影的交点,实际上是空间两点的投影重合点。利用重影点和可见性,可以很方便地判别两直线在空间的位置。在图 2-33(b)中,判断 AB 和 CD 的正面重影点 $k'(l')$ 的可见性时,由于 K、L 两点的水平投影 k 比 l 的 y 坐标值大,所以当从前往后看时,点 K 可见,点 L 不可见,由此可判定 AB 在 CD 的前方。同理,从上往下看时,点 M 可见,点 N 不可见,可判定 CD 在 AB 的上方。

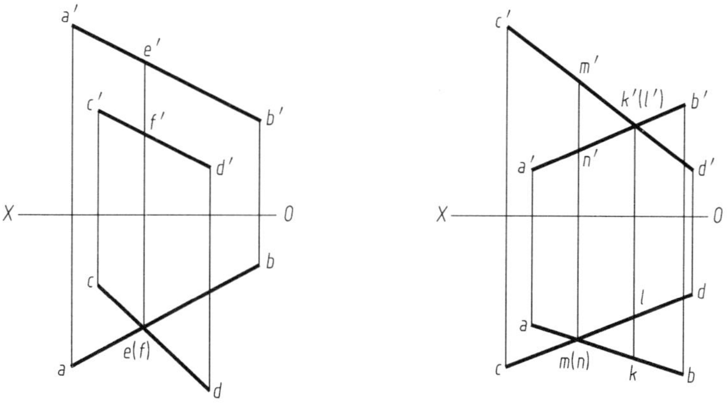

(a)　　　　　　　　(b)

图 2-33　两直线交叉

六、直角投影定理

当互相垂直的两直线同时平行于同一投影面时,在该投影面的投影仍为直角;当互相垂直的两直线都不平行于投影面时,投影不是直角。除了以上两种情况外,这里将要讨论的是另一种情况,它在作图时是经常遇到的,它是处理一般垂直问题的基础,即一边平行于投影面的直角的投影——直角投影定理。

空间垂直相交的两直线,若其中的一直线平行于某投影面时,则在该投影面的投影仍为直角。反之，若相交两直线在某投影面上的投影为直角，且其中有一直线平行于该投影面时，则该两直线在空间必互相垂直。这就是直角投影定理。

如图 2-34 所示，已知 $AB \perp BC$，且 AB 为水平线，所以 ab 必垂直于 bc。

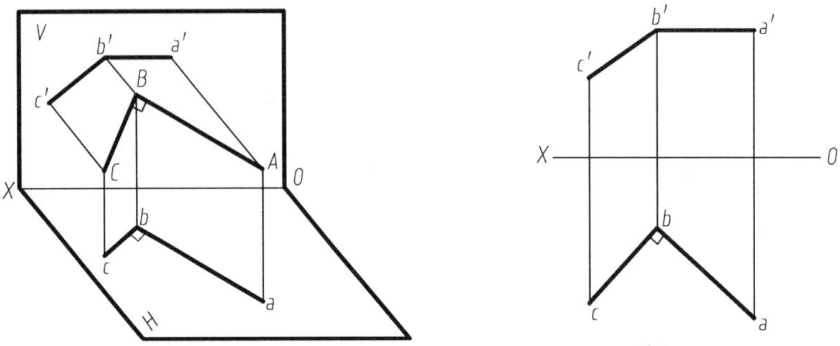

(a)　　　　(b)

图 2-34　垂直相交的两直线的投影

【例 2-7】 求点 A 到直线 BC 的距离，如图 2-35(a)所示。

分析：已知直线 BC 为水平线，根据直角投影定理，由 A 点作 BC 的垂线，其水平投影为直角。

作图方法与步骤如图 2-35(b)所示：

(1) 过 a 点作 bc 的垂线，得交点 k，即垂足的水平投影；

(2) 过 k 作 OX 轴的垂线，与 $b'c'$ 交于 k'，即垂足的正面投影；

(3) 用直角三角形法求出距离实长，aa_0 即为所求。

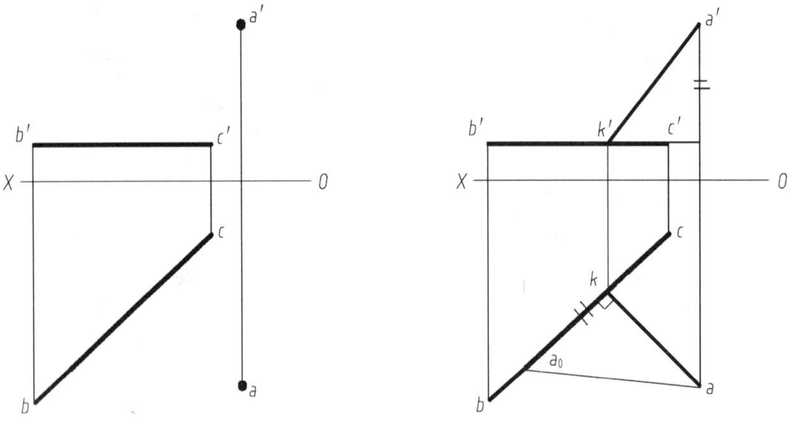

(a)　　　　(b)

图 2-35　求点到直线的距离

【例 2-8】 如图 2-36(a)所示，已知菱形 $ABCD$ 的一条对角线 AC 为一正平线，菱形的一边 AB 位于直线 AM 上，求该菱形的投影图。

分析：菱形的两条对角线互相垂直，且其交点平分对角线的线段长度。

作图方法与步骤如图 2-36(b)所示：

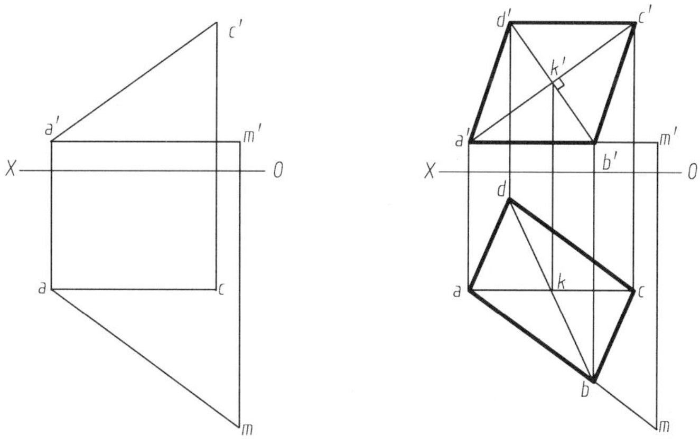

(a)　　　(b)

图 2-36　求菱形的投影图

(1) 在对角线 AC 上取中点 K，即使 $a'k'=k'c'$，$ak=kc$。K 点也必定为另一对角线的中点。

(2) 由于 AC 是正平线，所以另一对角线的正面投影必定垂直 AC 的正面投影 $a'c'$。因此过 k' 作 $k'b'\perp a'c'$，并与 $a'm'$ 交于 b'，由 $k'b'$ 求出 kb。

(3) 在对角线 BK 的延长线上取一点 D，使 $KD=KB$，即 $k'd'=k'b'$，$kd=kb$，则 $b'd'$ 和 bd 即为另一对角线的投影，连接各点即为菱形 $ABCD$ 的投影。

第五节　平面的投影

一、平面的表示法

在投影图上表示平面有两种方法。

1. 一组几何元素的投影表示平面

(1) 不在同一直线上的三点，如图 2-37(a)。

(2) 一直线和直线外一点，如图 2-37(b)。

(3) 相交两直线，如图 2-37(c)。

(4) 平行两直线，如图 2-37(d)。

(5) 任意平面图形，如三角形、四边形、圆形等，如图 2-37(e)。

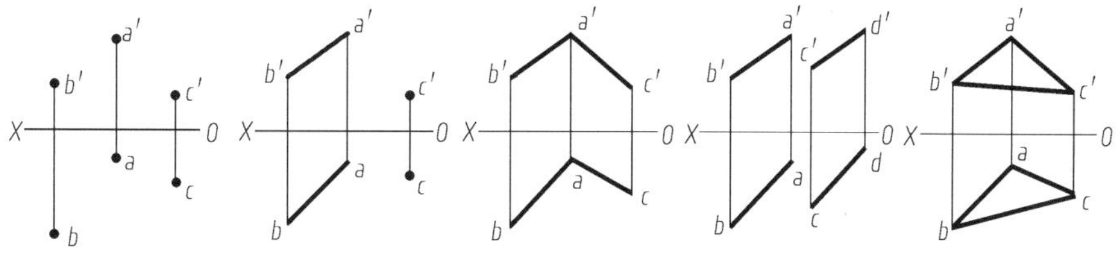

(a)　(b)　(c)　(d)　(e)

图 2-37　用几何元素表示平面

以上表示平面的五组几何元素之间可以互相转换。为了解题的方便，常常用一个平面图形（如三角形）表示平面。

2. 迹线表示法

有时也用平面与投影面的交线即平面的迹线来表示平面，如图 2-38(a)所示。平面 P 与 H 面的交线称为水平迹线，用 P_H 表示；平面 P 与 V 面的交线称为正面迹线，用 P_V 表示；平面 P 与 W 面的交线称为侧面迹线，用 P_W 表示。P_H、P_V、P_W 两两相交的交点 P_X、P_Y、P_Z 称为迹线集合点，它们分别位于 OX、OY、OZ 轴上。

由于迹线既是平面内的直线，又是投影面内的直线，所以迹线的一个投影与其本身重合，另两个投影与相应的投影轴重合。在用迹线表示平面时，为了简明起见，只画出并标注与迹线本身重合的投影，而省略与投影轴重合的迹线投影，如图 2-38(b)所示。

通常把用迹线表示的平面称为迹线平面。

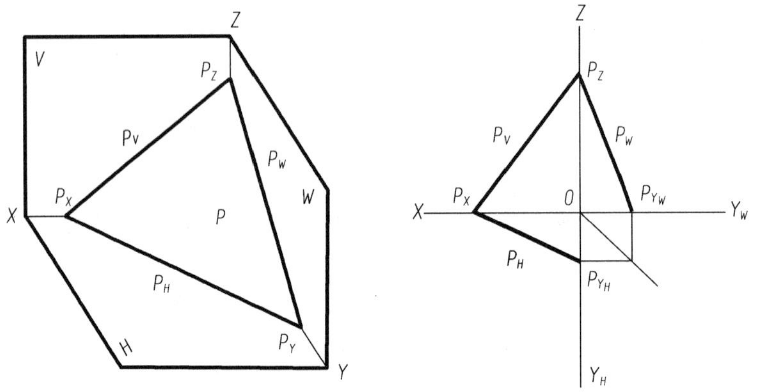

(a) (b)

图 2-38 用迹线表示平面

二、平面对于一个投影面的投影特性

空间平面相对于一个投影面的位置有平行、垂直、倾斜三种。三种位置有不同的投影特性。

1. 真实性

当平面与投影面平行时，则平面的投影为实形。这种投影性质称为真实性，如图 2-39(a)所示。

2. 积聚性

当平面与投影面垂直时，则平面的投影积聚成一条直线。这种投影性质称为积聚性，如图 2-39(b)所示。

3. 类似性

当平面与投影面倾斜时，则平面的投影是小于平面实形的类似形。这种投影性质称为类似性，如图 2-39(c)所示。

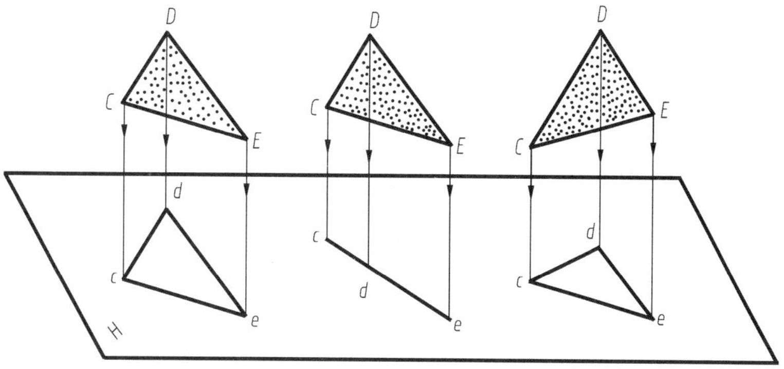

图 2-39　平面的投影特性

三、各种位置平面的投影特性

根据平面在三投影面体系中的位置可分为投影面倾斜面、投影面平行面、投影面垂直面三类。前一类平面称为一般位置平面，后两类平面称为特殊位置平面。它们具有不同的投影特性。

1. 投影面垂直面

垂直于一个投影面且同时倾斜于另外两个投影面的平面称为投影面垂直面。垂直于 V 面的称为正垂面，垂直于 H 面的称为铅垂面，垂直于 W 面的称为侧垂面。平面与投影面所夹的角度称为平面对投影面的倾角。α、β、γ 分别表示平面对 H 面、V 面、W 面的倾角。

表 2-3 为投影面垂直面的立体图、投影图及投影特征。

表 2-3　投影面垂直面的投影特性

名称	正垂面(⊥V)	铅垂面(⊥H)	侧垂面(⊥W)
实例	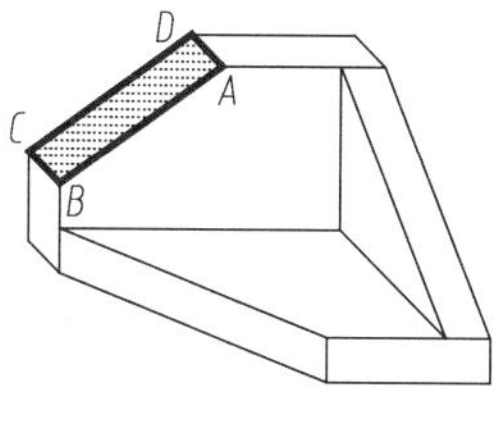	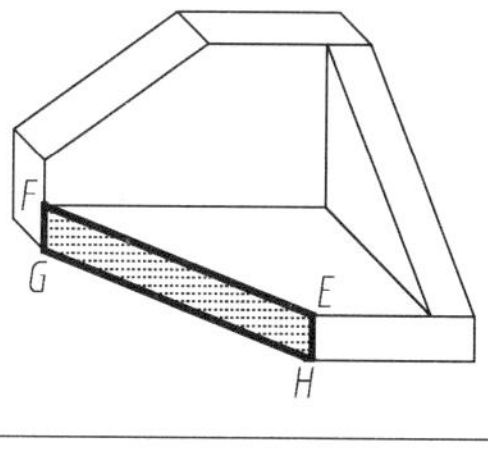	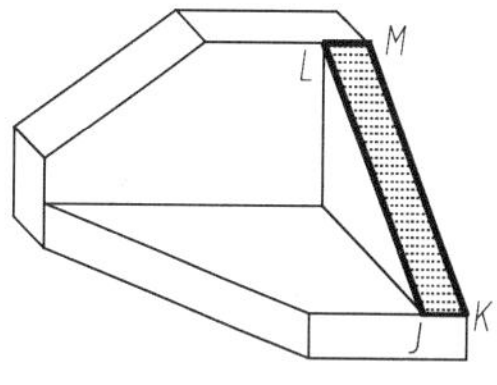
立体图	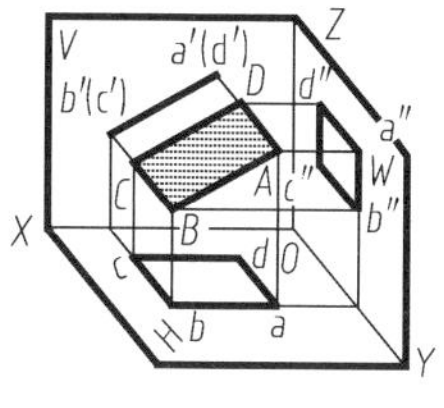	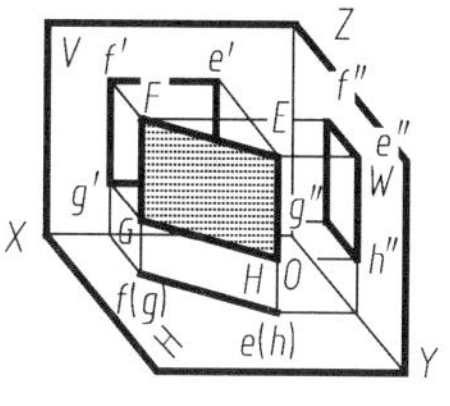	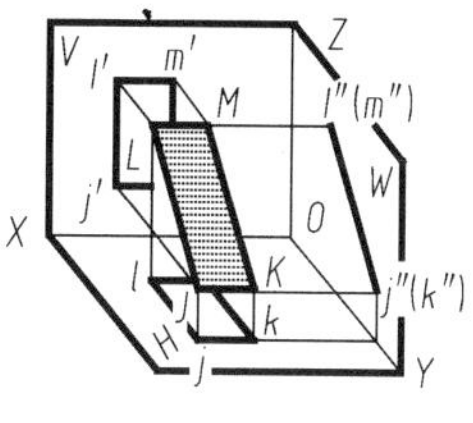

（续表）

名称	正垂面（$\perp V$）	铅垂面（$\perp H$）	侧垂面（$\perp W$）
投影图	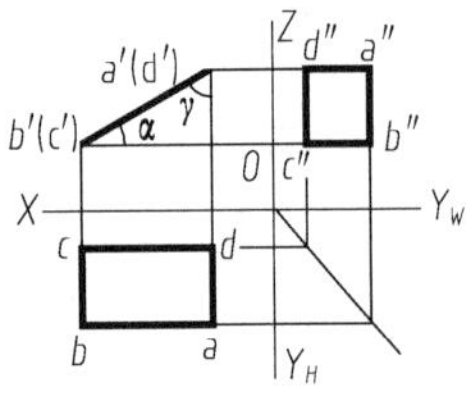	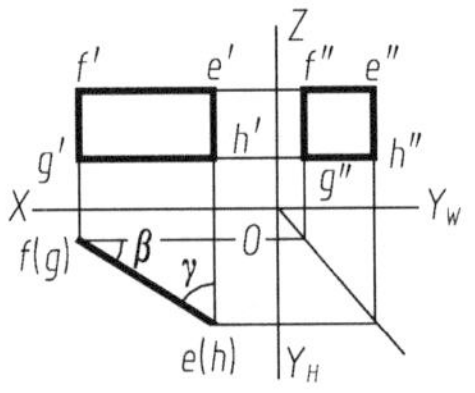	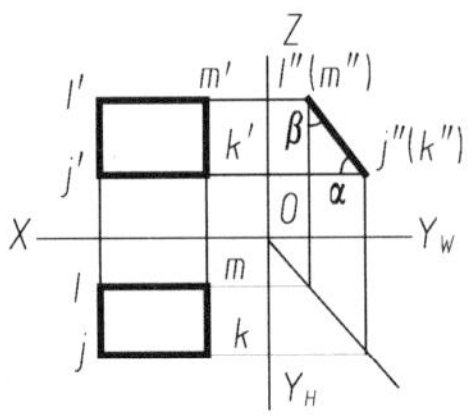
投影特性	（1）正面投影积聚成一条直线，它与 OX 轴和 OZ 轴的夹角 α、γ 分别为平面对 H 面和 W 面的真实倾角。 （2）水平投影和侧面投影都是类似形。	（1）水平投影积聚成一条直线，它与 OX 轴和 OY_H 轴的夹角 β、γ 分别为平面对 V 面和 W 面的真实倾角。 （2）正面投影和侧面投影都是类似形。	（1）侧面投影积聚成一条直线，它与 OZ 轴和 OY_W 轴的夹角 β 和 α 分别为平面对 V 面和 H 面的真实倾角。 （2）正面投影和水平投影都是类似形。

从表 2－3 中可得出投影面垂直面的投影特征：

（1）平面垂直于哪个投影面，它在该投影面上的投影积聚为一直线且与投影轴倾斜，并且这个投影和投影轴所夹的角度，就等于空间平面对相应投影面的倾角。

（2）其他两个投影都是空间平面的类似形。

对于投影面垂直面的辨认：如果空间平面在某一投影面上的投影积聚为一条与投影轴倾斜的直线，则此平面垂直于该投影面。

【例 2－9】 如图 2－40(a)所示，四边形 $ABCD$ 垂直于 V 面，已知 H 面的投影 $abcd$ 及 B 点的 V 面投影 b'，且与 H 面的倾角 $\alpha = 45°$，求作该平面的 V 面和 W 面投影。

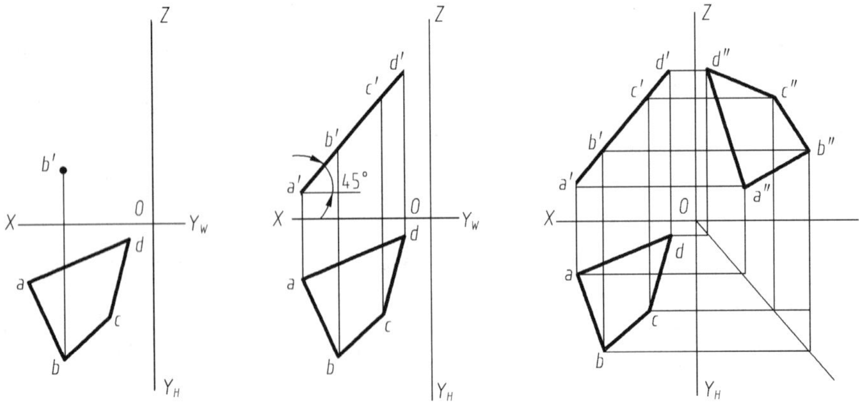

(a) (b) (c)

图 2－40 求作四边形平面 $ABCD$ 的投影

分析:因为四边形 $ABCD$ 是正垂面,其正面投影积聚成一条倾斜直线,所以做此倾斜直线与 OX 轴的夹角 $\alpha=45°$,再根据其水平投影求得正面投影 $a'b'c'd'$,然后根据两投影可求得侧面投影。

作图方法与步骤如图 2-40(b)、(c)所示:

(1) 过 b' 作与 OX 轴成 45°的线,使其与自 a、b、c、d 各点所作的 OX 轴垂线分别交于 a'、c'、d'。如图 2-40(b)所示。

(2) 由四边形 $ABCD$ 的正面投影 $a'b'c'd'$ 和水平投影 $abcd$ 求侧面投影,得 $a''b''c''d''$。如图 2-40(c)所示。

2. 投影面平行面

平行于一个投影面且同时垂直于另外两个投影面的平面称为投影面平行面。平行于 V 面的称为正平面,平行于 H 面的称为水平面,平行于 W 面的称为侧平面。

表 2-4 为投影面平行面的立体图、投影图及投影特征。

表 2-4　投影面平行面的投影特性

名称	正平面(//V)	水平面(//H)	侧平面(//W)
实例	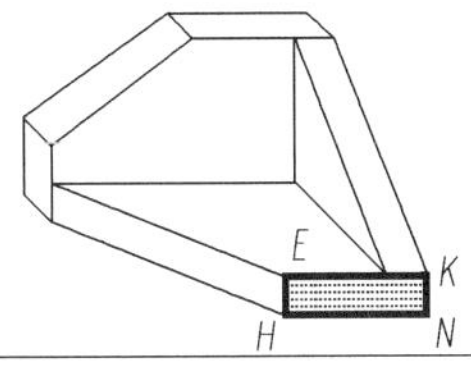	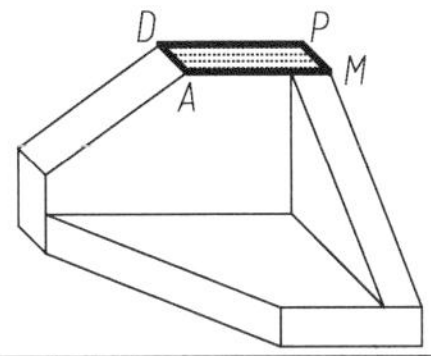	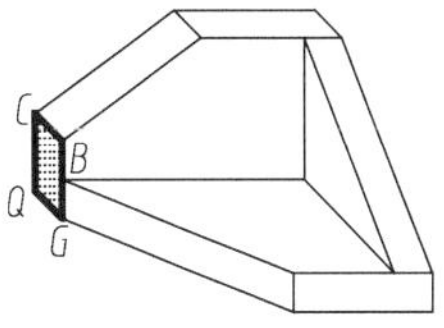
立体图	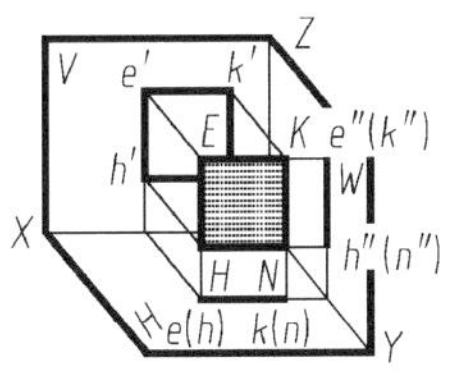	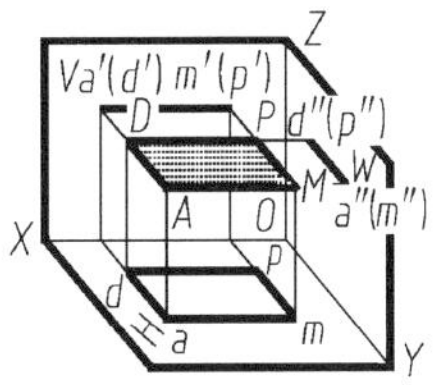	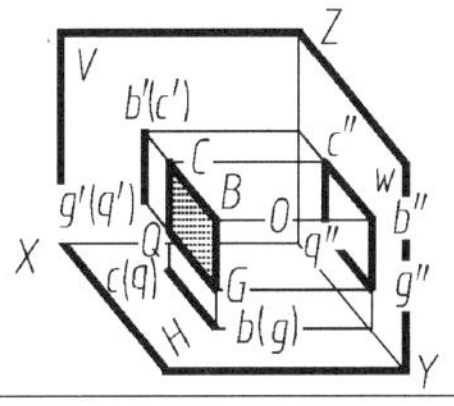
投影图	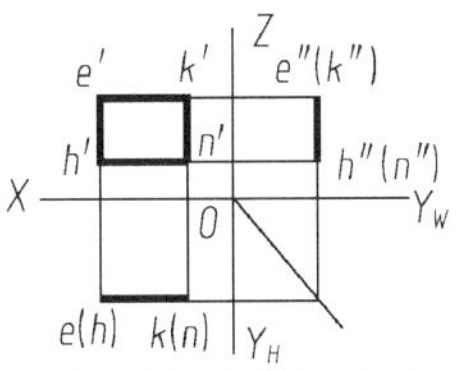	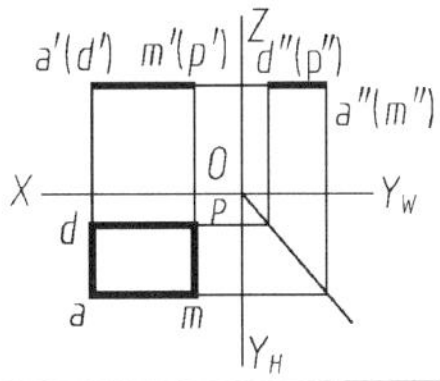	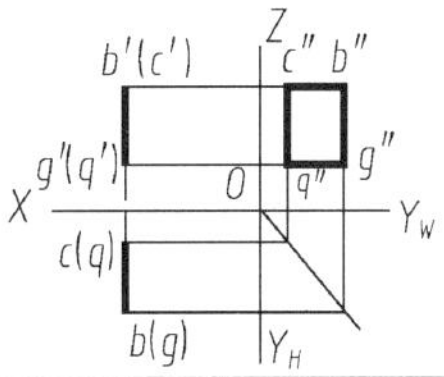
投影特性	(1) 正面投影反映实形。 (2) 水平投影积聚成直线且平行于 OX 轴。 (3) 侧面投影积聚成直线且平行于 OZ 轴。	(1) 水平投影反映实形。 (2) 正面投影积聚成直线且平行于 OX 轴。 (3) 侧面投影积聚成直线且平行于 OY_W 轴。	(1) 侧面投影反映实形。 (2) 正面投影积聚成直线且平行于 OZ 轴。 (3) 水平投影积聚成直线且平行于 OY_H 轴。

从表 2-4 中可得出投影面平行面的投影特征:

(1) 平面平行于哪个投影面,它在该投影面上的投影反映空间平面的实形。

(2) 其他两个投影都积聚为直线,而且与相应的投影轴平行。

对于投影面平行面的辨认：当平面的投影有两个分别积聚为平行于不同投影轴的直线，而另一个投影为平面形时，则此平面平行于该投影所在的那个平面。

3. 一般位置平面

与三个投影面都处于倾斜位置的平面称为一般位置平面。

例如平面△ABC 与 H、V、W 面都处于倾斜位置，倾角分别为 α、β、γ。其投影如图 2-41 所示。

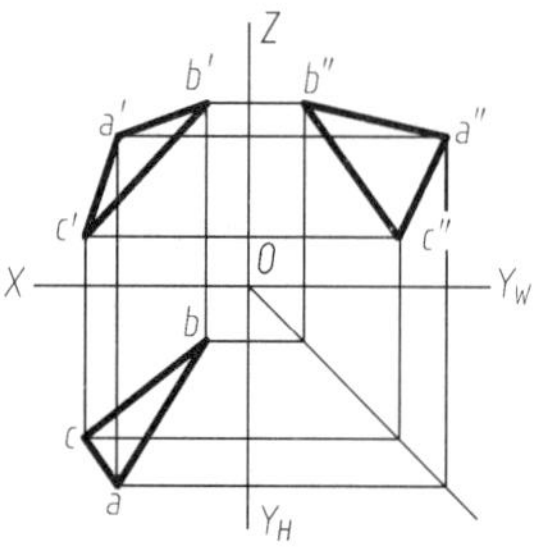

图 2-41　一般位置平面

一般位置平面的投影特征可归纳为：一般位置平面的三面投影，既不反映实形，也无积聚性，而都为类似形。

对于一般位置平面的辨认：如果平面的三面投影都是类似的几何图形的投影，则可判定该平面一定是一般位置平面。

四、平面上的直线和点

1. 平面上的点

点在平面上的几何条件是：点在平面内的一直线上，则该点必在平面上。因此在平面上取点，必须先在平面上取一直线，然后再在该直线上取点。这是在平面的投影图上确定点所在位置的依据。如图 2-42 所示，相交两直线 AB、AC 确定一平面 P，点 K 取自直线 AB，所以点 K 必在平面 P 上。

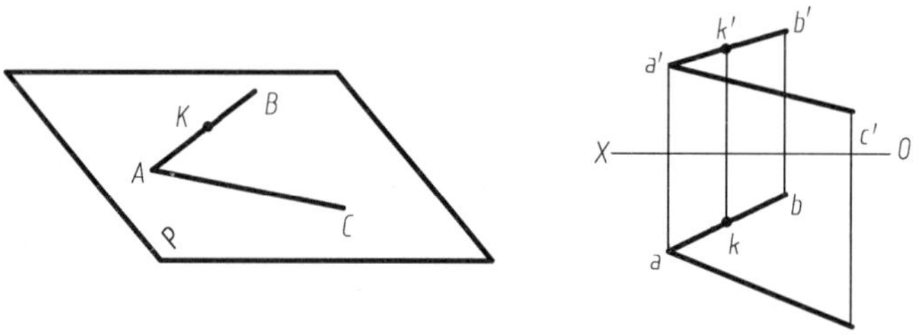

(a)　(b)

图 2-42　平面上的点

2. 平面上的直线

直线在平面上的几何条件是：

(1) 若一直线通过平面上的两个点，则此直线必定在该平面上。

(2) 若一直线通过平面上的一点并平行于平面上的另一直线，则此直线必定在该平面上。

上述两条件之一，是在平面的投影图上选取直线的作图依据。

如图 2-43 所示，相交两直线 AB、AC 确定一平面 P，分别在直线 AB、AC 上取点 E、F，连接 EF，则直线 EF 为平面 P 上的直线。具体作图方法见图2-43(b)所示。

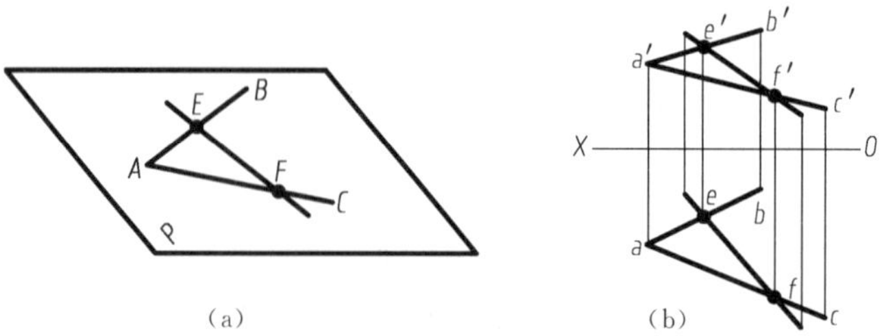

(a)　(b)

图 2-43　平面上的直线

再如图 2-44 所示，相交两直线 AB、AC 确定一平面 P，在直线 AC 上取点 E，过点 E 作直线 $MN \parallel AB$，则直线 MN 为平面 P 上的直线。具体作图方法见图 2-44(b)所示。

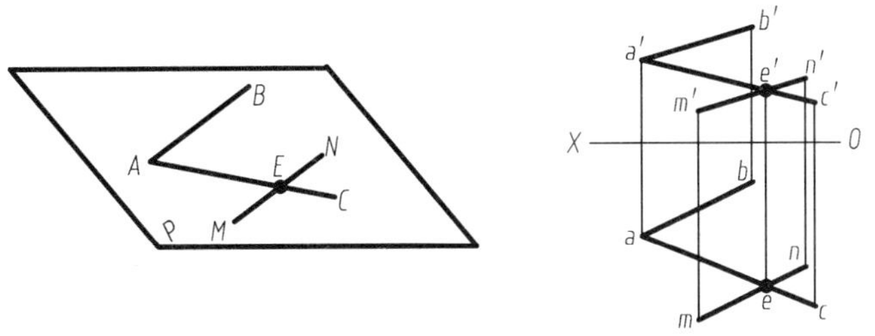

(a)　　　　(b)

图 2-44　平面上的直线

【例 2-10】　如图 2-45(a)所示，试判断点 K 和点 M 是否属于△ABC 所确定的平面。

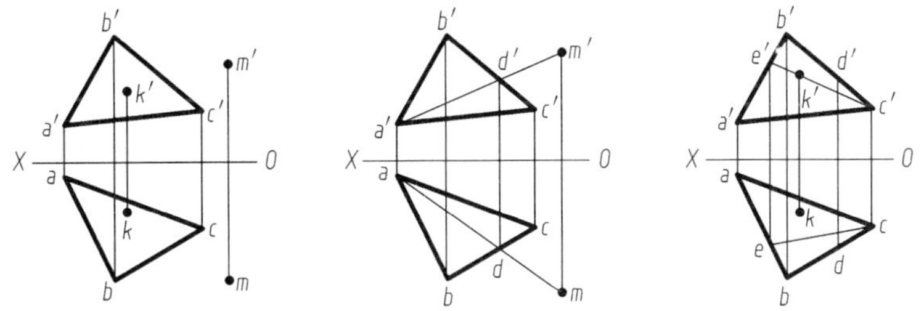

(a)　　　　(b)　　　　(c)

图 2-45　判断点是否属于平面

分析：点 K 和点 M 若属于△ABC，则它们必分别属于平面△ABC 上的某一直线，否则就不属于该平面。

作图方法与步骤如图 2-45(b)、(c)所示：

(1) 连 $a'm'$ 交 $b'c'$ 于 d'，由 d' 在 $b\ c$ 上求得 d，连 a、d，作出属于△ABC 的直线 AD，从图 2-45(b)中看到延长 ad 后与 m 相交，即 m 在 ad 上，所以可判定点 M 属于△ABC 所在平面。

(2) 同理，连 $c'k'$ 交 $a'b'$ 于 e'，由 e' 在 ab 上求得 e，连 c、e，得到属于△ABC 的另一直线 CE，从图 2-45(c)中看到，ce 连线未过 k，故 K 点不在直线 CE 上，表明点 K 不属于平面△ABC。

3. 平面上的投影面平行线

属于平面且又平行于一个投影面的直线称为平面上的投影面平行线。平面上的投影面平行线一方面要符合投影面平行线的投影特性，另一方面又要符合直线在平面上的条件。如图 2-46 所示，过 A 点在平面内要作一

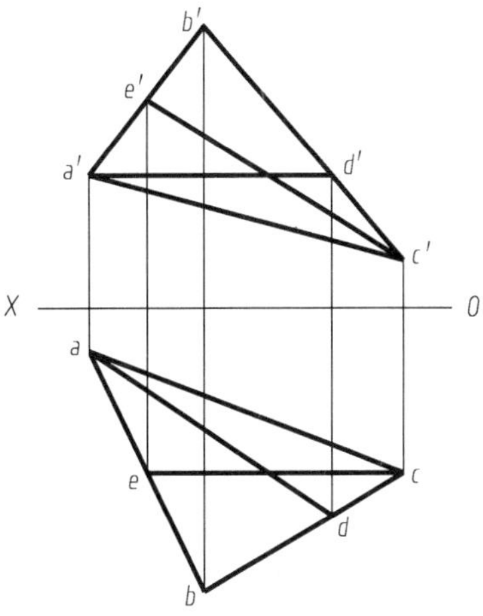

图 2-46　平面上的投影面平行线

水平线 AD，可过 a' 作 $a'd' /\!/ OX$ 轴，再求出它的水平投影 ad，$a'd'$ 和 ad 即为△ABC 上一水平线 AD 的两面投影。如过 C 点在平面内要作一正平线 CE，可过 c 作 $ce /\!/ OX$ 轴，再求出它的正面投影 $c'e'$，$c'e'$ 和 ce 即为△ABC 上一正平线 CE 的两面投影。

【例 2-11】 △ABC 平面如图 2-47(a)所示，要求在△ABC 平面上取一点 K，使 K 点在 A 点之下 15 mm，在 A 点之前 10 mm，试求出 K 点的两面投影。

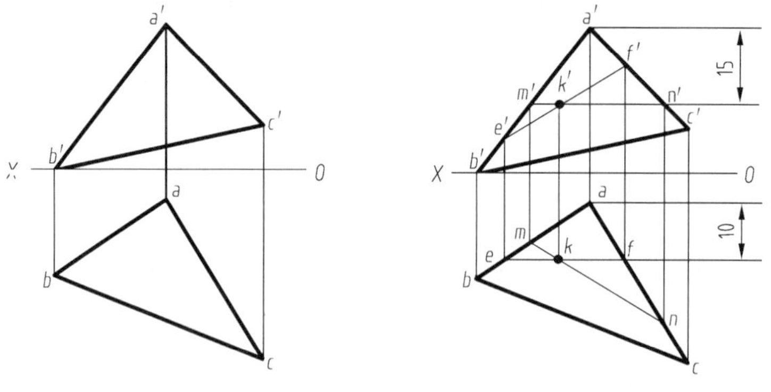

图 2-47　平面上取点

分析：因为 K 点在△ABC 平面上，在 A 点之下 15 mm，可作平面上的水平线 MN；在 A 点之前 10 mm，可作平面上的正平线 EF。K 点必在 MN 和 EF 两线的交点上。

作图方法与步骤如图 2-47(b)所示：

(1) 从 a' 向下取 15 mm 作 $m'n' /\!/ OX$ 轴，求出直线 MN 的水平投影 mn；

(2) 从 a 向前取 10 mm 作 $ef /\!/ OX$ 轴，求出直线 EF 的正面投影 $e'f'$；

(3) $m'n'$ 和 $e'f'$ 交于 k'，mn 和 ef 交于 k，k、k' 即为所求。

第六节　换 面 法

在解决工程实际问题时，经常遇到求解度量问题，如实长、实形、距离、夹角等，或者求解定位问题，如交点、交线等。通过对直线或平面的投影分析可知，当直线或平面对投影面处于一般位置时，在投影图上不能直接反映它们的实长、实形、距离、夹角等；当直线或平面对投影面处于特殊位置时，在投影图上就可以直接得到它们的实长、实形、距离、夹角等。如图 2-48(a)所示，ab 反映直线 AB 的实长；图 2-48(b)中，△abc 反映△ABC 的实形；图 2-48(c)中，$k'h'$ 反映 K 点到△ABC 平面的距离 KH；图 2-48(d)中，∠abd 反映两平面△ABC 和△BCD 的夹角；图 2-48(e)中，k 反映直线 DE 和△ABC 的交点 K。

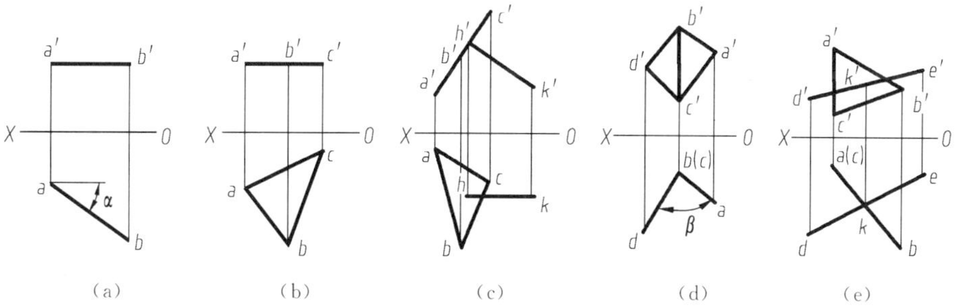

图 2-48　空间几何元素处于有利于解题位置

可见，对投影面处于一般位置的空间几何元素，当其位置不利于解题时，可将其由一般位置变换成特殊位置，这样问题就容易解决了。换面法就是研究如何改变空间几何元素对投影面的相对位置，以达到简化解题的目的。

一、换面法的概念

空间几何元素的位置保持不动，用新的投影面代替原来的投影面，使几何元素在新投影面上的投影对于解题最为简便，这种方法称为变换投影面法，简称换面法。如图 2-49 所示为一处于铅垂位置的三角形平面，在 V/H 体系中其投影不反映实形，现作一个与 H 面垂直的新投影面 V_1 平行于三角形平面，组成新的投影面体系 V_1/H，再将三角形平面向 V_1 面进行投影，这时三角形平面在 V_1 面上的投影就反映该平面的实形。

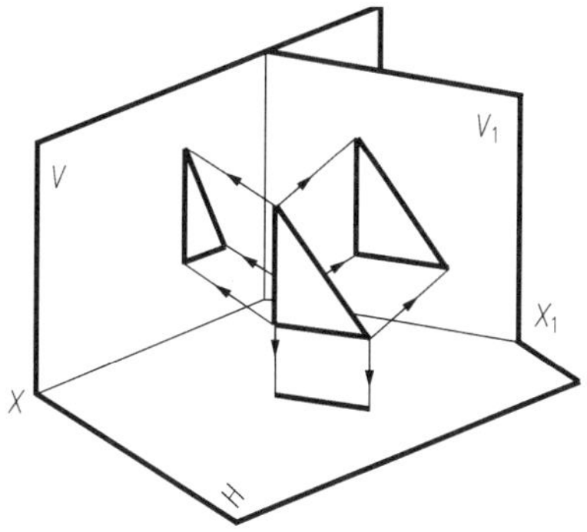

图 2-49　换面法的原理

二、点的投影变换

点是最基本的几何元素，因此必须首先研究在变换投影面时，点的投影变换规律。

必须注意，在进行投影变换时，新投影面是不能任意选择的。首先要使空间几何元素在新投影面上的投影能够帮助我们更方便地解决问题，并且新投影面必须要和不变的投影面构成一个直角两面体系，这样才能应用正投影原理作出新的投影图来。因而新投影面的选择必须符合以下两个基本条件：

(1) 新投影面必须垂直于原投影面体系中的一个不变的投影面。

(2) 新投影面必须使空间几何元素处于有利于解题的位置。

1. 点的一次换面

根据选择新投影面的条件可知，每次只能变换一个投影面。变换一个投影面即能达到解题要求的称为一次换面法。

(1) 变换 V 面，即 $V/H \to V_1/H$

图 2-50 中 a、a' 为点 A 在 V/H 体系中的投影，在适当的位置设一个新投影面 V_1 代替 V，必须使 $V_1 \perp H$，从而组成了新的投影体系 V_1/H。V_1 与 H 的交线 X_1 为新的投影轴。由 A 向 V_1 作垂线得到新投影面上的投影 a'_1，而水平投影仍为 a。令 V_1 面绕 X_1 轴旋转到与 H 面重合的位置并展开，则 a 和 a'_1 之间有如下关系：

① 在投影体系中，新投影 a'_1 和不变投影 a 的连线垂直于 X_1 轴，即 $aa'_1 \perp X_1$。

② 点的新投影 a'_1 到新投影轴 X_1 的距离等于被代替的投影 a' 到旧投影轴 X 的距离，即 $a'_1 a_{X_1} = a' a_X = Z$ 坐标。

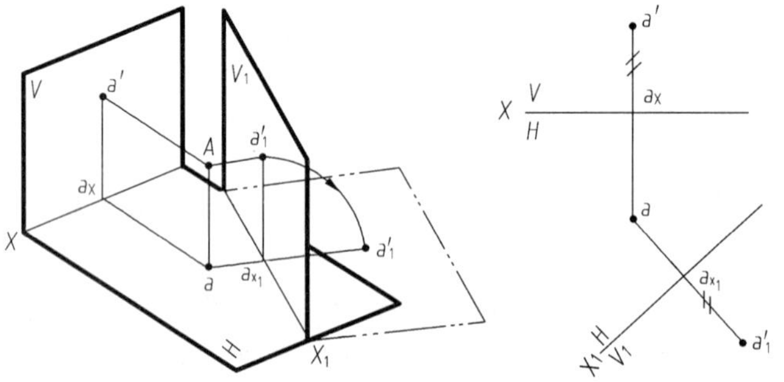

(a) (b)

图 2-50 变换 V 面

根据上述关系，点的一次变换作图步骤如下：

① 作新投影轴 X_1；

② 由不变投影 a 向 X_1 作垂线相交于 a_{X_1}；

③ 延长 aa_{X_1} 截取 $a_{X_1}a'_1 = a'a_X$，得 A 点在 V_1 面上的投影 a'_1。

(2) 变换 H 面，即 $V/H \to V/H_1$

从图 2-51 看出，用 H_1 代替 H 组成新投影面体系 V/H_1。由于 V 面不变，所以点到 V 面的距离不变，即 $a_1 a_{X_1} = aa_X = Y$ 坐标。

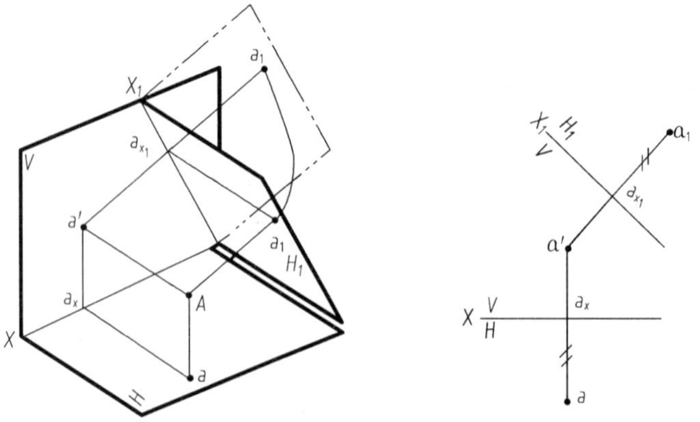

(a) (b)

图 2-51 变换 H 面

求 a_1 的作图步骤如下：

① 作新投影轴 X_1；

② 由 a' 作 X_1 轴垂线交 X_1 于 a_{X_1}；

③ 延长 $a'a_{X_1}$ 截取 $a_{X_1}a_1 = aa_X$，得 A 点在 H_1 面上的投影 a_1。

综上所述，一次换面法中点的变换规律如下：点的新投影和不变投影的连线必垂直于新投影轴；点的新投影到新投影轴的距离等于被代替的旧投影到旧投影轴的距离。

2. 点的二次换面

由于新投影面的建立必须垂直于原有的一个投影面，因此在运用换面法解决实际问题时，有时变换一次投影面还不能解决问题，而必须依次变换两次，这种变换两次投影面的方法就称为二次换面法。

点的二次变换的原理和方法与第一次变换基本相同，只是将作图过程重复一次，但要注意新、旧体系中坐标的量取，其作图方法和步骤如图 2－52 所示：

（1）先变换一次，用 V_1 面代替 V 面，组成新投影体系 V_1/H，求得新投影 a'_1。

（2）在 V_1/H 投影体系的基础上，再变换一次，用 H_2 面代替 H 面组成第二个新投影体系 V_1/H_2，求得新投影 a_2。

也可以根据需要，先变换 H 面，再变换 V 面，即由 $V/H \rightarrow V/H_1$，再由 $V/H_1 \rightarrow V_2/H_1$。

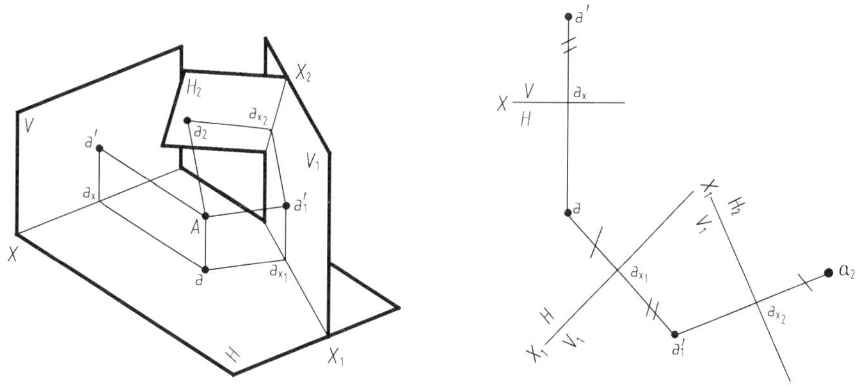

(a)　　　　(b)

图 2－52　点的二次变换

二次变换时必须注意，新投影面的设置必须符合前述两个原则，而且必须交替变换，若第一次用 V_1 面代替 V 面，组成 V_1/H 新体系，第二次变换则应用 H_2 面代替 H 面组成 V_1/H_2 体系。可如此交替多次变换达到解题目的。

三、直线的投影变换

直线是由两点决定的，因此当直线变换时，只要将直线上任意两点的投影加以变换，即可求得直线的新投影。

在解决实际问题时，根据需要经常要将一般位置线变换成平行或垂直于新投影面的位置的直线。

1. 直线的一次换面

(1) 将一般位置直线变换为投影面平行线

当一般位置直线变换为投影面平行线时,就可以求出线段的实长和对投影面的倾角。

如图 2-53 所示,AB 为一般位置直线,如要变换为正平线,则必须变换 V 面,使新投影面 V_1 面平行于 AB,这样 AB 在 V_1 面上的投影 $a'_1b'_1$ 将反映 AB 的实长,$a'_1b'_1$ 与 X_1 轴的夹角反映直线对 H 面的倾角 α。具体作图步骤如下:

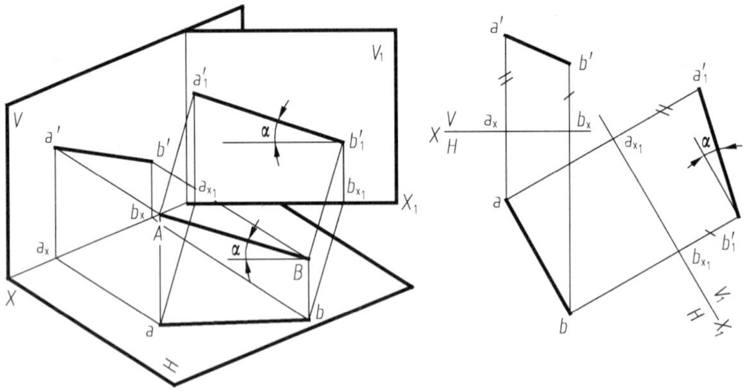

(a)　　　　(b)

图 2-53　一般位置线变换为投影面平行线(求 α 角)

① 作新投影轴 $X_1 /\!/ ab$ 。

② 分别由 a、b 两点作 X_1 轴的垂线,与 X_1 轴交于 a_{X_1}、b_{X_1},然后在垂线上量取 $a'_1a_{X_1} = a'a_X$,$b'_1b_{X_1} = b'b_X$,得到新投影 a'_1、b'_1。

③ 连接 a'_1、b'_1 得投影 $a'_1b'_1$,它反映 AB 的实长,与 X_1 轴的夹角反映直线对 H 面的倾角 α。

如果要求出 AB 对 V 面的倾角 β,则必须变换 H 面,使新投影面 H_1 面平行于 AB,作图时使 X_1 轴 $/\!/ a'b'$,如图 2-54 所示。

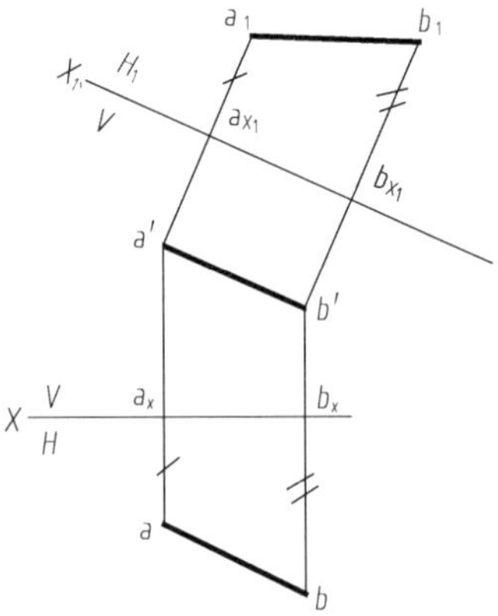

图 2-54　一般位置直线变换为投影面平行线(求 β 角)

(2) 将投影面平行线变换为投影面垂直线

如图 2-55 所示,将正平线 AB 变换为垂直线。根据投影面垂直线的投影特性,反映实长的投影必定为不变投影,只要变换水平投影面,即作新投影面 H_1 面垂直于 AB,这样 AB 在 H_1 面上的投影重影为一点 。具体作图步骤如下:

① 作新投影轴 $X_1 \perp a'b'$。

② 过 $a'b'$ 作 X_1 轴的垂线,与 X_1 轴交于 a_{X_1}、b_{X_1},然后在垂线上量取 $a_1a_{x_1} = aa_x = b_1b_{x_1} = bb_x$,得到新投影 $a_1(b_1)$,这时 a_1 与 b_1 重影为一点。

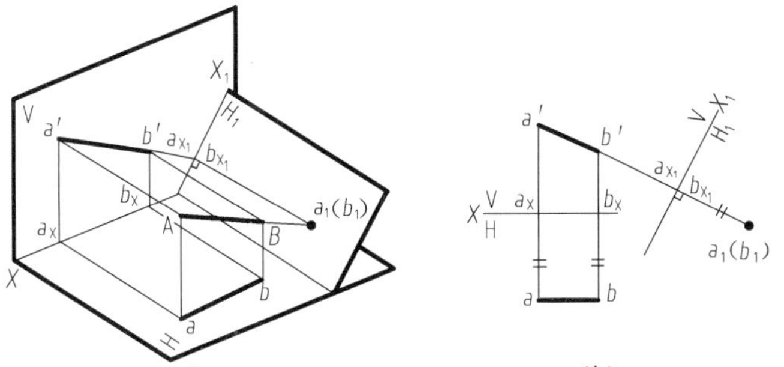

(a)　　　　　　　　(b)

图 2-55　正平线变换为投影面垂直线

如果要求将水平线 AB 变换为垂直线，只要变换正投影面，即作新投影面 V_1 面垂直于 AB，这样 AB 在 V_1 面上的投影重影为一点。如图 2-56 所示，具体作图步骤与上同。

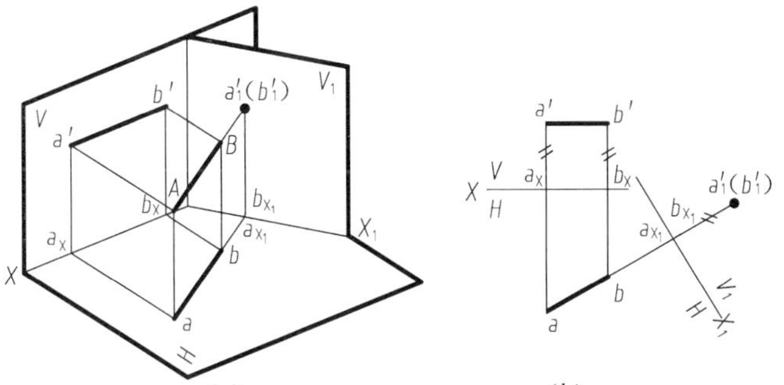

(a)　　　　　　　　(b)

图 2-56　水平线变换为投影面垂直线

2．直线的二次换面

直线的二次换面可以将一般位置直线变换为投影面垂直线。第一次将一般位置直线变换为投影面平行线，第二次将投影面平行线变换为投影面垂直线。

如图 2-57 所示，AB 为一般位置直线，如先变换 V 面，使 V_1 面平行于 AB，则 AB 在 V_1/H 体系中为投影面平行线，再变换 H 面，作 H_2 面垂直于 AB，则 AB 在 V_1/H_2 体系中为投影面垂直线。具体作图步骤如下：

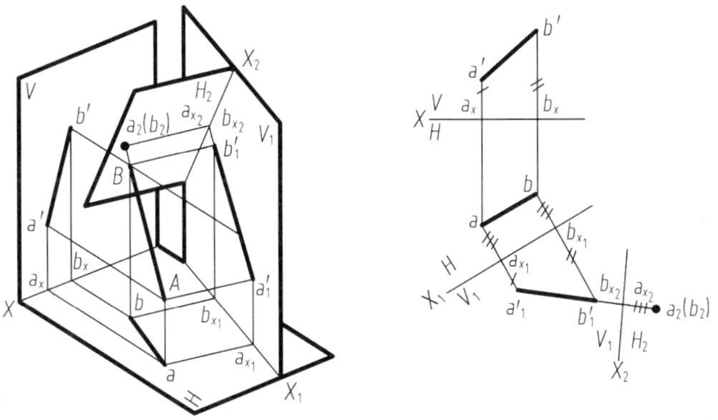

(a)　　　　　　　　(b)

图 2-57　一般位置线变换为投影面垂直线

(1) 先作 X_1 轴 $/\!/ ab$，求得 AB 在 V_1 面上的新投影 $a'_1b'_1$。

(2) 再作 X_2 轴 $\perp a'_1b'_1$，得出 AB 在 H_2 面上的投影 $a_2(b_2)$，这时 a_2 与 b_2 重影为一点。

四、平面的投影变换

平面的投影变换，就是将决定平面的一组几何要素的投影加以变换，从而求得平面的新投影。根据具体要求，可以将平面变换成平行或垂直于新投影面的位置。

1. 平面的一次换面

(1) 将一般位置平面变换为投影面垂直面

当一般位置平面变换为投影面垂直面时，就可以求出平面对投影面的倾角。

如图 2-58 所示，$\triangle ABC$ 为一般位置平面，如要变换为正垂面，则必须取新投影面 V_1 代替 V 面。V_1 面既垂直于 $\triangle ABC$，又垂直于 H 面，为此可在三角形上先作一水平线，然后作 V_1 面与该水平线垂直，则它也一定垂直于 H 面。具体作图步骤如下：

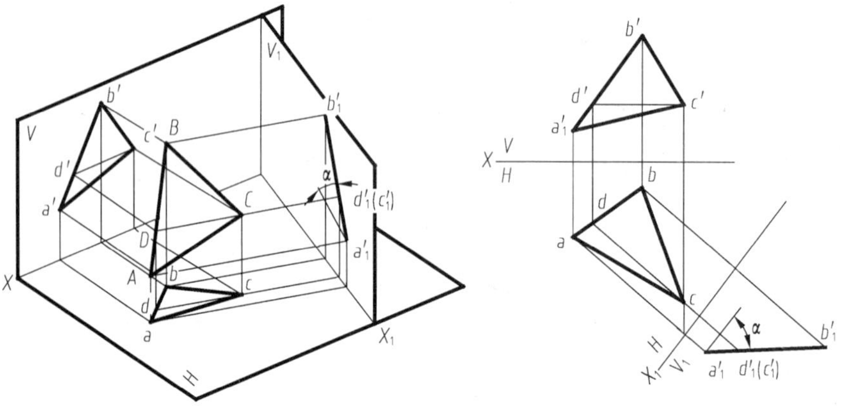

(a)　　　　(b)

图 2-58　一般位置平面变换为投影面垂直面(求 α 角)

① 在 $\triangle ABC$ 上作一水平线 CD，其投影为 $c'd'$ 和 cd。

② 作 X_1 轴 $\perp cd$。

③ 作 $\triangle ABC$ 在 V_1 面上的投影 $\triangle a'_1b'_1c'_1$，而 a'_1、b'_1、c'_1 重影为一直线，它与 X_1 轴的夹角反映 $\triangle ABC$ 对 H 面的倾角 α。

如果要求 $\triangle ABC$ 对 V 面的倾角 β，可在此三角形平面上先作一正平线 AE，然后作 H_1 面垂直于 AE，则 $\triangle ABC$ 在 H_1 面上的投影为一直线，它与 X_1 轴的夹角反映 $\triangle ABC$ 对 V 面的倾角 β。具体作图步骤如图 2-59 所示。

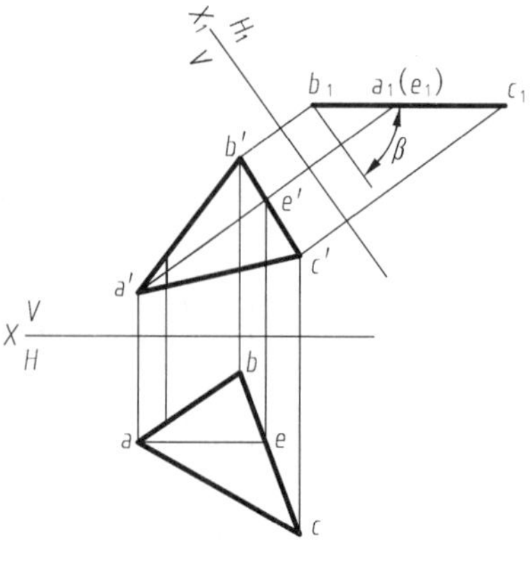

图 2-59　一般位置平面变换为投影面垂直面(求 β 角)

(2) 将投影面垂直面变换为投影面平行面

如图 2-60 所示为铅垂面 $\triangle ABC$，要求变换为投影面平行面。根据投影面平行面的投影特性，重影为一直线的投影必定为不变投影，因此可以变换

V 面，使新投影面 V_1 平行△ABC，这样△ABC 在 V_1 面上的投影△$a'_1b'_1c'_1$ 反映实形。具体作图步骤如下：

① 作 X_1 轴 // abc。

② 求出点 A、B、C 在 V_1 面上的新投影 a'_1、b'_1、c'_1，则△$a'_1b'_1c'_1$ 即为所求实形。

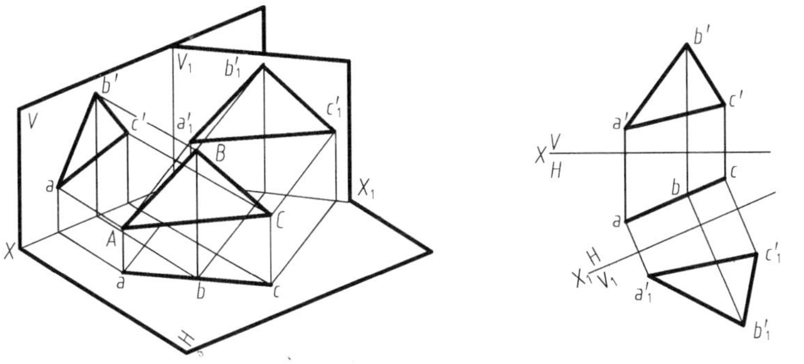

(a)　　　　　　　　(b)

图 2-60　铅垂面变换为投影面平行面

2. 平面的二次换面

平面的二次换面可以将一般位置平面变换为投影面平行面。第一次将一般位置平面变换为投影面垂直面，第二次将投影面垂直面变换为投影面平行面。

如图 2-61(a)所示，△ABC 为一般位置平面，为了求出它的实形，必须变换两次，先将△ABC 变换为垂直面，再变换为平行面。具体作图步骤如下：

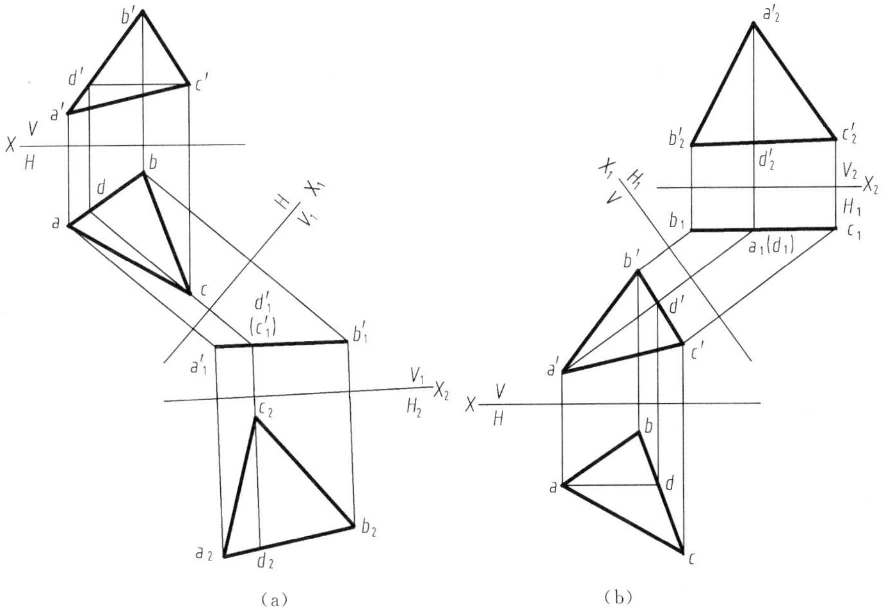

(a)　　　　　　　　(b)

图 2-61　一般位置面变换为投影面平行面

（1）在$\triangle ABC$上先作一水平线CD，新投影面V_1垂直于CD，则X_1轴$\perp cd$。然后作出$\triangle ABC$在V_1面上的新投影$\triangle a'_1b'_1c'_1$，它重影为一直线。

（2）作平行于$\triangle ABC$且垂直于V_1面的新投影面H_2，则轴$X_2 /\!/ a'_1b'_1c'_1$，然后作出$\triangle ABC$在H_2面上的新投影$\triangle a_2b_2c_2$，即为所求实形。

同理，也可以先变换H面，在此基础上再变换一次V面，如图2－61（b）所示，$\triangle a'_2b'_2c'_2$为所求实形。

五、换面法投影变换应用举例

机械制图中，常用换面法解决作图时遇到的许多有关距离和夹角的几何问题，下面通过例题来说明。

【例2－12】 求C点到AB直线的距离。

分析：点到直线的距离就是点到直线的垂线实长。如图2－62（a），为了便于作图，可先将直线AB变换成投影面平行线，然后利用直角投影定理，从C点向AB作垂线，得垂足K，再求出CK实长。也可将直线AB变换成投影面垂直线，C点到AB的垂线CK为投影面平行线，在投影图上反映实长。

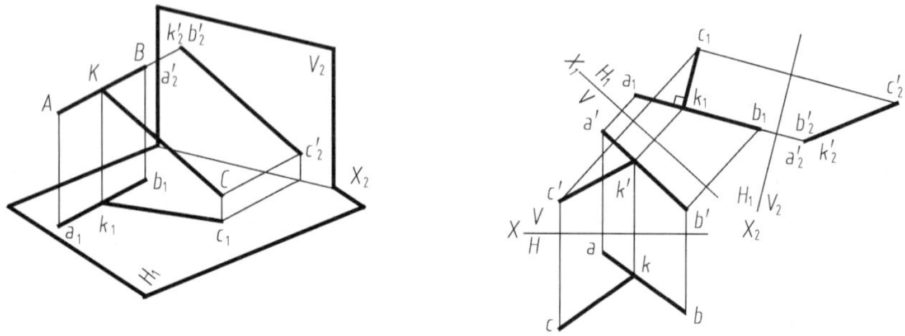

（a）　　　　（b）

图2－62　求点到直线的距离

作图方法与步骤如图2－62（b）所示：

（1）将直线AB变换成H_1面的平行线，C点在H_1面上的投影为c_1。

（2）再将直线AB变换成V_2面的垂直线，AB在V_2面上的投影重影为$a'_2b'_2$，C点在V_2面上的投影为c'_2。

（3）过c_1作$c_1k_1 \perp a_1b_1$，即$c_1k_1 /\!/ X_2$轴得k_1，k'_2与$a'_2b'_2$重影，连接c'_2、k'_2，$c'_2k'_2$即反映C点到AB直线的距离。

如果要求出CK在V/H体系中的投影$c'k'$和ck，可根据$c'_2k'_2$、c_1k_1返回作出。

【例2－13】 求D点到平面$\triangle ABC$的距离。

分析：求D点到平面$\triangle ABC$的距离，可归结为从D点作$\triangle ABC$的垂线，求出垂足K，D点到K点的距离即为D点到$\triangle ABC$的距离，如图2－63（a）所示。如将一般位置平面$\triangle ABC$变换为垂直面，D点到$\triangle ABC$的垂线为平行线。它的投影反映实长，此即为D点到平面$\triangle ABC$的距离。

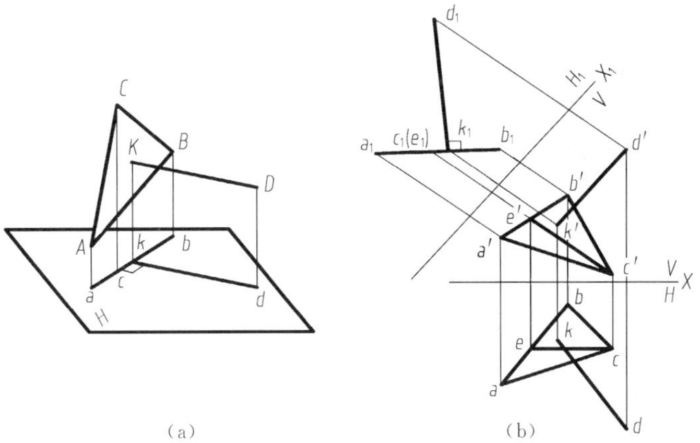

（a）　　　　　　　　　　　　　（b）

图 2-63　求点到平面的距离

作图方法与步骤如图 2-63(b)所示：

(1) 将平面△ABC 变换成 H_1 面的垂直面(也可变换成 V_1 面的垂直面)，△ABC 在 H_1 面上的投影重影为一直线段 $a_1b_1c_1$，D 点在 H_1 面上的投影为 d_1。

(2) 从 d_1 作 $a_1b_1c_1$ 的垂线，求出交点 k_1，因 $a_1b_1c_1$ 具有重影性，所以 k_1 点即为垂足 K 在 H_1 面上的投影，d_1k_1 的长度即为点到平面的距离。

(3) 为了作出 DK 在 V/H 体系中的投影，可根据线面垂直的投影特性作 $d'k' /\!/ X_1$ 轴，求出 k'点，再根据 k_1 和 k'求出 k，连接 d 点和 k 点即得 DK 的水平投影 dk。

【例 2-14】 求交叉两直线 AB、CD 间的距离。

分析：两交叉直线间的距离就是它们之间公垂线的长度。如图 2-64(a)所示。如果将两交叉直线之一(如 AB)变换成投影面垂直线，则公垂线 MK 必平行于新投影面，在该投影面上的投影反映实长，而且与另一直线在新投影面上的投影互相垂直。

作图方法与步骤如图 2-64(b)所示：

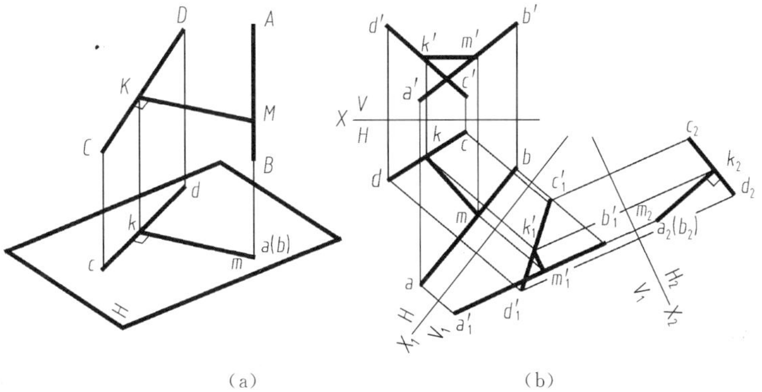

（a）　　　　　　　　　　　　　（b）

图 2-64　求两交叉直线间的距离

(1) 将直线 AB 二次变换成垂直线，其在 H_2 面上的投影为 a_2b_2(积聚为一点)。直线 CD 也随之变换，在 H_2 面上的投影为 c_2d_2。

(2) 从 a_2b_2 作 $m_2k_2 \perp c_2d_2$，m_2k_2 即为公垂线 MK 在 H_2 面上的投影，它反映 AB、CD

间的距离实长。

如果要求出 MK 在 V/H 体系中的投影 mk、$m'k'$，可根据 m_2k_2、$m'_1k'_1$ 返回作出。

【例 2-15】 求两平面△ABC、△ABD 之间的夹角。

分析：由几何定理可知两平面间的夹角以二面角的平面角来度量。此平面角为两平面同时与第三平面垂直相交时所得两交线间所夹的角度。如图2-65(a)所示。

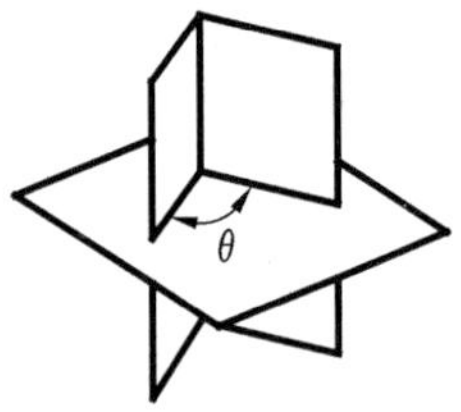

(a)

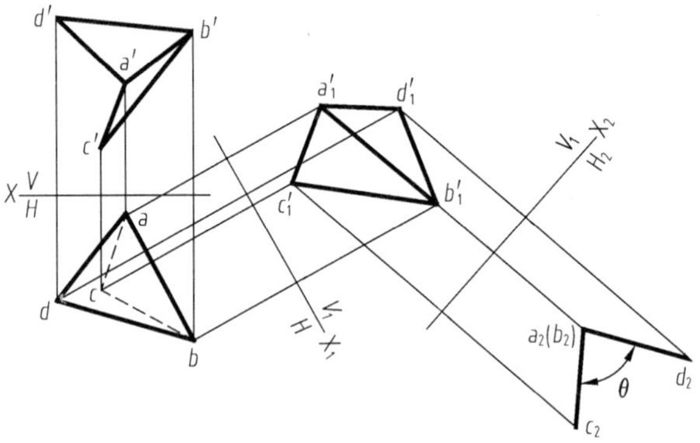

(b)

图 2-65　求两平面之间的夹角

在投影图中，当两平面的交线垂直于某一投影面时，它们在该投影面上的投影积聚成两条直线，这两条直线间的夹角就等于所求两面角的真实大小。

作图方法与步骤如图 2-65(b)所示：

(1) 两平面的交线 AB 进行一次变换成平行线 $a'_1b'_1$。两平面也随之变换为△$a'_1b'_1c'_1$ 和△$a'_1b'_1d'_1$。

(2) $a'_1b'_1$ 进行二次变换成垂直线(积聚为一点)，平面△$a'_1b'_1c'_1$ 和△$a'_1b'_1d'_1$ 经过变换积聚为直线，此两条直线间的夹角即为所求。

第七节　旋 转 法

旋转法是另一种能够改变空间几何元素对投影面的相对位置，以达到简化解题目的的方法。

一、旋转法的概念

投影面保持不动，将空间几何元素绕某一轴旋转到对投影面处于特殊位置，使几何元素在投影面上的投影对解题最为简便，这种方法称为旋转法。如图 2-66 所示，如将三角形平面绕其垂直于 H 面的直角边(即旋转轴)旋转，使它成为正平面，这时三角形在 V 面上的投影就反映它的实形。

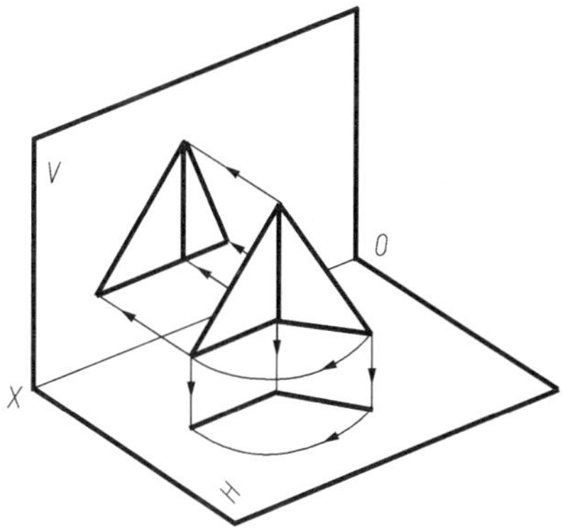

图 2-66　旋转法的原理

旋转法的实质就是保持投影体系不变，而将空间几何元素绕某一指定轴线，按一定的规则旋转，使几何元素对投影体系处于解题需要的位置。如图 2-67 所示，空间点 A 绕直线 OO 旋转，则点 A 的旋转轨迹为以点 O_1 为圆心，O_1A 为半径的圆周。此圆所在的平面 P 垂直于 OO，点 A 称为旋转点，直线 OO 称为旋转轴，O_1A 称为旋转半径，平面 P 称为旋转平面，旋转轴与旋转平面的交点 O_1 称为旋转中心。

旋转点、旋转轴、旋转半径、旋转平面、旋转中心称为旋转法的五个基本要素。

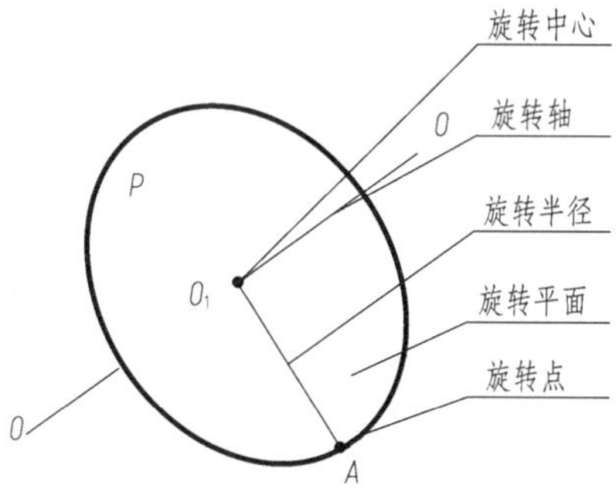

图 2-67　旋转要素

由于旋转轴对投影面的相对位置有三种，即旋转轴可以是垂直线、平行线或一般位置直线，所以旋转法一般分为绕垂直于投影面的轴旋转、绕平行于投影面的轴旋转和绕一般位置直线的轴旋转。本节只介绍绕垂直于投影面的轴旋转。

二、点的旋转规律

如图 2-68(a)所示，A 点绕垂直于 H 面的轴 OO 旋转，A 点到 OO 轴的垂足为 O_1，A 点的旋转轨迹为以 O_1 为中心的圆。该圆所在的平面 P 垂直于轴 OO，由于轴线垂直于 H 面，所以 P 平面是水平面，因此 A 点的轨迹在 V 面上的投影为一平行于 X 轴的直线，在 H 面上的投影反映实形，即为以 o 为圆心、oa 为半径的一个圆。如果将 A 点转动某一角度 θ 而达到新位置 A_1 时，则它的水平投影 a 也同样转过一角度 θ 而达到 a_1，其旋转轨迹是以 o 为圆心、oa 为半径的一段圆弧 aa_1。而其正面投影则沿平行于 X 轴的方向移动，由 a' 移动到 a'_1 的位置，如图 2-68(b)所示。

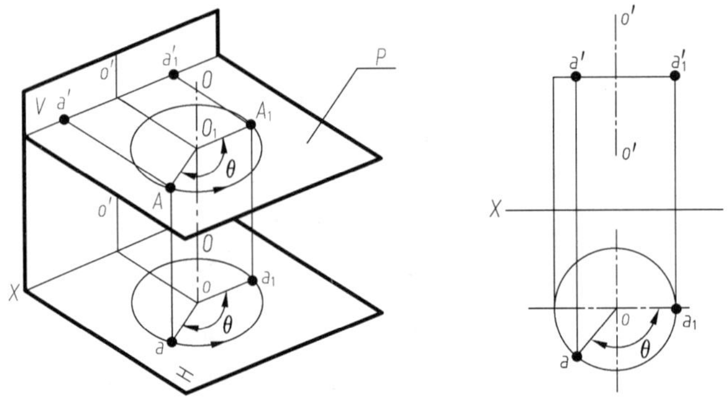

(a) (b)

图 2-68 点的旋转(绕垂直于 H 面的轴)

图 2-69 为 A 点绕垂直于 V 面的轴旋转时的投影变化情况。它的运动轨迹在 V 面上的投影为一个圆,在 H 面上的投影为一平行于 X 轴的直线。

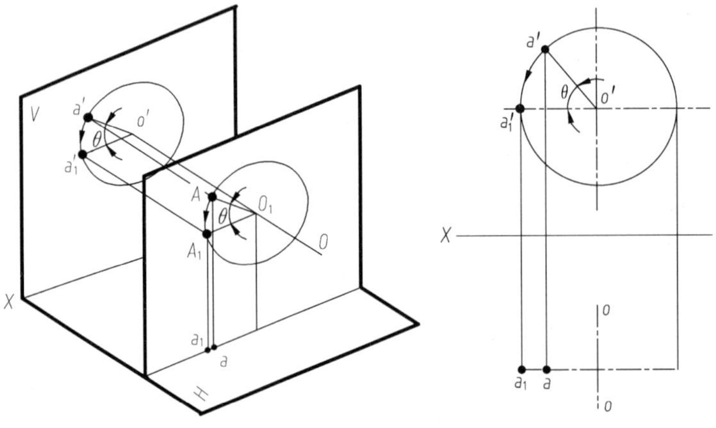

(a) (b)

图 2-69 点的旋转(绕垂直于 V 面的轴)

综上所述,点绕垂直于投影面的轴旋转的规律为:当一点绕垂直于投影面的轴旋转时,它的运动轨迹在轴所垂直的投影面上的投影为一个圆,而在轴所平行的投影面上的投影为一平行于投影轴的直线。

三、直线与平面的旋转规律

1. “三同”旋转规律

直线和平面图形旋转时,整条直线或整个平面都要绕轴旋转,而其实质则为构成直线的两个点或构成平面的三个点(或多个点)的转动。作图时,为了不改变直线的长度或平面的形状大小,应将直线上的两点或确定平面的三点按同一方向绕同一轴线旋转同一角度,这称为旋转的“三同”规律。

2. 直线和平面旋转时的作图法

如图 2-70 所示为一般位置直线 AB 绕垂直于 H 面的轴 OO 按逆时针方向旋转 θ 角

的情形。根据“三同”旋转规律，其作图步骤如下：

（1）点 o 为圆心，oa 为半径，按逆时针方向使点 A 旋转 θ 角，得点 A 的新水平投影 a_1。

（2）过 a' 作直线平行于 X 轴，与由 a_1 所作 X 轴的垂线交于 a'_1，a'_1 即为点 A 新的正面投影。

（3）用同样的方法，以 o 为圆心，ob 为半径，按逆时针方向旋转同样的角度 θ，求得点 B 的新投影 b_1、b'_1。

（4）连接 a_1 和 b_1，a'_1 和 b'_1，即得所求直线 AB 按逆时针旋转 θ 角后的新投影 a_1b_1、$a'_1b'_1$。

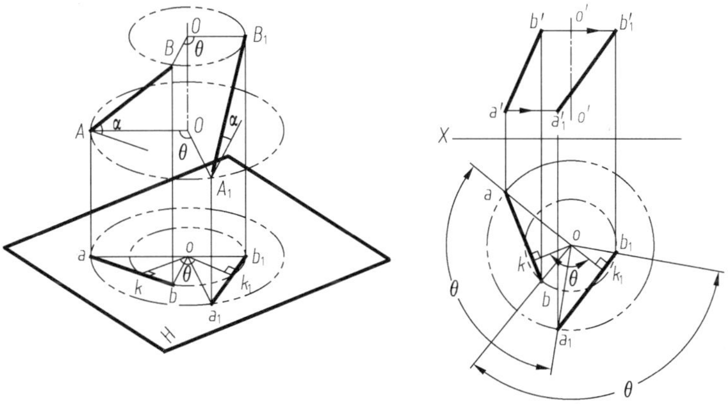

（a）　　　　（b）

图 2-70　直线的旋转

为了简化作图，也可自 o 作 $ok \perp ab$，然后将 ok 逆时针旋转 θ 角得 ok_1 后，作 $a_1b_1 \perp ok_1$，并取 $a_1k_1 = ak$，$k_1b_1 = kb$ 即可。

如图 2-71 所示为一般位置平面 $\triangle ABC$ 绕铅垂轴旋转 θ 角时的作图情形：将顶点 A、B、C 绕轴按同方向旋转 θ 角，即可得到新投影 $\triangle a_1b_1c_1$ 和 $\triangle a'_1b'_1c'_1$。

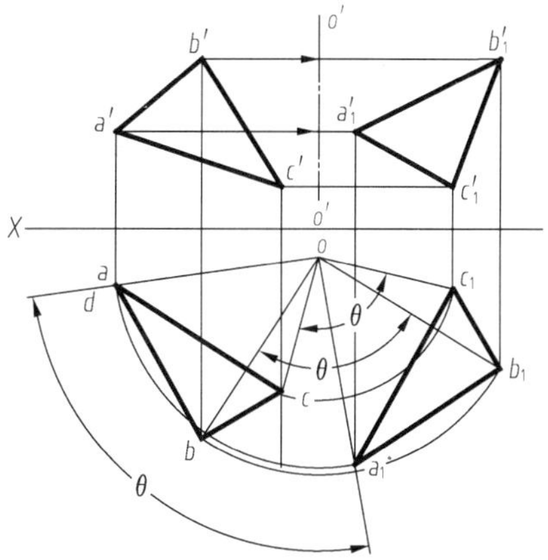

图 2-71　平面的旋转

3. 旋转时的不变性

从图 2-70 可以看出，当直线 AB 绕铅垂轴旋转时，直线 AB 对 H 面的倾角 α 不变，所以直线 AB 的水平投影的长度旋转后不变，$a_1b_1 = ab = AB\cos\alpha$。

图 2-71 中 $\triangle ABC$ 绕铅垂轴旋转时，其三边 AB、BC、CA 对 H 面的倾角不变，故这三边的水平投影长度旋转后不变，即 $a_1b_1 = ab$，$b_1c_1 = bc$，$c_1a_1 = ca$，则 $\triangle abc \cong \triangle a_1b_1c_1$，所以 $\triangle ABC$ 旋转后水平投影的形状、大小不变。

同理，直线和平面绕正垂轴旋转时，它们的正面投影的形状、大小不变。

由此可得出结论：当一直线或平面图形绕垂直于某一投影面的轴旋转时，它们对该投影面的倾角不变，故它们在该投影面上的投影的形状和大小不变。

作图时，可以根据直线或平面的一个投影在旋转前后的不变性，首先作出其不变投影，然后再根据点绕垂直投影面的轴的旋转规律作出另一投影。

四、应用旋转法解决的四个基本问题

将一般位置线（或平面）旋转为投影面平行线（面）或投影面垂直线（面），是旋转法中比较常见的几个作图问题。和换面法一样，凡是一次换面可以解决的问题，旋转一次也可以解决，需要两次换面才能解决的问题，也要两次旋转才可以解决。解题时经常遇到的四个基本问题是：① 将一般位置直线旋转为投影面平行线；② 将一般位置直线旋转为投影面垂直线；③ 将一般位置平面旋转为投影面垂直面；④ 将一般位置平面旋转为投影面平行面。

1. 将一般位置直线旋转为投影面平行线

将一般位置直线旋转为投影面平行线，可以求出线段的实长和对投影面的倾角。如图 2-72 所示，AB 为一般位置直线，要旋转为正平线，则其水平投影必须旋转到平行于 X 轴的位置，因此应选择铅垂线作为旋转轴，为作图简便起见，使 OO 轴通过端点 A，这样只要旋转另一端点 B 就可以完成作图。具体作图步骤如下：

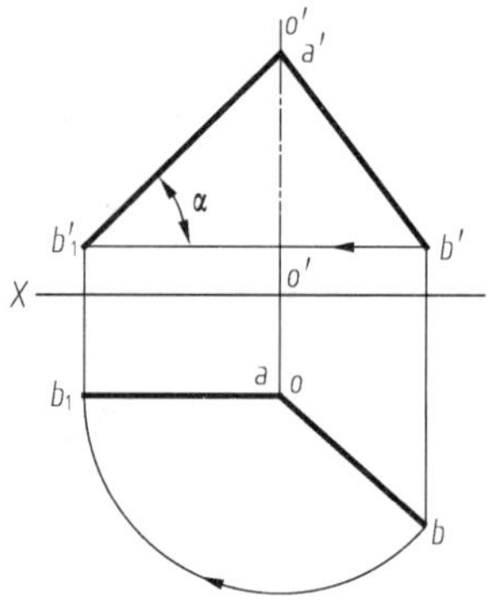

图 2-72　一般位置直线旋转为正平线

（1）过 $A(a、a')$ 作 OO 轴垂直于 H 面。

（2）以 o 为圆心，ob 为半径顺时针（也可以逆时针）方向画弧。

（3）由 a 作 X 轴的平行线与圆弧相交于 b_1，得 ab_1。

（4）从 b' 作 X 轴的平行线，在该线上求出 b'_1。$a'b'_1$ 即反映直线 AB 的实长，$a'b'_1$ 与 X 轴的夹角反映直线 AB 对 H 面的倾角 α。

2. 将一般位置直线旋转为投影面垂直线

将一般位置直线旋转为投影面垂直线，必须旋转两次。先将一般位置直线旋转为投影面平行线，再将投影面平行线旋转为投影面垂直线。特别注意的是，二次旋转时，必须交替选用垂直于 H 和 V 面的旋转轴，如同两次换面中必须交替变换 H 面和 V 面一样。如图 2-73 所示，将一般位置直线 AB 旋转为正垂线。具体作图步骤如下：

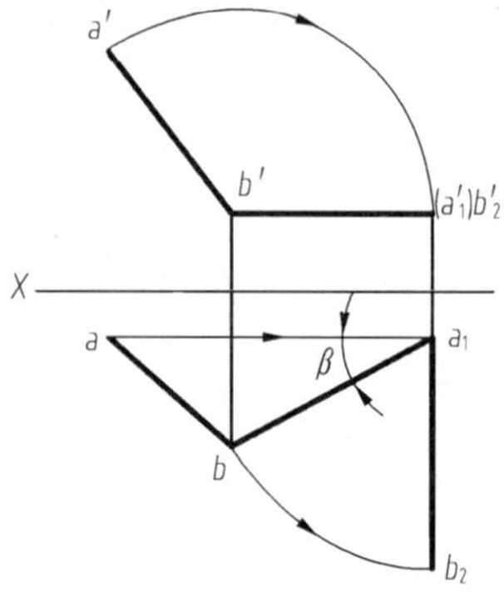

图 2-73　一般位置直线旋转为正垂线

（1）AB 绕过 B 点垂直于 V 面的轴旋转成水平线 A_1B（为简化作图，作图时可以不画旋转轴）。a_1b 反映直线 AB 的实长，a_1b 与 X 轴的夹角反映 AB 对 V 面的倾角 β。

（2）再绕过 A_1 点垂直于 H 面的轴旋转，使水平线 A_1B 成为正垂线 A_1B_2。a_1b_2 反映直线 AB 的实长，a'_1、b'_2 是在 V 面上的投影，积聚为一点。

3. 将一般位置平面旋转为投影面垂直面

将一般位置平面旋转为投影面垂直面，可以求出平面对投影面的倾角。我们已经知道，只要把一般位置平面上的一条直线旋转为投影面的垂直线，该平面即与投影面垂直。而一般位置直线变为投影面垂直线要旋转两次，投影面平行线变为投影面垂直线则只需旋转一次。因此，将一般位置平面旋转为投影面垂直面的作图步骤为：

（1）在一般位置平面上取一条投影面平行线作为辅助线，并将其旋转成为投影面垂直线。

（2）按照“三同”旋转规律作出确定平面的各顶点的新投影，依次连接。此时一般位置平面就旋转变换成为投影面垂直面。

如图 2-74 所示，将一般位置平面△ABC 旋转成为铅垂面。此时取正平线 CN 为辅助线，并绕过 C 点的正垂轴旋转成铅垂线，△ABC 即变为铅垂面。

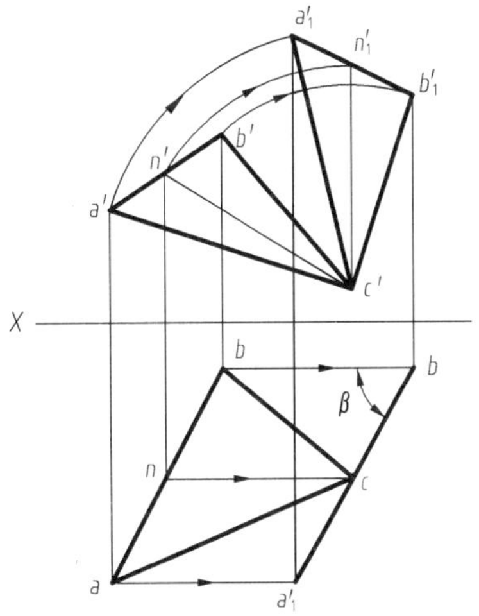

图 2-74　一般位置平面旋转为铅垂面

4. 将一般位置平面旋转为投影面平行面

将一般位置平面旋转为投影面平行面，也必须绕不同的轴旋转两次。先将一般位置平面旋转为投影面垂直面，再将投影面垂直面旋转为投影面平行面。如图2-75所示，将一般位置平面△ABC 旋转成水平面。具体作图步骤如下：

（1）先在△ABC 上取一条水平线 CM，绕过 C 点的铅垂轴将△ABC 旋转成正垂面（此时△ABC 有积聚性的正面投影与 X 轴的夹角反映平面△ABC 对 H 面的倾角 α）。

（2）再绕过 A 点的正垂轴旋转成水平面，此时水平投影△$a_1b_2c_2$ 反映△ABC 的真实形状。

同理若要将△ABC 旋转成正平面，需在平面上取正平线，绕正垂轴旋转成铅垂面（积聚投影与 X 轴的夹角反映△ABC 对 V 面的倾角 β）；再绕铅垂轴将一次旋转后的铅垂面旋转成为正平面。

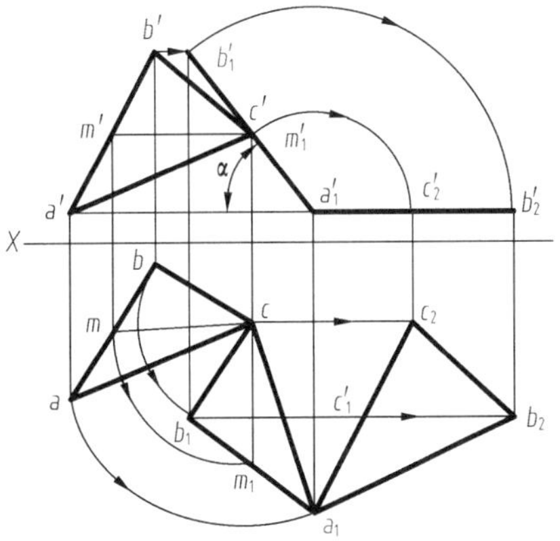

图 2-75　一般位置平面旋转为水平面

第三章 基本体的投影及其表面交线

立体是由面围成的。立体可分为平面立体和曲面立体两类。如果立体表面全部由平面所围成,则称为平面立体,最基本的平面立体有棱柱和棱锥等。如果立体表面全部由曲面或曲面和平面所围成,则称为曲面立体,最基本的曲面立体有圆柱、圆锥、圆球等。工程制图中,通常将棱柱、棱锥、圆柱、圆锥、圆球等简单立体称为基本几何体,简称基本体。

第一节　基本体的投影及尺寸标注

一、平面立体的投影及表面取点

在投影图上表示平面立体就是把组成立体的平面表示出来。围成平面立体的各个平面都是多边形,而多边形都是由直线段组成的,直线段又都是由两个端点所确定。因此,画平面立体的投影就可以归结为画多边形的边和各个端点的投影。

1. 棱柱

棱柱由两个底面和棱面组成,棱面与棱面的交线称为棱线,棱线互相平行。棱线与底面垂直的棱柱称为正棱柱。本节仅讨论正棱柱的投影。

(1) 棱柱的投影

以正六棱柱为例。如图 3-1(a)所示为一正六棱柱,由上、下两个底面(正六边形)和六个棱面(长方形)组成。设将其放置成上、下底面与水平投影面平行,并有两个棱面平行于正投影面。

上、下两底面均为水平面,它们的水平投影重合并反映实形,正面及侧面投影积聚为两条相互平行的直线。六个棱面中的前、后两个为正平面,它们的正面投影反映实形,水平投影及侧面投影积聚为一直线。其他四个棱面均为铅垂面,其水平投影均积聚为直线,正面投影和侧面投影均为类似形。

作图方法与步骤如图 3-1(b)所示:

① 作正六棱柱的对称中心线和底面基线,画出具有形状特征的投影——水平投影(即特征视图)。

② 根据投影规律作出其他两个投影。

从图 3-1(b)可以看出正棱柱的投影特征:当棱柱的底面平行于某一个投影面时,则棱柱在该投影面上投影的外轮廓为与其底面全等的正多边形,而另外两个投影则由若干个相邻的矩形线框所组成。

(2) 棱柱表面上点的投影

平面立体表面上取点实际就是在平面上取点。首先应确定点位于立体的哪个平面上,并分析该平面的投影特性,然后再根据点的投影规律求得。

如图 3-1(b)所示,已知棱柱表面上点 M 的正面投影 m',求作它的其他两面投影 m、m''。因为 m' 可见,所以点 M 必在面 $ABCD$ 上。此棱面是铅垂面,其水平投影积聚成一条直线,所以点 M 的水平投影 m 必在此直线上,再根据 m、m' 可求出 m''。由于 $ABCD$ 的侧面投影为可见,所以 m'' 也为可见。(注意:点与积聚成直线的平面重影时,不加括号。)

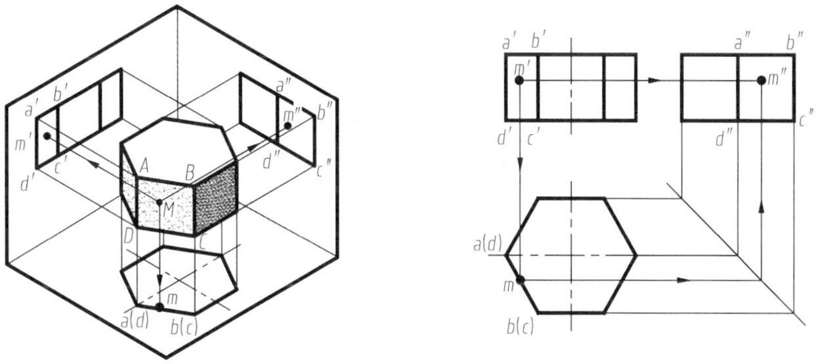

(a) 立体图　　　　(b) 投影图

图 3-1　正六棱柱的投影及表面上的点

2. 棱锥

(1) 棱锥的投影

以正三棱锥为例。如图 3-2(a)所示为一正三棱锥,它的表面由一个底面(正三边形)和三个侧棱面(等腰三角形)围成,设将其放置成底面与水平投影面平行,并有一个棱面垂直于侧投影面。

由于棱锥底面△ABC 为水平面,所以它的水平投影反映实形,正面投影和侧面投影分别积聚为直线段 $a'b'c'$ 和 $a''(c'')b''$。棱面△SAC 为侧垂面,它的侧面投影积聚为一段斜线 $s''a''(c'')$,正面投影和水平投影为类似形△$s'a'c'$ 和△sac,前者为不可见,后者可见。棱面△SAB 和△SBC 均为一般位置平面,它们的三面投影均为类似形。

棱线 SB 为侧平线,棱线 SA、SC 为一般位置直线,棱线 AC 为侧垂线,棱线 AB、BC 为水平线。

作图方法与步骤如图 3-2(b)所示:

① 作正三棱锥的对称中心线和底面基线,画出底面△ABC 水平投影的等边三角形(即特征视图)。

② 根据正三棱锥的高度定出锥顶 S 的投影位置,然后在正面投影和水平投影上用直线连接锥顶与底面三个顶点的投影,即得三条棱线的投影。

③ 根据投影规律,由正面投影和水平投影作出侧面投影。

从图 3-2(b)可以看出正棱锥的投影特征:当棱锥的底面平行于某一个投影面时,则棱锥在该投影面上投影的外轮廓为与其底面全等的正多边形，而另外两个投影则由若干个相邻的三角形线框所组成。

(2) 棱锥表面上点的投影

首先确定点位于棱锥的哪个平面上，再分析该平面的投影特性。若该平面为特殊位置平面，可利用投影的积聚性直接求得点的投影；若该平面为一般位置平面，可通过辅助线法求得。

如图 3-2(b)所示，已知正三棱锥表面上点 M 的正面投影 m' 和点 N 的水平面投影 n，求作 M、N 两点的其余投影。

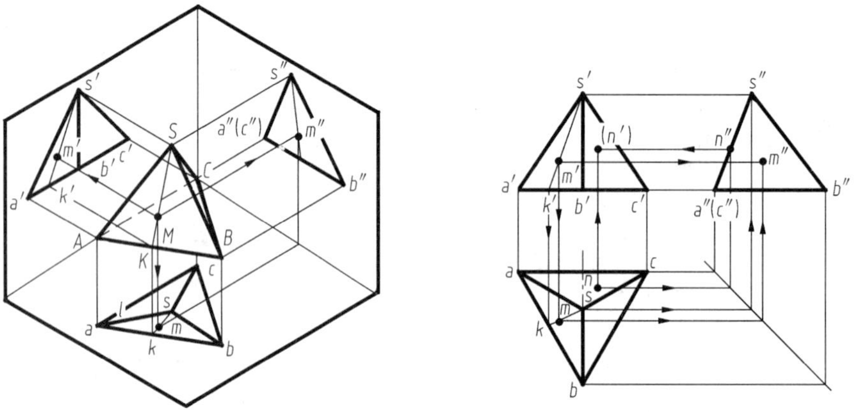

(a) 立体图　　　　(b) 投影图

图 3-2　正三棱锥的投影及表面上的点

因为 m' 可见，因此点 M 必定在 $\triangle SAB$ 上。$\triangle SAB$ 是一般位置平面，因此，采用辅助线法。过点 M 及锥顶点 S 作一条直线 SK，与底边 AB 交于点 K。在图 3-2 中即过 m' 作 $s'k'$，再作出其水平投影 sk。由于点 M 属于直线 SK，根据点在直线上的从属性质可知 m 必在 sk 上，求出水平投影 m，再根据 m、m' 可求出 m''。

因为点 N 不可见，故点 N 必定在棱面 $\triangle SAC$ 上。棱面 $\triangle SAC$ 为侧垂面，它的侧面投影积聚为斜线段 $s''a''(c'')$，因此 n'' 必在 $s''a''(c'')$ 上，由 n、n'' 即可求出 n'。

二、曲面立体的投影及表面取点

工程中常见的曲面立体是回转体。曲面立体的曲面是由一条母线(直线或曲线)绕定轴回转而形成的。常见的曲面立体有圆柱、圆锥、圆球等。在投影图上表示曲面立体就是把围成立体的回转面或平面与回转面表示出来。

1. 圆柱

(1) 圆柱的投影

圆柱表面由圆柱面和两底面所围成。如图 3-3 所示，圆柱面可看作一条直母线 AB 围绕与它平行的轴线 OO_1 回转而成。圆柱面上任意一条平行于轴线的直线，称为圆柱面的素线。

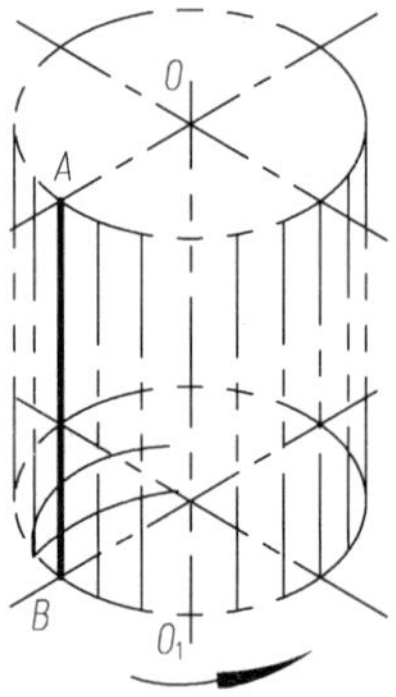

图 3-3　圆柱面的形成

画圆柱的投影时，为便于作图，一般常使它的轴线垂直于某个投影面。如图 3－4(a)所示，圆柱的轴线垂直于侧面，圆柱面上所有素线都是侧垂线，因此圆柱面的侧面投影积聚成为一个圆。圆柱左、右两个底面的侧面投影反映实形并与该圆重合。两条相互垂直的点画线，表示确定圆心的对称中心线。圆柱面的正面投影是一个矩形，是圆柱面前半部与后半部的重合投影，其左右两边分别为左右两底面的积聚性投影，上、下两边 $a'a'_1$、$b'b'_1$ 分别是圆柱最上、最下素线的投影。最上、最下两条素线 AA_1、BB_1 是圆柱面由前向后的转向线，是正面投影中可见的前半圆柱面和不可见的后半圆柱面的分界线，也称为正面投影的转向轮廓素线。同理，可对水平投影中的矩形进行类似的分析。

作图方法与步骤如图 3－4(b)所示：

① 作侧面投影的中心线和轴线的正面投影和水平投影(细点画线)。

② 作侧面投影的圆形。

③ 根据圆柱的高度，按投影规律，作出正面投影和水平投影。

从图 3－4(b)可以看出圆柱的投影特征：当圆柱的轴线垂直于某一个投影面时，必有一个投影为圆形，另外两个投影为全等的矩形。

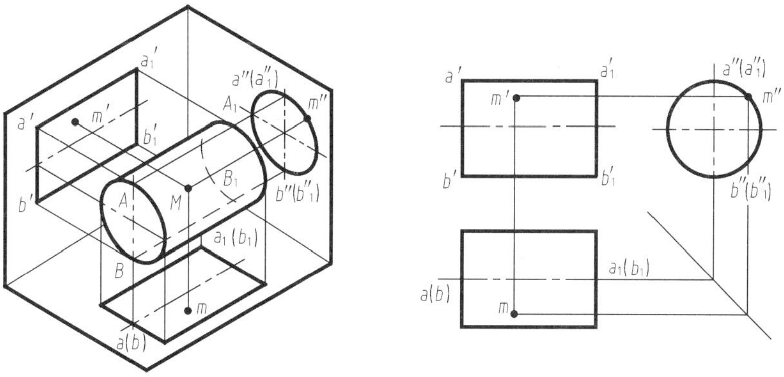

(a) 立体图　　　　(b) 投影图

图 3－4　圆柱的投影及表面上的点

(2) 圆柱面上点的投影

如图 3－4(b)所示，已知圆柱面上点 M 的正面投影 m'，求作点 M 的其余两个投影。

因为圆柱面的投影具有积聚性，圆柱面上点的侧面投影一定重影在圆周上。又因为 m' 可见，所以点 M 必在前半圆柱面的上半部分，由 m' 求得 m''，再由 m' 和 m'' 求得 m。

2. 圆锥

(1) 圆锥的投影

圆锥表面由圆锥面和底面所围成。如图 3－5(c)所示，圆锥面可看作是一条直母线 SA 围绕与它相交的轴线 SO 回转而成。在圆锥面上通过锥顶的任一直线称为圆锥面的素线。

画圆锥面的投影时，也常使它的轴线垂直于某一投影面。如图 3－5(a)所示圆锥的轴线是铅垂线，底面是水平面，图 3－5(b)是它的投影图。圆锥的水平投影为一个圆，反映底面的实形，同时也表示圆锥面的投影。圆锥的正面、侧面投影均为等腰三角形，其底边均为圆锥底面的积聚投影。正面投影中三角形的两腰 $s'a'$、$s'c'$ 分别表示圆锥面最左、最右轮廓素线 SA、SC 的投影，它们是圆锥面正面投影可见与不可见的分界线。SA、SC 的水平

投影 sa、sc 和横向中心线重合，侧面投影 $s''a''(c'')$ 与轴线重合。同理可对侧面投影中三角形的两腰进行类似的分析。作图方法与步骤如图 3-5(b)所示：

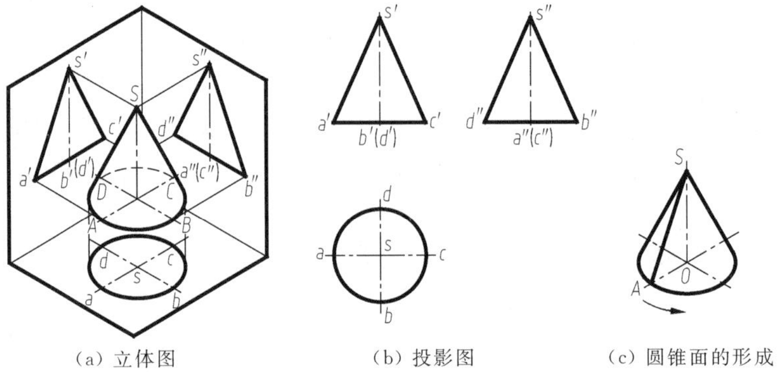

(a) 立体图　　(b) 投影图　　(c) 圆锥面的形成

图 3-5　圆锥的投影

① 作水平投影的中心线和轴线的正面投影和水平投影(细点画线)。

② 作水平投影的圆形。

③ 根据圆锥的高度定出锥顶 S 的投影位置，然后根据投影规律，作出正面投影和水平投影。

从图 3-5(b)可以看出圆锥的投影特征：当圆锥的轴线垂直于某一个投影面时，则圆锥在该投影面上的投影为与其底面全等的圆形，另外两个投影为全等的等腰三角形。

(2) 圆锥面上点的投影

如图 3-6、图 3-7 所示，已知圆锥表面上点 M 的正面投影 m'，求作点 M 的其余两个投影。因为 m'可见，所以 M 必在前半个圆锥面的左半部分，所以可判定点 M 的另两面投影均为可见。作图方法有以下两种：

① 辅助线法。如图 3-6(a)所示，过锥顶 S 和 M 作一直线 SA，与底面交于点 A。点 M 的各个投影必在此 SA 的相应投影上。在图 3-6(b)中过 m'作 $s'a'$，然后求出其水平投影 sa。由于点 M 属于直线 SA，根据点在直线上的从属性质可知 m 必在 sa 上，求出水平投影 m，再根据 m、m'可求出 m''。

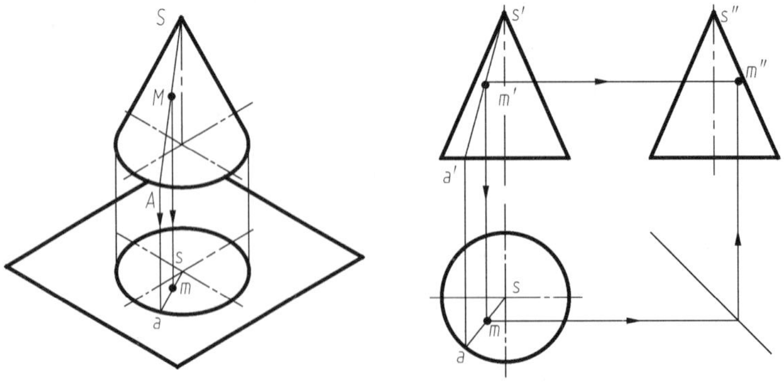

(a) 立体图　　(b) 投影图

图 3-6　用辅助线法在圆锥面上取点

② 辅助圆法。如图 3-7(a)所示，过圆锥面上点 M 作一垂直于圆锥轴线的辅助圆，点 M 的各个投影必在此辅助圆的相应投影上。在图 3-7(b)中过 m' 作水平线 $a'b'$，此为辅助圆的正面投影积聚线。辅助圆的水平投影为一直径等于 $a'b'$ 的圆，圆心为 s，由 m' 向下引垂线与此圆相交，且根据点 M 的可见性，即可求出 m。然后再由 m' 和 m 可求出 m''。

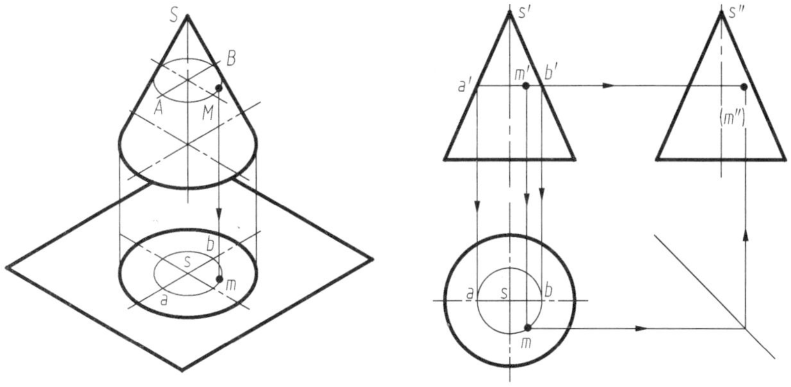

(a) 立体图　　(b) 投影图

图 3-7　用辅助圆法在圆锥面上取点

3. 圆球

(1) 圆球的投影

圆球的表面是球面，如图 3-8(c)所示，圆球面可看作是一条圆母线绕通过其圆心的轴线回转而成。

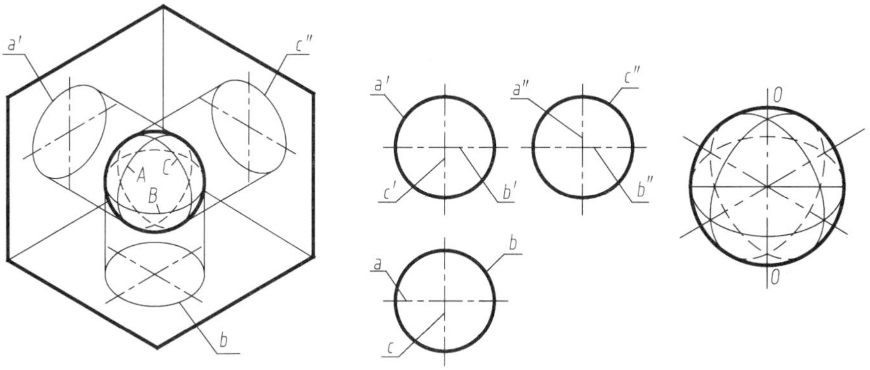

(a) 立体图　　(b) 投影图　　(c) 圆球面的形成

图 3-8　圆球的投影

图 3-8(a)所示为圆球的立体图，图 3-8(b)所示为圆球的投影。圆球在三个投影面上的投影都是直径相等的圆，但这三个圆分别表示三个不同方向的圆球面轮廓素线的投影。正面投影的圆是平行于 V 面的圆素线 A(它是前面可见半球与后面不可见半球的分界线)的投影。与此类似，侧面投影的圆是平行于 W 面的圆素线 C 的投影；水平投影的圆是平

行于 H 面的圆素线 B 的投影。这三条圆素线的其他两面投影,都与相应圆的中心线重合,不应画出。

(2) 圆球面上点的投影

圆球面的投影没有积聚性,求作其表面上点的投影需采用辅助圆法,即过该点在球面上作一个平行于任一投影面的辅助圆。如图 3-9(a)所示,已知球面上点 M 的水平投影,求作其余两个投影。过点 M 作一平行于正面的辅助圆,它的水平投影为过 m 的直线 ab,正面投影为直径等于 ab 长度的圆。自 m 向上引垂线,在正面投影上与辅助圆相交于两点。又由于 m 可见,所以点 M 必在上半个圆周上,据此可确定位置偏上的点即为 m',再由 m、m' 可求出 m''。如图 3-9(b)所示。

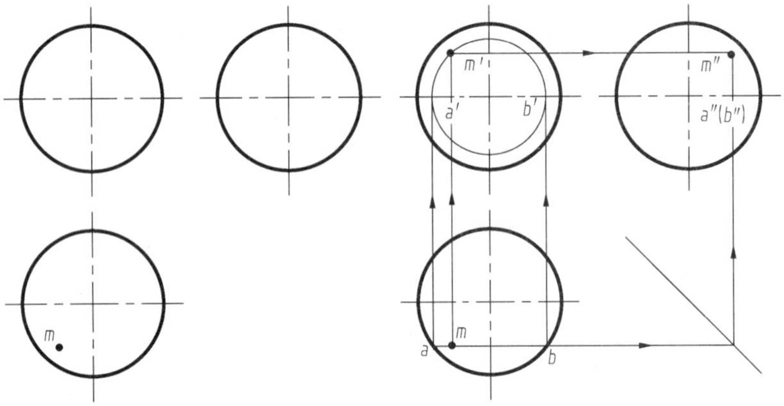

(a) (b)

图 3-9 圆球面上点的投影

三、基本体的尺寸标注

1. 平面立体的尺寸标注

平面立体一般标注长、宽、高三个方向的尺寸,如图 3-10 所示。其中正方形的尺寸可采用如图 3-10(f)所示的形式注出,即在边长尺寸数字前加注"□"符号。图 3-10(d)、(g)中加"()"的尺寸称为参考尺寸。

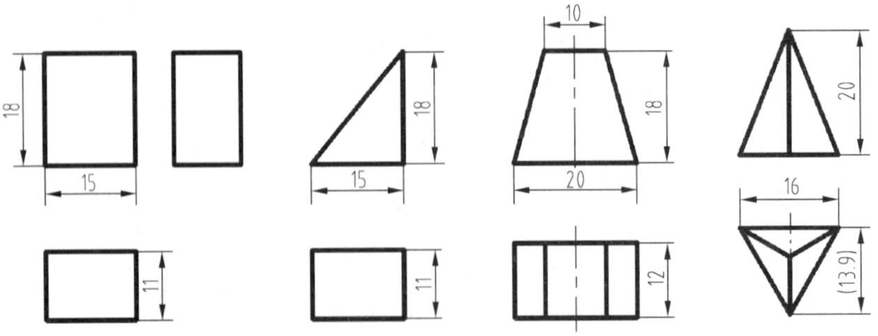

(a) (b) (c) (d)

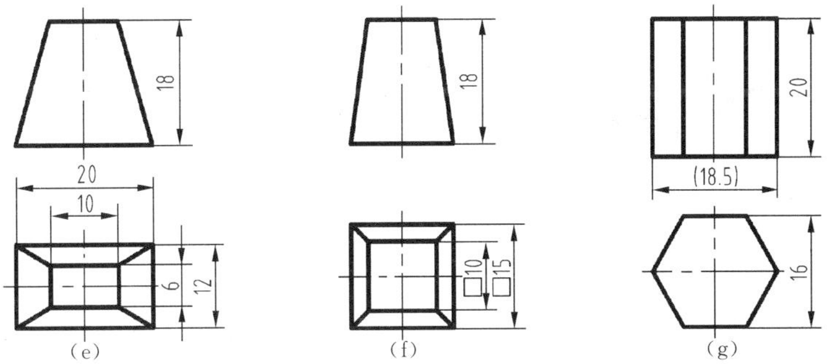

(e)　　(f)　　(g)

图 3-10　平面立体的尺寸注法

2. 曲面立体的尺寸标注

圆柱和圆锥应注出底圆直径和高度尺寸，圆锥台还应加注顶圆的直径。直径尺寸应在其数字前加注符号“ϕ”，一般注在非圆视图上。这种标注形式用一个视图就能确定其形状和大小，其他视图就可省略，如图 3-11(a)、(b)、(c)所示。标注圆球的直径和半径时，应分别在“ϕ”、“R”前加注符号“S”，如图 3-11(d)、(e)所示。

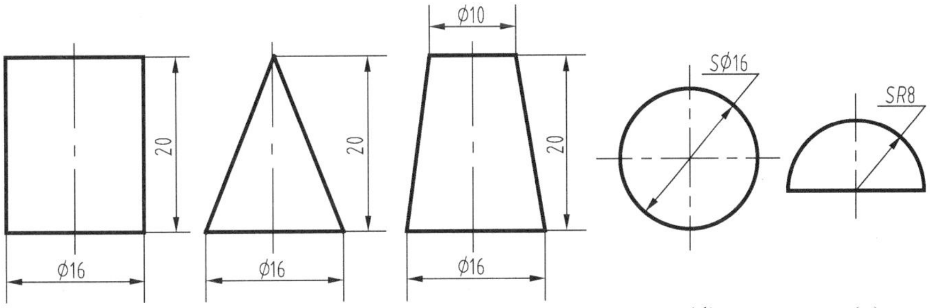

(a)　　(b)　　(c)　　(d)　　(e)

图 3-11　曲面立体的尺寸注法

第二节　平面与立体相交

一、截交线的性质

平面与立体表面相交，可以认为是立体被平面截切，此平面通常称为截平面，截平面与立体表面的交线称为截交线。图 3-12 为平面与立体表面相交示例。

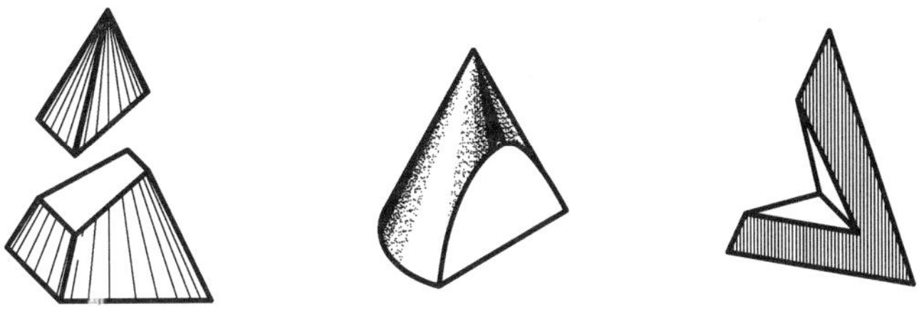

(a)　　(b)　　(c)

(d)　　　　(e)　　　　(f)

图 3-12　平面与立体表面相交

为了正确分析和表达机件的结构形状，我们需要了解截交线的性质和画法。由于立体的形状和截平面与立体的相对位置不同，截交线的形状也各不相同，但任何截交线都具有下列两个基本性质：

(1) 截交线一定是一个封闭的平面图形。

(2) 截交线既在截平面上，又在立体表面上，截交线是截平面和立体表面的共有线。截交线上的点都是截平面与立体表面上的共有点。

因为截交线是截平面与立体表面的共有线，所以求作截交线的实质，就是求出截平面与立体表面的共有点。

二、平面与平面立体相交

平面立体的表面是平面图形，因此平面与平面立体的截交线为封闭的平面多边形。多边形的各个顶点是截平面与立体的棱线或底边的交点，多边形的各条边是截平面与平面立体表面的交线。

【例 3-1】 如图 3-13(a)所示，求作正垂面 P 斜切正四棱锥的截交线。

分析：截平面与棱锥的四条棱线相交，可判定截交线是四边形，其四个顶点分别是四条棱线与截平面的交点。因此，只要求出截交线的四个顶点在各投影面上的投影，然后依次连接顶点的同面投影，即得截交线的投影。作图方法与步骤如图 3-13(b)所示：

(1) 因为截平面 P 是正垂面，它的正面投影积聚成一条直线，可直接求出截交线各顶点的正面投影 a'、b'、(c')、(d')。

(2) 根据直线上点的投影规律，求出各顶点的水平投影 a、b、c、d 和侧面投影 a''、b''、c''、d''。

(3) 依次连接 $abcd$ 和 $a''b''c''d''$，即得截交线的水平投影和侧面投影。

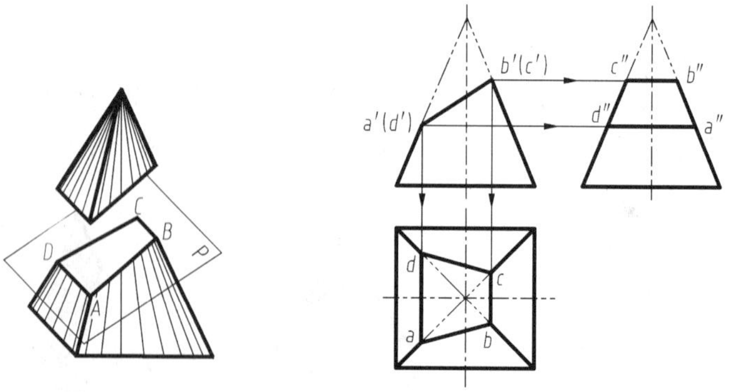

(a)　　　　(b)

图 3-13　四棱锥的截交线

当用两个以上平面截切平面立体时，在立体上会出现切口、凹槽或穿孔等。作图时，只要作出各个截平面与平面立体的截交线，并画出各截平面之间的交线，就可作出这些平面立体的投影。

【例 3-2】 如图 3-14(d)所示，一个带切口的正三棱锥，已知它的正面投影，求其另两面投影。

分析：该正三棱锥的切口是由两个相交的截平面切割而形成。两个截平面一个是水平面，一个是正垂面，它们都垂直于正面，因此切口的正面投影具有积聚性。水平截面与三棱锥的底面平行，因此它与棱面△SAB 和△SAC 的交线 DE、DF 必分别平行于底边 AB 和 AC，水平截面的侧面投影积聚成一条直线。正垂截面分别与棱面△SAB 和△SAC 交于直线 GE、GF。由于两个截平面都垂直于正面，所以两截平面的交线一定是正垂线，作出以上交线的投影即可得出所求投影。作图方法与步骤如图 3-14(a)、(b)、(c)所示：

(1) 由 d' 在 as 上作出 d，由 d 分别作 ab、ac 的平行线，再由 $e'(f')$ 在两条平行线上分别作出 e 和 f，连接 de、df 即为 DE、DF 的水平投影。根据投影规律可在侧面上求出 $d''e''$、$d''f''$，如图 3-14(a)所示。

(2) 由 g' 分别在 sa、$s''a''$ 上求出 g、g''，然后分别连接 ge、gf、$g''e''$、$g''f''$，如图 3-14(b)所示。

(3) 连接 ef，由于 ef 被三个棱面的水平投影遮住而不可见，应画成虚线。注意棱线 SA 中间 DG 段被截去，故它的水平投影中只剩 sg、ad，侧面投影中只剩 $s''g''$、$a''d''$，如图 3-14(c)所示。

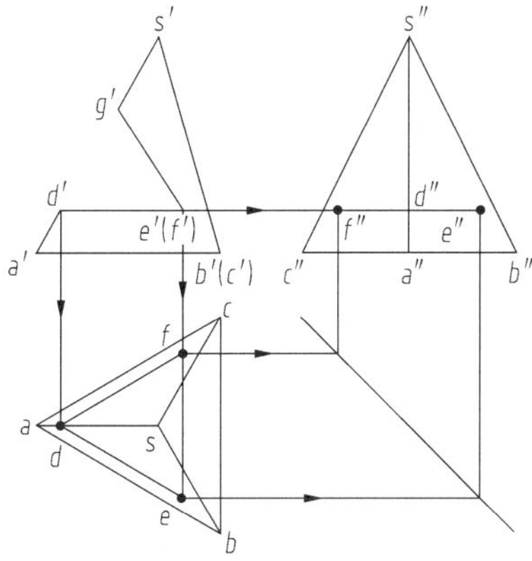

(a)

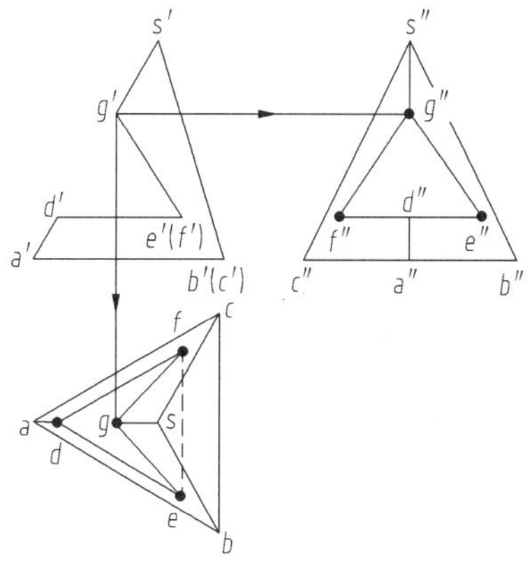

(b)

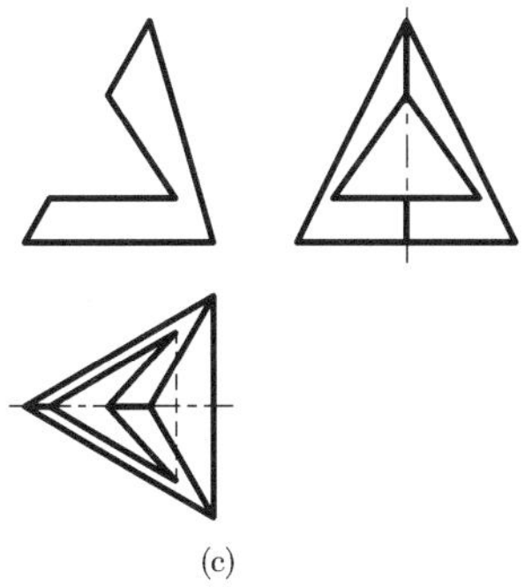
(c)

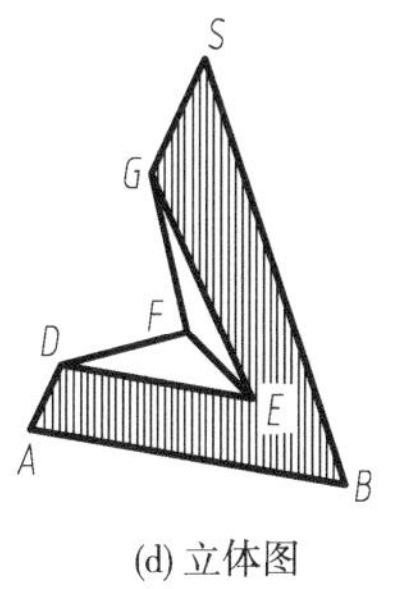

(d) 立体图

图 3-14　带切口正三棱锥的投影

三、平面与曲面立体相交

平面与曲面立体相交产生的截交线一般是封闭的平面曲线，也可能是由曲线与直线围成的平面图形，其形状取决于截平面与曲面立体的相对位置。曲面立体的截交线，就是求截平面与曲面立体表面的共有点的投影，然后把各点的同面投影依次光滑连接起来。

当截平面或曲面立体的表面垂直于某一投影面时，则截交线在该投影面上的投影具有积聚性，可直接利用面上取点的方法作图。

1. 圆柱的截交线

平面截切圆柱时，根据截平面与圆柱轴线的相对位置不同，其截交线有三种不同的形状。如表 3-1 所示。

表 3-1　圆柱的截交线

立体图	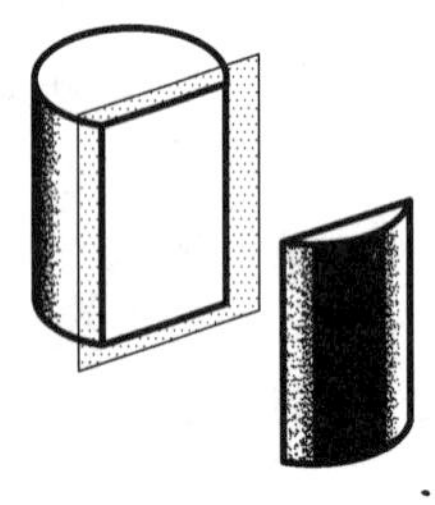	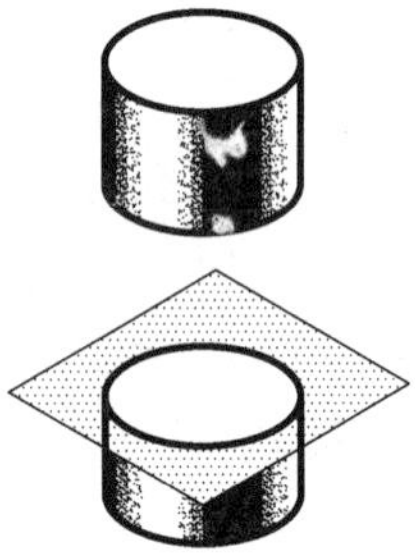	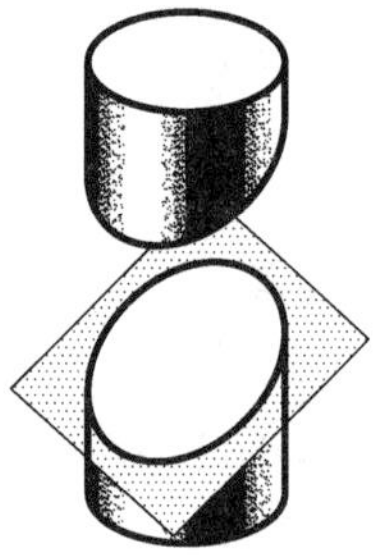
投影图	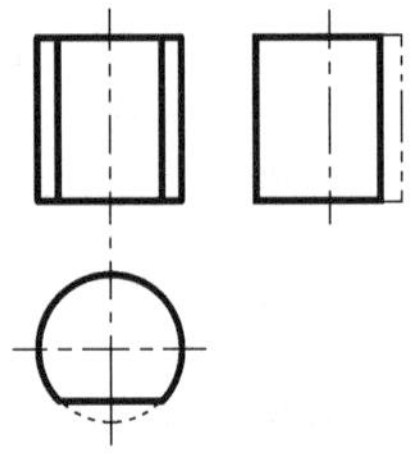	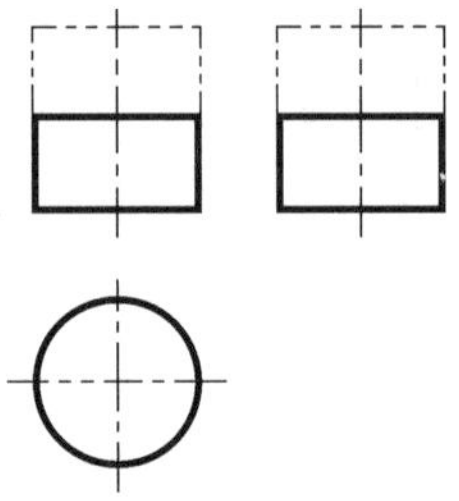	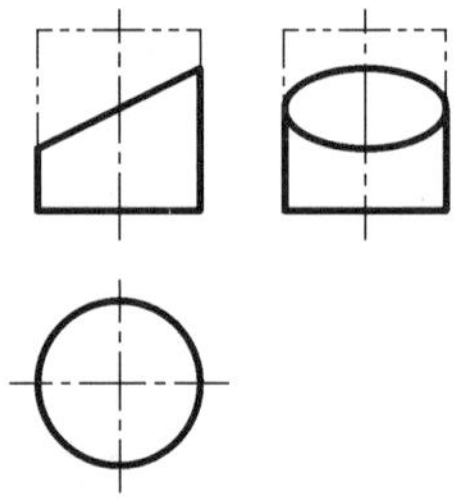
	截平面平行于轴线，截交线为矩形	截平面垂直于轴线，截交线为圆	截平面倾斜于轴线，截交线为椭圆

【例 3-3】 如图 3-15(a)所示，求圆柱被正垂面截切后的截交线。

分析： 截平面与圆柱的轴线倾斜，故截交线为椭圆。此椭圆的正面投影积聚为一直线。由于圆柱面的水平投影积聚为圆，而椭圆位于圆柱面上，故椭圆的水平投影与圆柱面水平投影重合。椭圆的侧面投影是它的类似形，仍为椭圆。可根据投影规律由正面投影和水平投影求出侧面投影。作图方法与步骤如图 3-15(b)、(c)、(d)所示：

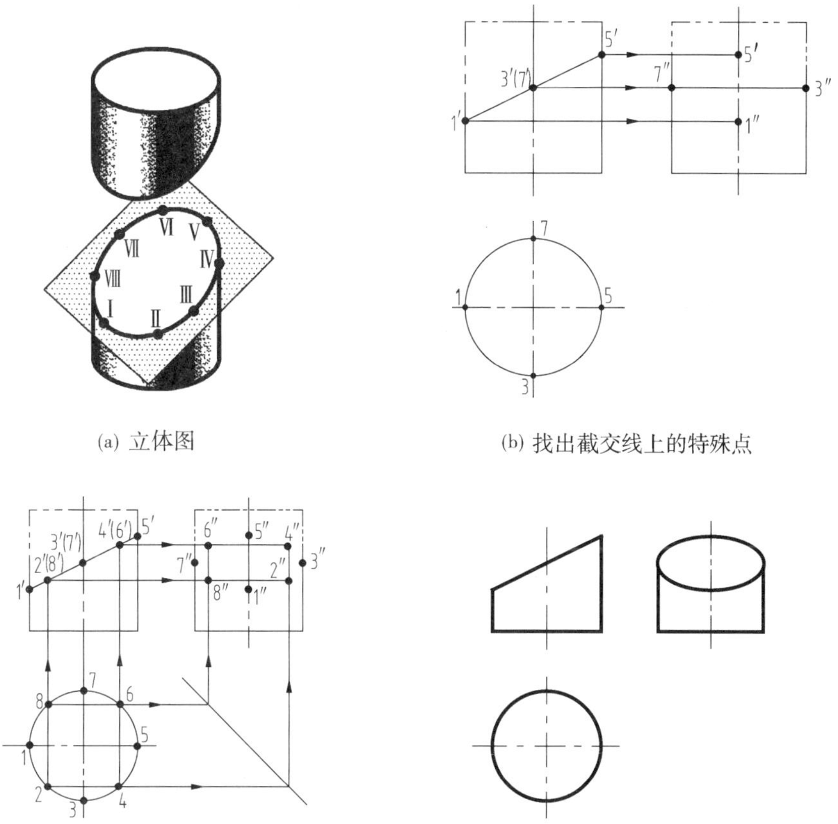

(a) 立体图　　(b) 找出截交线上的特殊点

(c) 找出截交线上一般点　　(d) 光滑连接各点

图 3-15　圆柱的截交线

(1) 先找出截交线上的特殊点。特殊点一般是指截交线上最高、最低、最左、最右、最前、最后等点。它们通常是截平面与回转体上特殊位置素线的交点。作出这些点的投影，就能大致确定截交线投影的范围。如图 3-15(a)所示，Ⅰ、Ⅴ两点是位于圆柱正面左、右两条转向轮廓素线上的点，且分别是截交线上的最低点和最高点。Ⅲ、Ⅶ两点位于圆柱最前、最后两条素线上，分别是截交线上的最前点和最后点。在图上标出它们的水平投影 1、5、3、7 和正面投影 1′、5′、3′、7′，然后根据投影规律求出侧面投影 1″、5″、3″、7″，如图 3-15(b)所示。

(2) 再作出适当数量的截交线上的一般点。在截交线上的特殊点之间取若干点，如图 3-15(a)中的Ⅱ、Ⅳ、Ⅵ、Ⅷ等点称为一般点。作图时，可先在水平投影上取 2、4、6、8 等点，再向上作投影连线，得 2′、4′、6′、8′点，然后由投影关系求出 2″、4″、6″、8″点，如图 3-15(c)所示。一般位置点越多，作出的截交线越准确。

(3) 依次光滑连接 1″、2″、3″、4″、5″、6″、7″、8″ 即得截交线的侧面投影，如图 3-15(d)

所示。

【例 3-4】 如图 3-16(a)所示,完成被截切圆柱的正面投影和水平投影。

分析:该圆柱左端的开槽是由两个平行于圆柱轴线的对称的正平面和一个垂直于轴线的侧平面切割而成。圆柱右端的切口是由两个平行于圆柱轴线的水平面和两个侧平面切割而成。作图方法与步骤如图 3-16(b)、(c)、(d)所示:

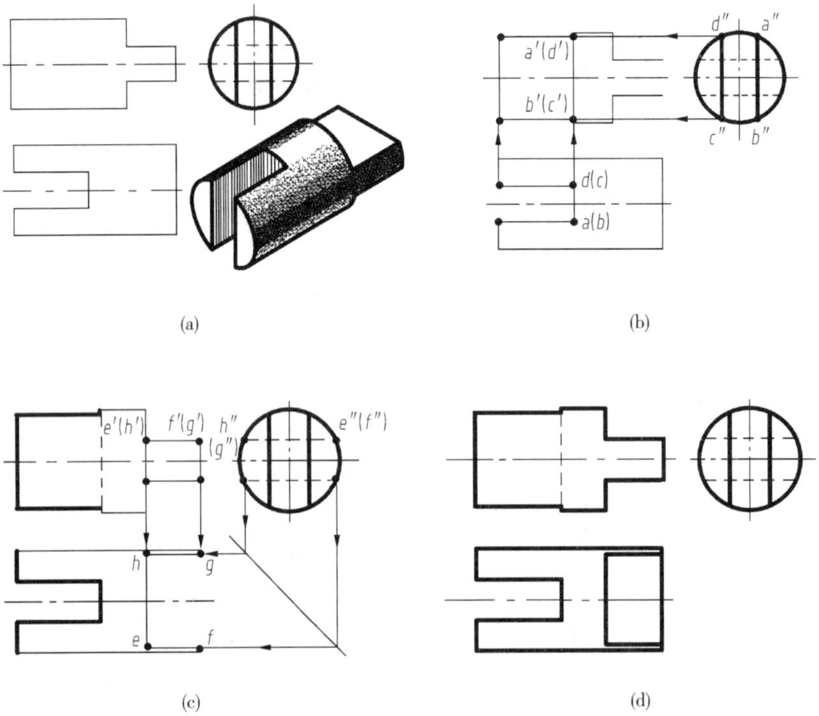

图 3-16 补全带切口圆柱的投影

(1) 画左端开槽部分。三个截平面的水平投影和侧面投影均已知,只需补出正面投影。两个正平面与圆柱面的交线是四条平行的侧垂线,它们的侧面投影分别积聚成点 a''、b''、c''、d'',它们的水平投影重合成两条直线。侧平面与圆柱面的交线是两段平行于侧面的圆弧,它们的侧面投影反映实形,水平投影积聚为一直线。根据点的投影规律,可求出上述截交线的正面投影,如图3-16(b)、(c)所示。

(2) 画右端切口部分。各截平面的正面投影和侧面投影已知,只需补出水平投影。具体作法与前面类似,如图 3-16(c)所示。

(3) 整理轮廓,完成全图,如图 3-16(d)所示。注意:① 圆柱的最上、最下两条素线均被开槽切去一段,故开槽部分的外形轮廓线向内"收缩";② 左端开槽底面的正面投影的中间段($a'\rightarrow b'$)是不可见的,应画成虚线。

2. 圆锥的截交线

平面截切圆锥时,根据截平面与圆锥轴线的相对位置不同,其截交线有五种不同的情况。如表 3-2 所示。

表 3-2 圆锥的截交线

立体图	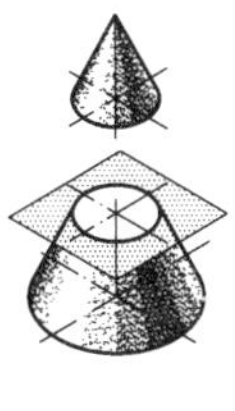	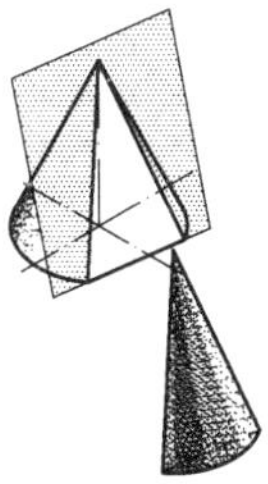	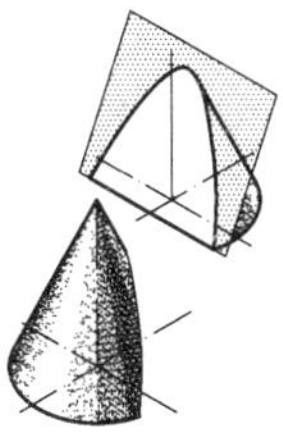	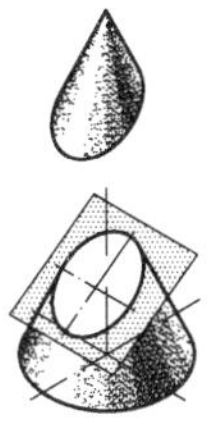	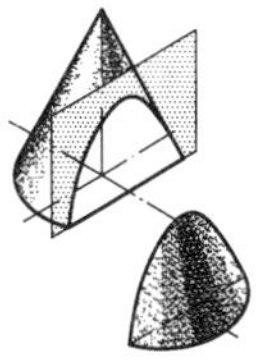
投影图	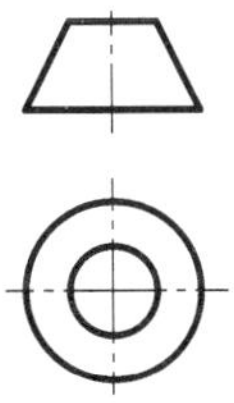	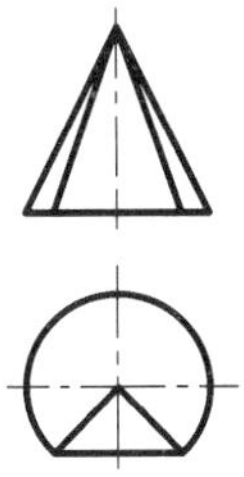	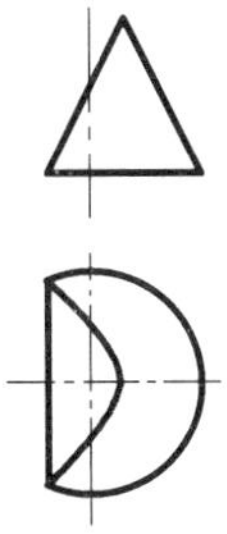	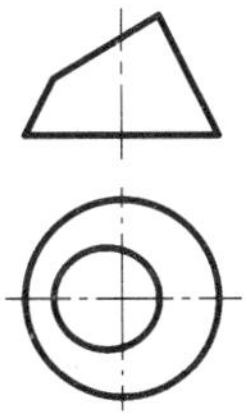	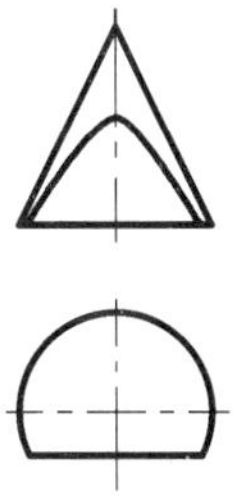
	截平面与轴线垂直，交线为圆	截平面经过顶点，交线为两条直线	截平面与任一素线平行，交线为抛物线	截平面与轴线倾斜，交线为椭圆	截平面与轴线平行，交线为双曲线

【例 3-5】 如图 3-17(a)所示，求作被正平面截切的圆锥的截交线。

分析：因截平面为正平面，与轴线平行，故截交线为双曲线。截交线的水平投影和侧面投影都积聚为直线，只需求出正面投影。作图方法与步骤如图 3-17(b)所示：

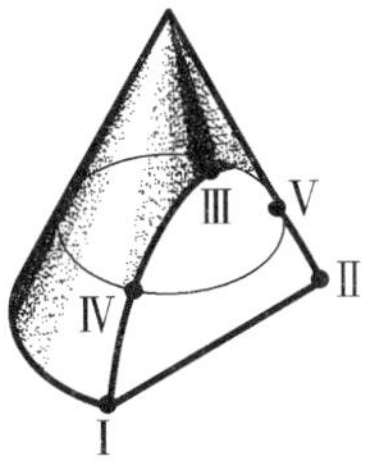

(a) 立体图

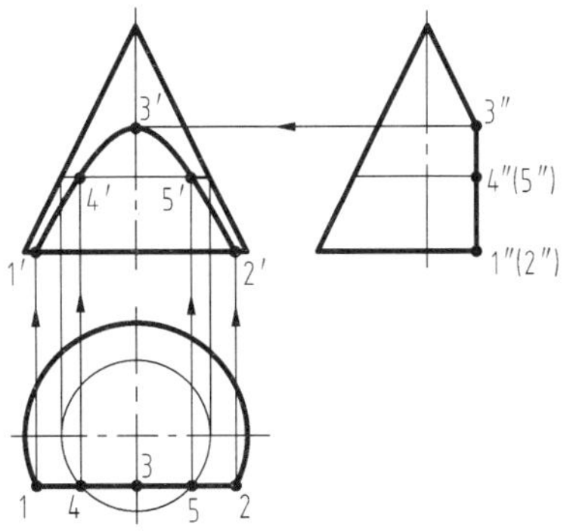

(b) 求出正面的投影

图 3-17 正平面截切圆锥的截交线

(1) 先求特殊点。点Ⅲ为最高点，是截平面与圆锥最前素线的交点，可由其侧面投影 3″直接作出正面投影 3′。点Ⅰ、Ⅱ为最低点且位于圆锥底圆上，可由水平投影 1、2 直接作出正面投影 1′、2′。

(2) 再求一般点。用辅助圆法,在点Ⅲ与点Ⅰ、Ⅱ间作一辅助圆,该圆与截平面的两个交点Ⅳ、Ⅴ必是截交线上的点。易作出这两点的水平投影 4、5 与侧面投影 4″、5″,据此可求出它们的正面投影 4′、5′。

(3) 依次光滑连接 1′、4′、3′、5′、2′即得截交线的正面投影。

3. 圆球的截交线

平面在任何位置截切圆球的截交线都是圆。当截平面平行于某一投影面时,截交线在该投影面上的投影为圆的实形,在其他两面上的投影都积聚为直线,如图 3-18 所示。

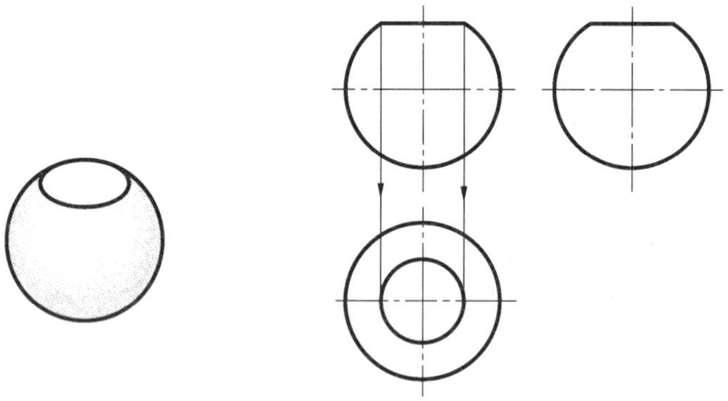

(a) 立体图　　(b)

图 3-18　圆球的截交线

【例 3-6】 如图 3-19(a)所示,完成开槽半圆球的截交线。

分析:球表面的凹槽由两个侧平面和一个水平面切割而成,两个侧平面和球的交线为两段平行于侧面的圆弧,水平面与球的交线为前后两段水平圆弧,截平面之间的交线为正垂线。作图方法与步骤如图 3-19(b)、(c)所示:

(1) 先画出完整半圆球的投影,再根据槽宽和槽深尺寸作出槽的正面投影,如图 3-19(a)所示。

(2) 用辅助圆法作出槽的水平投影。如图 3-19(b)所示。

(3) 根据正面投影和水平投影作出侧面投影,如图 3-19(c)所示。注意:① 由于平行于侧面的圆球素线被切去一部分,所以开槽部分的轮廓线在侧面的投影会向内"收缩"。② 槽底的侧面投影此时不可见,应画成虚线。

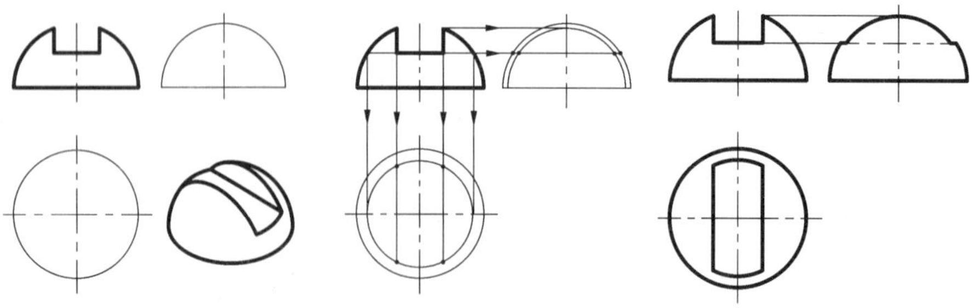

(a)　　(b)　　(c)

图 3-19　开槽圆球的截交线

4．综合题举例

实际机件常由几个回转体组合而成。求组合回转体的截交线时，首先要分析构成机件的各基本体与截平面的相对位置、截交线的形状、投影特性，然后逐个画出各基本体的截交线，再按它们之间的相互关系连接起来。

【例 3－7】 如图 3－20(a)所示，求作顶尖头的截交线。

分析：顶尖头部是由同轴的圆锥与圆柱组合而成。它的上部被两个分别是水平面和正垂面的截平面 P 和 Q 切去一部分，在它的表面上共出现 3 组截交线和一条 P 与 Q 的交线。截平面 P 平行于轴线，所以它与圆锥面的交线为双曲线，与圆柱面的交线为两条平行直线。截平面 Q 与圆柱斜交，它截切圆柱的截交线是一段椭圆弧。三组截交线的侧面投影分别积聚在截平面 P 和圆柱面的投影上，正面投影分别积聚在 P、Q 两面的投影（直线）上，因此只需求作三组截交线的水平投影。作图方法与步骤如图 3－16(b)、(c)、(d)所示：

（1）作特殊点。根据正面投影和侧面投影可作出特殊点的水平投影 1、3、5、6、8、10，如图 3－19(b)所示。

（2）求一般点。利用辅助圆法求出双曲线上一般点的水平投影 2、4，以及椭圆弧上的一般点 7、9，如图 3－19(c)所示。

（3）将各点的水平投影依次连接起来，即为所求截交线的水平投影，如图3－19(d)所示。

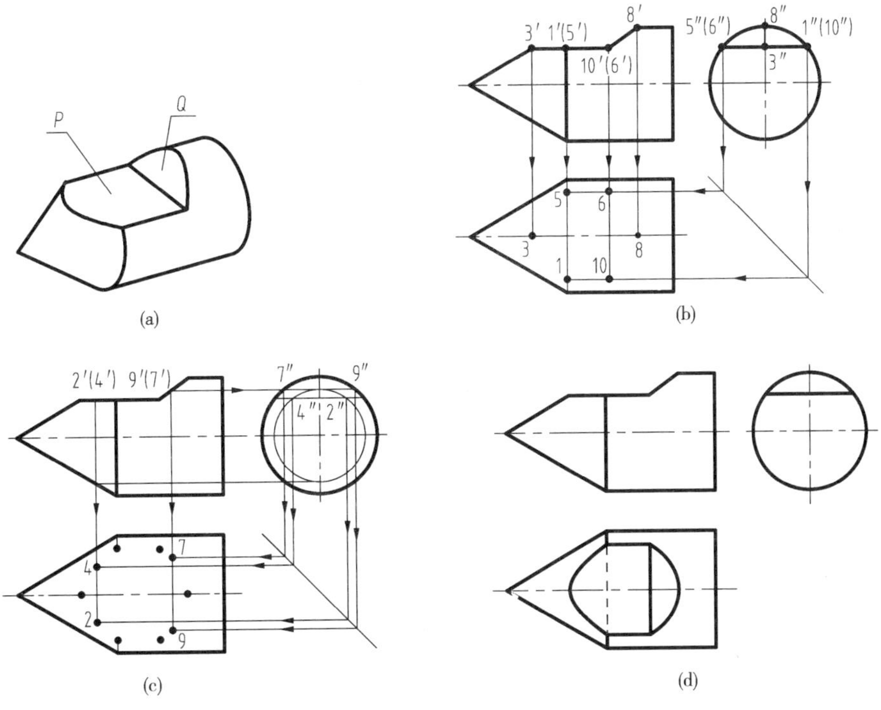

图 3－20　顶尖头的截交线

第三节　立体与立体相交

一、相贯线的性质

两个基本体相交(或称相贯),表面产生的交线称为相贯线。由于基本体有平面立体和曲面立体之分,所以相交时有平面立体与平面立体相交、平面立体与曲面立体相交和曲面立体与曲面立体相交三种情况。前两种情况的相贯线,可看作是平面与平面相交或平面与曲面相交所产生的交线,可用上节求平面与立体截交线的方法来作出。本节只讨论最为常见的两个曲面立体相交的问题。

由于相交的两个曲面立体的几何形状不同或它们的相对位置不同,相贯线的形式也各不相同,但它们都具有以下两个共同的性质:

(1) 相贯线是两个曲面立体表面的共有线,也是两个曲面立体表面的分界线。相贯线上的点是两个曲面立体表面的共有点。

(2) 两个曲面立体的相贯线一般为封闭的空间曲线,特殊情况下可能是平面曲线或直线。

求两个曲面立体相贯线的实质就是求它们表面的共有点。作图时,依次求出特殊点和一般点,判别其可见性,然后将各点光滑连接起来,即得相贯线。

二、相贯线的画法

两个相交的曲面立体中,如果其中一个是柱面立体(常见的是圆柱体),且其轴线垂直于某投影面时,相贯线在该投影面上的投影一定积聚在柱面投影上,相贯线的其余投影可用表面取点法求出。

【例 3-8】 如图 3-21(a)所示,求正交两圆柱体的相贯线。

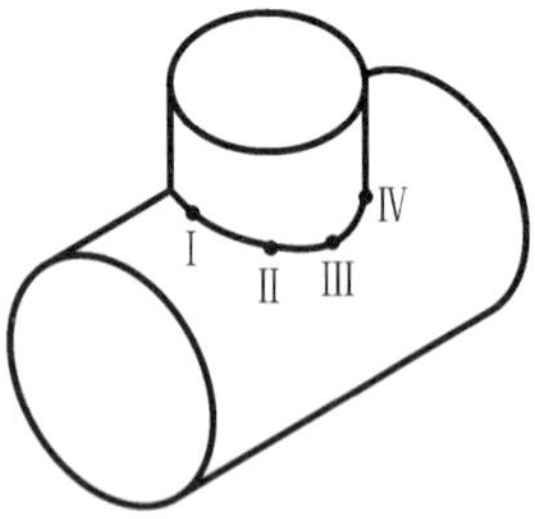

(a) 立体图

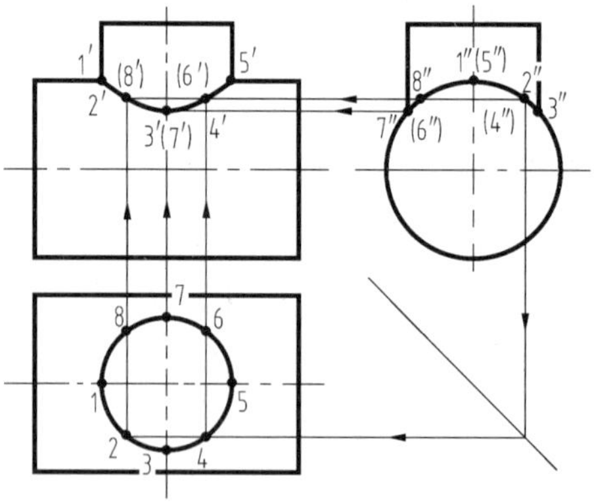

(b)

图 3-21　正交两圆柱的相贯线

分析:两圆柱体的轴线正交,且分别垂直于水平面和侧面。相贯线在水平面上的投影积聚在小圆柱水平投影的圆周上,在侧面的投影积聚在大圆柱侧面投影的圆周上,故只需求作相贯线的正面投影。作图方法与步骤如图 3-21(b)所示:

(1) 求特殊点。与作截交线的投影一样，首先应求出相贯线上的特殊点，特殊点决定了相贯线的投影范围。由图 3-21(a)可知，相贯线上Ⅰ、Ⅴ两点是相贯线上的最高点，同时也分别是相贯线上的最左点和最右点。Ⅲ、Ⅶ两点是相贯线上的最低点，同时也分别是相贯线上的最前点和最后点。定出它们的水平投影 1、5、3、7 和侧面投影 1″、(5″)、3″、(7″)，然后根据点的投影规律可作出正面投影 1′、5′、3′、(7′)。

(2) 求一般点。在相贯线的水平投影圆上的特殊点之间适当地定出若干一般点的水平投影，如图中 2、4、6、8 等点，再按投影关系作出它们的侧面投影 2″、(4″)、(6″)、8″。然后根据水平投影和侧面投影可求出正面投影 2′、4′、(6′)、(8′)。

(3) 判断可见性。只有当两曲面立体表面在某投影面上的投影均为可见时，相贯线的投影才可见。可见与不可见的分界点一定在轮廓转向线上。在图 3-21 中，两圆柱的前半部分均为可见，可判定相贯线由 1、5 两点分界，前半部分 1′2′3′4′5′可见，后半部分 5′(6′)(7′)(8′)1′不可见且与前半部分重合。

(4) 依次将 1′、2′、3′、4′、5′光滑连接起来，即得正面投影。

相贯线的作图步骤较多，如对相贯线的准确性无特殊要求，当两圆柱垂直正交且直径有相差时，可采用圆弧代替相贯线的近似画法。如图 3-22 所示，垂直正交两圆柱的相贯线可用大圆柱的 $D/2$ 为半径作圆弧来代替。

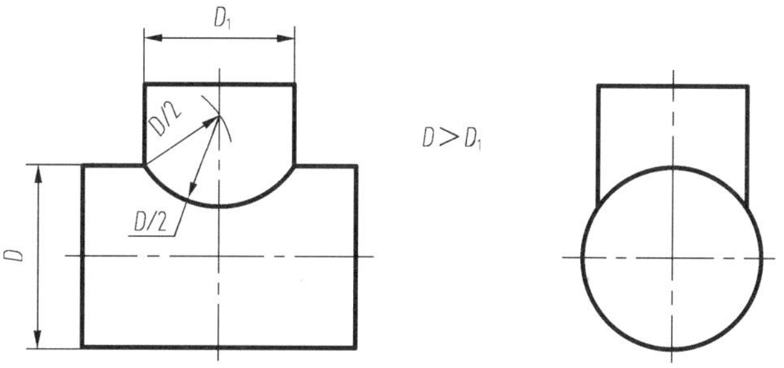

图 3-22 相贯线的近似画法

两圆柱正交有三种情况：两外圆柱面相交；外圆柱面与内圆柱面相交；两内圆柱面相交。这三种情况的相交形式虽然不同，但相贯线的性质和形状一样，求法也是一样的。如图 3-23 所示。

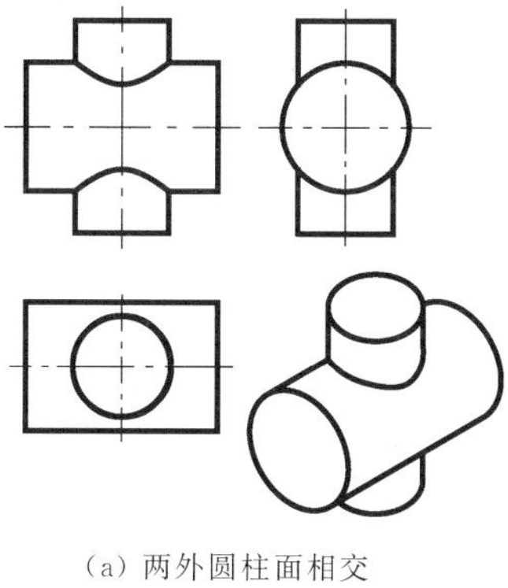

(a) 两外圆柱面相交

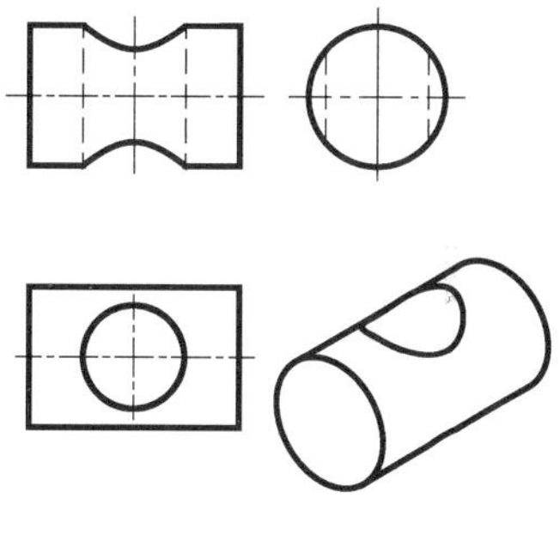

(b) 外圆柱面与内圆柱面相交

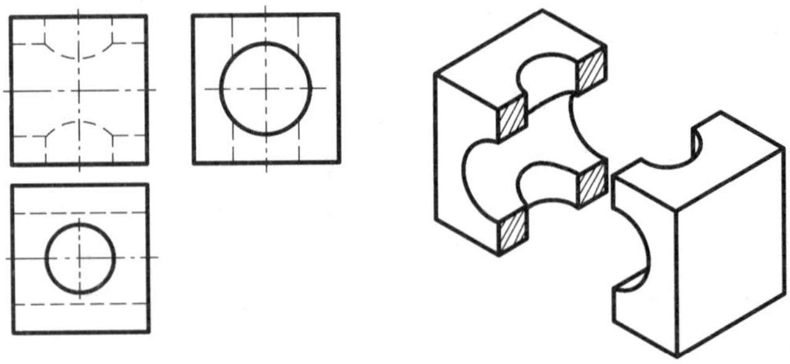

(c) 两内圆柱面相交

图 3-23　两圆柱正交的三种情况

三、相贯线的特殊情况

两曲面立体相交，其相贯线一般为空间曲线，但在特殊情况下也可能是平面曲线或直线。

(1) 两个曲面立体具有公共轴线时，相贯线为与轴线垂直的圆，如图 3-24 所示。

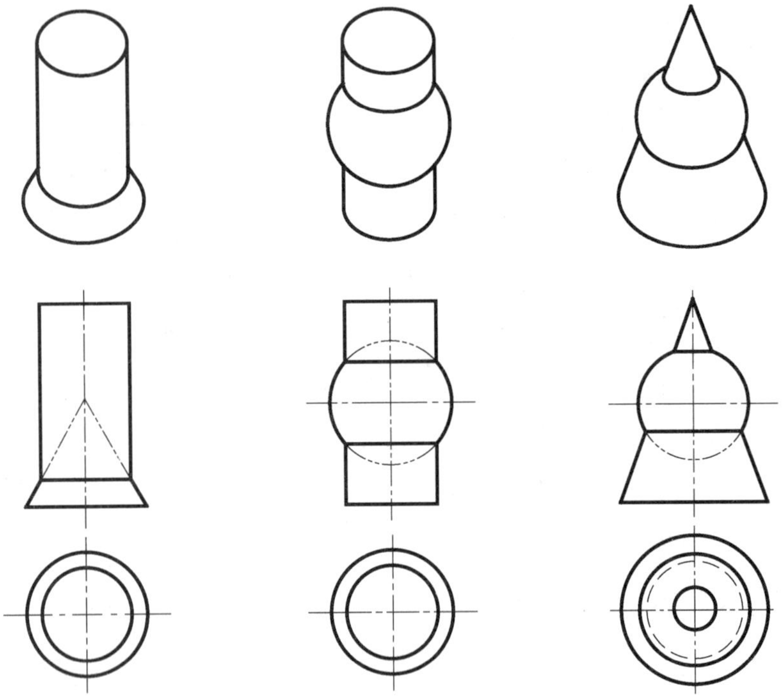

(a) 圆柱与圆锥　　(b) 圆柱与圆球　　(c) 圆锥与圆球

图 3-24　两个同轴回转体的相贯线

(2) 当正交的两圆柱直径相等时，相贯线为大小相等的两个椭圆(投影为通过轴线交点的直线)，如图 3-25 所示。

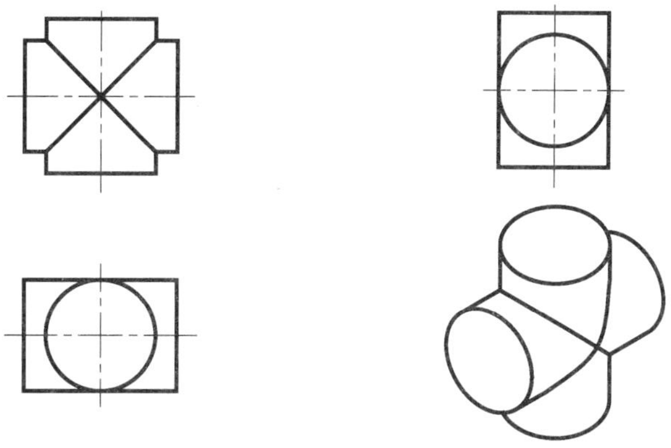

图 3-25　正交两圆柱直径相等时的相贯线

(3) 当相交的两圆柱轴线平行时，相贯线为两条平行于轴线的直线，如图3-26所示。

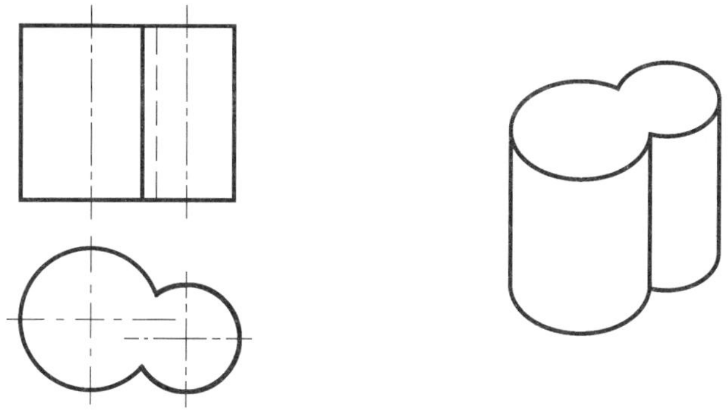

图 3-26　相交两圆柱轴线平行时的相贯线

第四章 轴测图

工程上一般采用正投影法绘制物体的投影图，即多面正投影图，它能完整、准确地反映物体的形状和大小，且度量性好，作图简单，但立体感不强，只有具备一定读图能力的人才能看懂，如图 4－1(a)所示。有时工程上还需采用一种立体感较强的图来表达物体，即轴测图，如图 4－1(b)所示。轴测图是用轴测投影的方法画出来的富有立体感的图形，它接近人们的视觉习惯，但不能确切地反映物体真实的形状和大小，并且作图较正投影复杂，因而在生产中它作为辅助图样，用来帮助人们读懂正投影图。

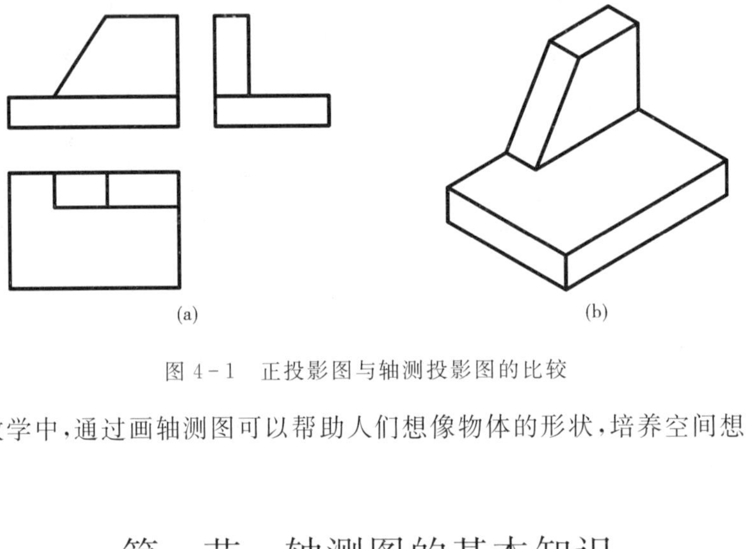

(a) (b)

图 4－1 正投影图与轴测投影图的比较

在制图教学中，通过画轴测图可以帮助人们想像物体的形状，培养空间想像能力。

第一节 轴测图的基本知识

一、轴测图的形成

将空间物体连同确定其位置的直角坐标系，沿不平行于任一坐标平面的方向，用平行投影法投射在某一选定的单一投影面上所得到的具有立体感的图形，称为轴测投影图，简称轴测图，如图 4－2 所示。

在轴测投影中，我们把选定的投影面 P 称为轴测投影面，把空间直角坐标轴 OX、OY、OZ 在轴测投影面上的投影 O_1X_1、O_1Y_1、O_1Z_1 称为轴测轴，把两轴测轴之间的夹角 $\angle X_1O_1Y_1$、$\angle Y_1O_1Z_1$、$\angle X_1O_1Z_1$ 称为轴间角，轴测轴上的单位长度与空间直角坐标轴上对应单位长度的比值，称为轴向伸缩系数。OX、OY、OZ 的轴向伸缩系数分别用 p_1、q_1、r_1

表示。如图 4-2 中，$p_1 = O_1A_1/OA$，$q_1 = O_1B_1/OB$，$r_1 = O_1C_1/OC$。

轴间角与轴向伸缩系数是绘制轴测图的两个主要参数。

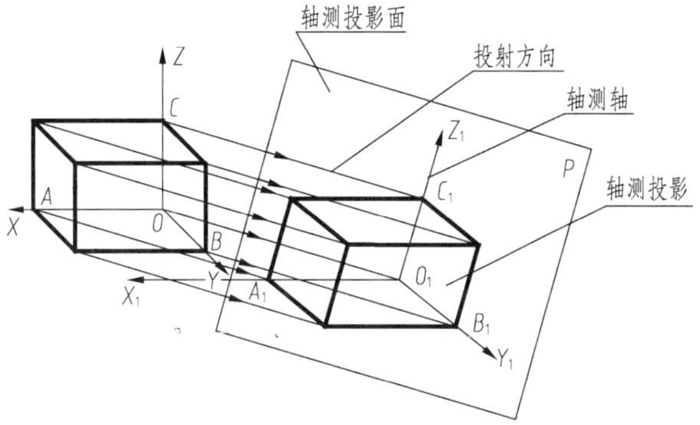

图 4-2 轴测图的形成

二、轴测图的种类

1. 按照投影方向与轴测投影面的夹角的不同来分类

(1) 正轴测图——轴测投影方向(投影线)与轴测投影面垂直时投影所得到的轴测图。

(2) 斜轴测图——轴测投影方向(投影线)与轴测投影面倾斜时投影所得到的轴测图。

2. 按照轴向伸缩系数的不同来分类

(1) 正(或斜)等测轴测图——$p_1 = q_1 = r_1$，简称正(斜)等测图。

(2) 正(或斜)二等测轴测图——$p_1 = r_1 \neq q_1$，简称正(斜)二测图。

(3) 正(或斜)三等测轴测图——$p_1 \neq q_1 \neq r_1$，简称正(斜)三测图。

本章只介绍工程上常用的正等测图和斜二测图的画法。

三、轴测图的基本性质

由于轴测图是用平行投影法得到的，所以轴测图具有如下的性质：

(1) 物体上互相平行的线段，在轴测图中仍互相平行；物体上平行于坐标轴的线段，在轴测图中仍平行于相应的轴测轴，且同一轴向所有线段的轴向伸缩系数相同。

(2) 物体上不平行于坐标轴的线段，可以用坐标法确定其两个端点然后连线画出。

(3) 物体上不平行于轴测投影面的平面图形，在轴测图中变成原图形的类似形。如长方形的轴测投影为平行四边形，圆形的轴测投影为椭圆等。

第二节 正等测图

一、正等测图的形成及参数

1. 形成方法

如图 4-3(a)所示，如果使三个坐标轴 OX、OY、OZ 对轴测投影面处于倾角都相等的位置，把物体向轴测投影面投影，这样所得到的轴测投影就是正等测轴测图，简称正等测图。

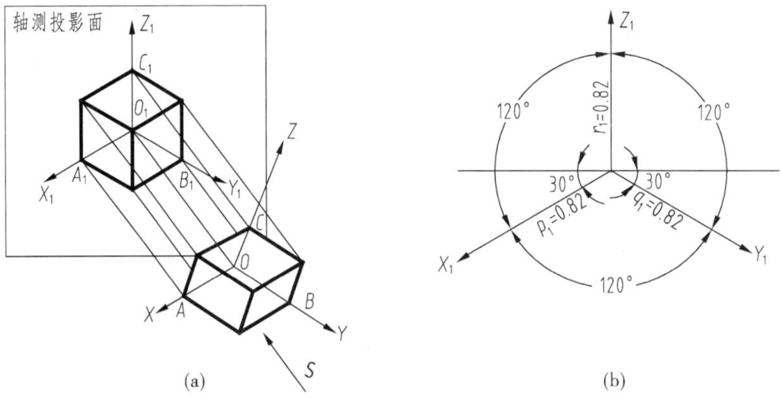

图 4-3　正轴测图的形成及参数

2. 参数

图 4-3(b)表示正等测图的轴测轴、轴间角和轴向伸缩系数等参数及画法。从图中可以看出,正等测图的轴间角均为 120°,且三个轴向伸缩系数相等。经推证并计算知 $p_1=q_1=r_1=0.82$。为作图简便,实际画正等测图时采用 $p_1=q_1=r_1=1$ 的简化伸缩系数画图,即沿各轴向的所有尺寸都按物体的实际长度画图。但按简化伸缩系数画出的图形比实际物体放大了 1/0.82≈1.22 倍。

二、平面立体正轴测图的画法

常用的画轴测图的方法是坐标法。下面以一些常见的图例来介绍正等测图的画法。

1. 长方体的正等测图

分析:根据长方体的特点,选择其中一个角顶点作为空间直角坐标系原点,并以过该角顶点的三条棱线为坐标轴。先画出轴测轴,然后用各顶点的坐标分别定出长方体的八个顶点的轴测投影,依次连接各顶点即可。作图方法与步骤如图 4-4 所示:

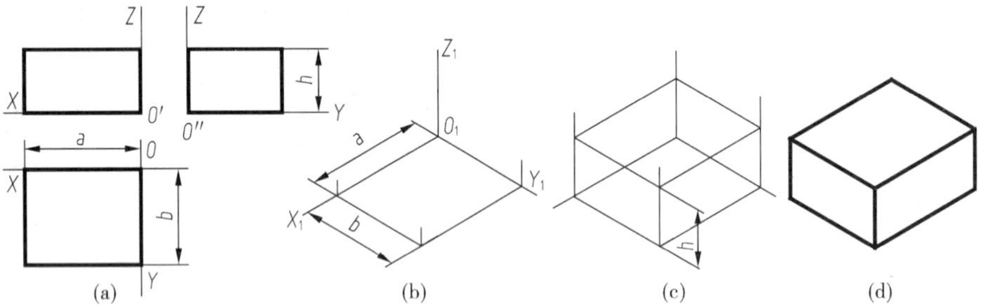

图 4-4　长方体的正等测图

(1) 先在正投影图上定出原点和坐标轴的位置。我们选定右侧后下方的顶点为原点,经过原点的三条棱线为 OX、OY、OZ 轴,如图 4-4(a)所示。

(2) 画出轴测轴 O_1X_1、O_1Y_1、O_1Z_1。

(3) 在 O_1X_1 轴上量取长方体的长度 a,在 O_1Y_1 轴上量取长方体的宽度 b,画出长方体底面的轴测投影,如图 4-4(b)所示。

(4) 过底面各顶点向上作 O_1Z_1 的平行线，在各线上量取长方体的高度 h，得到顶面上各点并依次连接，得长方体顶面的轴测投影，如图 4-4(c)所示。

(5) 擦去多余的图线并描深，即得到长方体的正等测图，如图 4-4(d)所示。

2. 正六棱柱体的正等测图

分析：由于正六棱柱前后、左右对称，为了减少不必要的作图线，从顶面开始作图比较方便。所以选择顶面的中心点作为空间直角坐标系原点，棱柱的轴线作为 OZ 轴，顶面的两条对称线作为 OX、OY 轴。然后用各顶点的坐标分别定出正六棱柱的各个顶点的轴测投影，依次连接各顶点即可。作图方法与步骤如图 4-5 所示：

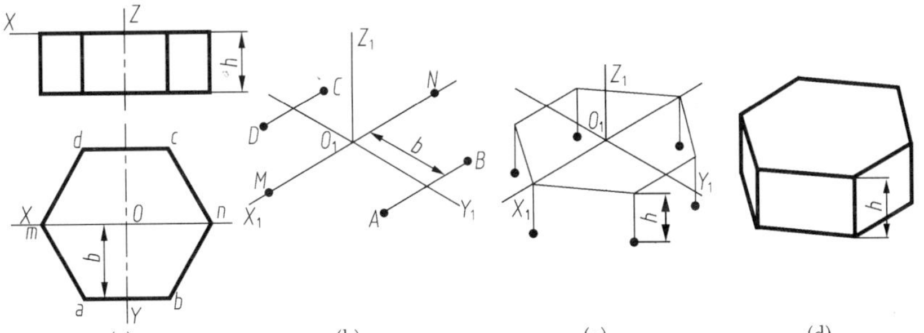

(a) (b) (c) (d)

图 4-5 正六棱柱体的正等测图

(1) 选定直角坐标系，以正六棱柱顶面的中心点为原点(坐标系原点可以任定，但应注意对于不同位置原点，顶面和底面各顶点的坐标不同)，如图 4-5(a)所示。

(2) 画出轴测轴 O_1X_1、O_1Y_1、O_1Z_1。

(3) 在 O_1X_1 轴上量取 O_1M、O_1N，使 $O_1M=om$、$O_1N=on$，在 O_1Y_1 轴上以尺寸 b 来确定 A、B、C、D 各点，依次连接 6 点即得顶面正六边形的轴测投影，如图 4-5(b)所示。

(4) 过顶面正六边形各点向下作 O_1Z_1 的平行线，在各线上量取高度 h，得到底面上各点并依次连接，得底面正六边形的轴测投影，如图 4-5(c)所示。

(5) 擦去多余的图线并描深，即得到正六棱柱体的正等测图，如图 4-5(d)所示。

3. 三棱锥的正等测图

分析：由于三棱锥由各种位置的平面组成，作图时可以先画出锥顶和底面的轴测投影，然后连接各棱线即可。作图方法与步骤如图 4-6 所示：

(1) 先在正投影图上定出原点和坐标轴的位置。考虑到作图方便，把坐标原点选在底面上点 B 处，并使 AB 与 OX 轴重合，如图 4-6(a)所示。

(2) 画出轴测轴 O_1X_1、O_1Y_1、O_1Z_1。

(3) 根据坐标关系画出底面各顶点和锥顶 S 在底面的投影 s，如图 4-6(b)所示。

(4) 过 s 垂直于底面向上作 O_1Z_1 的平行线，在线上量取三棱锥的高度，得到锥顶 S，如图 4-6(c)所示。

(5) 依次连接各顶点，擦去多余的图线并描深，即得到三棱锥的正等测图，如图 4-6(d)所示。

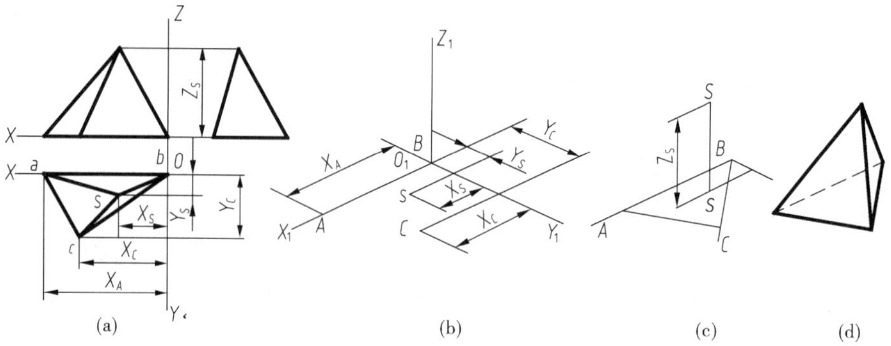

图 4-6　三棱锥的正等测图

从上述三例的作图过程中，可以总结出以下两点：

(1) 画平面立体的轴测图时，首先应选好坐标轴并画出轴测轴；然后根据坐标确定各顶点的位置；最后依次连线，完成整体的轴测图。具体画图时，应分析平面立体的形体特征，一般总是先画出物体上一个主要表面的轴测图。通常是先画顶面，再画底面；有时需要先画前面，再画后面，或者先画左面，再画右面。

(2) 为使图形清晰，轴测图中一般只画可见的轮廓线，避免用虚线表达。

三、圆的正轴测图的画法

平行于坐标面的圆的正等测图都是椭圆，除了长短轴的方向不同外，画法都是一样的。图 4-7 所示为三种不同位置的圆的正等测图。

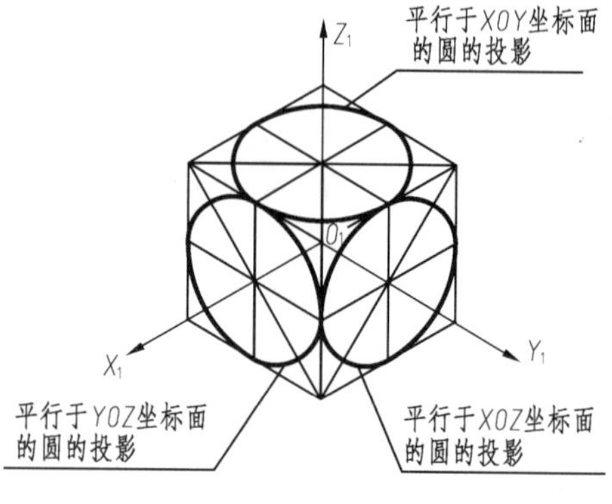

图 4-7　平行坐标面上圆的正等测图

作圆的正等测图时，必须弄清椭圆的长短轴的方向。分析图 4-7 所示的图形(图中的菱形为与圆外切的正方形的轴测投影)即可看出，椭圆长轴的方向与菱形的长对角线重合，椭圆短轴的方向垂直于椭圆的长轴，即与菱形的短对角线重合。通过分析，还可以看出，椭圆的长短轴和轴测轴有关：

(1) 圆所在平面平行于 XOY 面时，它的轴测投影——椭圆的长轴垂直于 O_1Z_1 轴，即成水平位置，短轴平行于 O_1Z_1 轴。

(2) 圆所在平面平行于 XOZ 面时，它的轴测投影——椭圆的长轴垂直于 O_1Y_1 轴，即向右方倾斜，并与水平线成 60°，短轴平行于 O_1Y_1 轴。

(3) 圆所在平面平行于 YOZ 面时，它的轴测投影——椭圆的长轴垂直于 O_1X_1 轴，即向左方倾斜，并与水平线成 60°，短轴平行于 O_1X_1 轴。

概括起来就是：平行于坐标面的圆(视图上的圆)的正等测投影是椭圆，椭圆长轴垂直于不包括圆所在坐标面的那根轴测轴，椭圆短轴平行于该轴测轴。

作图时，常用四段圆弧代替椭圆，即用“四心法”画椭圆。下面以平行于 H 面(即 XOY

坐标面）的圆（如图4－8所示）为例，说明圆的正等测图的画法。其作图方法与步骤如图4－9所示：

（1）画出轴测轴，按圆的外切的正方形画出菱形，如图4－9(a)所示。

（2）分别以A、B为圆心，AC为半径画两大弧，如图4－9(b)所示。

（3）连AC和AD分别交长轴于M、N两点，如图4－9(c)所示。

（4）分别以M、N为圆心，MD为半径画两小弧；在C、D、E、F处与大弧连接，如图4－9(d)所示。

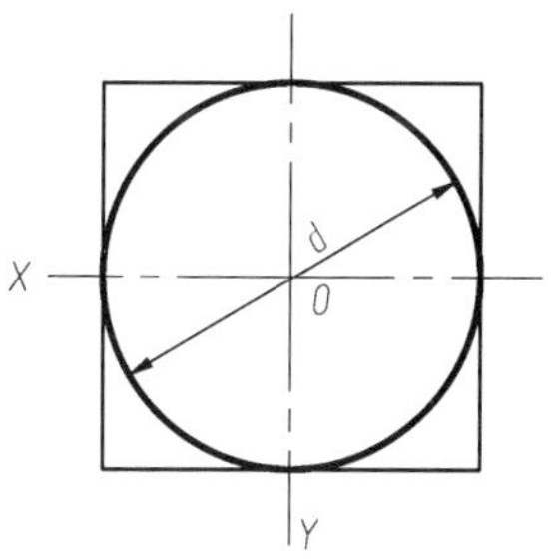

图4－8　平行于H面的圆

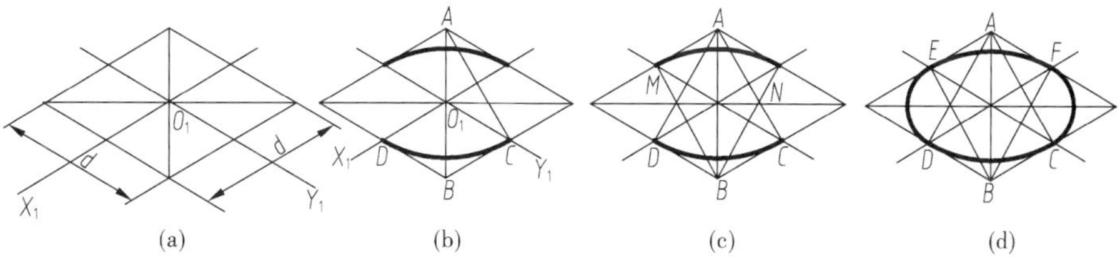

图4－9　用四心法作圆的正等测图

平行于V面（即XOZ坐标面）的圆、平行于W面（即YOZ坐标面）的圆的正等测图的画法都与上面类似，请读者自己分析。

四、曲面立体正轴测图的画法

掌握了圆的正等测图的画法，就不难画出曲面立体的正等测图。

1. 圆柱和圆台的正等测图

如图4－10所示，作图时，先分别作出其顶面和底面的椭圆，再作其公切线即可。

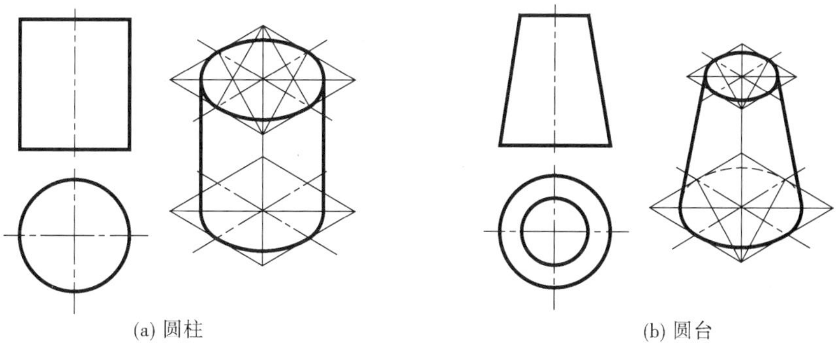

图4－10　圆柱和圆台的正等测图

2. 圆角的正等测图

圆角相当于1/4的圆周，因此，圆角的正等测图正好是近似椭圆的四段圆弧中的一段。作图时，可简化成如图4－11所示的画法，其作图步骤如下：

（1）在角上分别沿轴向取一段长度等于半径 R 的线段，得 A、A 和 B、B 点，过 A、B 点作相应边的垂线分别交于 O_1 及 O_2。

（2）以 O_1 及 O_2 为圆心，以 O_1A 及 O_2B 为半径作弧，即为顶面上圆角的轴测图，如图 4-11(b)所示。

（3）将 O_1 及 O_2 点垂直下移，取 O_3、O_4 点，使 $O_1O_3=O_2O_4=h$（板厚）。以 O_3 及 O_4 为圆心，以 O_1A 及 O_2B 为半径作弧，作底面上圆角的轴测图，再作上、下圆弧的公切线，即完成作图，如图 4-11(c)所示。

（4）擦去多余的图线并描深，即得到圆角的正等测图，如图 4-11(d)所示。

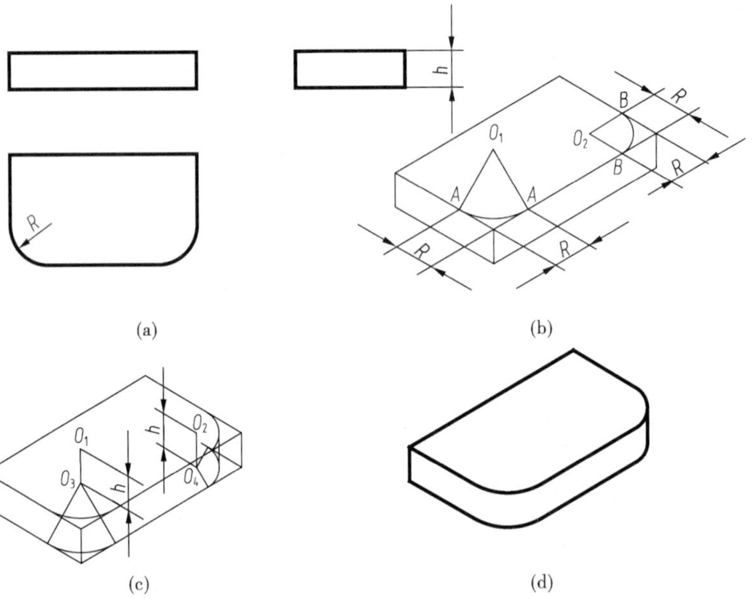

图 4-11　圆角的正等测图

在画曲面立体的正等测图时，一定要明确圆所在平面与哪一个坐标面平行，才能确保画出的椭圆正确。画同轴并且相等的椭圆时，要善于应用移心法以简化作图，并保持图面的清晰。

第三节　斜二测图

一、斜二测图的形成及参数

1. 形成方法

如图 4-12(a)所示，如果使物体的 XOZ 坐标面对轴测投影面处于平行的位置，采用平行斜投影法也能得到具有立体感的轴测图，这样所得到的轴测投影就是斜二等测轴测图，简称斜二测图。

2. 参数

图 4-12(b)表示斜二测图的轴测轴、轴间角和轴向伸缩系数等参数及画法。从图中

可以看出，在斜二测图中，$O_1X_1 \perp O_1Z_1$，O_1Y_1 与 O_1X_1、O_1Z_1 的夹角均为 135°，三个轴向伸缩系数分别为 $p_1=r_1=1$，$q_1=0.5$。

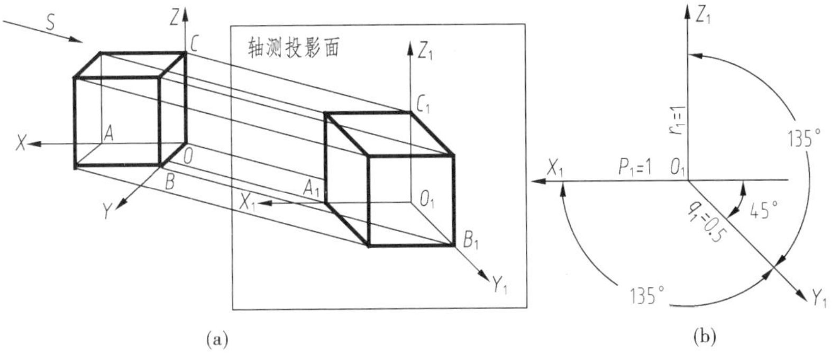

图 4-12 斜二测图的形成及参数

二、斜二测图的画法

斜二测图的画法与正等测图的画法基本相似，区别在于轴间角不同，并且斜二测图沿 O_1Y_1 轴的尺寸只取实长的一半。在斜二测图中，物体上平行于 XOZ 坐标面的直线和平面图形均反映实长和实形，所以，当物体上有较多的圆或曲线平行于 XOZ 坐标面时，采用斜二测图比较方便。

下面以两个图例来介绍斜二测图的画法。

1. 四棱台的斜二测图

作图方法与步骤如图 4-13 所示：

(1) 画出轴测轴 O_1X_1、O_1Y_1、O_1Z_1。

(2) 作出底面的轴测投影：在 O_1X_1 轴上按 1∶1 截取，在 O_1Y_1 轴上按1∶2截取，如图 4-13(b)所示。

(3) 在 O_1Z_1 轴上量取正四棱台的高度 h，作出顶面的轴测投影，如图 4-13(c)所示。

(4) 依次连接顶面与底面对应的各点，得到侧面的轴测投影，擦去多余的图线并描深，即得到正四棱台斜二测图，如图 4-13(d)所示。

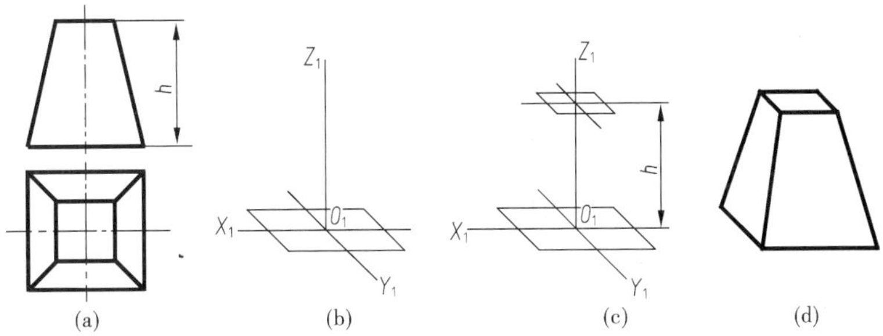

图 4-13 正四棱台的斜二测图

2. 圆台的斜二测图

作图方法与步骤如图 4-14 所示：

(1) 画出轴测轴 O_1X_1、O_1Y_1、O_1Z_1，在 O_1Y_1 轴上量取 $L/2$，定出前端面的圆心 A，如图 4-14(b)所示。

(2) 作出前、后端面的轴测投影，如图 4-14(c)所示。

(3) 作出两端面圆的公切线及前孔口和后孔口的可见部分。

(4) 擦去多余的图线并描深，即得到圆台的斜二测图，如图 4-14(d)所示。

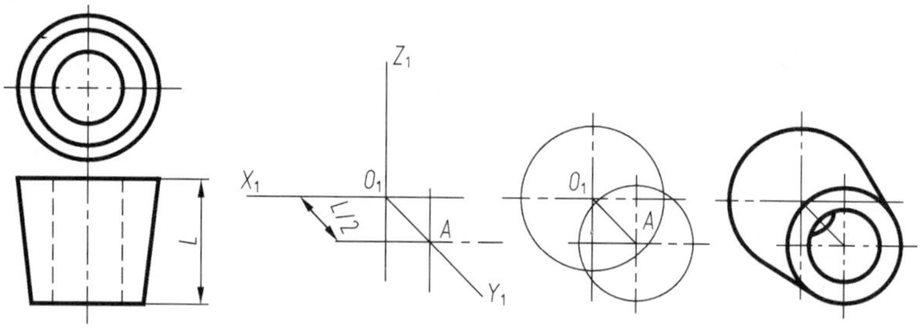

(a) (b) (c) (d)

图 4-14 圆台的斜二测图

必须注意，只有平行于 XOZ 坐标面的圆的斜二测投影才反映实形，仍然是圆。而平行于 XOY 坐标面和平行于 YOZ 坐标面的圆的斜二测投影都是椭圆，其画法比较复杂，本书不作讨论。

第四节 简单体的轴测图

画简单体的轴测图时，首先要进行形体分析，弄清形体的组合方式及结构特点，然后考虑表达的清晰性，从而确定画图的顺序，综合运用坐标法、切割法、叠加法等画出简单体的轴测图。

下面举例说明不同形状特点的简单体的轴测图的具体画法。

【例 4-1】 如图 4-15(a)所示，求作切割体的正等测图。

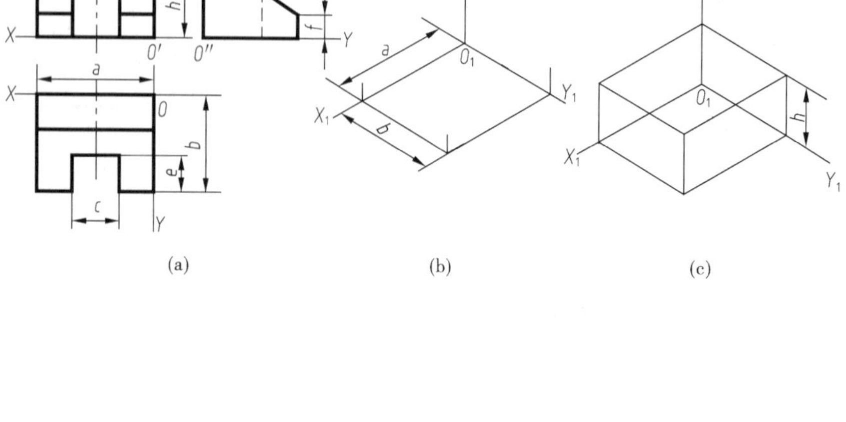

(a) (b) (c)

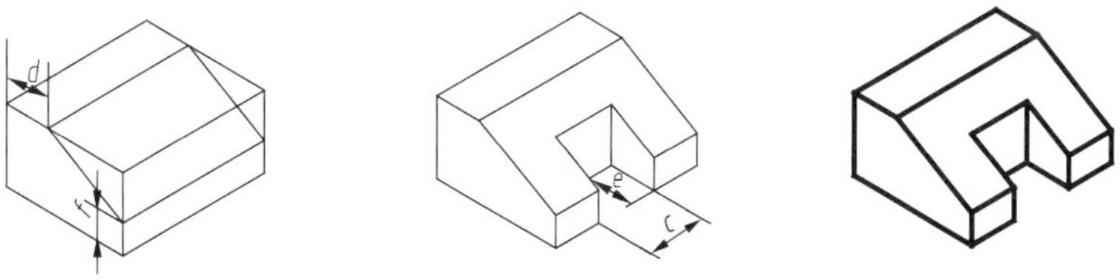

(d) (e) (f)

图 4-15 切割体的正等测图

分析：该切割体由一长方体切割而成。画图时应先画出长方体的正等测图，再用切割法逐个画出各切割部分的正等测图，即可完成。具体作图方法和步骤如图 4-15 所示。

【例 4-2】 如图 4-16(a)所示，求作支座的正等测图。

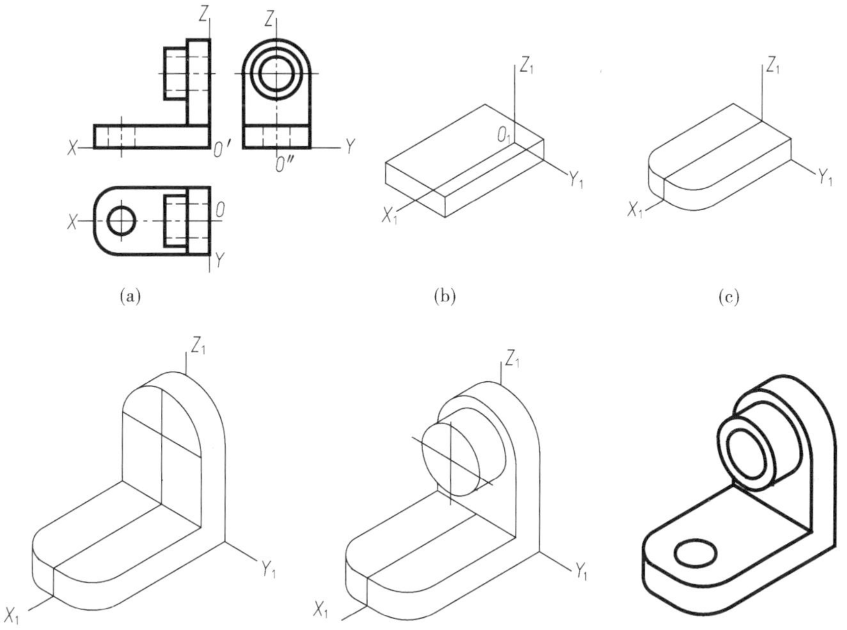

(a) (b) (c)

(d) (e) (f)

图 4-16 支座的正等测图

分析：支座由带圆角的底板、带圆弧的竖板和圆柱凸台组成。画图时应按照叠加的方法，逐个画出各部分形体的正等测图，即可完成。具体作图方法和步骤如图 4-16 所示。

【例 4-3】 如图 4-17(a)所示，求作相交两圆柱的正等测图。

分析：画两相交圆柱体的正等测图，除了应注意各圆柱的圆所处的坐标面，掌握正等测图中椭圆的长短轴方向外，还要注意轴测图中相贯线的画法。作图时可以运用辅助平面法，即用若干辅助截平面来切这两个圆柱，使每个平面与两圆柱相交于素线或圆周，则这些素线或圆周彼此相应的交点，就是所求相贯线上各点的轴测投影。如图 4-17(e)中，是以平行于 $X_1O_1Z_1$ 面的正平面 R 截切两圆柱，分别获得截交线 A_1B_1、C_1D_1、E_1F_1，其交点Ⅳ、Ⅴ即为相贯线上的点。再作适当数量的截平面，即可求得一系列交点。具体作图方法和步骤如图 4－17 所示。

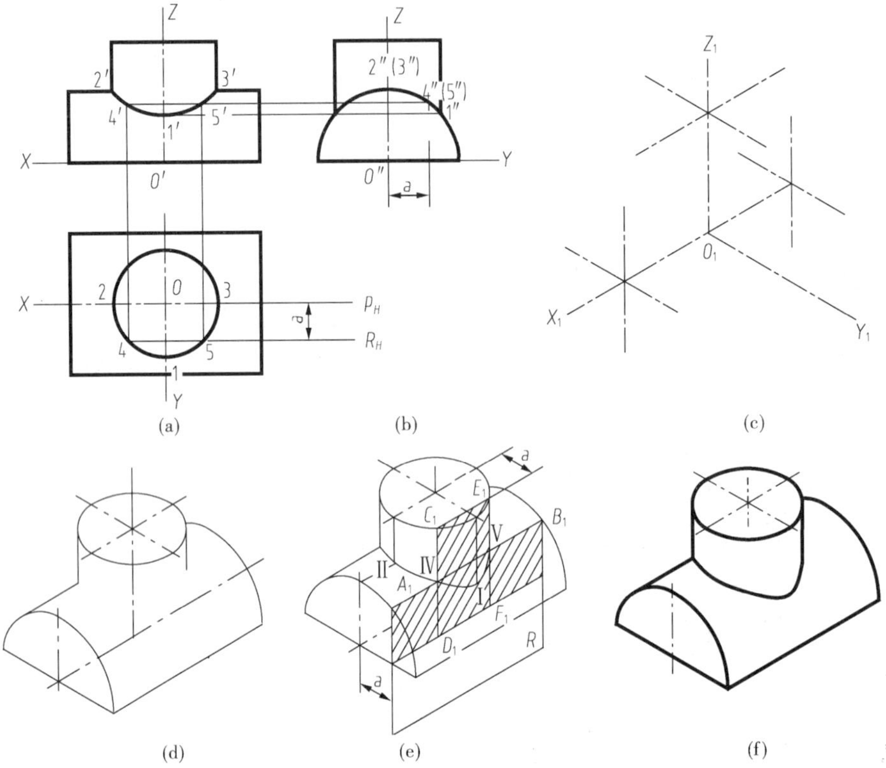

图 4－17　相交圆柱的正等测图

【例 4－4】 如图 4－18(a)所示，求作端盖的轴测图。

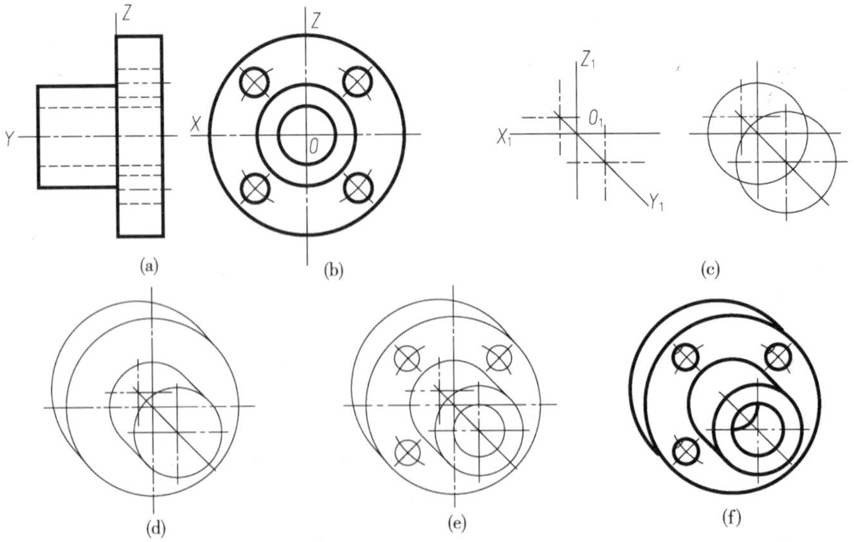

图 4－18　端盖的斜二测图

分析：端盖的形状特点是在一个方向的相互平行的平面上有圆。如果画成正等测图，则由于椭圆数量过多而显得繁琐，可以考虑画成斜二测图，作图时选择各圆的平面平行于坐标面 XOZ，即端盖的轴线与 Y 轴重合，具体作图方法和步骤如图 4-18 所示。

第五节　轴测草图的画法

在构思一部新机器或新结构的过程中，可先用立体的轴测草图将结构设计的概貌初步地表达出来，然后再进一步地画出正投影的设计草图，最后再仔细地完成设计工作图。其次，可以用轴测草图向没有能力读正投影图的人作产品或设计的介绍、说明。所以轴测草图是一种表达设计思想的很有用的工具。

一、画轴测草图的基本技巧

1. 徒手画轴测轴

(1) 正等测图轴测轴的画法

要求三条轴之间的夹角应尽量接近 120°，可以先画一条水平横线和 O_1Z_1 轴，然后将下面两个象限分别三等分，其中上面 1/3 的下边，即为 O_1X_1 轴和 O_1Y_1 轴，如图 4-19(a)所示。

(2) 斜二测图轴测轴的画法

先画互相垂直的轴测轴 O_1X_1 和 O_1Z_1 轴，然后作下面右象限的分角线（角平分线），即得 O_1Y_1 轴，如图 4-19(b)所示。

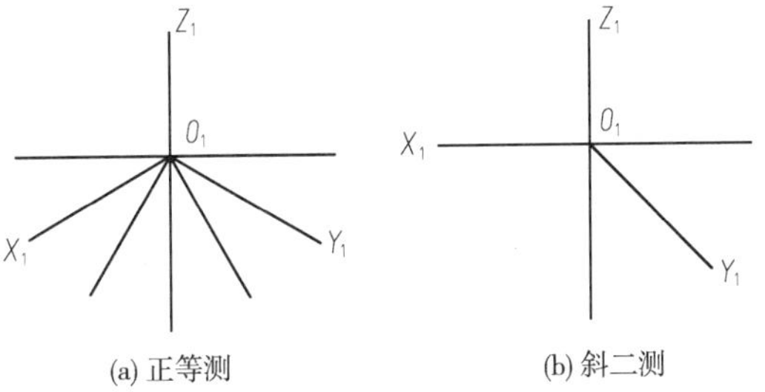

图 4-19　徒手画轴测轴

2. 徒手均匀划分等长线段

如图4-20(a)所示，若以长方体的一条棱线做单位长度 L，则其另两条棱线的长度可成一定比例画出，并可再将 L 划分为必要的等份。也可按图 4-20(b)所示的方法成比例地放大和缩小矩形尺寸。

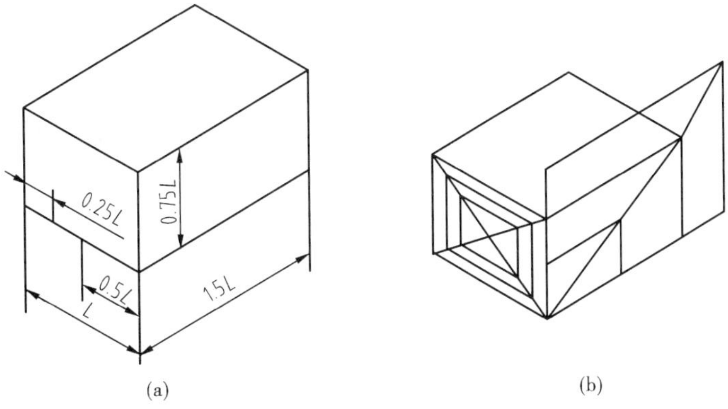

图 4-20　徒手均匀划分等长线段

3. 利用对角线及中心线作图

在作图的过程中，经常要确定图形的对称线、中心线和圆心的位置等，按照图 4-21 所示的方法，可以迅速地确定它们的位置。

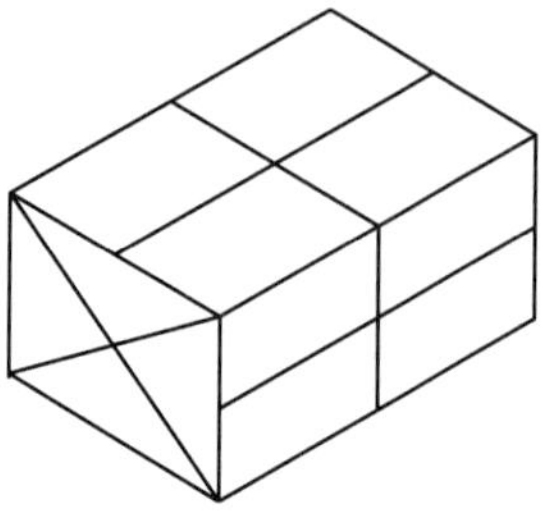

图 4-21 利用对角线及中心线作图

4. 圆的轴测草图

（1）圆的轴测投影是椭圆。椭圆的长轴方向垂直于回转轴，椭圆的短轴方向与回转轴一致。

（2）用菱形法画椭圆，椭圆与菱形四边的中点相切。徒手勾出大小圆弧、画出光滑的椭圆曲线，如图 4-22 所示。

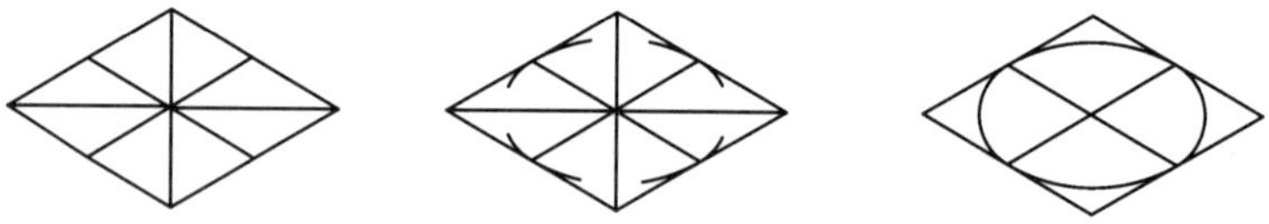

(a) (b) (c)

图 4-22 圆的轴测草图

5. 圆柱体的轴测草图

先画出圆柱体前面椭圆的外切菱形，再按圆柱体厚度 S 画出后面椭圆的外切菱形，就可迅速画出圆柱的轴测草图，如图 4-23 所示。

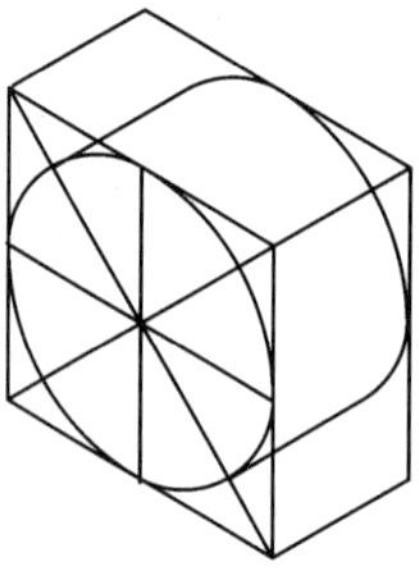

图 4-23 圆柱体的轴测草图

二、画轴测草图的一般步骤

（1）根据图纸、模型或其他来源，分析物体的形状和比例关系。

（2）选择应用的轴测图种类。

（3）确定物体的轴测投影方向，以更好、更多地表达出物体的形状结构为原则。

（4）选择适当大小的图纸。

（5）进行具体作图。

第五章 组合体的视图

任何机件都可以看成是由一些基本体按一定方式组合而成的。由两个或两个以上的基本体所组成的形体称为组合体。学好组合体三视图的画法、尺寸注法和看图方法是绘、读零件图的基础。

第一节　组合体的组合形式

一、组合体的组合形式和表面连接关系

1. 组合体的组合形式

组合体的组合形式一般有叠加和切割两种基本形式，而常见的组合体是这两种形式的综合，如图 5－1 所示。

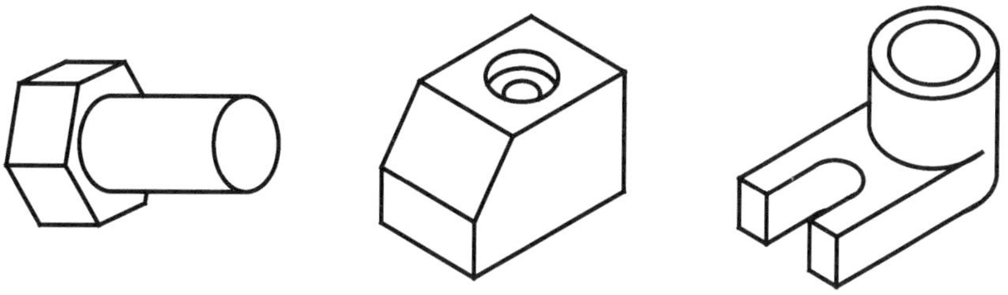

(a) 叠加型　(b) 切割型　(c) 综合型

图 5－1　组合体的组合形式

2. 组合体的表面连接关系

与基本体相比，画组合体的三视图需要注意相邻两形体相邻表面的连接关系。相邻表面的连接关系，一般可分为平齐或不平齐、相切和相交等几种情况，其表面接合处的画法可归结如下：

(1) 当两基本体表面平齐时，结合处不画分界线；当两基本体表面不平齐时，结合处应画出分界线。

如图 5－2(a)所示组合体，上、下两表面平齐，在主视图上不应画分界线。如图 5－2(b)所示组合体，上、下两表面不平齐，在主视图上应画出分界线。

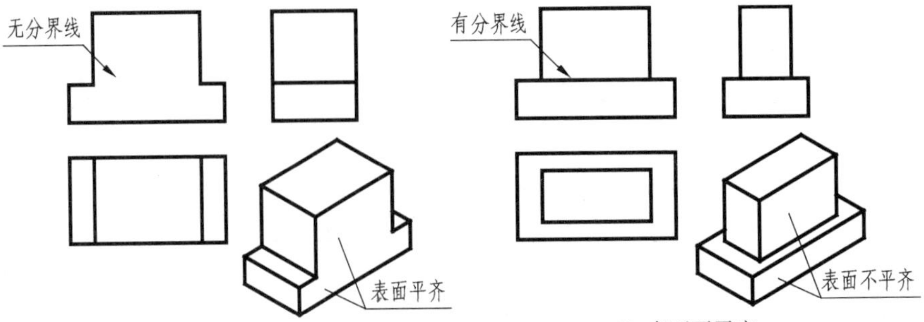

(a) 表面平齐　　(b) 表面不平齐

图 5-2　表面平齐和不平齐的画法

（2）当两基本体表面相切时，在相切处不画分界线。

如图 5-3(a)所示组合体，它是由底板和圆柱体组成，底板的侧面与圆柱面相切，在相切处形成光滑的过渡，因此主视图和左视图中相切处不应画线，此时应注意两个切点 A、B 的正面投影 a'、(b')和侧面投影 a''、b''的位置。图5-3(b)是常见的错误画法。

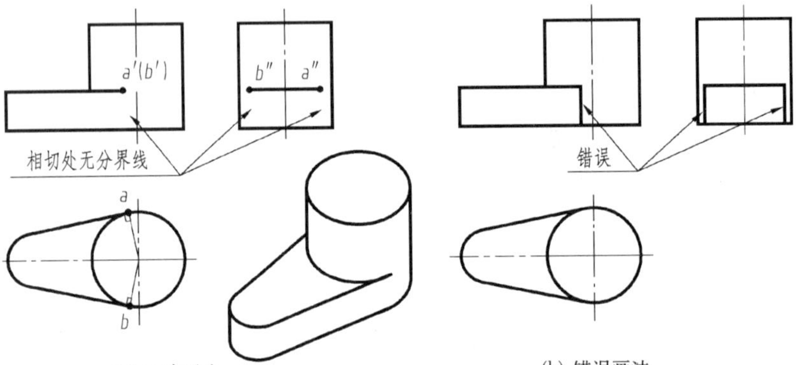

(a) 正确画法　　(b) 错误画法

图 5-3　表面相切的画法

（3）当两基本体表面相交时，在相交处应画出分界线。

如图 5-4(a)所示组合体，它也是由底板和圆柱体组成，但本例中底板的侧面与圆柱面是相交关系，故在主、左视图中相交处应画出交线。图 5-4(b)是常见的错误画法。请大家体会一下图 5-3 和图 5-4 所示相切与相交两种画法的区别。

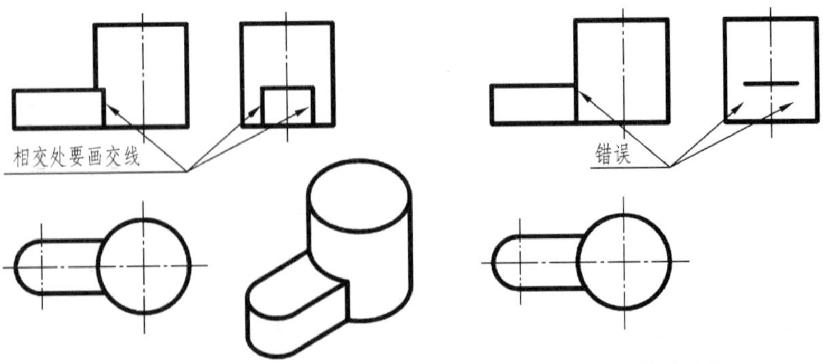

(a) 正确画法　　(b) 错误画法

图 5-4　表面相交的画法

二、形体分析法

组合体的视图，实际上是组成该立体的各基本体投影的组合。为了正确、迅速地绘制和看懂组合体视图，在绘图、标注尺寸、读图的过程中，可以假想将组合体分解为若干基本体，分析各基本体的形状、组合形式和相对位置，弄清组合体的形体特征，这种分析方法称为形体分析法。

如图 5-5(a)所示的支座可分解成图 5-5(b)所示的四个部分(每一部分可看作由几个基本体组成)。

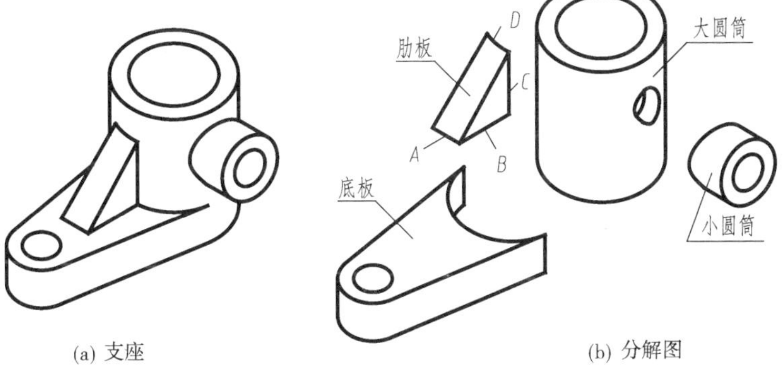

(a) 支座　　(b) 分解图

图 5-5　组合体的形体分析

第二节　组合体视图的画法

画组合体的视图，应按照一定的方法和步骤进行，下面以图 5-5 所示的支座为例来进行说明。

一、形体分析

画图前，首先应对组合体进行形体分析，分析该组合体是由哪些基本体所组成的，了解它们之间的相对位置、组合形式以及表面间的连接关系及其分界线的特点。

图 5-5 中的支座由大圆筒、小圆筒、底板和肋板组成，从图中可以看出大圆筒与底板接合，底板的底面与大圆筒底面共面，底板的侧面与大圆筒的外圆柱面相切；肋板叠加在底板的上表面上，右侧与大圆筒相交，其表面交线为 A、B、C、D，其中 D 为肋板斜面与圆柱面相交而产生的椭圆弧；大圆筒与小圆筒的轴线正交，两圆筒相贯连成一体，因此两者的内外圆柱面相交处都有相贯线。通过对支座进行这样的分析，弄清它的形体特征，对于画图有很大帮助。

在具体画图时，可以按各个部分的相对位置，逐个画出它们的投影以及它们之间的表面连接关系，综合起来即得到整个组合体的视图。

二、选择主视图

表达组合体形状的一组视图中，主视图是最主要的视图。在画三视图时，主视图的投影方向确定以后，其他视图的投影方向也就被确定了。因此，主视图的选择是绘图中的一个重要环节。主视图的选择一般根据形体特征原则来考虑，即以最能反映组合体形体特征的那个视图作为主视图，同时兼顾其他两个视图表达的清晰性。选择时还应考虑物体的安放位置，尽量使其主要平面和轴线与投影面平行或垂直，以便使投影能得到实形。图 5-6 所示的支座，比较箭头所指的各个投影方向，选择 A 向投影为主视图较为合理。

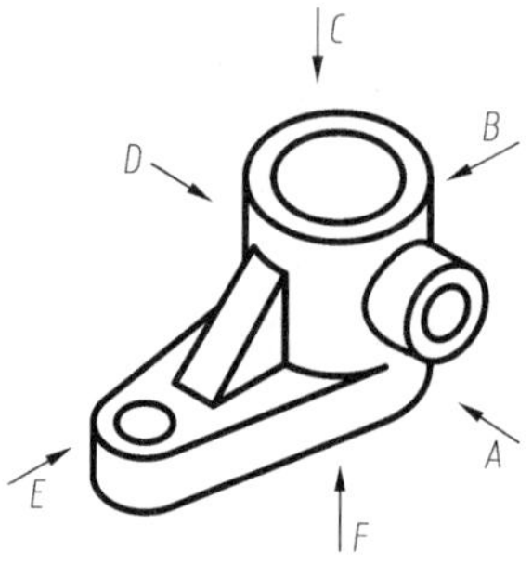

图 5-6　主视图的选择

三、确定比例和图幅

视图确定后，根据物体的复杂程度和尺寸大小，按照国家标准的规定选择适当的比例与图幅。选择的图幅要留有足够的空间以便标注尺寸和画标题栏等。

四、布置视图位置

布置视图时，应根据已确定的各视图每个方向的最大尺寸，并考虑到尺寸标注和标题栏等所需的空间，匀称地将各视图布置在图幅上。

五、绘制底稿

支座的绘图步骤如图 5-7 所示。绘图时应注意以下几点：

(1) 为保证三视图之间相互对正，提高画图速度，减少差错，应尽可能把同一形体的三面投影联系起来作图，并依次完成各组成部分的三面投影。不要孤立地先完成一个视图，再画另一个视图。

(2) 先画主要形体，后画次要形体；先画各形体的主要部分，后画次要部分；先画可见部分，后画不可见部分。

(3) 应考虑到组合体是各个部分组合起来的一个整体，作图时要正确处理各形体之间的表面连接关系。

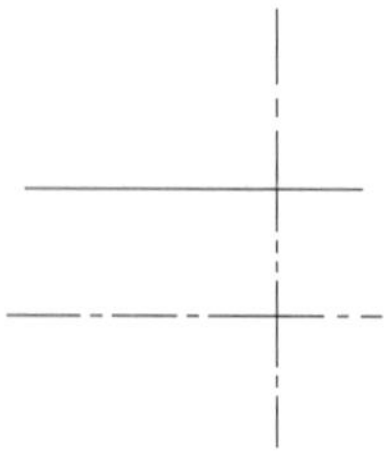
(a) 布置视图，画主要基准线

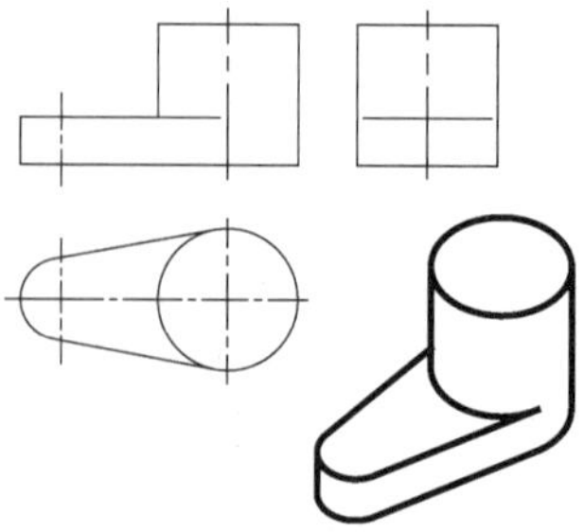
(b) 画底板和大圆筒外圆柱面

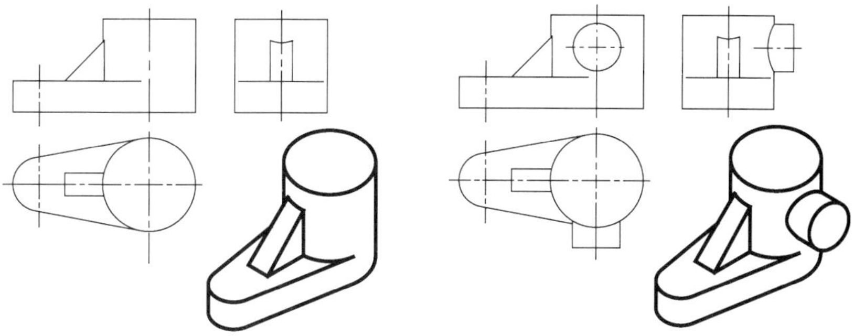

(c) 画肋板　　　　(d) 画小圆筒外圆柱面

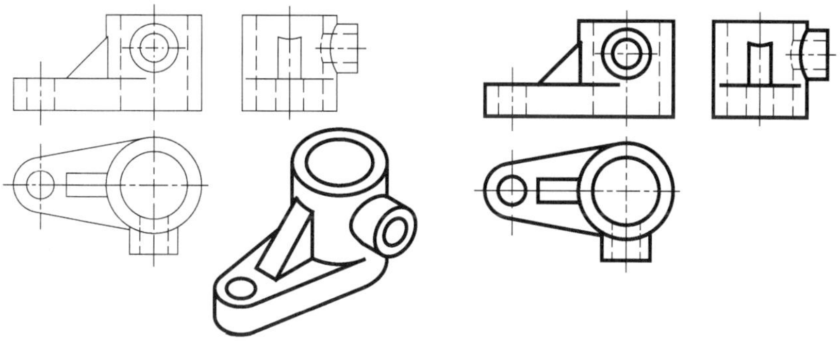

(e) 画三个圆孔　　　　(f) 检查、描深，完成全图

图 5-7　支座三视图的作图步骤

第三节　组合体的尺寸标注

组合体的视图只是表示出了组合体的形状，而它的大小及各部分之间的位置则需通过在视图上标注尺寸来确定。组合体尺寸标注的基本要求是正确、完整、清晰。正确就是尺寸标注要符合国家标准，这一点我们在第一章已经作过介绍；完整就是尺寸不能有遗漏，也不能重复；清晰就是尺寸布置整齐，排列恰当，便于读图。本节主要讨论怎样使尺寸标注完整、清晰。

一、尺寸基准

标注尺寸的起始位置称为尺寸基准。组合体有长、宽、高三个方向的尺寸，每个方向至少应有一个尺寸基准。组合体的尺寸标注中，常选取对称面、底面、端面、轴线或圆的中心线等几何元素作为尺寸基准。在选择基准时，每个方向除一个主要基准外，根据情况还可以有几个辅助基准。基准选定后，各方向的主要尺寸（尤其是定位尺寸）就应从相应的尺寸基准进行标注。

如图 5-8 所示支架，是用竖板的右端面作为长度方向尺寸基准，用前、后对称平面作为宽度方向尺寸基准，用底板的底面作为高度方向的尺寸基准。

二、标注尺寸要完整

1. 尺寸种类

要使尺寸标注完整，既无遗漏，又不重复，最有效的办法是对组合体进行形体分析，根据各基本体形状及其相对位置分别标注以下几类尺寸。

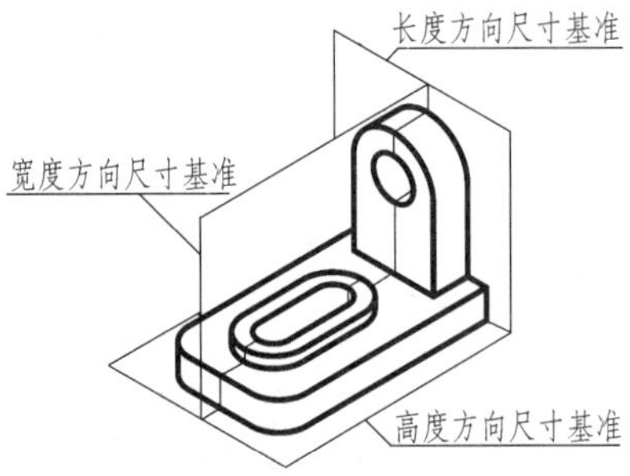

图 5-8　支架的尺寸基准分析

(1) 定形尺寸

确定各基本体形状大小的尺寸。如图 5-9(a)中的 50、34、10、$R8$ 等尺寸确定了底板的形状，而 $R14$、18 等是竖板的定形尺寸。

(2) 定位尺寸

确定各基本体之间相对位置的尺寸。如图 5-9(a)俯视图中的尺寸 8 确定竖板在宽度方向的位置，主视图中尺寸 32 确定 $\phi16$ 孔在高度方向的位置。

(3) 总体尺寸

确定组合体外形总长、总宽、总高的尺寸。总体尺寸有时和定形尺寸重合，如图 5-9(a)中的总长 50 和总宽 34 同时也是底板的定形尺寸。对于具有圆弧面的结构，通常只注中心线位置尺寸，而不注总体尺寸。如图 5-9(b)中总高可由 32 和 $R14$ 确定，此时就不再标注总高 46 了。当标注了总体尺寸后，有时可能会出现尺寸重复，这时可考虑省略某些定形尺寸。如图 5-9(c)中总高 46 和定形尺寸 10、36 重复，此时可根据情况将此二者之一省略。

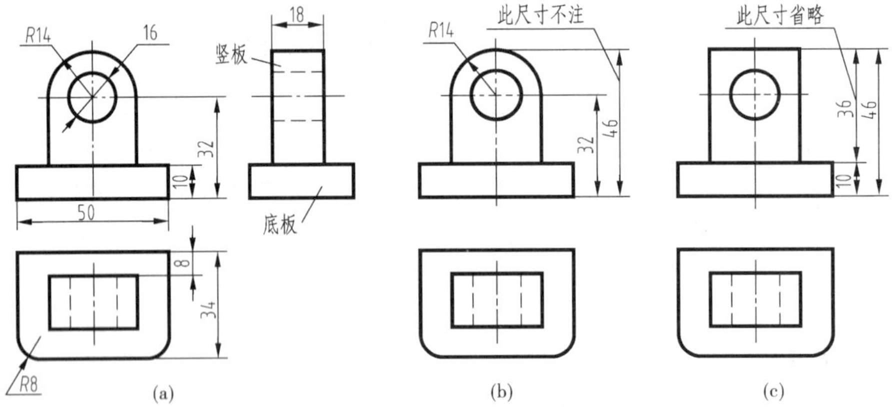

图 5-9　尺寸种类

2. 标注尺寸的方法和步骤

标注组合体的尺寸时，应先对组合体进行形体分析，选择基准，标注出定形尺寸、定位尺寸和总体尺寸，最后检查、核对。下面以图 5-10 所示支座为例说明组合体尺寸标注的方法和步骤。

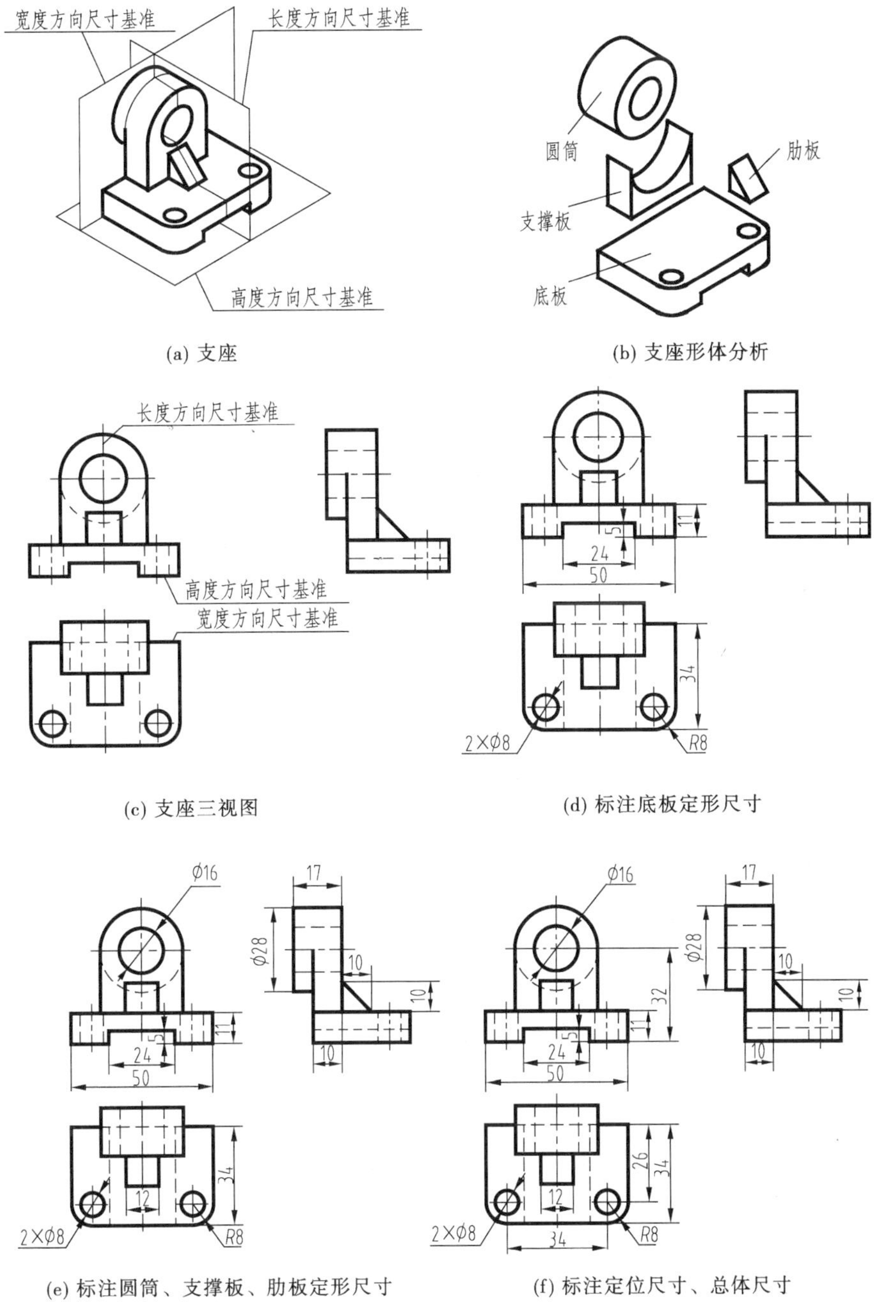

(a) 支座　(b) 支座形体分析

(c) 支座三视图　(d) 标注底板定形尺寸

(e) 标注圆筒、支撑板、肋板定形尺寸　(f) 标注定位尺寸、总体尺寸

图 5-10　支座的尺寸标注

(1) 进行形体分析

该支座由底板、圆筒、支撑板、肋板四个部分组成，它们之间的组合形式为叠加。如图5-10(b)所示。

（2）选择尺寸基准

该支座左右对称，故选择对称平面作为长度方向尺寸基准；底板和支撑板的后端面平齐，可选作宽度方向尺寸基准；底板的下底面是支座的安装面，可选作高度方向尺寸基准。如图 5－10(c)所示。

（3）根据形体分析，逐个注出底板、圆筒、支撑板、肋板的定形尺寸。如图 5－10(d)、(e)所示。

（4）根据选定的尺寸基准，注出确定各部分相对位置的定位尺寸。如图5－10(f)中确定圆筒与底板相对位置的尺寸 32，以及确定底板上两个 $\phi 8$ 孔位置的尺寸 34 和 26。

（5）标注总体尺寸。此图中所示支座的总长与底板的长度相等，总宽由底板宽度和圆筒伸出部分长度确定，总高由圆筒轴线高度加圆筒直径的一半决定，因此这几个总体尺寸都已标出。

（6）检查尺寸标注有无重复、遗漏，并进行修改和调整，最后结果如图5－10(f)所示。

三、标注尺寸要清晰

标注尺寸不仅要求正确、完整，还要求清晰，以方便读图。为此，在严格遵守机械制图国家标准的前提下，还应注意以下几点：

（1）尺寸应尽量标注在反映形体特征最明显的视图上。如图 5－10(d)中底板下部开槽宽度 24 和高度 5，标注在反映实形的主视图上较好。

（2）同一基本形体的定形尺寸和确定其位置的定位尺寸，应尽可能集中标注在一个视图上。如图 5－10(f)上将两个 $\phi 8$ 圆孔的定形尺寸 $2\times\phi 8$ 和定位尺寸 34、26 集中标注在俯视图上，这样便于在读图时寻找尺寸。

（3）直径尺寸应尽量标注在投影为非圆的视图上，而圆弧的半径应标注在投影为圆的视图上。如图 5－10(e)中圆筒的外径 $\phi 28$ 标注在其投影为非圆的左视图上，底板的圆角半径 $R8$ 标注在其投影为圆的俯视图上。

（4）尽量避免在虚线上标注尺寸。如图 5－10(e)将圆筒的孔径 $\phi 16$ 标注在主视图上，而不是标注在俯、左视图上，因为 $\phi 16$ 孔在这两个视图上的投影都是虚线。

（5）同一视图上的平行并列尺寸，应按“小尺寸在内，大尺寸在外”的原则来排列，且尺寸线与轮廓线、尺寸线与尺寸线之间的间距要适当。

（6）尺寸应尽量配置在视图的外面，以避免尺寸线与轮廓线交错重叠，保持图形清晰。

四、常见结构的尺寸注法

图 5－11 列出了组合体上一些常见结构的尺寸注法。

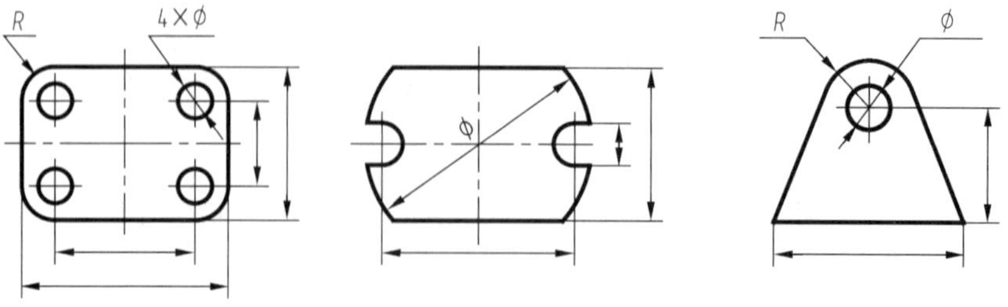

(a)　(b)　(c)

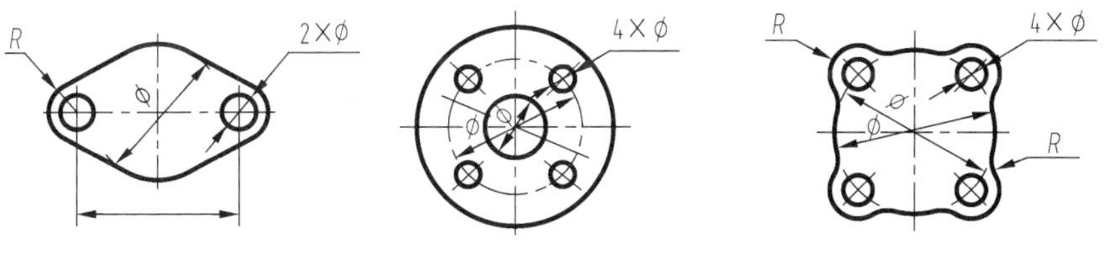

(d) (e) (f)

图 5-11 常见结构的尺寸注法

第四节 读组合体视图

画图和读图是学习本课程的两个重要环节，培养读图能力是本课程的基本任务之一。画图是将空间的物体形状在平面上绘制成视图，而读图则是根据已画出的视图，运用投影规律，对物体空间形状进行分析、判断、想像的过程，读图是画图的逆过程。

一、读图的基本要领

1. 理解视图中线框和图线的含义

视图是由图线和线框组成的，弄清视图中线框和图线的含义对读图有很大帮助。

(1) 视图中的每个封闭线框可以是物体上一个表面(平面、曲面或它们相切形成的组合面)的投影，也可以是一个孔的投影。如图 5-12 所示，主视图上的线框 A、B、C 是平面的投影，线框 D 是平面与圆柱面相切形成的组合面的投影，主、俯视图中大、小两个圆线框分别是大小两个孔的投影。

(2) 视图中的每一条图线可以是面的积聚性投影，如图 5-12 中直线 1 和 2 分别是 A 面和 E 面的积聚性投影；也可以是两个面的交线的投影，如图中直线 3 和 5 分别是肋板斜面 E 与拱形柱体左侧面和底板上表面的交线，直线 4 是 A 面和 D 面交线；还可以是曲面的转向轮廓线的投影，如左视图中直线 6 是小圆孔圆柱面的转向轮廓线(此时不可见，画虚线)。

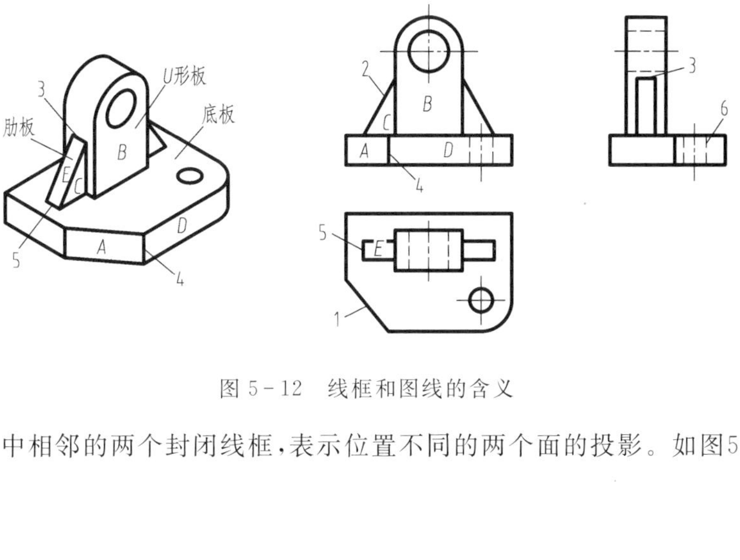

图 5-12 线框和图线的含义

(3) 视图中相邻的两个封闭线框，表示位置不同的两个面的投影。如图5-12中 B、C、

D 三个线框两两相邻，从俯视图中可以看出，B、C 以及 D 的平面部分互相平行，且 D 在最前，B 居中，C 最靠后。

（4）大线框内包括的小线框，一般表示在大立体上凸出或凹下的小立体的投影。如图 5－12 中俯视图上的小圆线框表示凹下的孔的投影，线框 E 表示凸起的肋板的投影。

2. 将几个视图联系起来进行读图

一个组合体通常需要几个视图才能表达清楚，一个视图不能确定物体形状。如图 5－13 所示的三组视图，它们的主视图都相同，但由于俯视图不同，表示的实际是三个不同的物体。

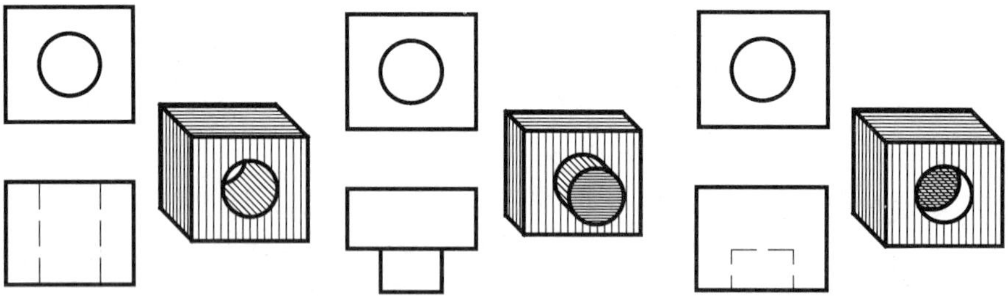

(a) (b) (c)

图 5－13 一个视图不能确定物体的形状

有时即使有两个视图相同，若视图选择不当，也不能确定物体的形状。如图5－14所示的三组视图，他们的主、俯视图都相同，但由于左视图不同，也表示了三个不同的物体。

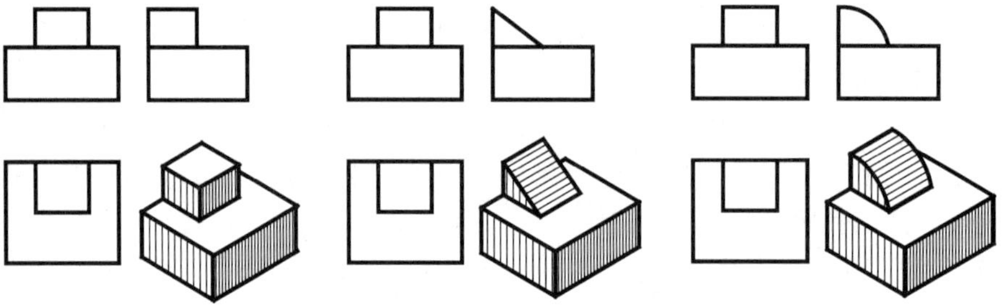

(a) (b) (c)

图 5－14 两个视图不能确定物体的形状

在读图时，一般应从反映形状特征最明显的视图入手，联系其他视图进行对照分析，才能确定物体形状，切忌只看一个视图就下结论。

二、读图的基本方法

读图的基本方法有形体分析法和线面分析法。

1. 形体分析法

形体分析法是读组合体视图的基本方法。这种方法是将每个视图根据线框分为几个部分，然后从具有明显特征的线框部分出发，按照投影关系找出该部分在其他视图中的投影，想像出该部分的形状。然后依次想出每个部分的形状，并确定各部分之间的相对位置和组合形式。最后综合想像出整个物体的形状。在这个过程中，由于主视图上具有的特征部位一般较多，故通常先从主视图开始进行分析。

【例 5－1】 读如图 5－15(a)所示三视图，想像出它所表示的物体的形状。

读图步骤：

(1) 分离出特征明显的线框

三个视图都可以看作是由三个线框组成的，因此可大致将该物体分为三个部分。其中主视图中Ⅰ、Ⅲ两个线框特征明显，俯视图中线框Ⅱ的特征明显。如图 5－15(a)所示。

(2) 逐个想像各形体形状

根据投影规律，依次找出Ⅰ、Ⅱ、Ⅲ三个线框在其他两个视图的对应投影，并想像出它们的形状。如图 5－15(b)、(c)、(d)所示。

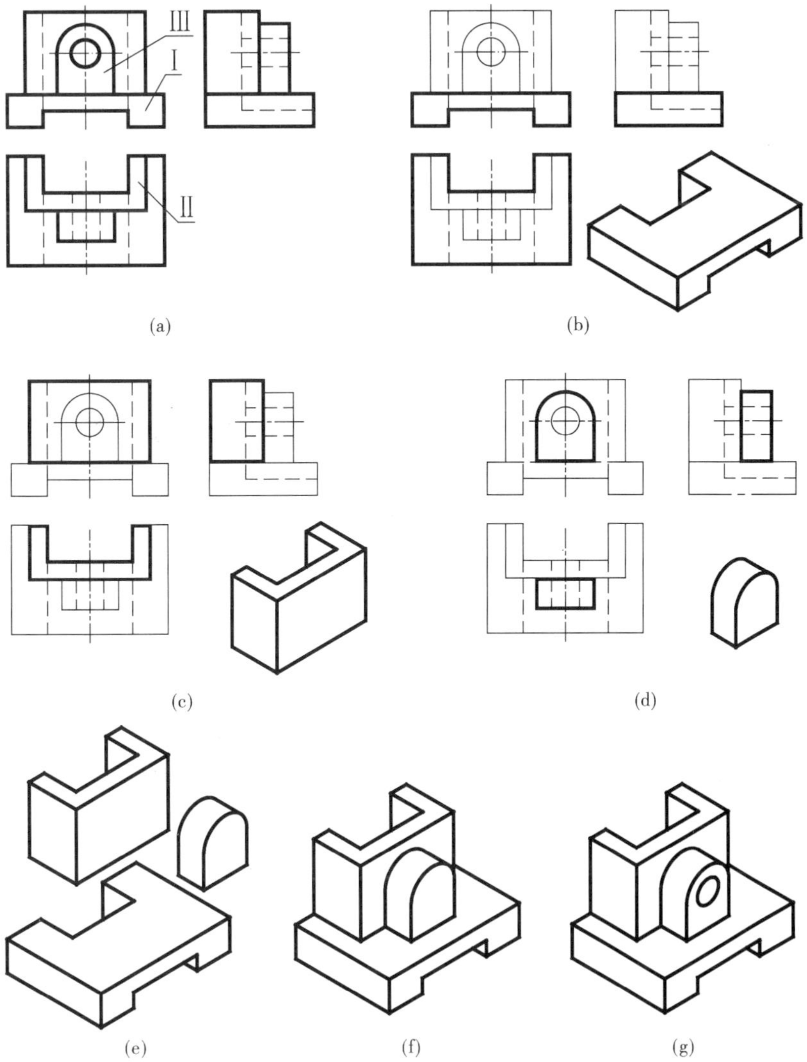

图 5－15　用形体分析法读组合体的三视图

(3) 综合想像整体形状

确定各形体的相互位置,初步想像物体的整体形状,如图 5-15(e)、(f)所示。然后把想像的组合体与三视图进行对照、检查,如根据主视图中的圆线框及它在其他两视图中的投影想像出通孔的形状,最后想像出的物体形状如图 5-15(g)所示。

2. 线面分析法

在读图过程中,遇到物体形状不规则,或物体被多个面切割时,物体的视图往往难以读懂,此时可以在形体分析的基础上进行线面分析。线面分析法读图,就是运用投影规律,通过对物体表面的线、面等几何要素进行分析,确定物体的表面形状、面与面之间的位置及表面交线,从而想像出物体的整体形状。

【例 5-2】 读如图 5-16(a)所示三视图,想像出它所表示的物体的形状。

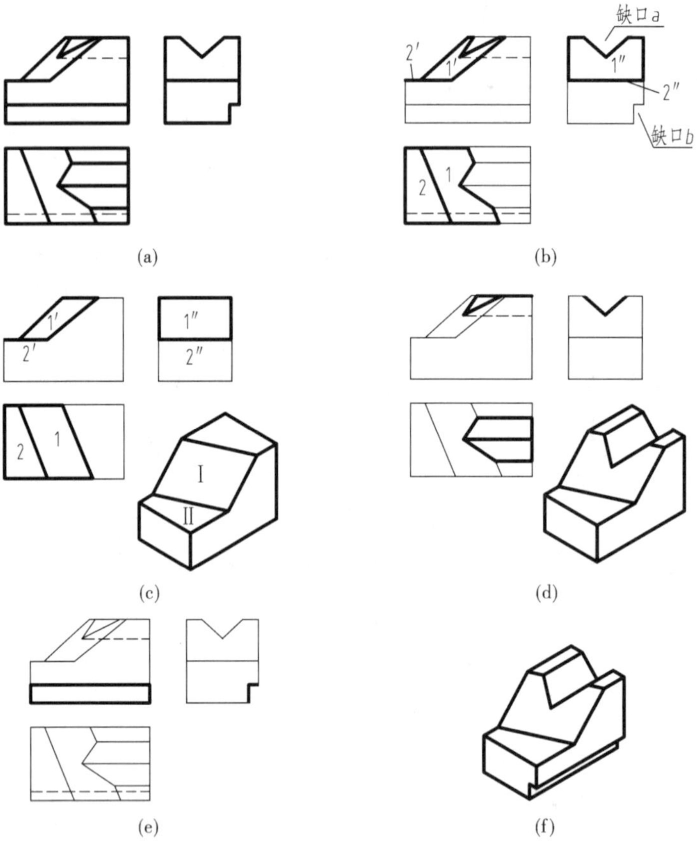

图 5-16 用线面分析法读组合体的三视图

读图步骤:

(1) 初步判断主体形状

物体被多个平面切割,但从三个视图的最大线框来看,基本都是矩形,据此可判断该物体的主体应是长方体。

(2) 确定切割面的形状和位置

图 5-16(b)是分析图,从左视图中可明显看出该物体有 a、b 两个缺口,其中缺口 a 是

由两个相交的侧垂面切割而成，缺口 b 是由一个正平面和一个水平面切割而成。还可以看出主视图中线框 $1'$、俯视图中线框 1 和左视图中线框 $1''$ 有投影对应关系，据此可分析出它们是一个一般位置平面的投影。主视图中线段 $2'$、俯视图中线框 2 和左视图中线段 $2''$ 有投影对应关系，可分析出它们是一个水平面的投影。并且可看出Ⅰ、Ⅱ两个平面相交。

(3) 逐个想像各切割处的形状

可以暂时忽略次要形状，先看主要形状。比如看图时可先将两个缺口在三个视图中的投影忽略，如图 5-16(c)所示。此时物体可认为是由一个长方体被Ⅰ、Ⅱ两个平面切割而成，可想像出此时物体的形状，如图 5-16(c)的立体图所示。然后再依次想像缺口 a、b 处的形状，分别如图 5-16(d)、(e)所示。

(4) 想像整体形状

综合归纳各截切面的形状和空间位置，想像物体的整体形状，如图5-16(f)所示。

以上两例可以看出，在读图时，对于叠加类组合体用形体分析法较为有效，而对于切割类组合体用线面分析法较为有效。

三、读图综合实例

根据两个视图补画第三视图，也是培养读图和画图能力的一种有效手段。

【例 5-3】 如图 5-17(a)所示，根据已知的组合体主、俯视图，作出其左视图。

作图方法和步骤如下：

(1) 形体分析

主视图可以分为四个线框，根据投影关系在俯视图上找出它们的对应投影，可初步判断该物体是由四个部分组成的。下部Ⅰ是底板，其上开有两个通孔；上部Ⅱ是一个圆筒；在底板与圆筒之间有一块支撑板Ⅲ，它的斜面与圆筒的外圆柱面相切，它的后表面与底板的后表面平齐；在底板与圆筒之间还有一个肋板Ⅳ。根据以上分析，想像出该物体的形状，如图 5-17(f)所示。

(2) 画出各部分在左视图的投影

根据上面的分析及想出的形状，按照各部分的相对位置，依次画出底板、圆筒、支撑板、肋板在左视图中的投影。作图步骤如图 5-17(b)、(c)、(d)、(e)所示。最后检查、描深，完成全图。

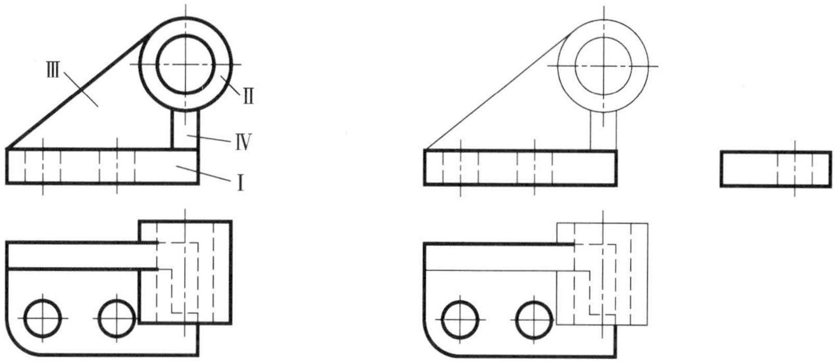

(a)　　(b)

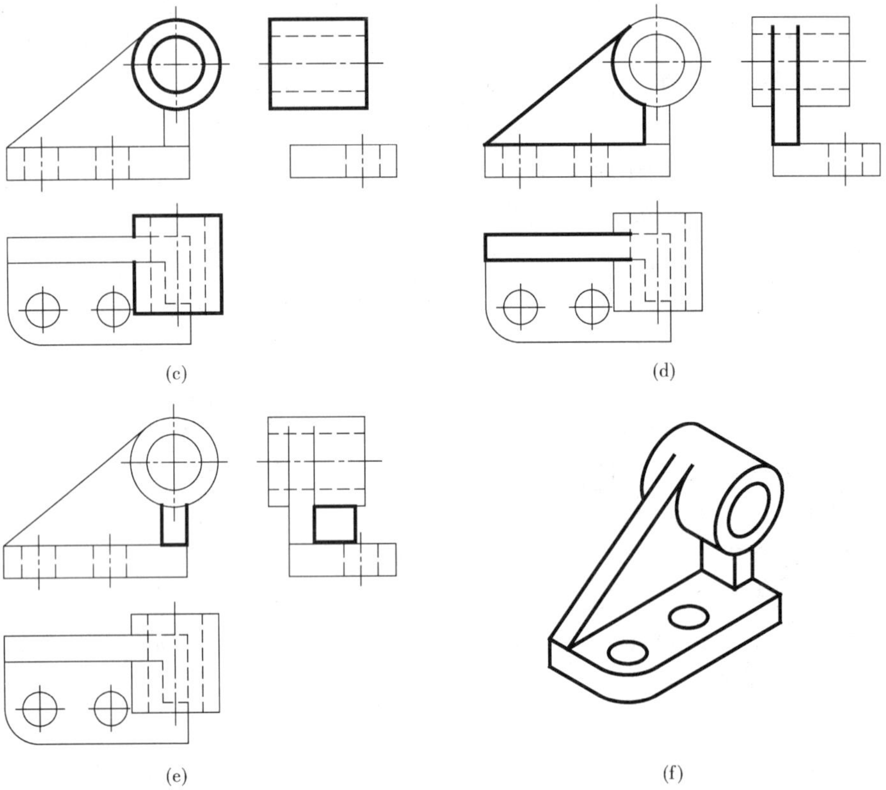

图 5-17　根据已知两视图补画第三视图

第六章 机械图样的表示法

根据使用要求不同，机件(包括零件、部件和机器)的结构形状是多种多样的。由于机件的复杂程度不同，要想把它们的结构形状表达得完整、清晰，且画图简便，只用主视、俯视和左视三个基本视图是满足不了要求的。为此，《国家标准　技术制图和机械制图》中规定了机械图样的各种表示法，以供选用。本章将介绍视图、剖视图、断面图和一些简化画法。学习时，应切实掌握好机械图样的这些表示法，以便能灵活地运用它们。

第一节　视　图

国家标准 GB/T17451－1998 和 GB/T4458.1－2002 规定了视图。视图主要用来表达机件的外部结构形状。视图分为：基本视图、向视图、局部视图和斜视图。

一、基本视图

当机件的外部结构形状在各个方向(上下、左右、前后)都不相同时，三视图往往不能清晰地把它表达出来。因此，必须加上更多的投影面，以得到更多的视图。

为了清晰地表达机件六个方向的形状，可在 H、V、W 三投影面的基础上，再增加三个基本投影面。这六个基本投影面组成了一个方箱，把机件围在当中，如图 6－1(a)所示。机件在每个基本投影面上的投影，都称为基本视图。图 6－1(b)表示机件投影到六个投影面上后，投影面展开的方法。展开后，六个基本视图的配置关系和视图名称见图 6－1(c)。按图 6－1(b)所示布置在一张图纸内的基本视图，一律不注视图名称。

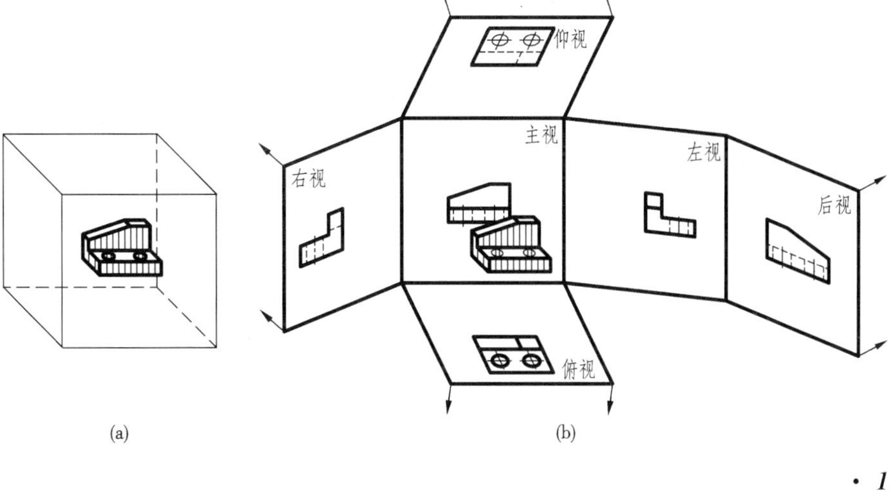

(a)　　(b)

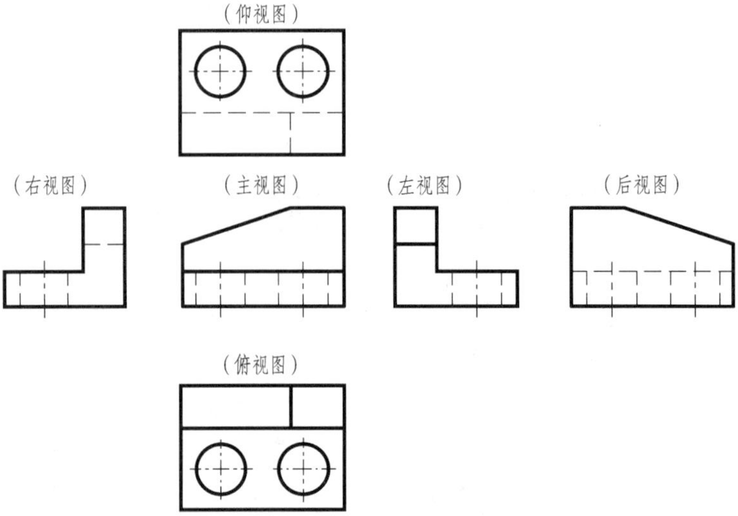

(c)

图 6-1　6 个基本视图

六个基本视图之间，仍然保持着与三视图相同的投影规律，即：

主、俯、仰（后）——长对正；

主、左、右、后——高平齐；

俯、左、仰、右——宽相等。

此外，除后视图以外，各视图的里边（靠近主视图的一边），均表示机件的后面，各视图的外边（远离主视图的一边），均表示机件的前面，即“里后外前”。

虽然机件可以用六个基本视图来表示，但实际上画哪几个视图，要看具体情况而定。

二、向视图

有时为了便于合理地布置基本视图，可以采用向视图。

向视图是可自由配置的视图，它的标注方法为：在向视图的上方注写“×”（×为大写的英文字母，如“*A*”、“*B*”、“*C*”等），并在相应视图的附近用箭头指明投影方向，并注写相同的字母，如图 6-2 所示。

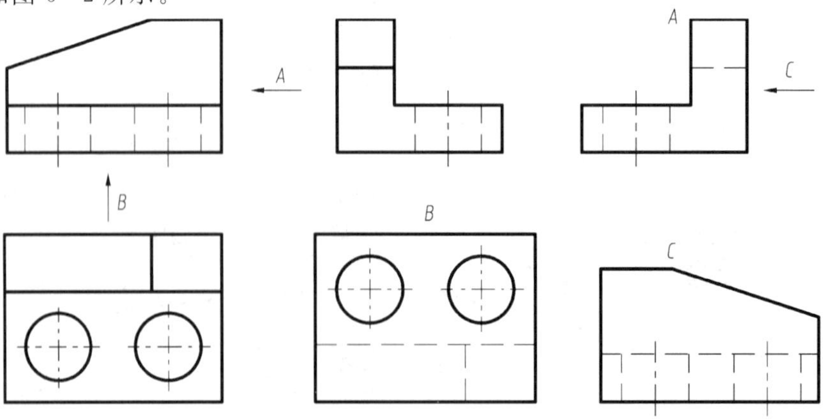

图 6-2　向视图

三、局部视图

当采用一定数量的基本视图后，机件上仍有部分结构形状尚未表达清楚，而又没有必要再画出完整的其他的基本视图时，可采用局部视图来表达。

只将机件的某一部分向基本投影面投影所得到的图形，称为局部视图。局部视图是不完整的基本视图。利用局部视图可以减少基本视图的数量，使表达简洁，重点突出。例如图 6-3(a)所示工件，画出了主视图和俯视图，已将工件基本部分的形状表达清楚，只有左、右两侧凸台和左侧肋板的厚度尚未表达清楚，此时便可像图中的 A 向和 B 向那样，只画出所需要表达的部分而成为局部视图，如图 6-3(b)所示。这样重点突出、简单明了，有利于画图和看图。

画局部视图时应注意：

(1) 在相应的视图上用带字母的箭头指明所表示的投影部位和投影方向，并在局部视图上方用相同的字母标明"×"。

(2) 局部视图最好画在有关视图的附近，并直接保持投影联系。也可以画在图纸内的其他地方，如图 6-3(b)中右下角画出的"B"。

(3) 局部视图的断裂边界用波浪线表示，如图 6-3(b)中"A"。当所表示的图形结构完整、且外轮廓线又封闭时，则波浪线可省略，如图 6-3(b)中"B"。

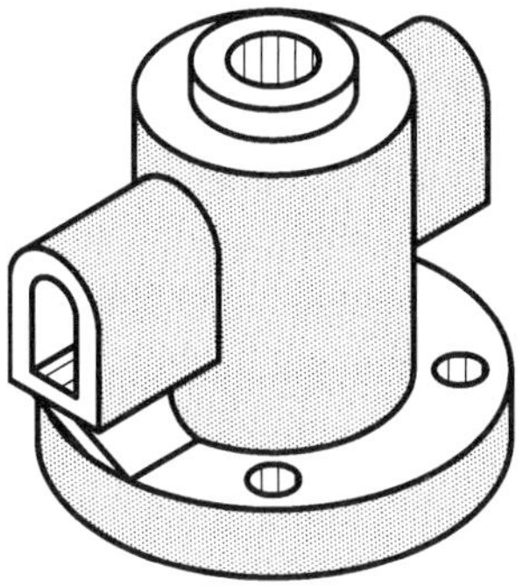
(a)

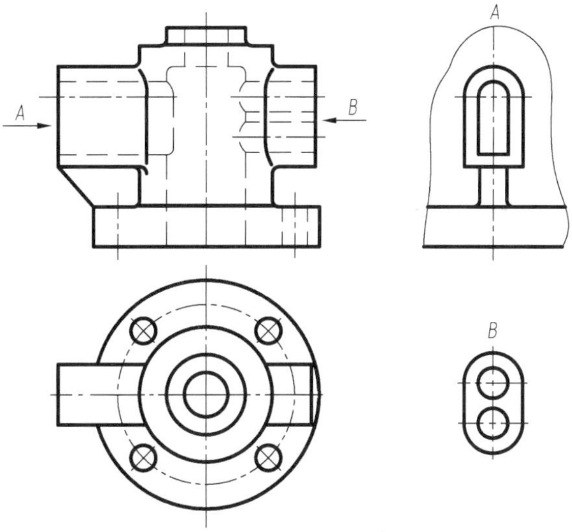

(b)

图 6-3　局部视图

四、斜视图

将机件向不平行于任何基本投影面的投影面进行投影，所得到的视图称为斜视图。斜视图适合于表达机件上的斜表面的实形。例如图 6-4 所示是一个弯板形机件，它的倾斜部分在俯视图和左视图上的投影都不是实形。此时就可以另外加一个平行于该倾斜部分的投影面，在该投影面上则可以画出倾斜部分的实形投影，如图 6-4 中的"A"向所示。

斜视图的标注方法与局部视图相似，并且应尽可能配置在与基本视图直接保持投影联系的位置，也可以平移到图纸内的适当地方。为了画图方便，也可以旋转，但必须在斜视图上方注明旋转标记，如图 6-4 所示。

画斜视图时增设的投影面只垂直于一个基本投影面，因此，机件上原来平行于基本投影面的一些结构，在斜视图中最好以波浪线为界而省略不画，以避免出现失真的投影。在基本视图中也要注意处理好这类问题，如图 6-4 中不用俯视图而用“A”向视图，即是一例。

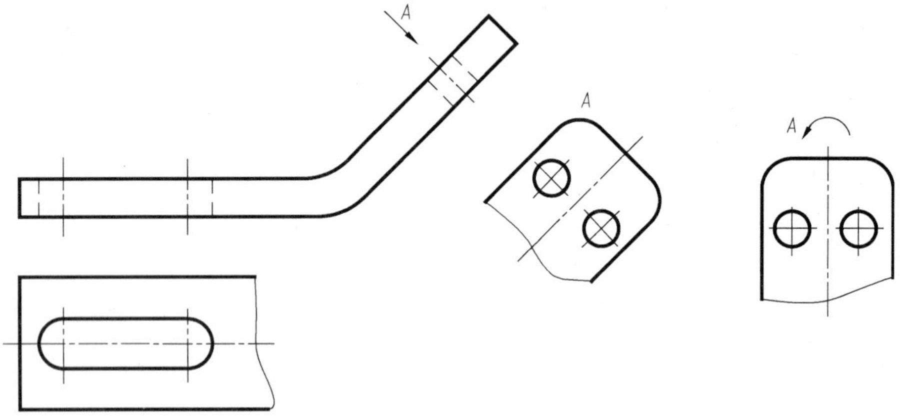

图 6-4　斜视图

视图主要用来表达机件的外部形状，之所以产生多种视图，一方面是由于要适应机件结构形状的多样性，尽量避免在视图中出现失真的投影，例如斜视图即属这种情况；另一方面是为了让视图尽可能只表达机件可见部分的轮廓，避免使用虚线，减少重叠的层次，增加图形的清晰性，局部视图、右视图、仰视图等都有这样的作用。

第二节　剖视图

国家标准 GB/T17452-1998 和 GB/T4458.6-2002 规定了剖视图。

一、剖视图的形成

六个基本视图基本解决了机件外形的表达问题，但当零件的内部结构较复杂时，视图的虚线也将增多，要清晰地表达机件的内部形状和结构，常采用剖视图的画法。

假想用一剖切平面剖开机件，然后将处在观察者和剖切平面之间的部分移去，而将其余部分向投影面投影所得的图形，称为剖视图(简称剖视)。

例如，图 6-5(a)所示的机件，在主视图中，用虚线表达其内部结构，不够清晰。按照图 6-5(b)所示的方法，假想沿机件前后对称平面把它剖开，拿走剖切平面前面的部分后，将后面部分再向正投影面投影，这样，就得到了一个剖视的主视图。图 6-5(c)表示机件剖视图的画法。

二、剖视图的画法

画剖视图时，首先要选择适当的剖切位置，使剖切平面尽量通过较多的内部结构(孔、槽等)的轴线或对称平面，并平行于选定的投影面。例如在图6-5中，以机件的前后对称平面为剖切平面。

其次，内外轮廓要画齐。机件剖开后，处在剖切平面之后的所有可见轮廓线都应画齐，不得遗漏。

最后要画上剖面符号。在剖视图中，凡是被剖切到的实体部分应画上剖面符号。表6-1列出了由国家标准《机械制图》规定的常见的材料剖面符号。

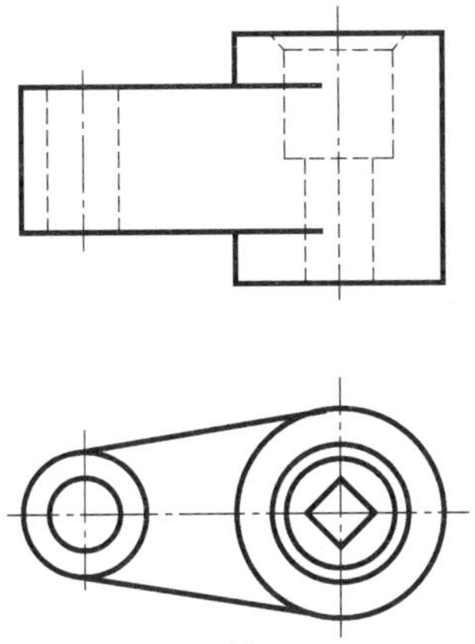

(a)

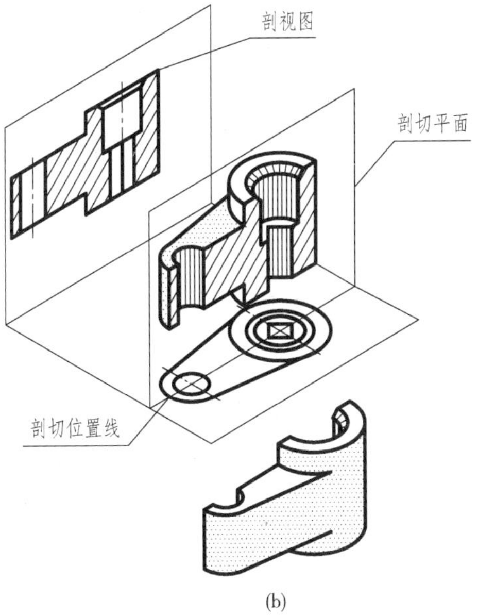

(b)

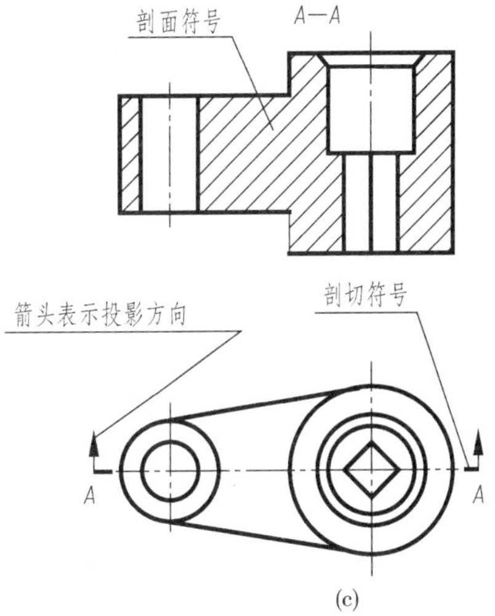

(c)

图 6-5 剖视图的形成

表 6-1 各种材料的剖面符号

金属材料(已有规定剖面符合者除外)	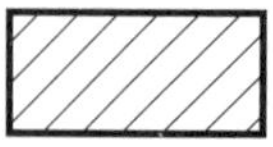	非金属材料(已有规定剖面符合者除外)	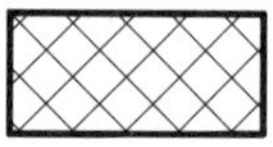
线圈绕组元件	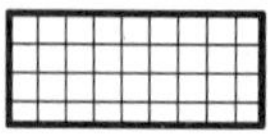	转子、电枢、变压器、电抗器等的叠钢片	
型沙、填沙、粉末冶金、砂轮、陶瓷刀片、硬质合金刀片等	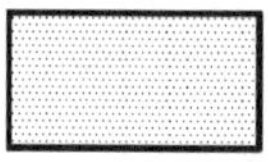	砖	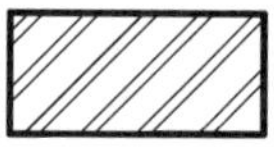
玻璃及供观察用的其他透明材料	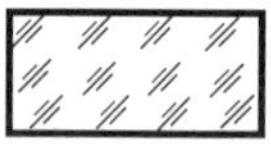	格网(筛网、过滤网等)	
木材 纵剖面		液体	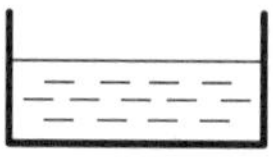
木材 横剖面	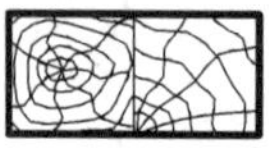		

金属材料的剖面符号,应画成与水平方向成 45°的互相平行、间隔均匀的细实线。同一机件各个视图的剖面符号应相同。但是如果图形的主要轮廓线与水平方向成 45°或接近 45°时,该图剖面线应画成与水平方向成 30°或 60°,其倾斜方向仍应与其他视图的剖面线一致,如图6-6所示。

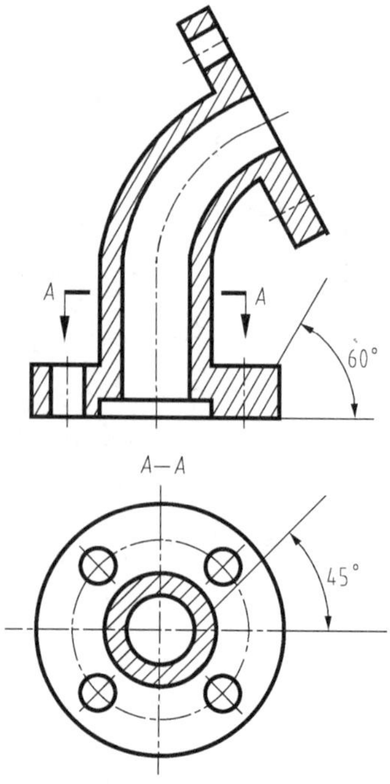

图 6-6 剖面线应与水平方向成 60°

三、剖视图的标注

剖视图的标注一般应该包括三部分:剖切平面的位置、投影方向和剖视图的名称。标注方法如图6-5所示:在剖视图中用剖切符号(即粗短线)标明剖切平面的位置,并写上字母;用箭头指明投影方向;在剖视图上方用相同的字母标出剖视图的名称"×—×"。

四、画剖视图应注意的问题

(1) 剖视只是一种表达机件内部结构的方法,并不是真正剖开和拿走一部分。因此,除剖视图以外，其他视图要按原来的形状画出。

(2) 剖视图中一般不画虚线，但如果画少量虚线可以减少视图数量，而又不影响剖视图的清晰时，也可以画出这种虚线。

(3) 机件剖开后，凡是看得见的轮廓线都应画出，不能遗漏。要仔细分析剖切平面后面的结构形状，分析有关视图的投影特点，以免画错。图 6-7 所示是剖面形状相同，但剖切平面后面的结构不同的 3 块底板的剖视图的例子。要注意区别它们不同之处在什么地方。

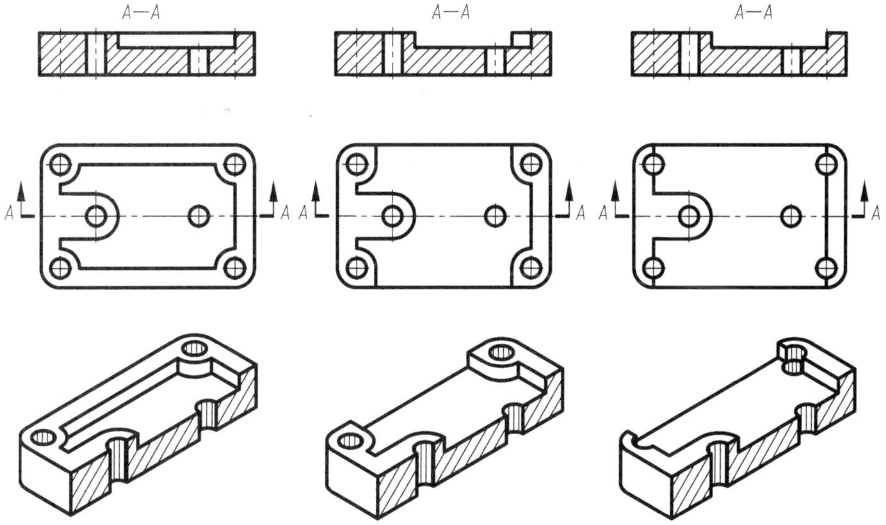

(a)　(b)　(c)

图 6-7　几种底板的剖视图

第三节　剖视图的分类

一、剖视图的分类

为了用较少的图形，把机件的形状完整清晰地表达出来，就必须使每个图形能较多地表达机件的形状。这样，就产生了各种剖视图。按剖切范围的大小，剖视图可分为全剖视图、半剖视图、局部剖视图。

1. 全剖视图

用剖切平面将机件全部剖开后进行投影所得到的剖视图，称为全剖视图(简称全剖视)。图 6-8 中的主视图和左视图均为全剖视图。全剖视图一般用于表达外部形状比较简单，内部结构比较复杂的机件。

全剖视图的标注，应区分不同情况对待。当剖切平面通过机件的对称(或基本对称)

平面，且全剖视图按投影关系配置，中间又无其他视图隔开时，可以省略标注，否则必须按规定方法标注。如图 6-8 中，主视图的剖切平面通过对称平面，所以省略了标注；而左视图的剖切平面不是通过对称平面，则必须标注，但它是按投影关系配置的，所以箭头可以省略。

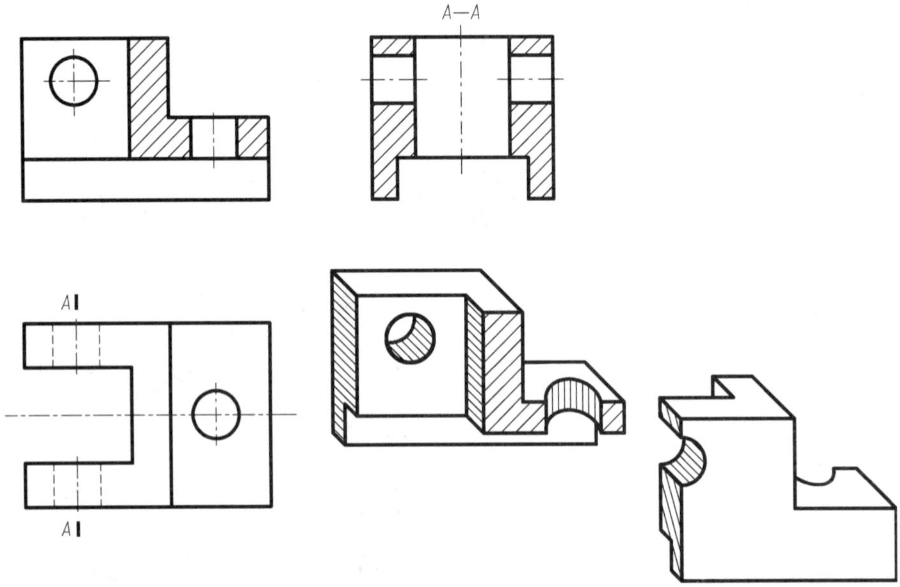

图 6-8　全剖视图及其标注

2. 半剖视图

当机件具有对称平面时，以对称中心线为界，在垂直于对称平面的投影面上投影得到的，由半个剖视图和半个视图合并组成的图形称为半剖视图。半剖视图既充分地表达了机件的内部结构，又保留了机件的外部形状，因此它具有内外兼顾的特点。但半剖视图只适宜于表达对称的或基本对称的机件。半剖视图的标注方法与全剖视图相同。例如图 6-9(a)所示的机件为前后基本对称，图 6-9(b)中主视图所采用的剖切平面通过机件的前后对称平面，所以不需要标注；而俯视图所采用的剖切平面并非通过机件的对称平面，所以必须标出剖切位置和名称，但箭头可以省略。

画半剖视图时应注意以下几点：

(1) 具有对称平面的机件，在垂直于对称平面的投影面上，才宜采用半剖视。如机件的形状接近于对称，而不对称部分已另有视图表达时，也可以采用半剖视。

(2) 半个剖视和半个视图必须以细点画线为界。如果作为分界线的细点画线刚好和轮廓线重合，则应避免使用。如图 6-10 所示主视图，尽管图的内外形状都对称，似乎可以采用半剖视。但采用半剖视图后，其分界线恰好和内轮廓线相重合，不满足分界线是细点画线的要求，所以不应用半剖视表达，而宜采取局部剖视表达，并且用波浪线将内、外形状分开。

(3) 半剖视图中的内部轮廓在半个视图中不必再用虚线表示。

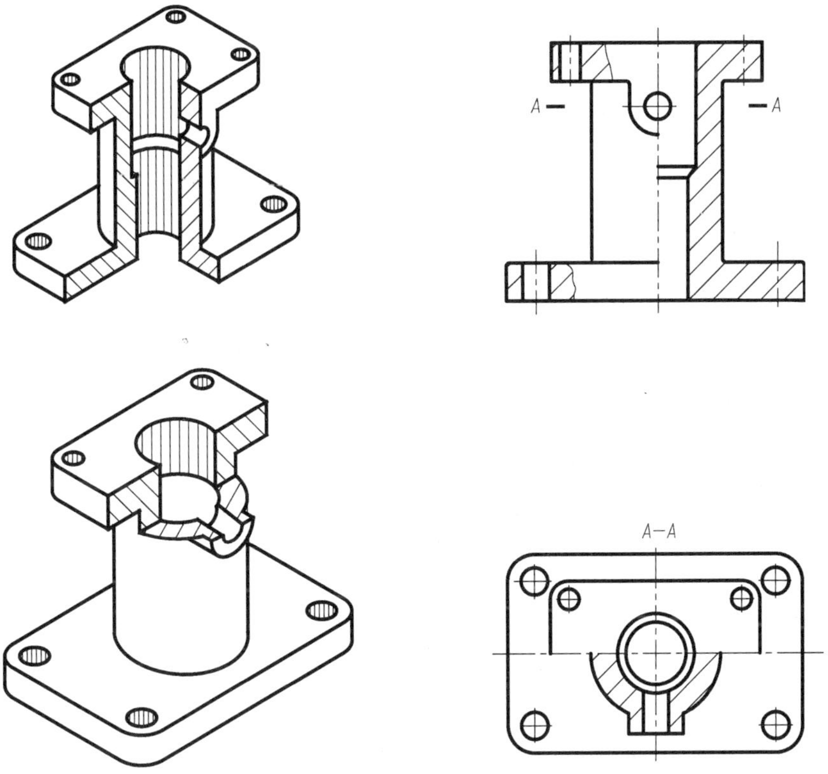

(a) (b)

图 6-9 半剖视图及其标注

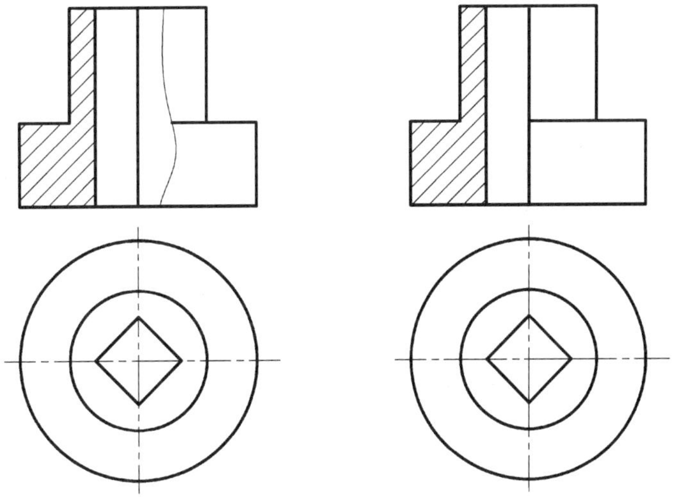

(a) 正确 (b) 错误

图 6-10 对称机件的局部剖视

3. 局部剖视图

将机件局部剖开后进行投影得到的剖视图称为局部剖视图。局部剖视图也是在同一视图上同时表达内外形状的方法，并且用波浪线作为剖视图与视图的界线。图 6-10 的主视图以及图 6-11 的主视图和左视图，均采用了局部剖视图。

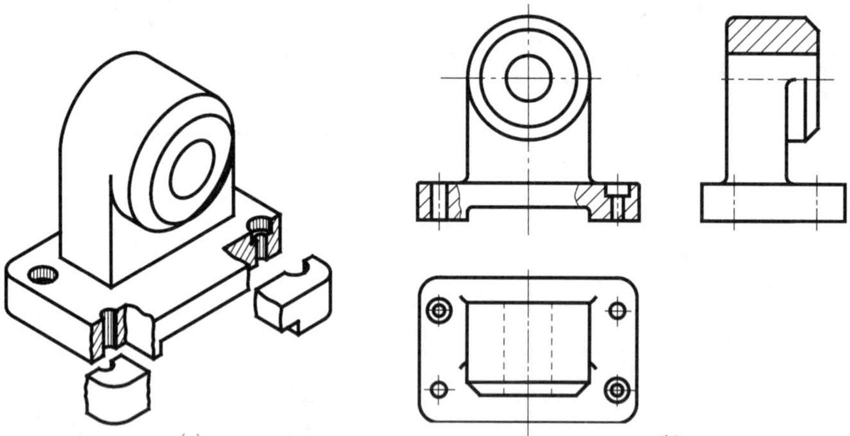

(a)　　(b)

图 6-11　局部剖视图

从以上几例可知，局部剖视是一种比较灵活的表达方法，剖切范围根据实际需要决定。但使用时要考虑到看图方便，剖切不要过于零碎。它常用于下列两种情况：

(1) 机件只有局部内形要表达，而又不必或不宜采用全剖视图时。

(2) 不对称机件需要同时表达其内、外形状时，宜采用局部剖视图。

表示剖视范围的波浪线，可看作机件断裂痕迹的投影，波浪线的画法应注意以下几点：

(1) 波浪线不能超出图形轮廓线，如图 6-12(a)所示。

(2) 波浪线不能穿孔而过，如遇到孔、槽等结构时，波浪线必须断开，如图 6-12(a)所示。

(3) 波浪线不能与图形中任何图线重合，也不能用其他线代替或画在其他线的延长线上，如图 6-12(b)、(c)所示。

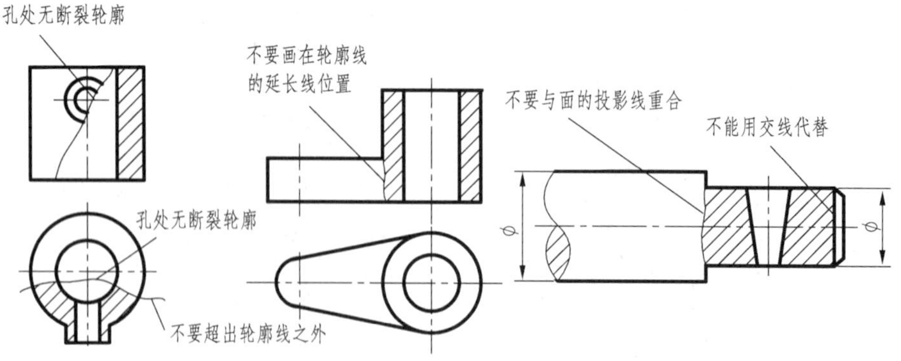

(a)　　(b)　　(c)

图 6-12　局部剖视图的波浪线的画法

(4) 当被剖切部位的局部结构为回转体时，允许将该结构的中心线作为局部剖视图与视图的分界线。如图 6-13 所示的拉杆的局部剖视图。

局部剖视图的标注方法和全剖视相同。但若局部剖视图的剖切位置非常明显，则可以不标注。

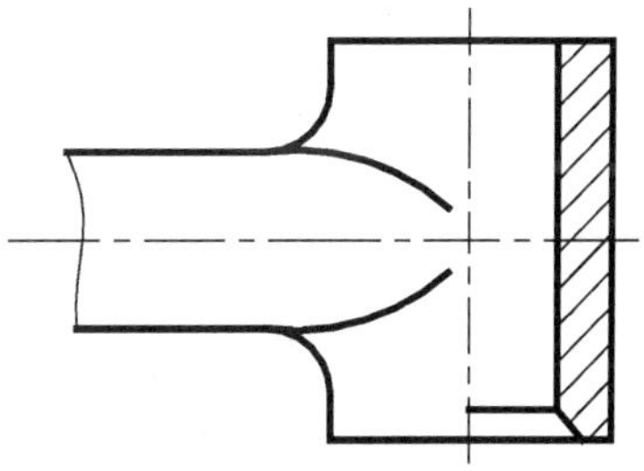

图 6-13　拉杆局部剖视图

二、剖切面的种类

剖视图是假想将机件剖开而得到的视图，因为机件内部形状的多样性，剖开机件的方法也不尽相同。国家标准《机械制图》规定有：单一剖切平面、几个互相平行的剖切平面、两个相交的剖切平面、不平行于任何基本投影面的剖切平面、组合的剖切平面等。

1. 单一剖切平面

用一个剖切平面剖开机件的方法称为单一剖。所画出的剖视图，称为单一剖视图。单一剖切平面一般为平行于基本投影面的剖切平面。前面介绍的全剖视图、半剖视图、局部剖视图均为用单一剖切平面剖切而得到的，可见，这种方法应用最多。

2. 几个互相平行的剖切平面

用两个或多个互相平行的剖切平面把机件剖开的方法，称为阶梯剖。所画出的剖视图，称为阶梯剖视图。它适宜于表达机件内部结构的中心线排列在两个或多个互相平行的平面内的情况。

图 6-14(a)所示机件，内部结构(小孔和沉孔)的中心位于两个平行的平面内，不能用单一剖切平面剖开，而是采用两个互相平行的剖切平面将其剖开，主视图即为采用阶梯剖方法得到的全剖视图，如图 6-14(c)所示。

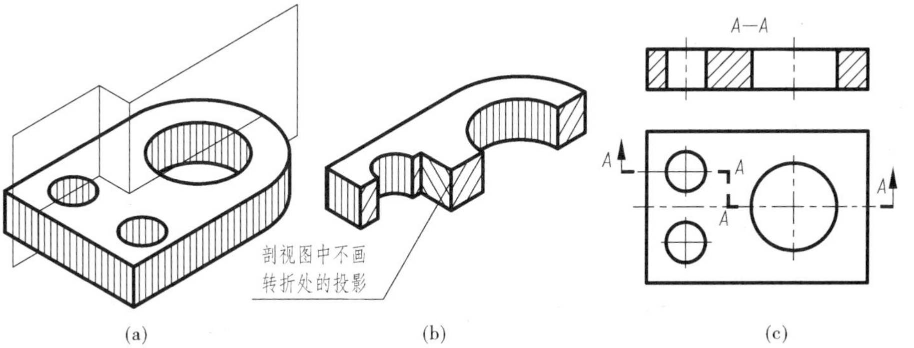

图 6-14　阶梯剖视图

画阶梯剖视时，应注意下列几点：

(1) 为了表达孔、槽等内部结构的实形，几个剖切平面应同时平行于同一个基本投影面。

(2) 两个剖切平面的转折处，不能画分界线，如图 6-14(b)所示。因此，要选择一个恰当的位置，使之在剖视图上不致出现孔、槽等结构的不完整投影。当它们在剖视图上有共同的对称中心线和轴线时，也可以各画一半，这时细点画线就是分界线。如图 6-15 所示。

(3) 阶梯剖视图必须标注，标注方法如图 6-14(c)所示。在剖切平面迹线的起始、转折和终止的地方，用剖切符号(即粗短线)表示它的位置，并写上相同的字母；在剖切符号两端用箭头表示投影方向(如果剖视图按投影关系配置，中间又无其他图形隔开时，可省略箭头)；在剖视图上方用相同的字母标出名称"×—×"。

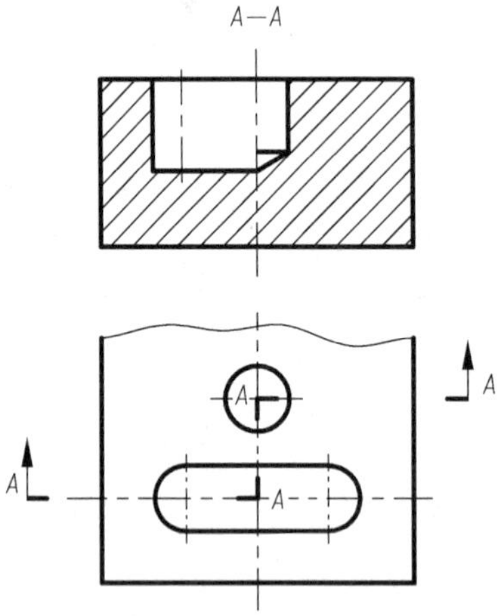

图 6-15　阶梯剖视的特例

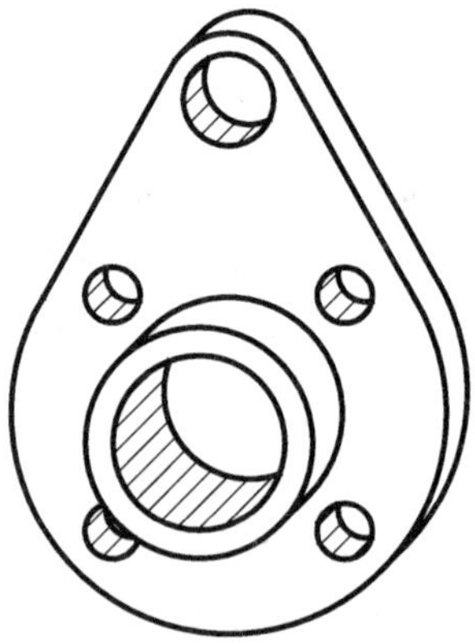

图 6-16　法兰盘

3. 两个相交的剖切平面

用两个相交的剖切平面(交线垂直于某一基本投影面)剖开机件的方法称为旋转剖，所画出的剖视图，称为旋转剖视图。如图 6-16 所示的法兰盘，它中间的大圆孔和均匀分布在四周的小圆孔都需要剖开表示，如果用相交于法兰盘轴线的侧平面和正垂面去剖切，并将位于正垂面上的剖切面绕轴线旋转到和侧平面平行的位置，这样画出的剖视图就是旋转剖视图。可见，旋转剖适用于有回转轴线的机件，而轴线恰好是两剖切平面的交线；并且两剖切平面一个为投影面平行面，一个为投影面垂直面，如图 6-17(b)就是法兰盘用旋转剖视表示的例子。同理，图 6-18 所示的摇臂，也可以用旋转剖视表达。

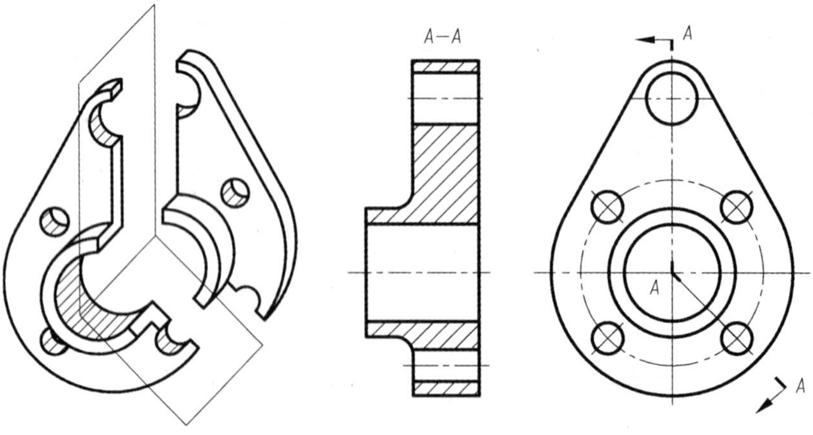

(a)　(b)

图 6-17　法兰盘的旋转剖视图

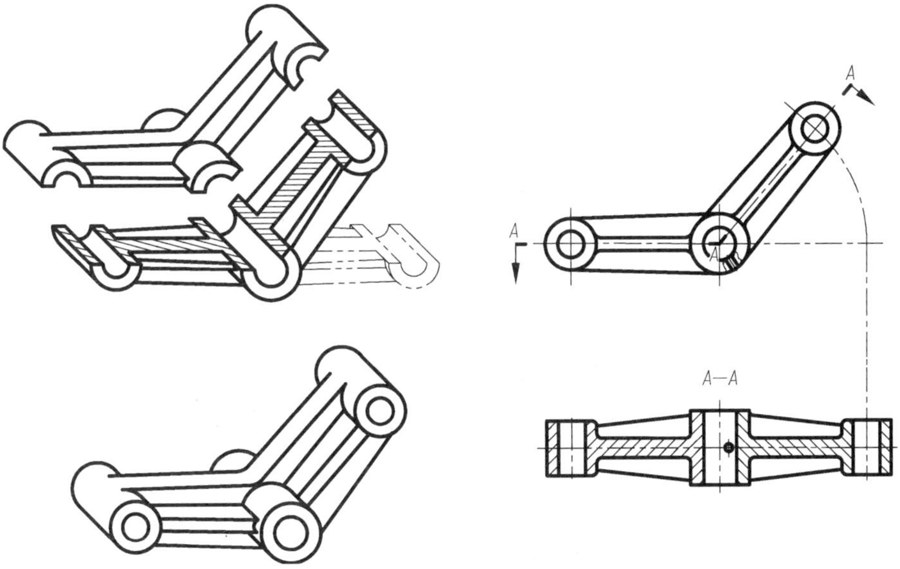

(a)　(b)

图 6-18　摇臂的旋转剖视图

画旋转剖视图时应注意以下两点：

(1) 倾斜的平面必须旋转到与选定的基本投影面平行的位置处，以使投影能够表达实形。但剖切平面后面的结构，一般应按原来的位置画出它的投影，如图6-18(b)所示。

(2) 旋转剖视图必须标注，标注方法与阶梯剖视相同，如图 6-17(b)、图6-18(b)所示。

4. 不平行于任何基本投影面的剖切平面

用不平行于任何基本投影面的剖切平面剖开机件的方法称为斜剖。所画出的剖视图，称为斜剖视图。斜剖适用于机件的倾斜部分需要剖开以表达内部实形的时候，并且内部实形的投影是用辅助投影面法求得的。如图6-19所示机件，它的基本轴线与底板不垂直。为了清晰表达弯板的外形和小孔等结构，宜用斜剖视图表达。此时用平行于弯板的剖切面"*B—B*"剖开机件，然后在辅助投影面上求出剖切部分的投影即可。

画斜剖视图时，应注意以下几点：

(1) 剖视最好与基本视图保持直接的投影联系，如图 6-19 中的"*B—B*"。必要时(如为了合理布置图幅)可以将斜剖视图画到图纸的其他地方，但要保持原来的倾斜度，也可以转平后画出，但必须加注旋转符号。

(2) 斜剖视图主要用于表达倾斜部分的结构。机件上凡在斜剖视图中失真的投影，一般应避免表示。例如在图 6-19 中，按主视图上箭头方向取斜剖视图，就避免了画圆形底板的失真投影。

(3) 斜剖视图必须标注，标注方法如图 6-19 所示，箭头表示投影方向。

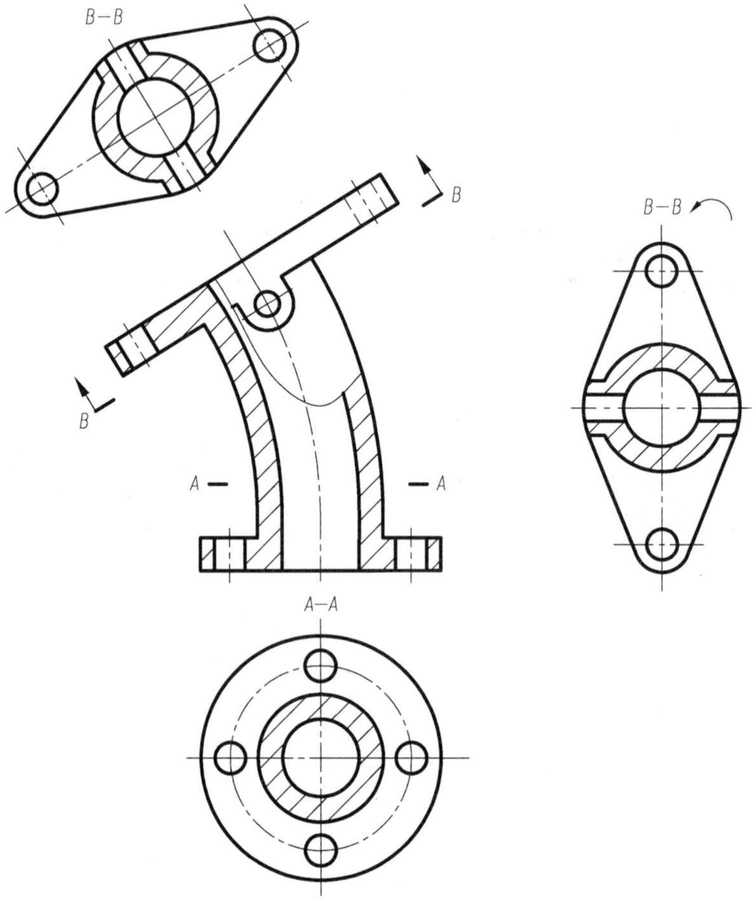

图 6-19　机件的斜剖视图

5. 组合的剖切平面

当机件的内部结构比较复杂，用阶梯剖或旋转剖仍不能完全表达清楚时，可以采用以上几种剖切平面的组合来剖开机件，这种剖切方法，称为复合剖。所画出的剖视图，称为复合剖视图。如图 6-20(a)所示的机件，为了在一个图上表达各孔、槽的结构，便采用了复合剖视，如图 6-20(b)所示。应特别注意复合剖视图中的标注方法。

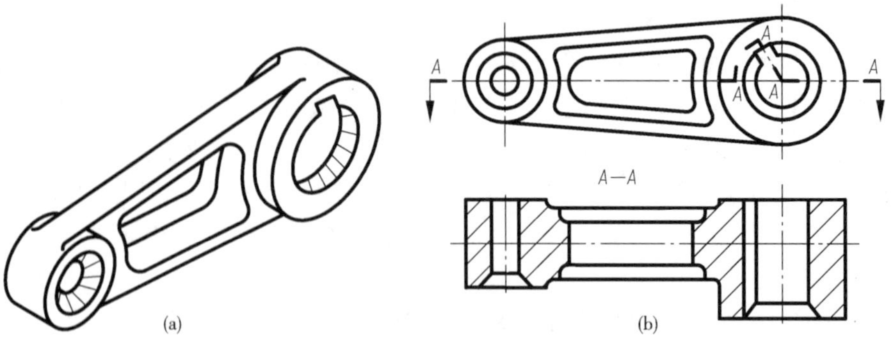

(a)　(b)

图 6-20　机件的复合剖视图

第四节 断 面 图

国家标准 GB/T17452－1998 和 GB/T4458.6－2002 规定了断面图。

一、断面图的基本概念

假想用剖切平面将机件在某处切断，只画出切断面形状的投影并画上规定的剖面符号的图形，称为断面图，简称为断面。如图 6－21 所示。

断面图与剖视图的不同之处是：断面图仅画出机件断面的图形，而剖视图则要画出剖切平面以后的所有部分的投影，如图 6－21(c)所示。

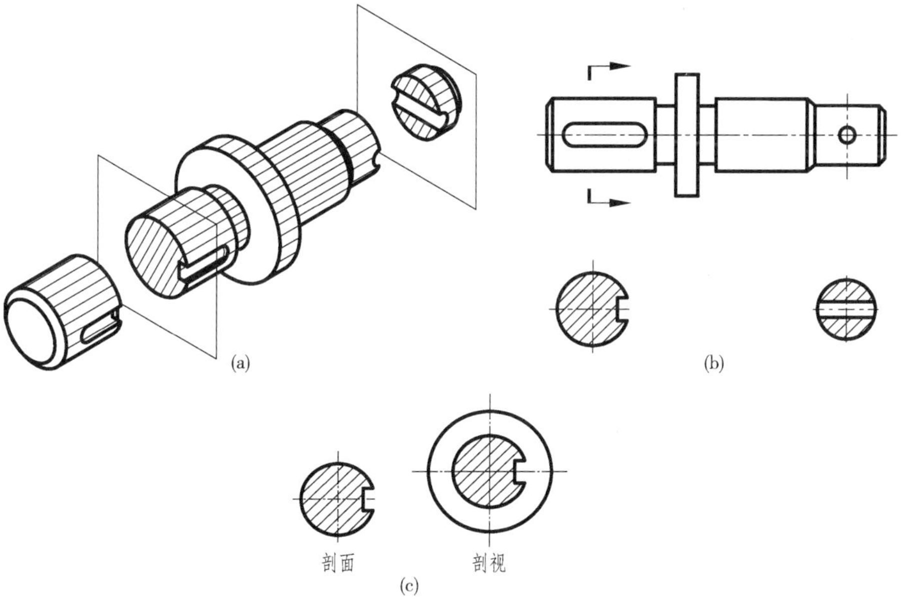

图 6－21 断面图的画法

二、断面图的分类

断面图分为移出断面图和重合断面图两种。

1. 移出断面图

画在视图轮廓之外的断面图称为移出断面图。如图 6－21(b)所示断面即为移出断面。它的画法要点如下：

(1) 移出断面的轮廓线用粗实线画出，断面上画出剖面符号。移出断面应尽量配置在剖切平面的延长线上，必要时也可以画在图纸的适当位置。

(2) 当剖切平面通过由回转面形成的圆孔、圆锥坑等结构的轴线时，这些结构应按剖视画出，如图 6－22 所示。

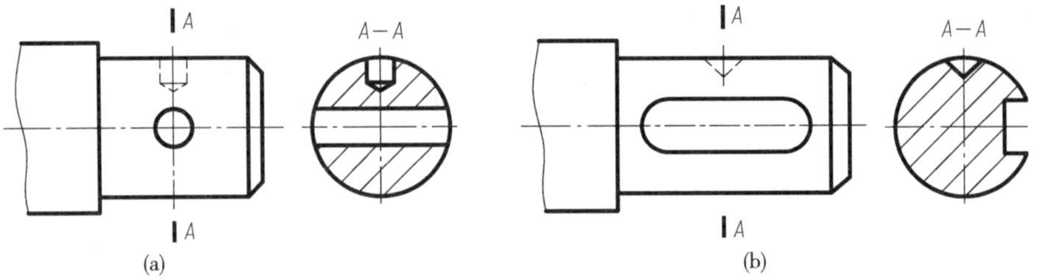

图 6－22　通过圆孔等回转面的轴线时断面图的画法

(3) 当剖切平面通过非回转面，会导致出现完全分离的断面时，这样的结构也应按剖视画出，如图 6－23 所示。

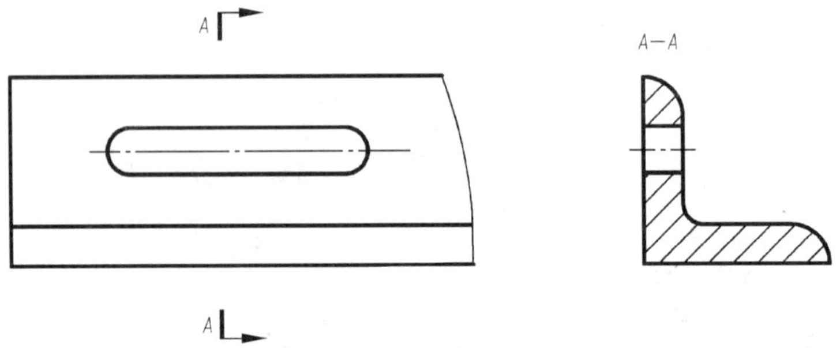

图 6－23　断面分离时的画法

2. 重合断面图

画在视图轮廓之内的断面图称为重合断面图。如图 6－24 所示的断面即为重合断面。

为了使图形清晰，避免与视图中的线条混淆，重合断面的轮廓线用细实线画出。当重合断面的轮廓线与视图的轮廓线重合时，仍按视图的轮廓线画出，不应中断，如图6－24(a)所示。

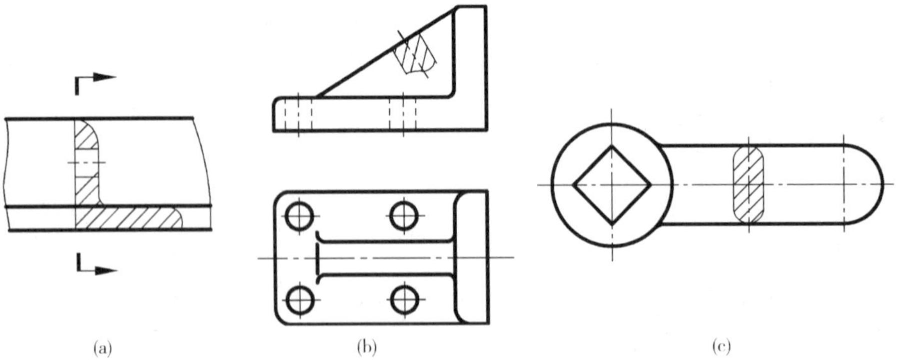

图 6－24　重合断面图

三、剖切位置与标注

（1）当移出断面不画在剖切位置的延长线上时，如果该移出断面为不对称图形，必须标注剖切符号与带字母的箭头，以表示剖切位置与投影方向，并在断面图上方标出相应的名称“×—×”；如果该移出断面为对称图形，因为投影方向不影响断面形状，所以可以省略箭头。

（2）当移出断面按照投影关系配置时，不管该移出断面为对称图形或不对称图形，因为投影方向明显，所以可以省略箭头。

（3）当移出断面画在剖切位置的延长线上时，如果该移出断面为对称图形，只需用细点画线标明剖切位置，可以不标注剖切符号、箭头和字母；如果该移出断面为不对称图形，则必须标注剖切位置和箭头，但可以省略字母。

移出断面的标注见表 6－2。

表 6－2　移出断面的标注

剖面位置	剖面形状对称	剖面形状不对称
在剖切位置的延长线上	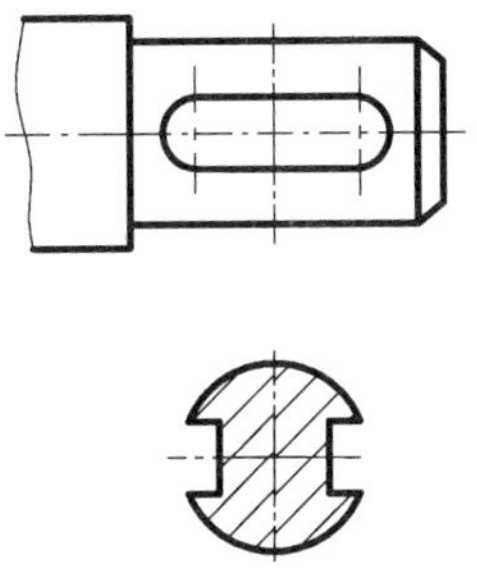	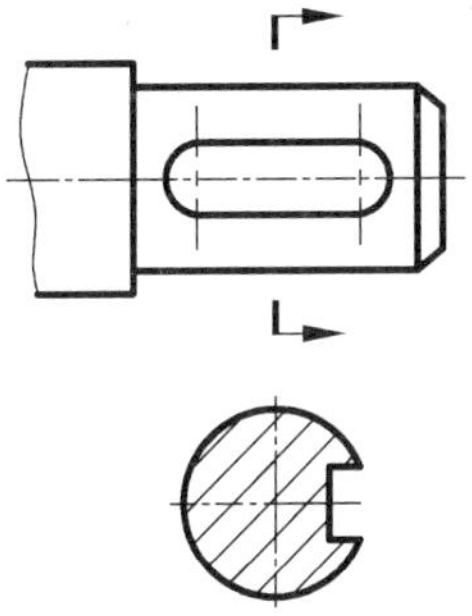
按投影关系配置	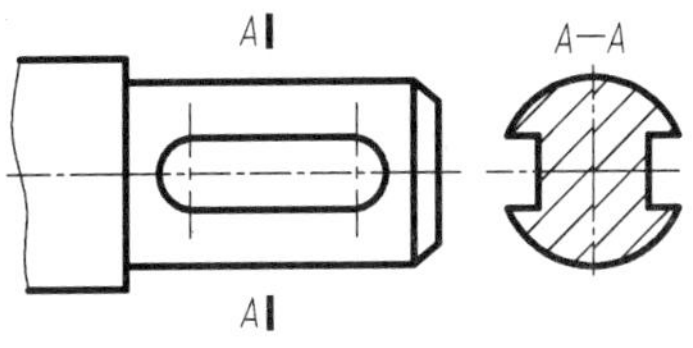	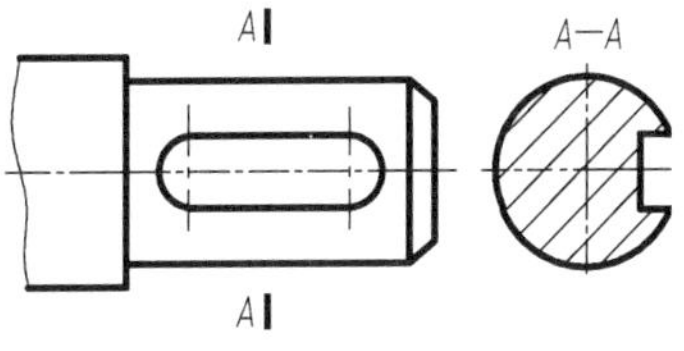
在其他位置	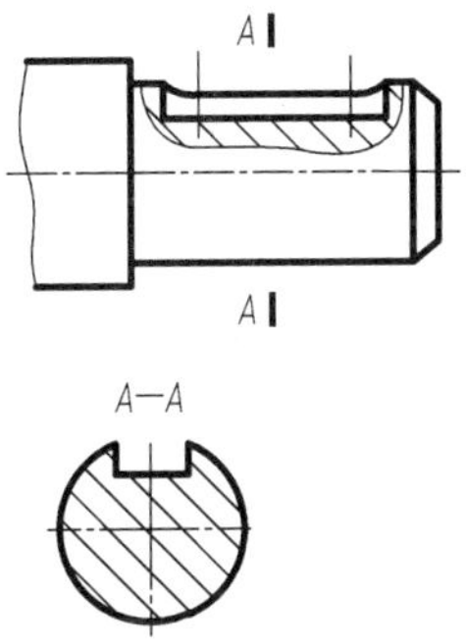	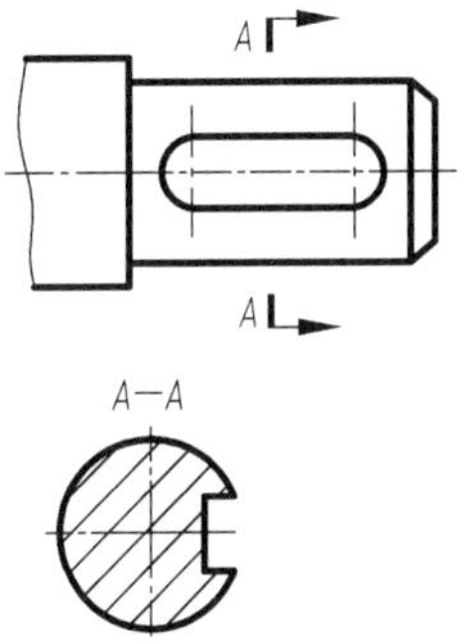

(4) 当重合断面为不对称图形时，需标注其剖切位置和投影方向，如图6-24(a)所示；当重合断面为对称图形时，一般不必标注，如图 6-24(b)、(c)所示。

第五节　其他表达方法

一、局部放大图

机件上某些细小结构在视图中表达得还不够清楚，或不便于标注尺寸时，可将这些部分用大于原图形所采用的比例画出，这种图称为局部放大图，如图 6-25 所示。

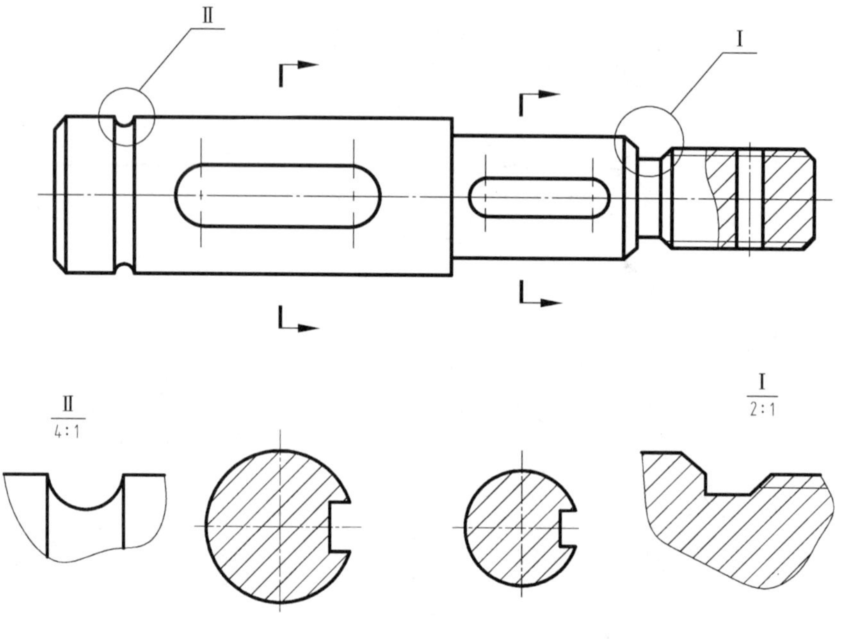

图 6-25　局部放大图

局部放大图必须标注。标注方法是：在视图上画一细实线圆，标明放大部位；在放大图的上方注明所用的比例，即图形大小与实物大小之比(与原图上的比例无关)；如果局部放大图不止一个时，还要用罗马数字编号以示区别。

局部放大图可画成视图、剖视图、断面图，它与被放大部位的表达方法无关。局部放大图应尽量配置在被放大部位的附近。

二、有关肋板、轮辐等结构的画法

(1) 机件上的肋板、轮辐及薄壁等结构，如纵向剖切都不要画剖面符号，而且用粗实线将它们与其相邻结构分开，如图 6-26 所示。

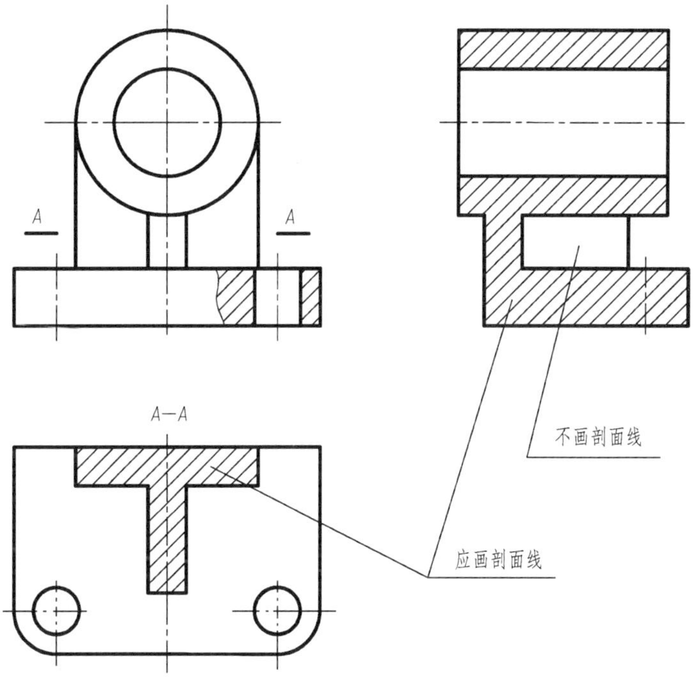

图 6-26　肋板的剖视画法

（2）机件回转体上均匀分布的肋板、轮辐、孔等结构不处于剖切平面上时，可将这些结构假想旋转到剖切平面上画出。如图 6-27 所示。

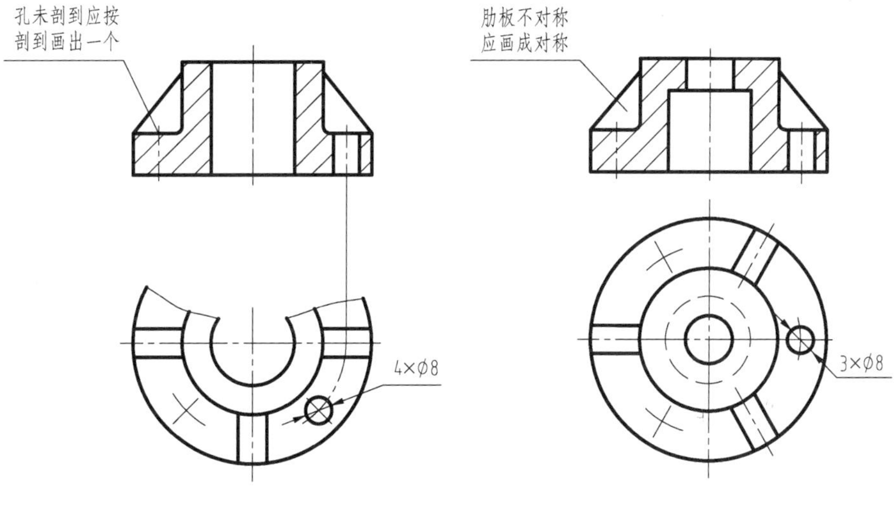

(a)　(b)

图 6-27　均匀分布的肋板、孔的剖切画法

三、相同结构的简化画法

当机件上具有若干相同结构(齿、槽、孔等),并按一定规律分布时,只需画出几个完整结构,其余用细实线相连或标明中心位置,并注明总数,如图6-28所示。

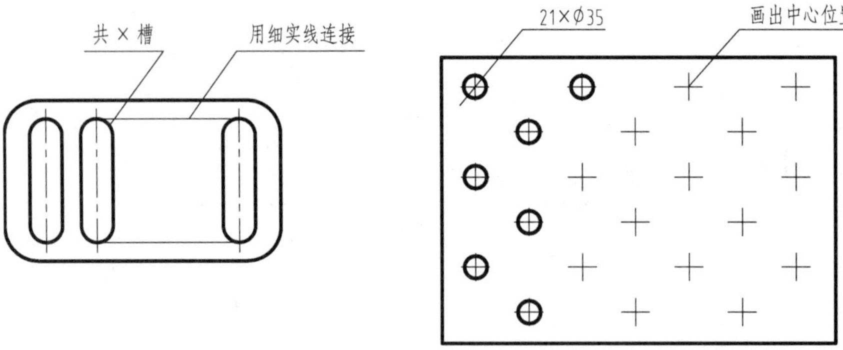

(a) (b)

图 6-28 相同结构的简化画法

四、较长机件的折断画法

较长的机件(轴、杆、型材等),沿长度方向的形状一致或按一定规律变化时,可断开缩短绘制,但必须按原来实长标注尺寸,如图 6-29 所示。

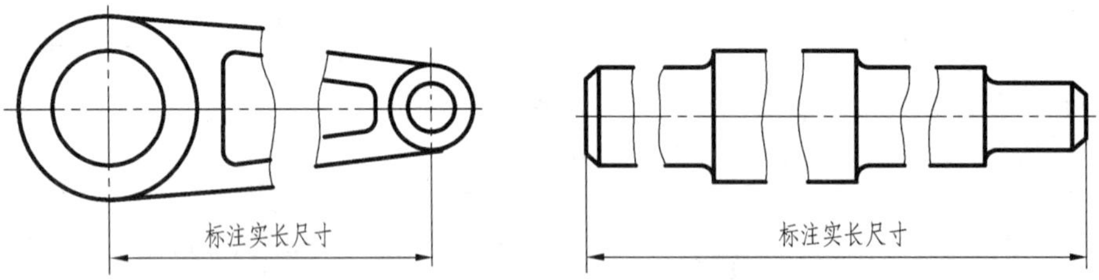

(a) (b)

图 6-29 较长机件的折断画法

机件断裂边缘常用波浪线画出,圆柱断裂边缘常用花瓣形画出,如图6-30所示。

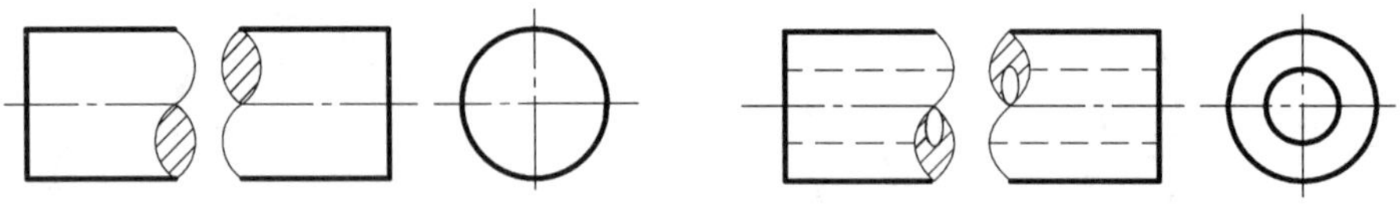

(a) (b)

图 6-30 圆柱与圆筒的断裂处画法

五、较小结构的简化画法

机件上较小的结构,如在一个图形中已表示清楚时,在其他图形中可以简化或省略,如图 6-31(a)和图 6-31(b)的主视图。

在不致引起误解时，图形中的相贯线允许简化，例如用圆弧或直线代替非圆曲线，如图 6－31(a)所示。

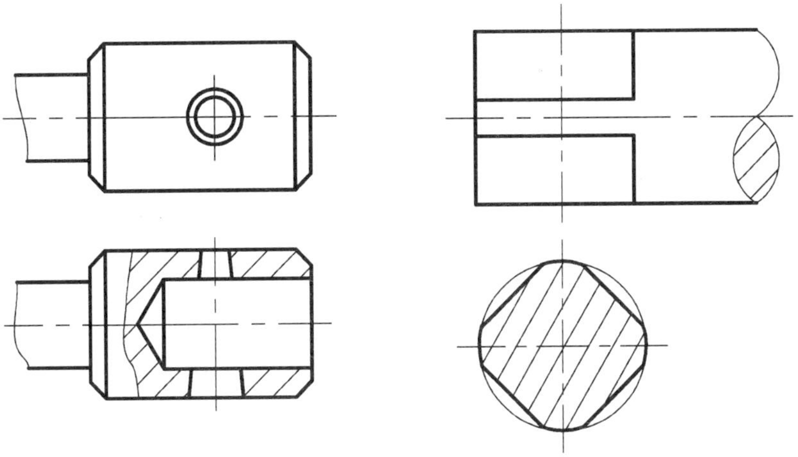

(a)　　(b)

图 6－31　较小结构的简化画法

六、某些结构的示意画法

网状物、编织物或机件上的滚花部分，可在轮廓线附近用细实线示意画出，并标明其具体要求。如图 6－32 即为滚花的示意画法。

当图形不能充分表达平面时，可以用平面符号(相交细实线)表示，如图6－33所示。如已表达清楚，则可不画平面符号，如图 6－31(b)所示。

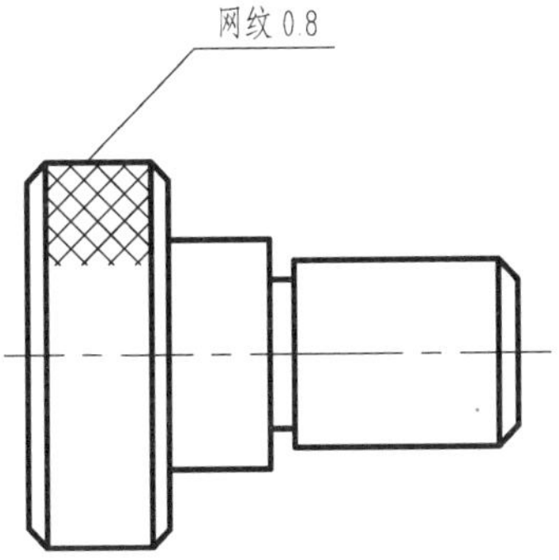

图 6－32　滚花的示意画法

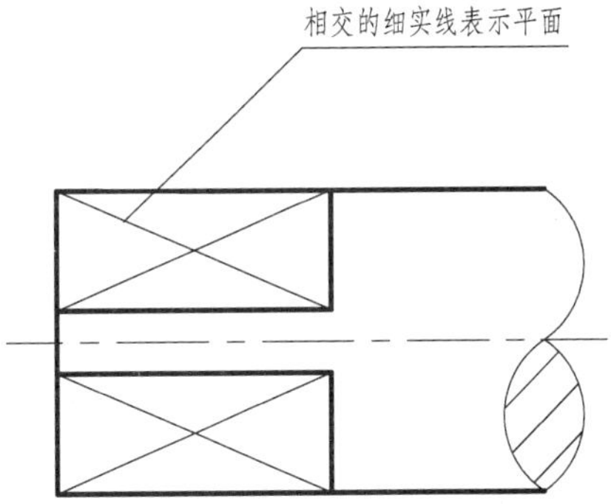

图 6－33　平面符号表示法

七、对称机件的简化画法

在不致引起误解时，对称机件的视图可以只画一半或 1/4，并在对称中心线的两端画出两条与其垂直的平行细实线，如图 6－34 所示。

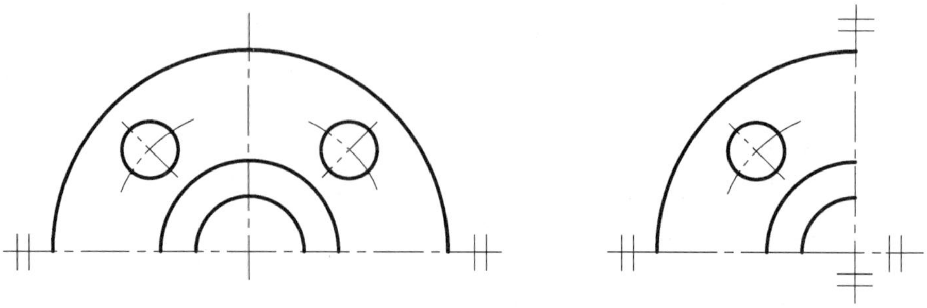

图 6-34　对称机件的简化画法

八、允许省略剖面符号的移出断面

在不致引起误解时，零件图中的移出断面，允许省略剖面符号，但剖切位置和断面图的标注，必须按规定的方法标出，如图 6-35 所示。

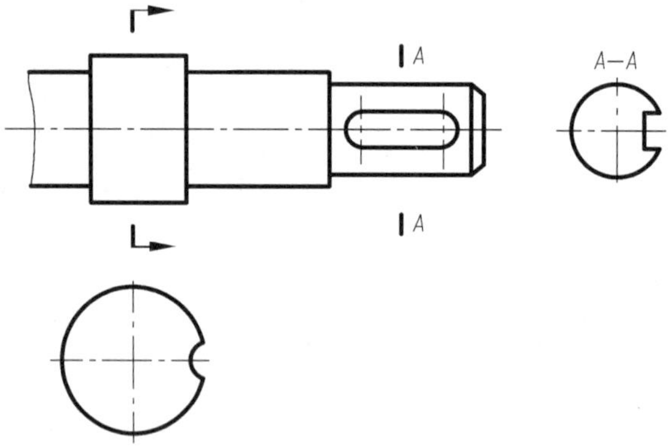

图 6-35　移出剖面的简化画法

第六节　轴测剖视图的画法

为了表达物体的内部结构形状，在轴测图上可假想用剖切平面切去物体的一部分，画成轴测剖视图。

一、轴测剖视图的剖切方法

1. 剖切面的选择

为了使物体的内、外形状都表达清楚，在轴测图上一般采用两个互相垂直的轴测坐标面进行剖切，如图 6-36(a)所示。应避免用一个剖切面，这样会使物体的外形表达不清楚，如图 6-36(b)所示。

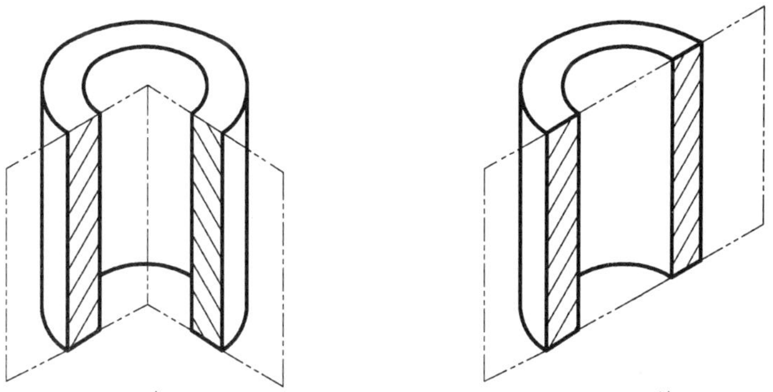

(a) 好　　　　(b) 不好

图 6-36　轴测剖视图剖切面的选择

2. 剖面线的画法

(1) 正等测图

投影图上剖面线方向与水平线成 45°，在轴测剖视图上仍要保持这个关系。例如在 $X_1O_1Z_1$ 平面上画剖面线时，因为角的对边和底边是 1∶1 的比例关系，因此可以在轴测轴上，按各轴的轴向变形系数取相等长度。例如当用简化系数时，可在 O_1X_1、O_1Z_1 轴上各取一个长度单位，得到 1、2 两点。其连线即为 $X_1O_1Z_1$ 平面上 45°线的方向，如图 6-37(a) 所示。对正等轴测图来说，剖面线与水平线成 60°角。应用同样的办法，可以画出 $Y_1O_1Z_1$、$X_1O_1Y_1$ 两平面上的剖面线方向。

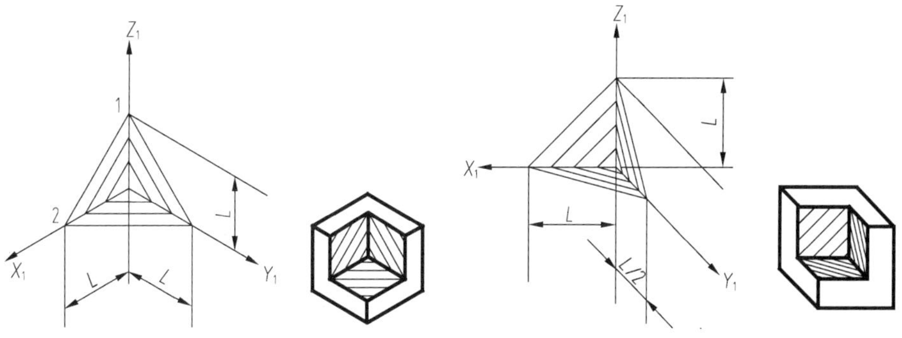

(a)　　　　(b)

图 6-37　轴测剖视图中剖面线的画法

(2) 斜二测图

斜二测图的剖面线的画法与正等测图类似，只是在画 $Y_1O_1Z_1$、$X_1O_1Y_1$ 两平面上的剖面线时，应注意在 O_1X_1、O_1Z_1 轴上各取一个长度单位，而在 O_1Y_1 轴上取半个长度单位，如图 6-37(b)。

二、轴测剖视图的画法

为了表示零件的内部形状，在轴测图上也常取剖视，但为了保持外形的清晰，所以不论零件是否对称，剖视经常是切掉物体的1/4。具体画法有两种，以支架的剖视图为例说明。

1. 先画外形再取剖视

这种画图步骤是先画出物体完整的外形轴测图，然后选取适当的剖切平面，剖去物体的一部分，擦去外形被剖掉的部分，画出剖面形状、剖面线和可见到的轮廓，如图6-38所示。这种方法适合初学者采用。

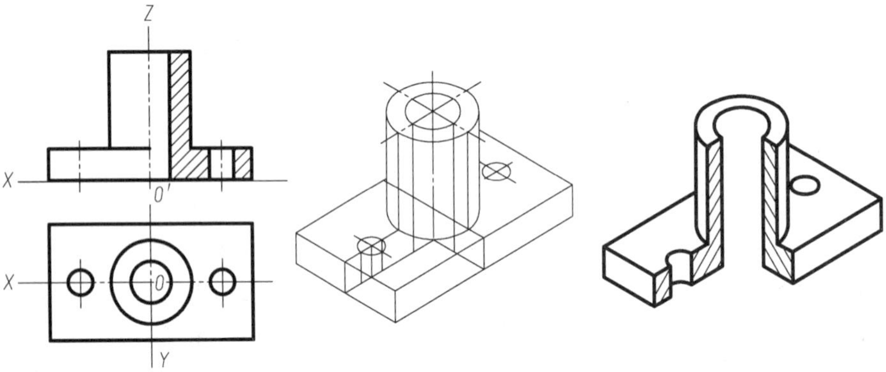

(a)　　(b)　　(c)

图6-38　支架的剖视图的画法(方法一)

2. 先画剖面形状，后画外形

这种画图步骤是先画出物体已知剖切平面的轴测图，然后再画出物体被剖切后余下的部分的可见形体的轮廓的投影，如图6-39所示。具体画图步骤如下：

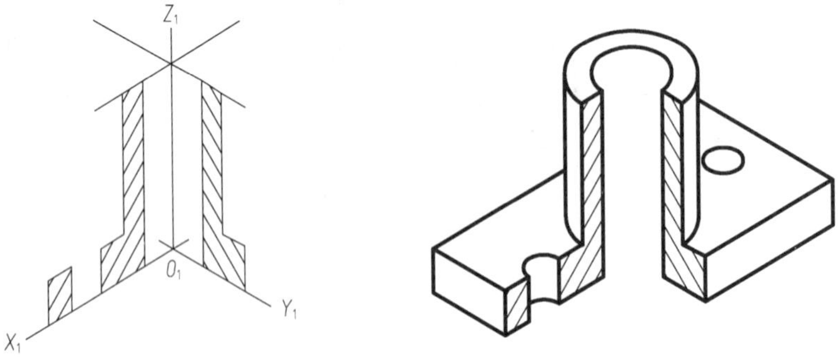

(a)　　(b)

图6-39　支架的剖视图的画法(方法二)

（1）标出轴测轴的位置。

（2）画出截面的形状。

（3）以这两个截面为基础补画出外形的投影。

这种方法的优点是可以少画切去部分的外形线，能够提高作图效率。

第七节　机件表达方法综合运用举例

一、机件各种表达方法小结

本章介绍了视图、剖视、断面的画法、应用范围及标注方法，现将其简要归纳于表 6－3 中，供学习时参考。

表 6－3　机件各种表达方法小结

分类		应用范围	标注方法
视图——主要用于表达机件的外部形状	基本视图	用于表达机件的外形	按规定位置配置，一律不标注
	局部视图	用于表达机件局部的外形	在要表达的部位画出箭头表明投影方向，注出字母“×”，并在局部视图的上方注明“×”
	斜视图	用于表达机件上倾斜部分的外形	在要表达的部位画出箭头表明投影方向，注出字母“×”，并在斜视图的上方注明“×”；斜视图旋转摆正后需要加注旋转符号
剖视——主要用于表达机件的内部形状	全剖视图	用于表达机件整个内部结构（外形简单）	剖切平面通过机件的对称平面且图形按投影关系配置时，不必标注；否则要在剖切位置画出剖切符号、箭头，注出字母，并在剖视图上方注出“×—×”
	半剖视图	用于表达对称或近似对称的机件的内外形状	
	局部剖视图	用于表达机件的局部内形和保留机件的局部外形	剖切位置明显时，不必标注
	斜剖视图	用于表达机件上倾斜部分的内部结构	在剖切位置画出剖切符号、箭头，注出字母，并在剖视图上方注出“×—×”，斜剖视图旋转摆正后需要加注旋转符号

（续表）

分类		应用范围	标注方法
剖视——主要用于表达机件的内部形状	旋转剖视图	用于表达机件上有回转轴线的且不在同一剖切平面上的孔、槽等内部结构	在剖切平面的起、迄和转折处画出剖切符号、箭头，注出同一字母，并在剖视图上方注出“×—×”；如剖视图按投影关系配置时，可省略箭头
	阶梯剖视图	用于表达机件上不在同一平面上的孔、槽等内部结构	
	复合剖视图	用于表达机件上不在同一平面上的几部分内部结构	
断面——用于表达机件的断面形状	移出断面	用于表达机件的横断面形状	如断面图画在剖切符号延长线上： 断面对称——不标注； 断面不对称——画剖切符号、箭头。 如断面图不画在剖切符号延长线上： 断面对称——画剖切符号、注字母； 断面不对称——画剖切符号、注字母并加画箭头
	重合断面	用于表达机件的横断面形状且不影响图形清晰的情况下采用	与画在剖切符号延长线上的移出断面图相同

二、选用原则

实际绘图时，各种表达方法应根据机件结构的具体情况选择使用。

在选择表达机件的图样时，首先应考虑看图方便，并根据机件的结构特点，用较少的图形，把机件的结构形状完整、清晰地表达出来。

在这一原则下，还要注意所选用的每个图形，既要有各图形自身明确的表达内容，又要注意它们之间的相互联系。

三、综合运用举例

以图 6－40 所示的阀体的表达方案为例，说明表达方法的综合运用，从中可以学习表达方法的灵活运用和分析较复杂图样的方法。图 6－41 是阀体的轴测图。

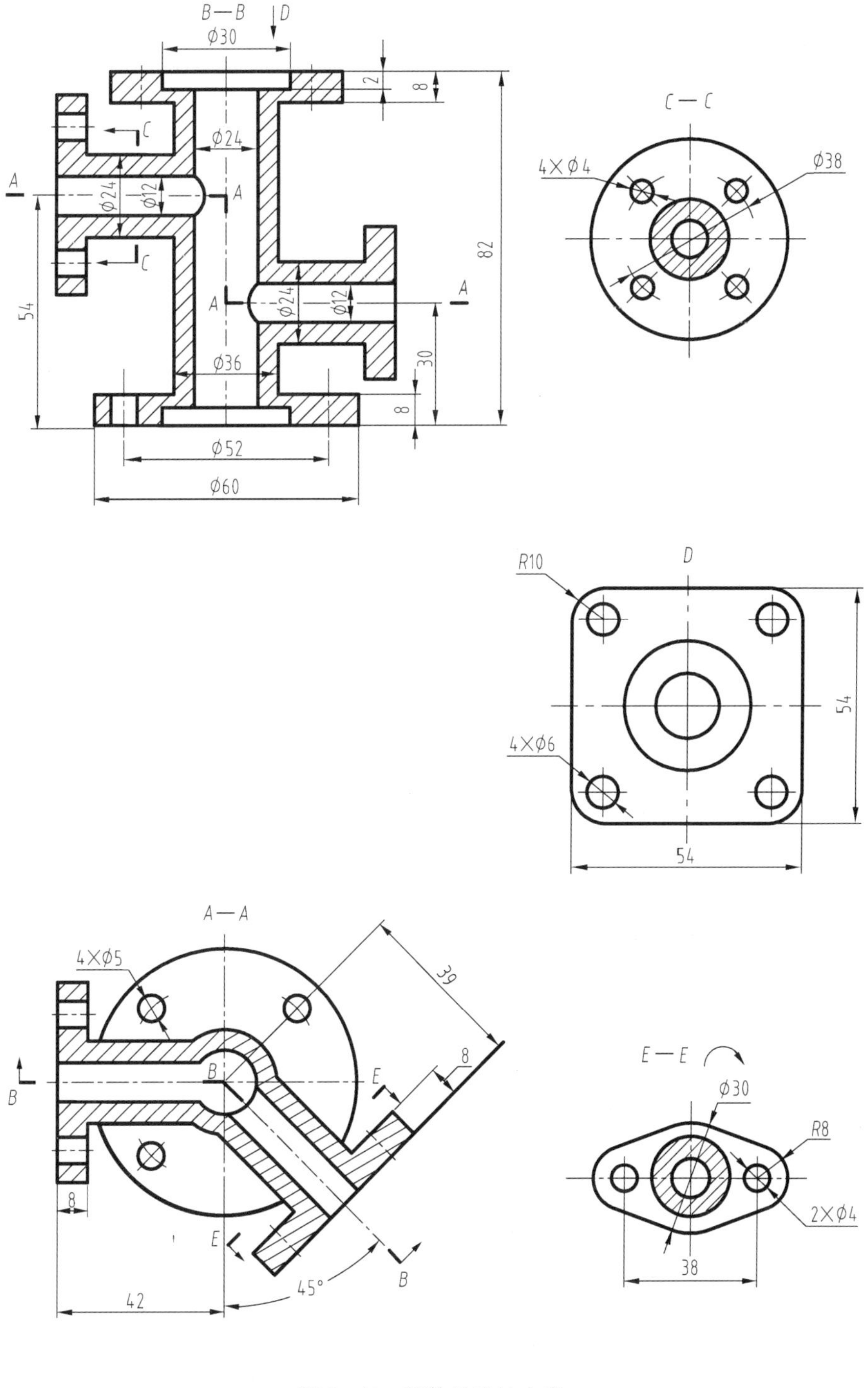

图 6-40　阀体的表达方案

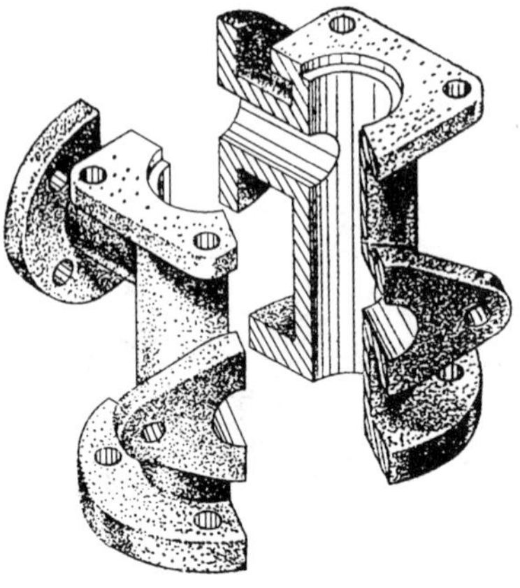

(a)

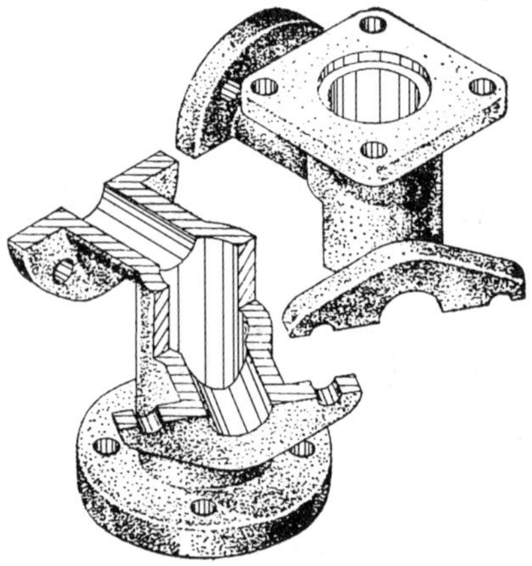

(b)

图 6-41 阀体的轴测图

1. 图形分析

阀体的表达方案共有五个图形：两个基本视图（全剖主视图“*B*—*B*”、全剖俯视图“*A*—*A*”）、一个局部视图（“*D*”向）、一个局部剖视图（“*C*—*C*”）和一个斜剖的全剖视图（“*E*—*E* 旋转”）。

主视图“*B*—*B*”是采用旋转剖画出的全剖视图，表达阀体的内部结构形状；俯视图“*A*—*A*”是采用阶梯剖画出的全剖视图，着重表达左、右管道的相对位置，还表达了下连接板的外形及 4×ϕ5 小孔的位置。

“*C*—*C*” 局部剖视图表达左端管连接板的外形及其上 4×ϕ4 孔的大小和相对位置；“*D*”向局部视图，相当于俯视图的补充，表达了上连接板的外形及其上 4×ϕ6 孔的大小和位置。

因右端管与正投影面倾斜 45°，所以采用斜剖画出“*E*—*E*”全剖视图，以表达右连接板的形状。

2. 形体分析

由图形分析中可见，阀体的构成大体可分为管体、上连接板、下连接板、左连接板、右连接板等五个部分。

管体的内外形状通过主、俯视图已表达清楚，它是由中间一个外径为 36、内径为 24 的竖管，左边一个距底面 54、外径为 24、内径为 12 的横管，右边一个距底面 30、外径为 24、内径为 12、向右前方倾斜 45°的横管三部分组合而成。三段管子的内径互相连通，形成有四个通口的管件。

阀体的上、下、左、右四块连接板形状大小各异，这可以分别由主视图以外的四个图形看清它们的轮廓，它们的厚度为 8 。

通过分析形体，想像出各部分的空间形状，再按它们之间的相对位置组合起来，便可想像出阀体的整体形状。

第八节　第三角画法简介

我国的工程图样是按正投影法并采用第一角画法绘制的。而有些国家（如英、美等国）的图样是按正投影法并采用第三角画法绘制的。为了更好地进行国际间的技术交流，应该了解第三角画法的有关知识，以便能阅读一些国外的图样和技术资料。

一、第三角投影法的概念

如图 6-42 所示，由三个互相垂直相交的投影面组成的投影体系，把空间分成了八个部分，每一部分为一个分角，依次为Ⅰ、Ⅱ、Ⅲ、Ⅳ……Ⅶ、Ⅷ分角。将机件放在第一分角进行投影，称为第一角画法。而将机件放在第三分角进行投影，称为第三角画法。

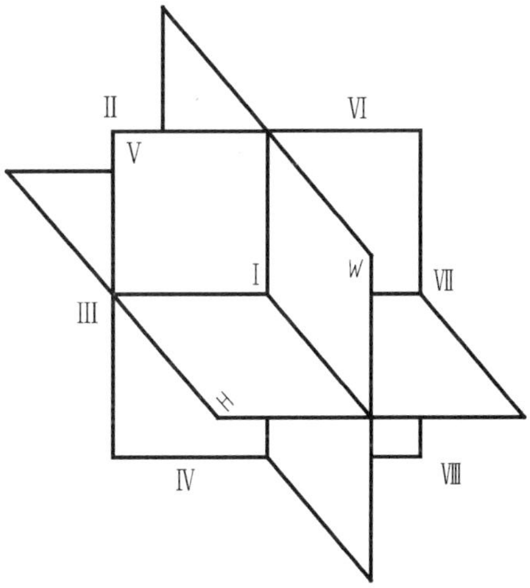

图 6-42　空间的八个分角

第三角画法与第一角画法的根本区别在于人（观察者）、物（机件）、图（投影面）的位置关系不同。采用第一角画法时，是把物体放在观察者与投影面之间，从投影方向看是“人、物、图”的关系，如图 6-43 所示。

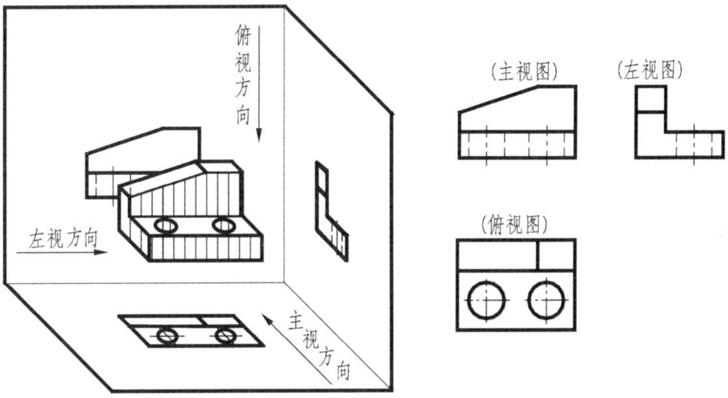

图 6-43　第一角画法原理

而采用第三角画法时，是把投影面放在观察者与物体之间，从投影方向看是“人、图、物”的关系，如图 6-44 所示。投影时就好像隔着“玻璃”看物体，将物体的轮廓形状印在“玻璃”（投影面）上。

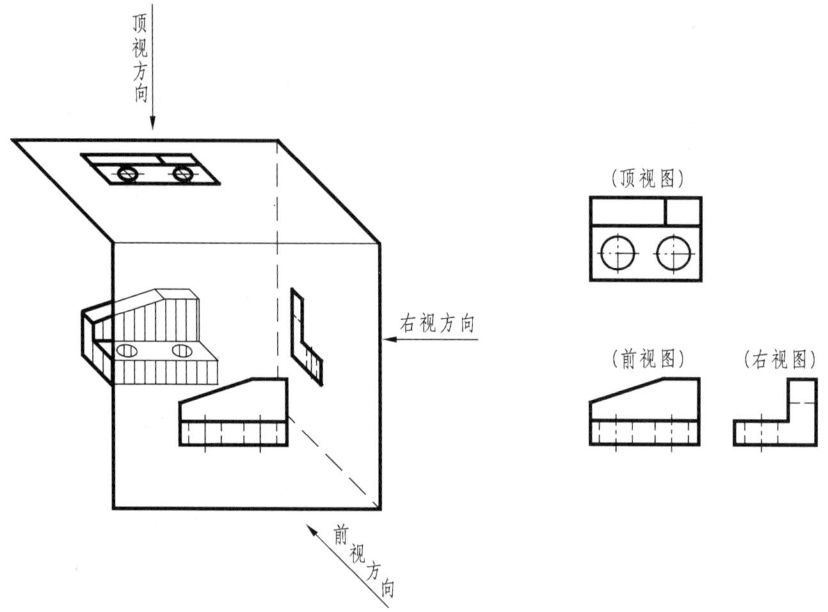

图 6-44　第三角画法原理

二、第三角投影图的形成

采用第三角画法时，从前面观察物体在 V 面上得到的视图称为前视图；从上面观察物体在 H 面上得到的视图称为顶视图；从右面观察物体在 W 面上得到的视图称为右视图。各投影面的展开方法是：V 面不动，H 面向上旋转 90°，W 面向右旋转 90°，使三投影面处于同一平面内，如图 6-45(a)所示。展开后三视图的配置关系如图 6-44 所示。

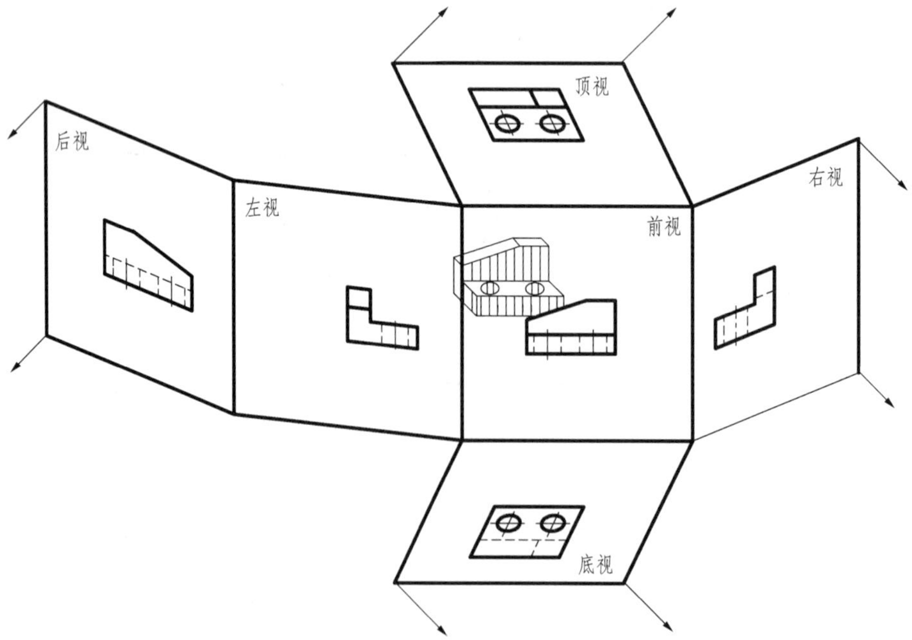

(a)

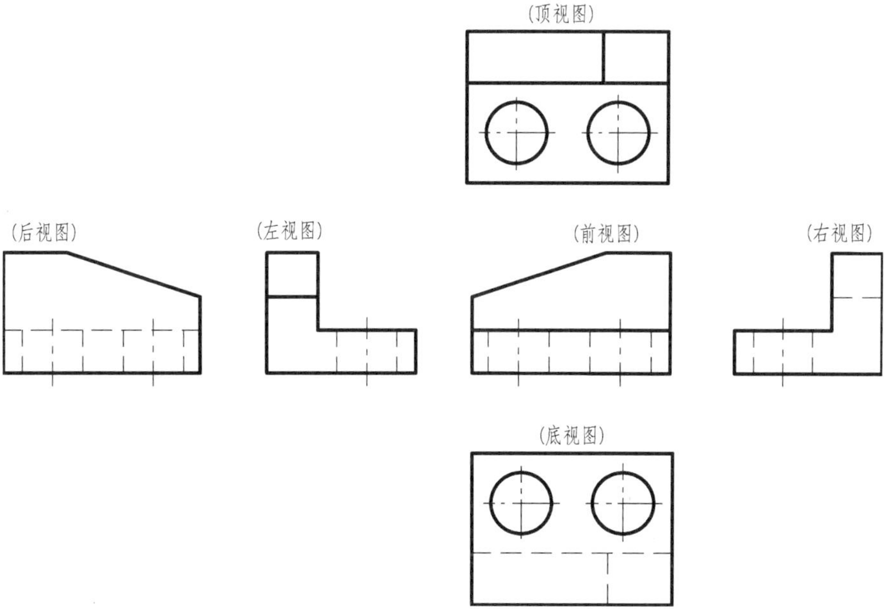

(b)

图 6-45 第三角画法投影面展开及视图的配置(续)

采用第三角画法时也可以将物体放在正六面体中,分别从物体的六个方向向各投影面进行投影,得到六个基本视图,即在三视图的基础上增加了后视图(从后往前看)、左视图(从左往右看)、底视图(从下往上看)。展开后六视图的配置关系如图 6-45(b)所示。

三、第一角和第三角画法的识别符号

在国际标准中规定,可以采用第一角画法,也可以采用第三角画法。为了区别这两种画法,规定在标题栏中专设的格内用规定的识别符号表示。GB/T14692-1993中规定的识别符号如图6-46所示。

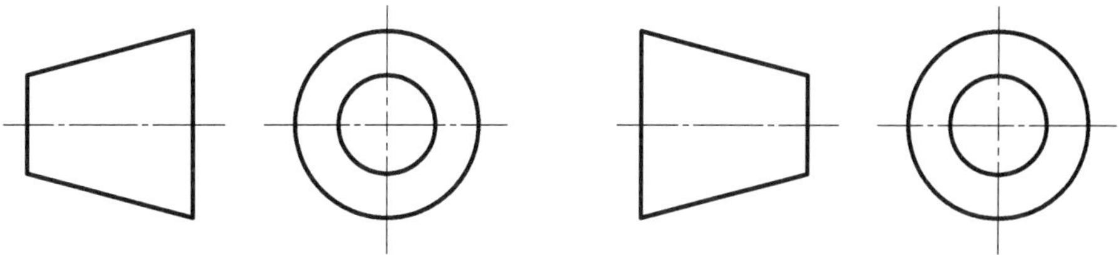

(a) 第一角画法用　　(b) 第三角画法用

图 6-46 两种画法的识别符号

四、第三角画法示例

第三角画法仍然是采用正投影,因而正投影的所有特性及对应关系,如“长对正、高平齐、宽相等”都同样适用。

在熟练掌握第一角投影的基础上，又了解了第一角和第三角投影的不同点，我们就不难理解第三角画法。图 6－47 所示是用第三角画法绘制的机件的前视图、顶视图、右视图，请读者自行分析并想像出其形状。

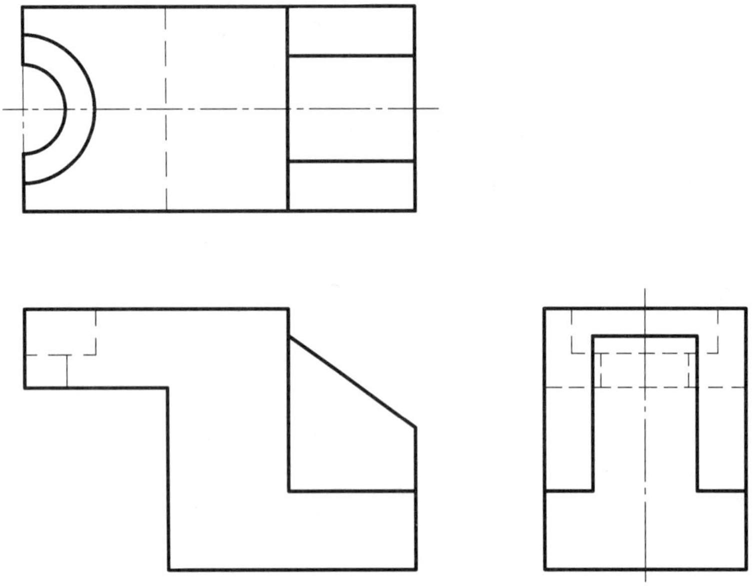

图 6－47　用第三角画法绘制的三视图

第七章 标准件和常用件

在各种机器设备中，有些零件被广泛应用，例如螺纹紧固件、键、销、滚动轴承等，它们的结构、尺寸完全标准化，这些零件称为标准件。而有些零件的结构、尺寸只是部分实现了标准化，如齿轮、弹簧等，这些零件称为常用件。

为了提高绘图效率，机械制图的国家标准规定，对于上述零件的某些结构和形状，不必按照真实投影画出，可以根据规定的简化画法绘图。本章将介绍标准件和常用件的基本知识、规定画法、代号及标注方法。

第一节 螺 纹

螺纹是在圆柱或圆锥表面上，沿着螺旋线形成的具有相同剖面形状（如等边三角形、正方形、梯形、锯齿形等）的连续凸起和沟槽。在圆柱或圆锥外表面所形成的螺纹称为外螺纹，在圆柱或圆锥内表面所形成的螺纹称为内螺纹。用于连接的螺纹称为连接螺纹，用于传递运动或动力的螺纹称为传动螺纹。

一、螺纹的形成和基本要素

1. 螺纹的形成

各种螺纹都是根据螺旋线原理加工而成，螺纹加工大部分采用机械化批量生产。小批量、单件产品，外螺纹可采用车床加工，如图 7－1 所示。内螺纹可以在车床上加工，也可以先在工件上钻孔，再用丝锥攻制而成，如图 7－2 所所示。

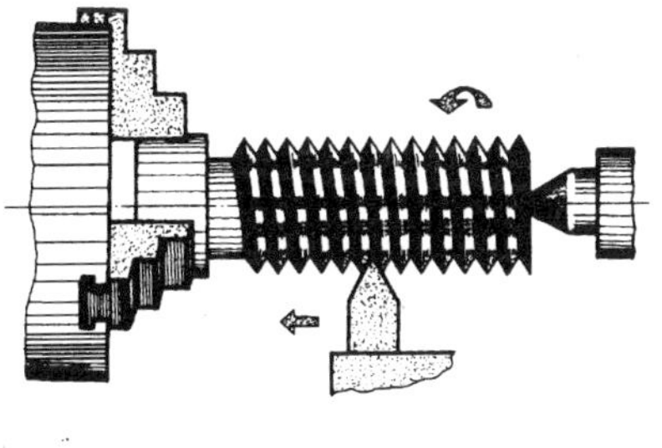

图 7－1 外螺纹加工

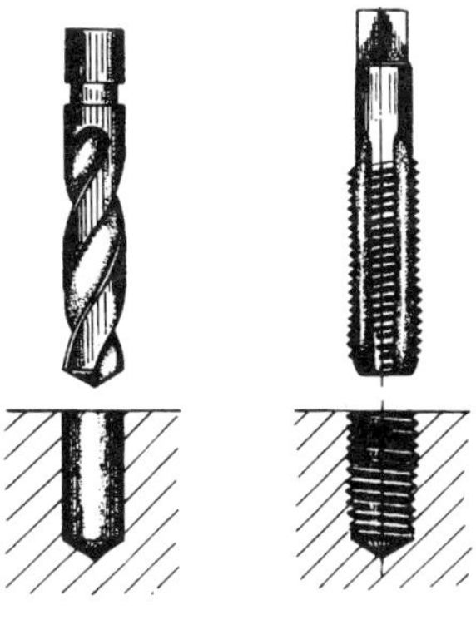

图 7－2 内螺纹加工

2. 螺纹的基本要素

螺纹的基本要素包括牙型、直径(大径、小径、中径)、螺距和导程、线数、旋向等。

(1) 牙型

在通过螺纹轴线的剖面上,螺纹的轮廓形状称为螺纹牙型。常见的螺纹牙型有三角形(60°、55°)、梯形、锯齿形、矩形等。常见标准螺纹的牙型及符号如表 7-1 所示。

表 7-1 常用标准螺纹的牙型及符号

螺纹种类及牙型符号		外形图	内外螺纹旋合后牙型放大图	功用
连接螺纹	粗牙普通螺纹 M	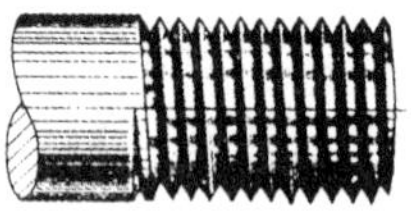	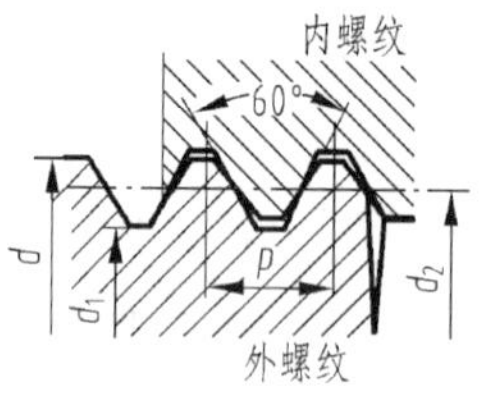	是最常用的连接螺纹。细牙螺纹的螺距较粗牙小,切深较浅,用于细小的精密零件或薄壁零件上。
	细牙普通螺纹 M			
	非螺纹密封的管螺纹 G	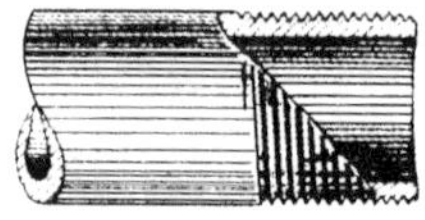	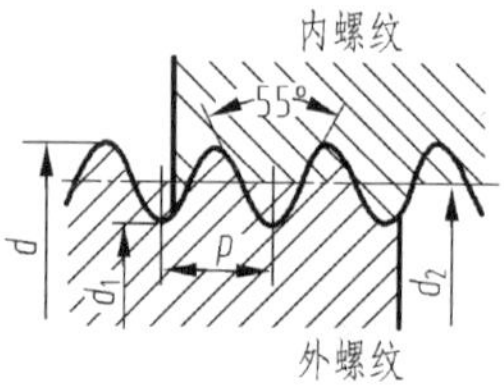	用于水管、油管、煤气管等薄壁管子上,是一种螺纹深度较浅的特殊细牙螺纹,仅用于管子的连接。
传动螺纹	梯形螺纹 Tr	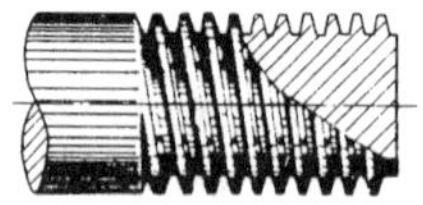	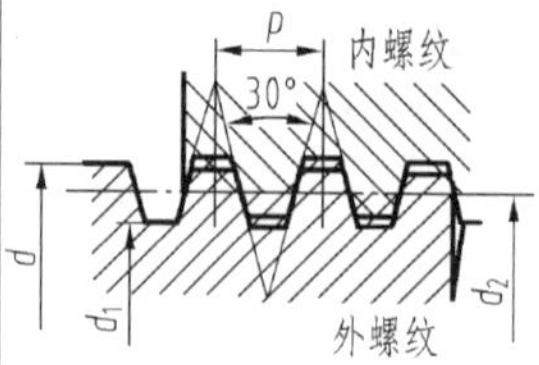	作传动用,各种机床上的丝杠多采用这种螺纹。
	锯齿形螺纹 B	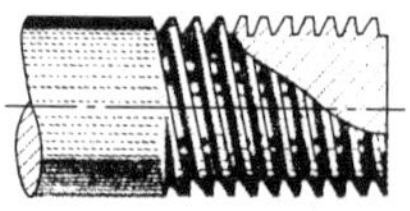	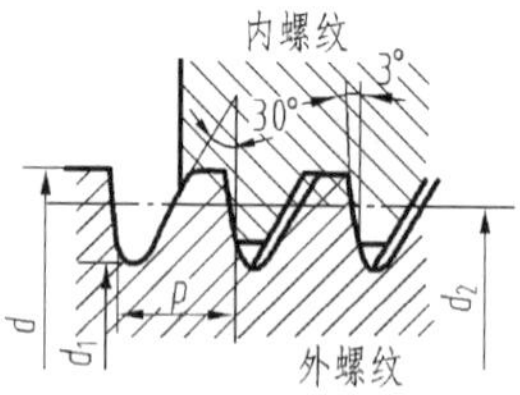	只能传递单向动力,例如螺旋压力机的传动丝杠就采用这种螺纹。

(2) 螺纹的直径(如图 7-3 所示)

大径 d、D——是指与外螺纹的牙顶或内螺纹的牙底相切的假想圆柱或圆锥的直径。内螺纹的大径用大写字母表示,外螺纹的大径用小写字母表示。

小径 d_1、D_1——是指与外螺纹的牙底或内螺纹的牙顶相切的假想圆柱或圆锥的直径。

中径 d_2、D_2——是指一个假想的圆柱或圆锥直径，该圆柱或圆锥的母线通过牙型上沟槽和凸起宽度相等的地方。

公称直径——代表螺纹尺寸的直径，指螺纹大径的基本尺寸。

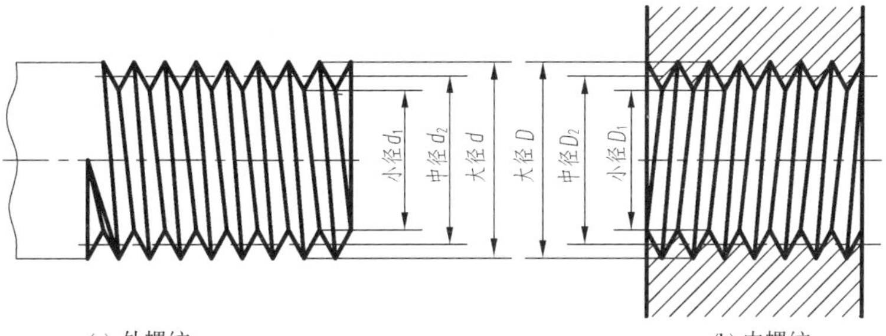

(a) 外螺纹　　(b) 内螺纹

图 7-3　螺纹的直径

（3）线数

形成螺纹的螺旋线条数称为线数，线数用字母 n 表示。沿一条螺旋线形成的螺纹称为单线螺纹，沿两条以上螺旋线形成的螺纹称为多线螺纹，如图7-4所示。

（4）螺距和导程

相邻两牙在中径线上对应两点间的轴向距离称为螺距，螺距用字母 P 表示；同一螺旋线上的相邻两牙在中径线上对应两点间的轴向距离称为导程，导程用字母 P_h 表示，如图7-4所示。线数 n、螺距 P 和导程 P_h 的之间的关系为：$P_h = P \times n$。

（5）旋向

螺纹分为左旋螺纹和右旋螺纹两种。顺时针旋转时旋入的螺纹是右旋螺纹，逆时针旋转时旋入的螺纹是左旋螺纹，如图7-5所示。工程上常用右旋螺纹。

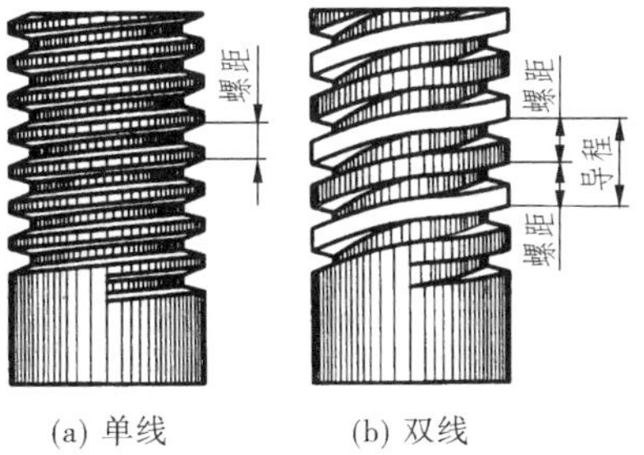

(a) 单线　　(b) 双线

图 7-4　单线螺纹和双线螺纹

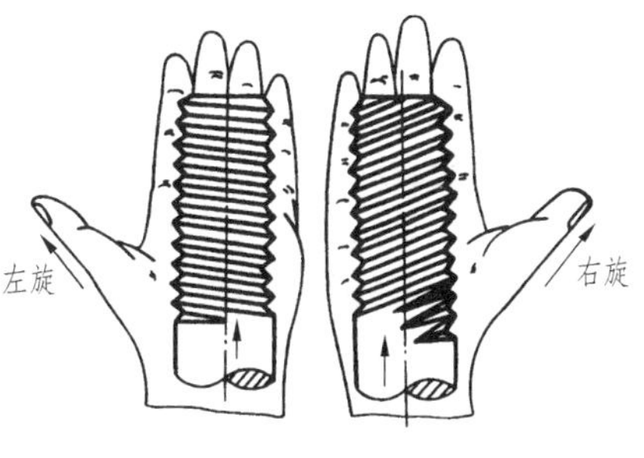

图 7-5　螺纹的旋向

国家标准对螺纹的牙型、大径和螺距做了统一规定。这三项要素均符合国家标准的螺纹称为标准螺纹，凡牙型不符合国家标准的螺纹称为非标准螺纹，只有牙型符合国家标准的螺纹称为特殊螺纹。

二、螺纹的规定画法和标注

1. 螺纹的规定画法

螺纹一般不按真实投影作图，而是采用机械制图国家标准规定的画法以简化作图过程。

（1）外螺纹的画法

外螺纹的大径用粗实线表示，小径用细实线表示。螺纹小径按大径的0.85倍绘制。在不反映圆的视图中，小径的细实线应画入倒角内，螺纹终止线用粗实线表示，如图7－6(a)所示。当需要表示螺纹收尾时，螺纹尾部的小径用与轴线成30°的细实线绘制，如图7－6(b)所示。在反映圆的视图中，表示小径的细实线圆只画约3/4圈，螺杆端面上的倒角圆省略不画，如图7－6(a)、(b)、(c)所示。剖视图中的螺纹终止线和剖面线画法如图7－6(c)所示。

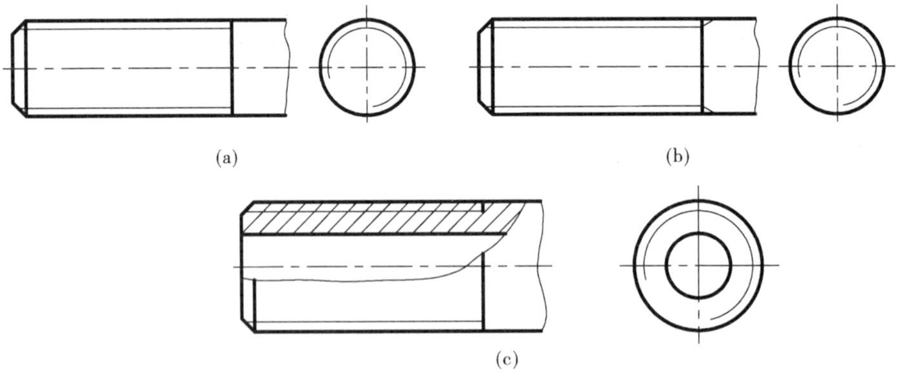

图7－6　外螺纹画法

（2）内螺纹的画法

内螺纹通常采用剖视图表达。在不反映圆的视图中，大径用细实线表示，小径和螺纹终止线用粗实线表示，且小径取大径的0.85倍，注意剖面线应画到粗实线；若是盲孔，终止线到孔的末端的距离可按0.5倍大径绘制；在反映圆的视图中，大径用约3/4圈的细实线圆弧绘制，孔口倒角圆不画，如图7－7(a)、(b)所示。当螺孔相交时，其相贯线的画法如图7－7(c)所示。当螺纹的投影不可见时，所有图线均画成细虚线，如图7－7(d)所示。

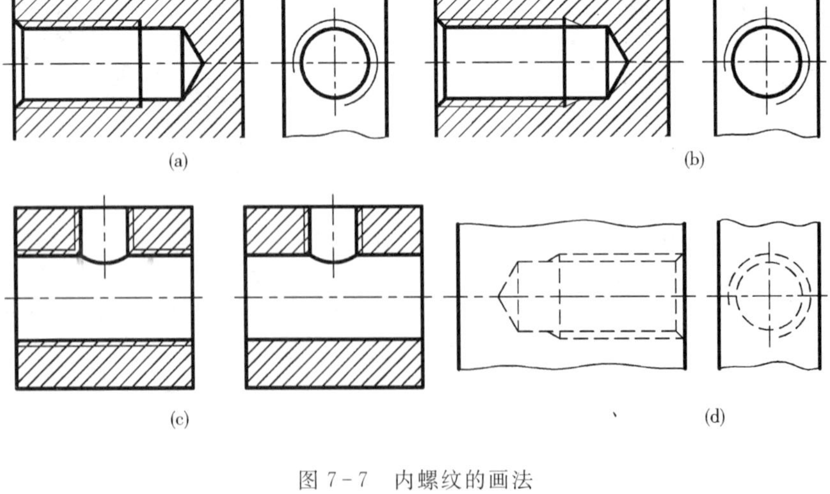

图7－7　内螺纹的画法

（3）内、外螺纹旋合的画法

只有当内、外螺纹的五项基本要素相同时，内、外螺纹才能进行连接。用剖视图表示螺纹连接时，旋合部分按外螺纹的画法绘制，未旋合部分按各自原有的画法绘制。如图 7-8 和图 7-9 所示。画图时必须注意：表示内、外螺纹大径的细实线和粗实线，以及表示内、外螺纹小径的粗实线和细实线应分别对齐；在剖切平面通过螺纹轴线的剖视图中，实心螺杆按不剖绘制。

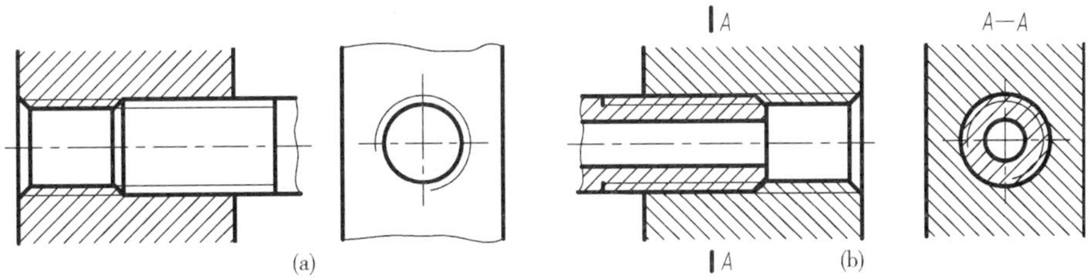

图 7-8　内、外螺纹旋合画法（一）

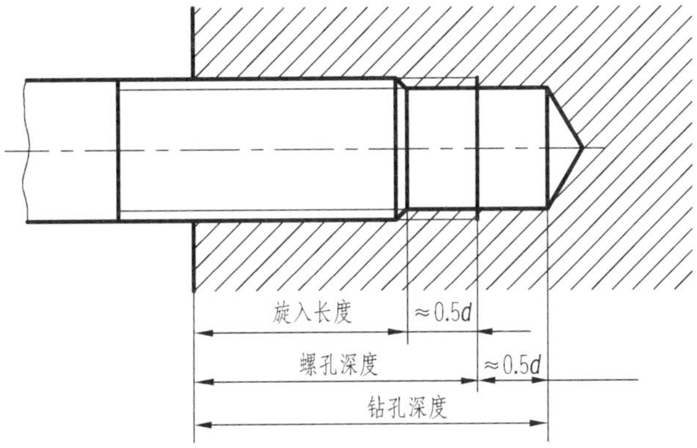

图 7-9　内、外螺纹旋合画法（二）

（4）螺纹牙型的表示法

螺纹的牙型一般不需要在图形中画出，当需要表示螺纹的牙型时，可按图 7-10 的形式绘制。

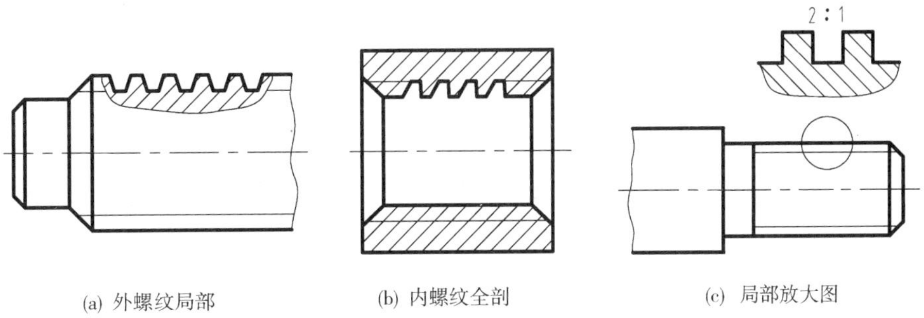

图 7-10　螺纹牙型的表示法

（5）圆锥螺纹画法

具有圆锥螺纹的零件，其螺纹部分在投影为圆的视图中，只需画出一端螺纹视图，如图 7－11 所示。

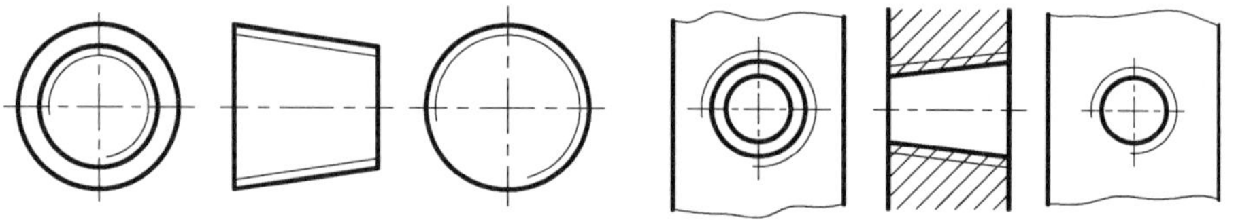

(a) 外螺纹　　(b) 内螺纹

图 7－11　圆锥螺纹的画法

2. 螺纹的标注方法

由于螺纹的规定画法不能表达出螺纹的种类和螺纹的要素，因此在图中对标准螺纹需要进行正确的标注。下面分别介绍各种螺纹的标注方法。

（1）普通螺纹

普通螺纹用尺寸标注形式注在内、外螺纹的大径上，其标注的具体项目和格式如下：

[螺纹代号] [公称直径] × [螺距] [旋向] － [中径公差带代号] [顶径公差带代号] － [旋合长度代号]

普通螺纹的螺纹代号用字母“M”表示。

普通粗牙螺纹不必标注螺距，普通细牙螺纹必须标注螺距。公称直径、导程和螺距数值的单位为 mm。

右旋螺纹不必标注旋向代号，左旋螺纹应标注字母“LH”。

中径公差带代号和顶径公差带代号由表示公差等级的数字和表示基本偏差的字母组成。大写字母代表内螺纹，小写字母代表外螺纹。顶径是指外螺纹的大径和内螺纹的小径，若两组公差带相同，则只写一组。表示内、外螺纹旋合时，内螺纹公差带在前，外螺纹公差带在后，中间用“/”分开。在特定情况下，中等公差精度螺纹不注公差带代号（内螺纹：5H，公称直径小于和等于 1.4 mm 时；6H，公称直径大于和等于 1.6 mm 时。外螺纹：5h，公称直径小于和等于 1.4 mm 时；6h，公称直径大于和等于 1.6 mm 时。）。

普通螺纹的旋合长度分为短、中、长三组，其代号分别是 S、N、L。若是中等旋合长度，其旋合代号 N 可省略。

（2）传动螺纹

传动螺纹主要指梯形螺纹和锯齿形螺纹，它们也用尺寸标注形式，注在内外螺纹的大径上，其标注的具体项目及格式如下：

[螺纹代号] [公称直径] × [导程（*P* 螺距）] [旋向] － [中径公差带代号] － [旋合长度代号]

梯形螺纹的螺纹代号用字母“Tr”表示，锯齿形螺纹的特征代号用字母“B”表示。

多线螺纹标注导程与螺距，单线螺纹只标注螺距。

图 7－12 所示为普通螺纹标注示例。

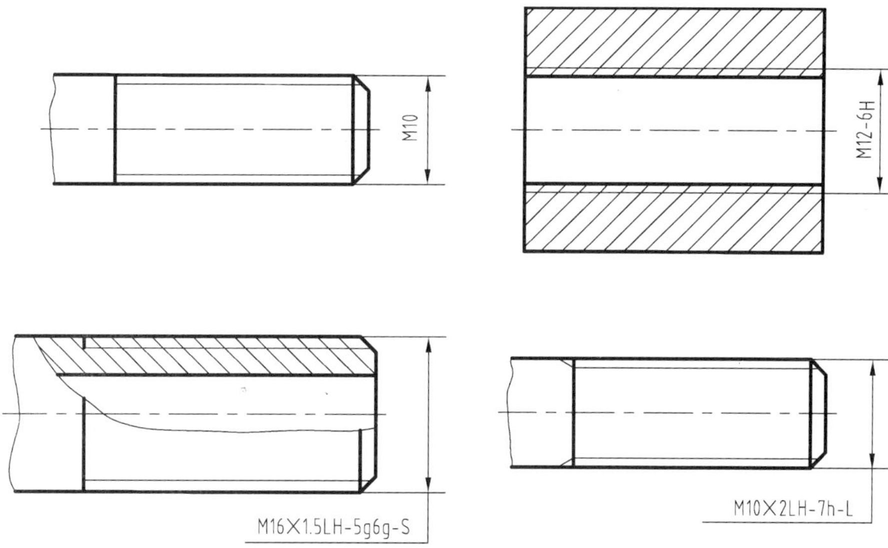

图 7-12 普通螺纹标注示例

右旋螺纹不标注代号，左旋螺纹标注字母“LH”。

传动螺纹只注中径公差带代号。

旋合长度只注“S”（短）、“L”（长），中等旋合长度代号“N”省略标注。

图 7-13 所示为传动螺纹标注示例。

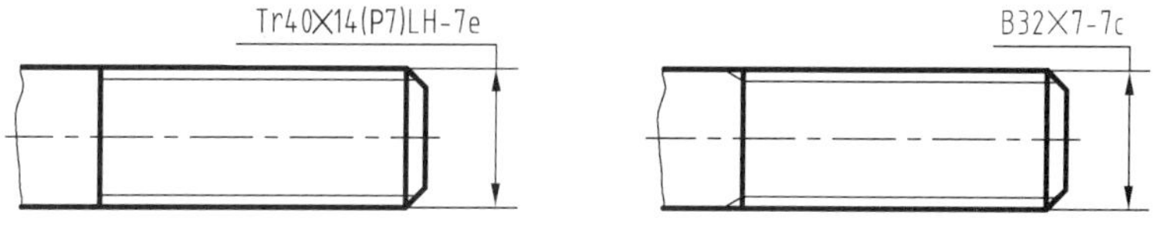

图 7-13 传动螺纹标注示例

（3）管螺纹

管螺纹的标记必须标注在大径的引出线上。常用的管螺纹分为螺纹密封的管螺纹和非螺纹密封的管螺纹。这里要注意，管螺纹的尺寸代号并不是指螺纹大径，也不是管螺纹本身任何一个直径，而是加工螺纹的管子直径，其大径和小径等参数可从有关标准中查出。

管螺纹标注的具体项目及格式如下：

螺纹密封的管螺纹代号：螺纹特征代号 尺寸代号 － 旋向代号

非螺纹密封的管螺纹代号：螺纹特征代号 尺寸代号 公差等级代号 － 旋向代号

螺纹密封的管螺纹又分为：与圆柱内螺纹相配合的圆锥外螺纹，其特征代号是 R_1；与圆锥内螺纹相配合的圆锥外螺纹，其特征代号为 R_2；圆锥内螺纹，特征代号是 R_c；圆柱内螺纹，特征代号是 R_p。右旋螺纹不注旋向代号，左旋螺纹标“LH”。

非螺纹密封的管螺纹的特征代号是 G。它的公差等级代号分 A、B 两个精度等级。外螺纹需注明，内螺纹不注此项代号。右旋螺纹不注旋向代号，左旋螺纹标“LH”。

图 7-14 所示为管螺纹标注示例。

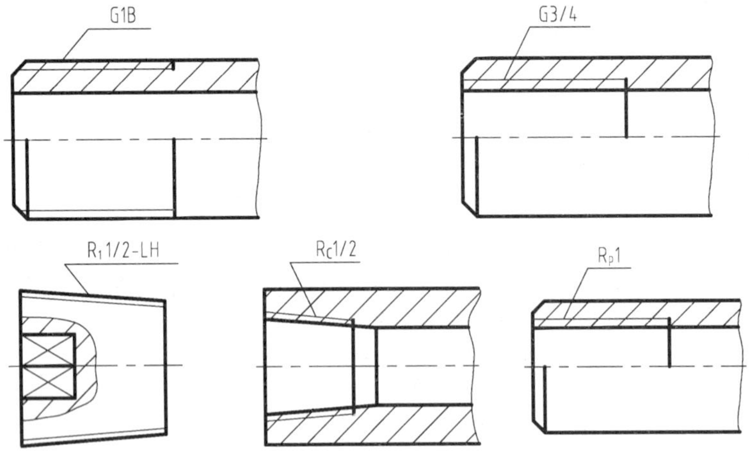

图 7-14 管螺纹的标注

三、螺纹紧固件及其连接

1. 常用螺纹紧固件的种类和标记

常用螺纹紧固件有螺栓、双头螺柱、螺钉、螺母和垫圈。它们的结构、尺寸都已分别标准化，称为标准件。使用或绘图时，可以从相应标准中查到所需的结构尺寸。

表 7-2 中列出了常用螺纹紧固件的种类与标记。

表 7-2 常用螺纹紧固件的种类和标记示例

名称	简 图	标记示例	说 明
螺栓	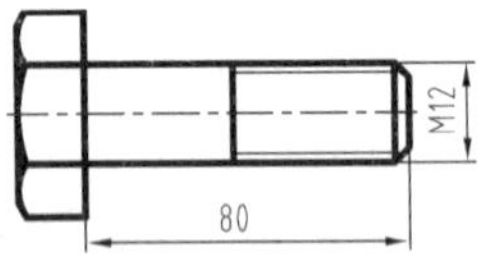	螺栓 GB/T5782-2000 M12×80	螺纹规格 $d=12$ mm、公称长度 $L=80$ mm 的六角头螺栓
双头螺柱	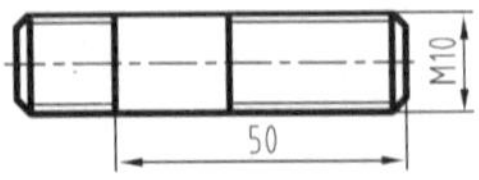	螺柱 GB/T898-1988 M10×50	螺纹规格 $d=10$ mm、公称长度 $L=50$ mm 的双头螺柱
螺母	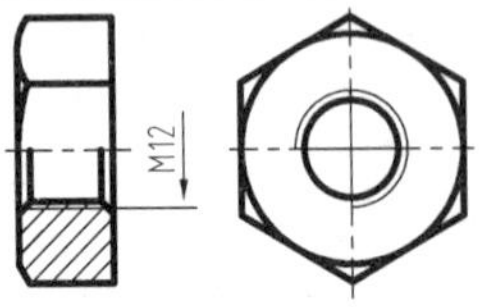	螺母 GB/T6170-2000 M12	螺纹规格 $D=12$ mm 的六角螺母

（续表）

名称	简 图	标记示例	说 明
垫圈	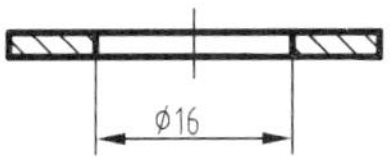	垫圈 GB/T97.1-1985 16-140HV	规格尺寸 $d=16$ mm，性能等级为140HV的平垫圈
螺钉	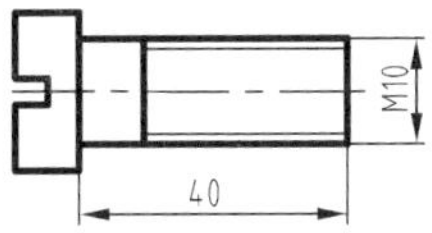	螺钉 GB/T65-2000 M10×40	螺纹规格 $d=10$ mm，公称长度 $L=40$ mm的螺钉

（1）螺栓

螺栓由头部及杆部两部分组成，头部形状以六角形的应用最广。决定螺栓的规格尺寸为螺纹公称直径 d 及螺栓长度 L。选定一种螺栓后，其他各部分尺寸可根据有关标准查得。

螺栓的标记形式：名称 标准代号 特征代号 公称直径×公称长度

例：螺栓 GB/T5782-2000 M12×80，是指公称直径 $d=12$，公称长度 $L=80$（不包括头部）的螺栓。

（2）双头螺柱

双头螺柱的两头制有螺纹，一端旋入被连接件的预制螺孔中，称为旋入端；另一端与螺母旋合，紧固另一个被连接件，称为紧固端。双头螺柱的规格尺寸为螺柱直径 d 及紧固端长度 L，其他各部分尺寸可根据有关标准查得。

双头螺柱的标记形式：名称 标准代号 特征代号 公称直径×公称长度

例：螺柱 GB/T898-1988 M10×50，是指公称直径 $d=10$，公称长度 $L=50$（不包括旋入端）的双头螺柱。

（3）螺母

螺母通常与螺栓或螺柱配合着使用，起连接作用，以六角螺母应用最广。螺母的规格尺寸为螺纹公称直径 D。选定一种螺母后，其他各部分尺寸可根据有关标准查得。

螺母的标记形式：名称 标准代号 特征代号 公称直径

例：螺母 GB/T6170-2000 M12，指螺纹规格 $D=12$ 的螺母。

（4）垫圈

垫圈通常垫在螺母和被连接件之间，目的是增加螺母与被连接零件之间的接触面，保护被连接件的表面不致因拧螺母而被刮伤。垫圈分为平垫圈和弹簧垫圈两种。弹簧垫圈还可以防止因振动而引起的螺母松动。选择垫圈的规格尺寸为螺栓直径 d。垫圈选定后，其他各部分尺寸可根据有关标准查得。

平垫圈的标记形式：名称 标准代号 规格尺寸-性能等级

弹簧垫圈的标记形式：名称 标准代号 规格尺寸

例：垫圈 GB/T97.1-1985 16-140HV，指规格尺寸 $d=16$，性能等级为140HV的平

垫圈。垫圈 GB/T93－1987 20，指规格尺寸为 $d=20$ 的弹簧垫圈。

（5）螺钉

螺钉按使用性质可分为连接螺钉和紧定螺钉两种。连接螺钉的一端为螺纹，另一端为头部。紧定螺钉主要用于防止两相配零件之间发生相对运动的场合。螺钉规格尺寸为螺钉直径 d 及长度 L，可根据需要从标准中选用。

螺钉的标记形式：名称 标准代号 特征代号 公称直径×公称长度

例：螺钉 GB/T65－2000 M10×40，是指公称直径 $d=10$，公称长度 $L=40$（不包括头部）的螺钉。

2. 常用螺纹紧固件及连接图画法

（1）螺栓连接

螺栓用来连接两个不太厚并能钻成通孔的零件，并与垫圈、螺母配合进行连接，如图 7－15 所示。

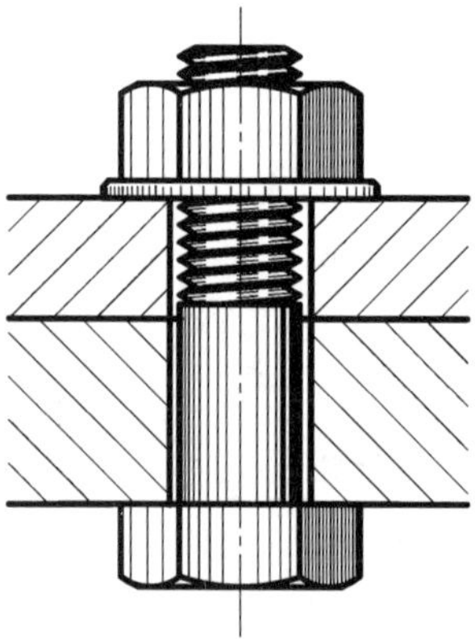

图 7－15 螺栓连接

① 螺栓连接中的紧固件画法。螺栓连接的紧固件有螺栓、螺母和垫圈。紧固件一般用比例画法绘制。所谓比例画法就是以螺栓上螺纹的公称直径为主要参数，其余各部分结构尺寸均按与公称直径成一定比例关系绘制。

尺寸比例关系如下（如图 7－16 所示）：

螺栓：d、L（根据要求确定），$d_1 \approx 0.85d$，$b \approx 2d$，$e=2d$，$R_1=d$，$R=1.5d$，$k=0.7d$，$c=0.1d$

螺母：D（根据要求确定），$m=0.8d$，其他尺寸与螺栓头部相同。

垫圈：$d_2=2.2d$，$d_1=1.1d$，$d_3=1.5d$，$h=0.15d$，$s=0.2d$，$n=0.12d$。

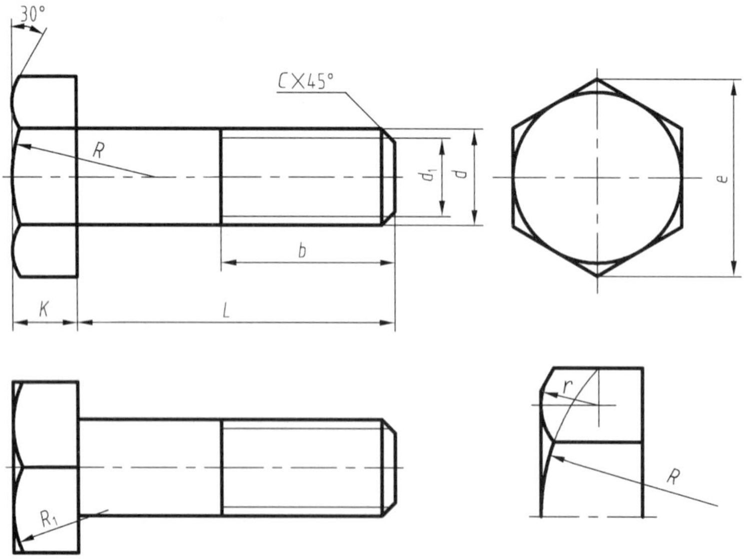

(a) 六角头螺栓的比例画法

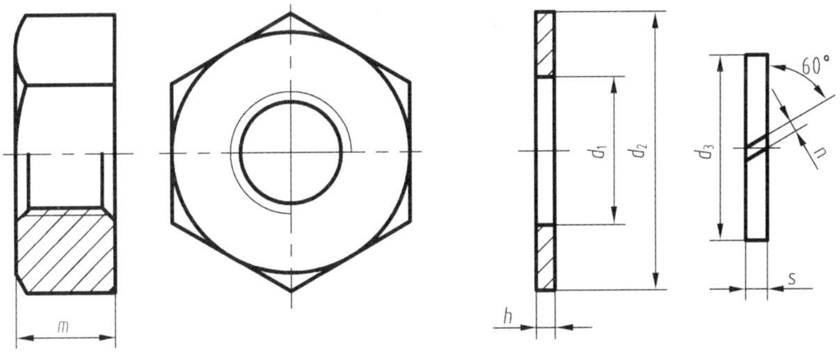

(b) 六角螺母的比例画法 (c) 垫圈的比例画法

图 7-16 螺栓、螺母、垫圈的比例画法

② 螺栓连接的画法。用比例画法画螺栓连接的装配图时，应注意以下几点：

a. 两零件的接触表面只画一条线，并不得加粗。凡不接触的表面，不论间隙大小，都应画出间隙(如螺栓和孔之间应画出间隙)。

b. 剖切平面通过螺栓轴线时，螺栓、螺母、垫圈可按不剖绘制，仍画外形。必要时，可采用局部剖视。

c. 两零件相邻接时，不同零件的剖面线方向应相反，或者方向一致而间隔不等。

d. 螺栓长度 $L \geqslant t_1 + t_2 +$ 垫圈厚度 $+$ 螺母厚度 $+ (0.2 \sim 0.3)d$，根据上式的估计值，然后选取与估算值相近的标准长度值作为 L 值。

e. 被连接件上加工的螺栓孔直径稍大于螺栓直径，取 $1.1d$。

螺栓连接的比例画法见图 7-17 所示。

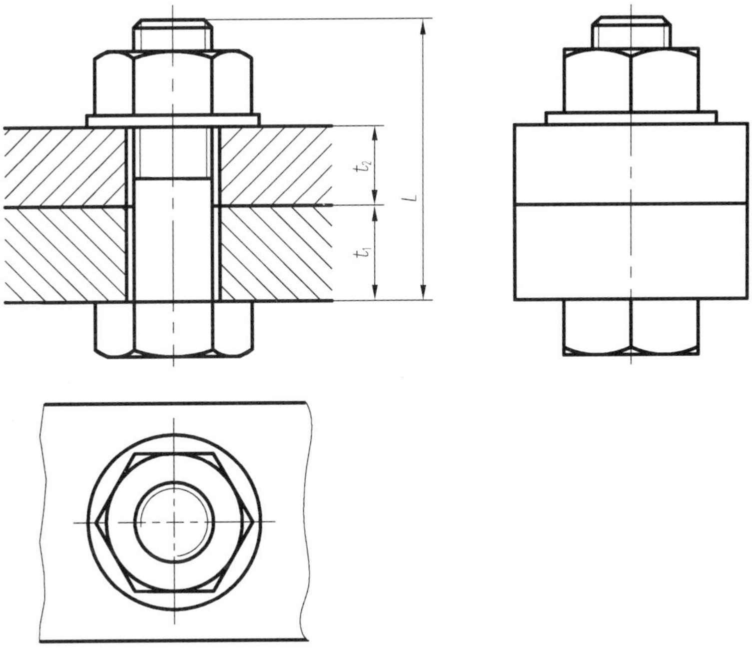

图 7-17 螺栓连接图

(2) 螺柱连接

当两个被连接件中有一个很厚，或者不适合用螺栓连接时，常用双头螺柱连接。双头螺柱两端均加工有螺纹，一端与被连接件旋合，另一端与螺母旋合，如图 7-18(a)所示。用比例画法绘制双头螺柱的装配图时应注意以下几点：

① 旋入端的螺纹终止线应与结合面平齐，表示旋入端已经拧紧。

② 旋入端的长度 b_m 要根据被旋入件的材料而定，被旋入端的材料为钢时，$b_m=1d$；被旋入端的材料为铸铁或铜时，$b_m=(1.25\sim1.5)d$；被连接件为铝合金等轻金属时，取 $b_m=2d$。

③ 旋入端的螺孔深度取 $b_m+0.5d$，钻孔深度取 b_m+d，如图 7-18 所示。

④ 螺柱的公称长度 $L\geqslant\delta+$垫圈厚度$+$螺母厚度$+(0.2\sim0.3)d$，然后选取与估算值相近的标准长度值作为 L 值。

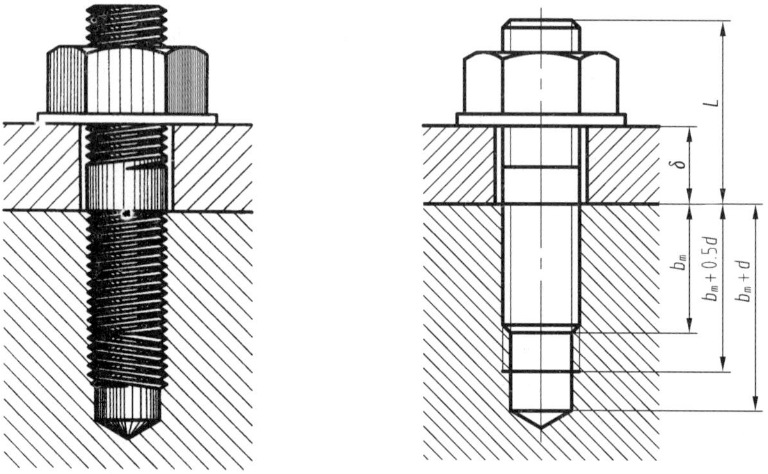

(a) (b)

图 7-18 双头螺柱连接图

双头螺柱连接的比例画法见图 7-18(b)所示。

(3) 螺钉连接

螺钉连接一般用于受力不大又不需要经常拆卸的场合，如图 7-19 所示。

用比例画法绘制螺钉连接，其旋入端与螺柱相同，被连接板的孔部画法与螺栓相同，被连接板的孔径取 1.1d。螺钉的有效长度 $L=\delta+b_m$，并根据标准校正。画图时注意以下两点：

① 螺钉的螺纹终止线不能与结合面平齐，而应画在盖板的范围内。

② 具有沟槽的螺钉头部，在主视图中应被放正，在俯视图中规定画成45°倾斜。

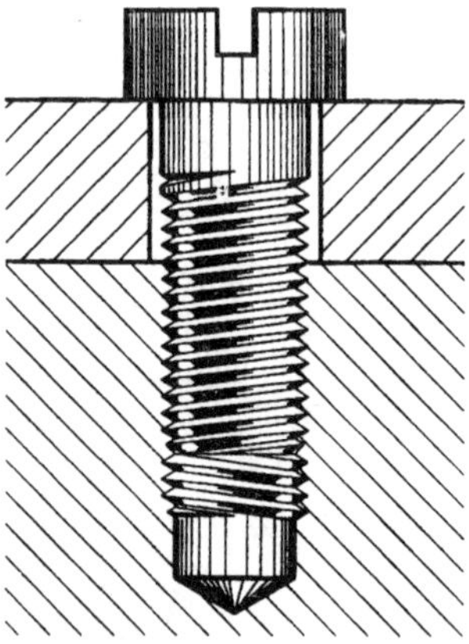

图 7-19 螺钉连接

螺钉连接的比例画法见图 7-20 所示。

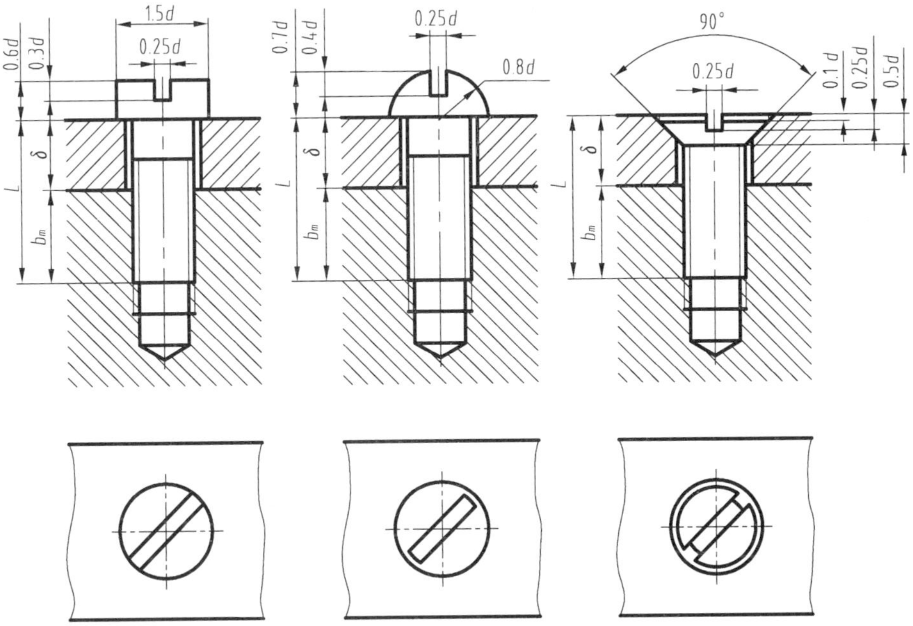

图 7-20　螺钉连接的比例画法

第二节　键和销

一、键连接

1. 键连接的作用和种类

键主要用于轴和轴上的零件（如带轮、齿轮等）之间的连接，起着传递扭矩的作用。如图 7-21 所示，将键嵌入轴上的键槽中，再将带有键槽的齿轮装在轴上，当轴转动时，因为键的存在，齿轮就与轴同步转动，达到传递动力的目的。键的种类很多，常用的有普通平键、半圆键和钩头楔键三种。

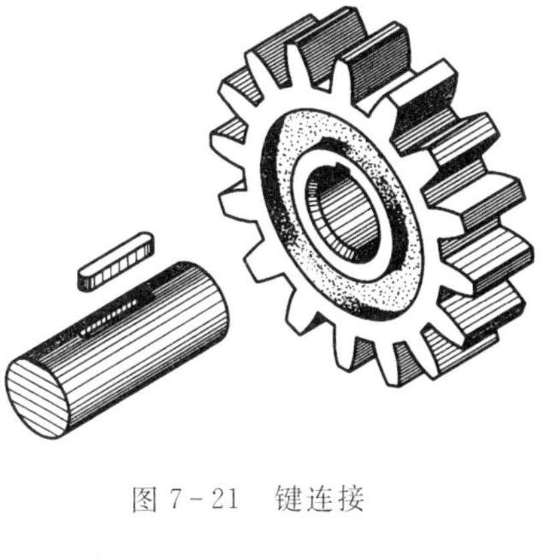

图 7-21　键连接

2. 普通平键的种类和标记

普通平键根据其头部结构的不同可以分为圆头普通平键（A 型）、平头普通平键（B 型）和单圆头普通平键（C 型）三种型式，如图 7-22 所示。

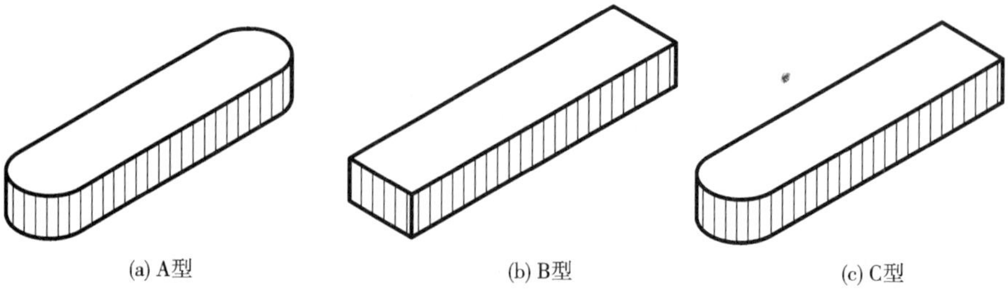

图 7-22　普通平键的型式

普通平键的标记格式为：键 型式代号 宽度 × 长度 标准代号

其中 A 型可省略型式代号。例如：宽度 $b=18$ mm，高度 $h=11$ mm，长度 $L=100$ mm 的圆头普通平键(A 型)，其标记是：键 18×100 GB/T1096-1979。宽度 $b=18$ mm，高度 $h=11$ mm，长度 $L=100$ mm 的平头普通平键(B 型)，其标记是：键 B18×100 GB/T1096-1979。宽度 $b=18$ mm，高度 $h=11$ mm，长度 $L=100$ mm 的单圆头普通平键(C 型)，其标记是：键 C18×100 GB/T1096-1979。

3. 普通平键的连接画法

采用普通平键连接时，键的长度 L 和宽度 b 要根据轴的直径 d 和传递的扭矩大小从标准中选取适当值。轴和轮毂上的键槽的表达方法及尺寸如图7-23所示。在装配图上，普通平键的连接画法如图 7-24 所示。

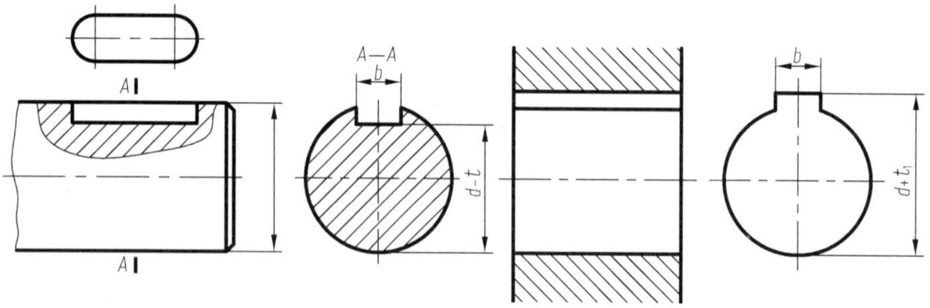

图 7-23　轴和轮毂上的键槽

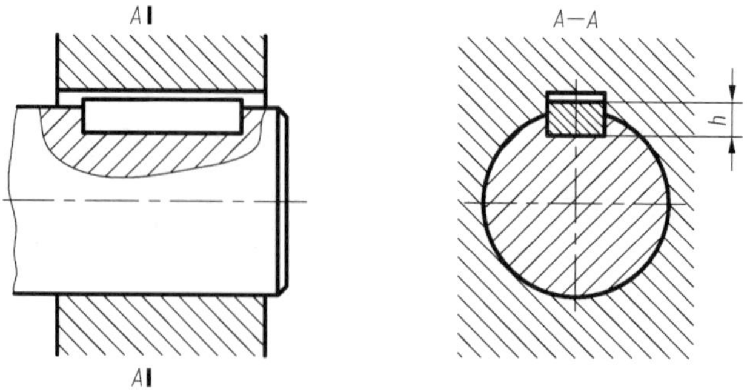

图 7-24　普通平键的连接画法

二、销连接

销主要用来固定零件之间的相对位置，起定位作用，也可用于轴与轮毂的连接，传递不大的载荷，还可作为安全装置中的过载剪断元件。销的常用材料为 35 钢、45 钢。

销有圆柱销和圆锥销两种基本类型，这两类销均已标准化。圆柱销利用微量过盈固定在销孔中，经过多次装拆后，连接的紧固性及精度降低，故只宜用于不常拆卸处。圆锥销有 1∶50 的锥度，装拆比圆柱销方便，多次装拆对连接的紧固性及定位精度影响较小，因此应用广泛。销连接的画法如图7-25所示。

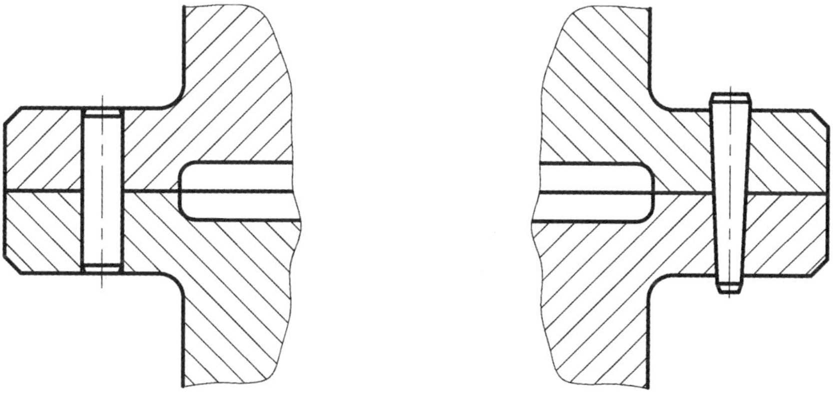

(a) 圆柱销连接　　(b) 圆锥销连接

图 7-25　销连接的画法

表 7-3 中列出了圆柱销和圆锥销的形式与标记。

表 7-3　销的形式及标记

名称	标准号	图　例	标记示例
圆柱销	GB/T119.1-2000 GB/T119.2-2000	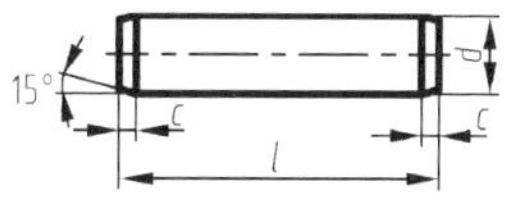	公称直径 $d=6$ mm、长度 $l=30$ mm 的圆柱销： 销 GB/T119.1-2000 6×30
圆锥销	GB/T117-2000	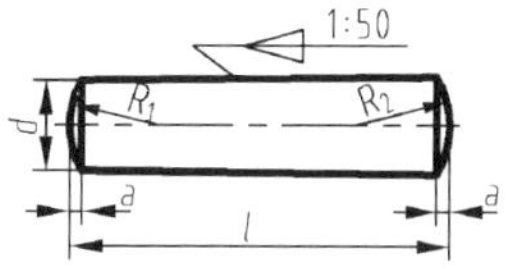	公称直径 $d=6$ mm、长度 $l=30$ mm 的圆锥销： 销 GB/T117-2000 6×30

第三节　齿　轮

齿轮是机器设备中应用十分广泛的传动零件，用来传递运动和动力，改变轴的旋向和转速。常见的传动齿轮有以下三种(如图 7-26 所示)：

圆柱齿轮——用于两平行轴间的传动；

圆锥齿轮——用于两相交轴间的传动；

蜗杆蜗轮——用于两交错轴间的传动。

(a) 圆柱齿轮　　(b) 圆锥齿轮　　(c) 蜗杆蜗轮

图 7-26　传动齿轮形式

一、直齿圆柱齿轮

1. 直齿圆柱齿轮各部分的名称及参数

直齿圆柱齿轮各部分的名称及参数见图 7-27 所示。

(1) 齿数 z——齿轮上轮齿的个数。

(2) 齿顶圆直径 d_a——通过齿顶的圆柱面直径。

(3) 齿根圆直径 d_f——通过齿根的圆柱面直径。

(4) 分度圆直径 d——分度圆直径是齿轮设计和加工时的重要参数。分度圆是一个假想的圆，在该圆上齿厚 s 与槽宽 e 相等，它的直径称为分度圆直径。

(5) 齿高 h——齿顶圆和齿根圆之间的径向距离。

(6) 齿顶高 h_a——齿顶圆和分度圆之间的径向距离。

(7) 齿根高 h_f——分度圆与齿根圆之间的径向距离。

(8) 齿距 p——在分度圆上，相邻两齿对应齿廓之间的弧长。

(9) 齿厚 s——在分度圆上，一个齿的两侧对应齿廓之间的弧长。

(10) 槽宽 e——在分度圆上，一个齿槽的两侧相应齿廓之间的弧长。

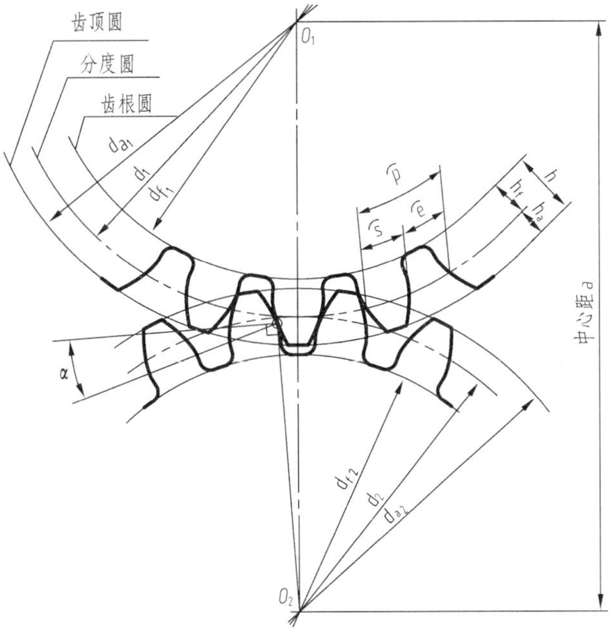

图 7-27　直齿圆柱齿轮各部分名称和代号

(11) 模数 m——由于分度圆的周长 $\pi d = p \cdot z$，所以 $d=\dfrac{p}{\pi}\cdot z$，$\dfrac{p}{\pi}$就称为齿轮的模数。模数以 mm 为单位，它是齿轮设计和制造的重要参数。为便于齿轮的设计和制造，减少齿轮成形刀具的规格及数量，国家标准对模数规定了标准值。渐开线齿轮的模数见表7-4。

表 7-4　渐开线圆柱齿轮模数(摘自 GB/T 1357-1987)

第一系列	1　1.25　2　2.5　3　4　5　6　8　10　12　16　20　25　32　40　50
第二系列	1.75　2.25　2.75　(3.25)　3.5　(3.75)　4.5　5.5　(6.5)　7　9　(11)　14　18　22　28　(30)　36　45

注:优先选用第一系列,其次是第二系列,括号内的模数尽可能不用。

(12) 压力角 α——相互啮合的一对齿轮，其受力方向(齿廓曲线的公法线方向)与运动方向之间所夹的锐角，称为压力角。同一齿廓的不同点上的压力角是不同的，在分度圆上的压力角，称为标准压力角。国家标准规定，标准压力角为 20°。

(13) 中心距 a——两啮合齿轮轴线之间的距离。

2. 直齿圆柱齿轮的尺寸计算

在已知模数 m 和齿数 z 时，齿轮轮齿的其他参数均可按表 7-5 的公式计算出来。

表 7-5 标准直齿圆柱齿轮各基本尺寸计算公式

基本参数：模数 m 和齿数 z			
序 号	名 称	代 号	计算公式
1	齿距	p	$p=\pi m$
2	齿顶高	h_a	$h_a=m$
3	齿根高	h_f	$h_f=1.25m$
4	齿高	h	$h=2.25m$
5	分度圆直径	d	$d=mz$
6	齿顶圆直径	d_a	$d_a=m(z+2)$
7	齿根圆直径	d_f	$d_f=m(z-2.5)$
8	中心距	a	$a=m(z_1+z_2)/2$

3. 直齿圆柱齿轮的规定画法

(1) 单个齿轮的画法

单个齿轮一般用两个视图表示。国家标准规定齿顶圆和齿顶线用粗实线绘制，分度圆和分度线用细点画线表示，齿根圆和齿根线用细实线绘制(也可以省略不画)。在剖视图中，齿根线用粗实线绘制，并不能省略。当剖切平面通过齿轮轴线时，轮齿一律按不剖绘制。单个齿轮的画法如图 7-28 所示。

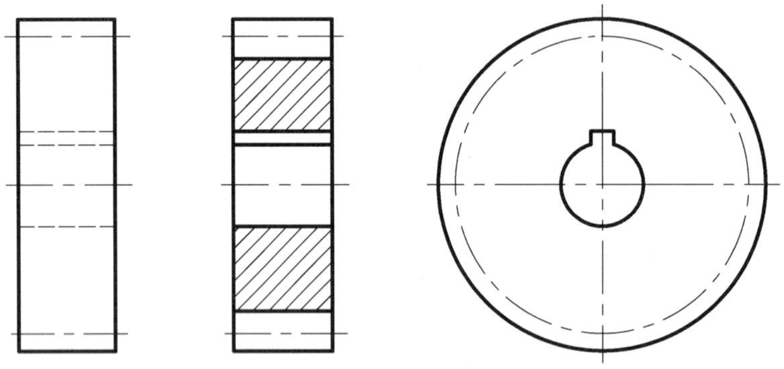

图 7-28 单个直齿圆柱齿轮的画法

(2) 一对齿轮啮合的画法

一对齿轮的啮合图，一般可以采用两个视图表达，在垂直于圆柱齿轮轴线的投影面的视图中(反映为圆的视图)，啮合区内的齿顶圆均用粗实线绘制，分度圆相切，如图 7-29(b)所示。也可用省略画法如图 7-29(d)所示。在不反映圆的视图上，啮合区的齿顶线不需画出，分度线用粗实线绘制，如图 7-29(c)所示。采用剖视图表达时，在啮合区内将一个齿轮的齿顶线用粗实线绘制，另一个齿轮的轮齿被遮挡，其齿顶线用虚线绘制，如图 7-29(a)、图 7-30 所示。

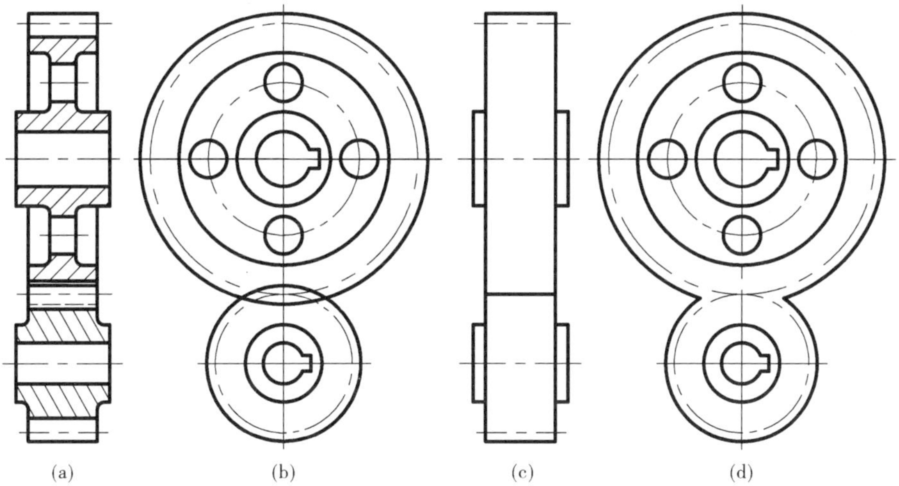

图 7-29　直齿圆柱齿轮的啮合画法

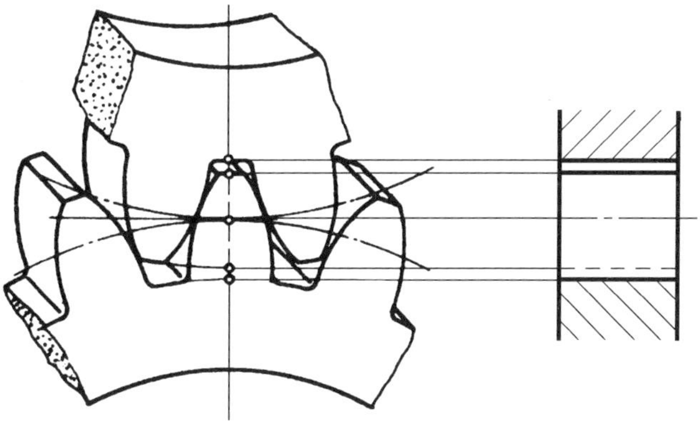

图 7-30　轮齿啮合区在剖视图中的画法

二、直齿圆锥齿轮

1. 直齿圆锥齿轮各部分的名称

由于圆锥齿轮的轮齿加工在圆锥面上，所以圆锥齿轮在齿宽范围内有大、小端之分，如图 7-31(a)所示。为了计算和制造方便，国家标准规定以大端为准。在圆锥齿轮上，有关的名称和术语有：齿顶圆锥面(顶锥)、齿根圆锥面(根锥)、分度圆锥面(分锥)、背锥面(背锥)、前锥面(前锥)、分度圆锥角 δ、齿高 h、齿顶高 h_a 及齿根高 h_f 等，如图 7-31(b)所示。

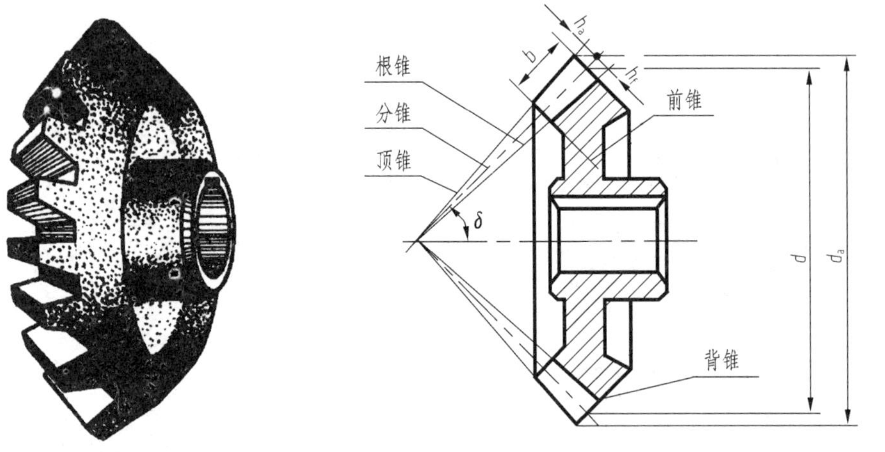

(a) (b)

图 7-31 圆锥齿轮各部分名称

2. 直齿圆锥齿轮的画法简介

(1) 单个圆锥齿轮画法(如图 7-32 所示):

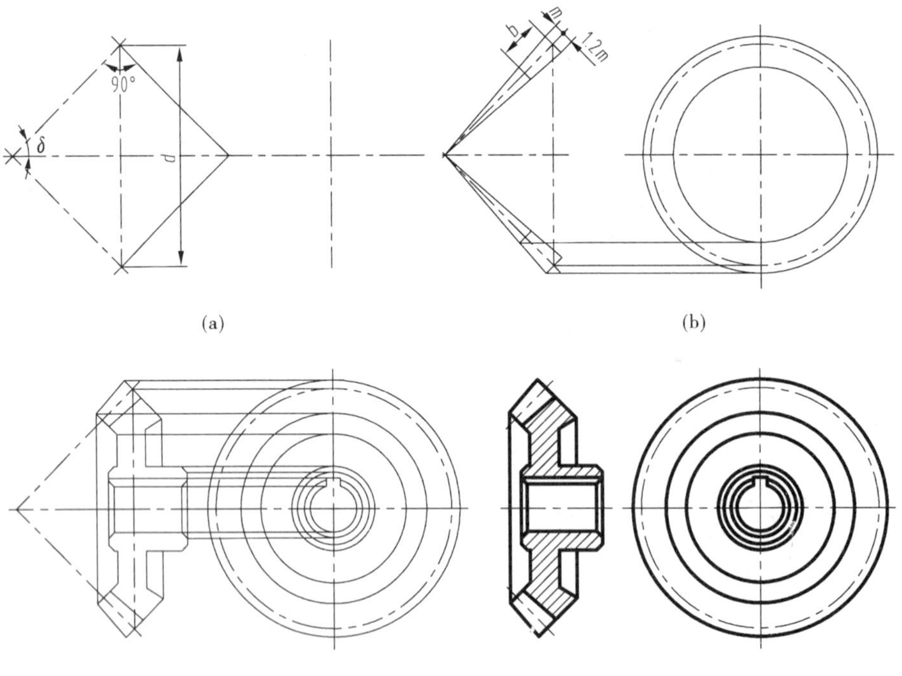

(a) (b)

(c) (d)

图 7-32 单个圆锥齿轮的画图步骤

(2) 圆锥齿轮的啮合图画法(如图 7-33 所示):

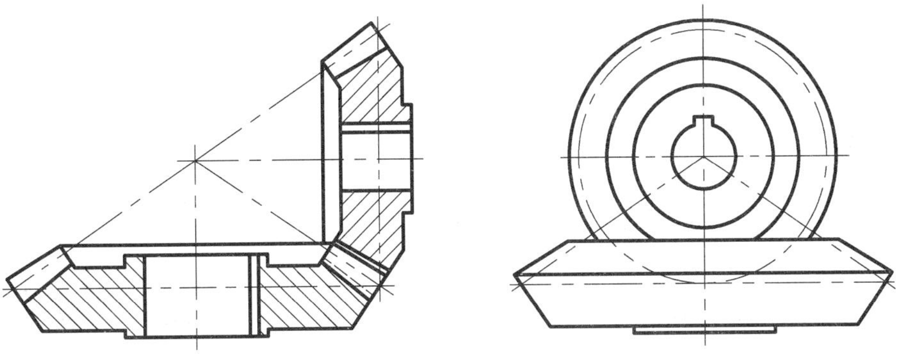

图 7-33　圆锥齿轮啮合图的画法

三、蜗杆、蜗轮简介

1. 蜗杆的规定画法

蜗杆的形状如梯形螺杆，轴向剖面齿形为梯形，顶角为 40°，一般用一个视图表达。它的齿顶线、分度线、齿根线画法与圆柱齿轮相同，牙型可用局部剖视或局部放大图画出。具体画法见图 7-34 所示。

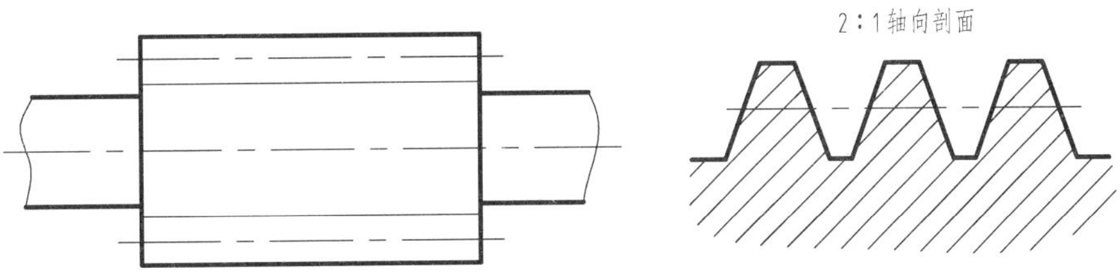

图 7-34　蜗杆的规定画法

2. 蜗轮的规定画法

蜗轮的画法与圆柱齿轮基本相同，如图 7-35 所示。在投影为圆的视图中，轮齿部分只需画出分度圆和齿顶圆，其他圆可省略不画，其他结构形状按投影绘制。

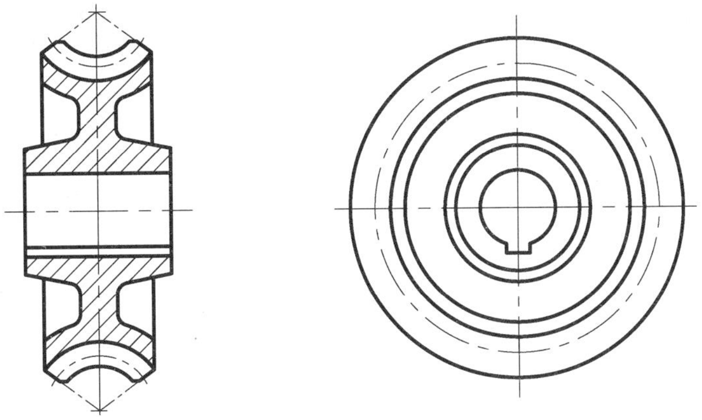

图 7-35　蜗轮的规定画法

3. 蜗杆、蜗轮的啮合画法

蜗杆、蜗轮的啮合画法，如图 7－36 所示。在主视图中，蜗轮被蜗杆遮住的部分不必画出。在左视图中蜗轮的分度圆与蜗杆的分度线应相切。

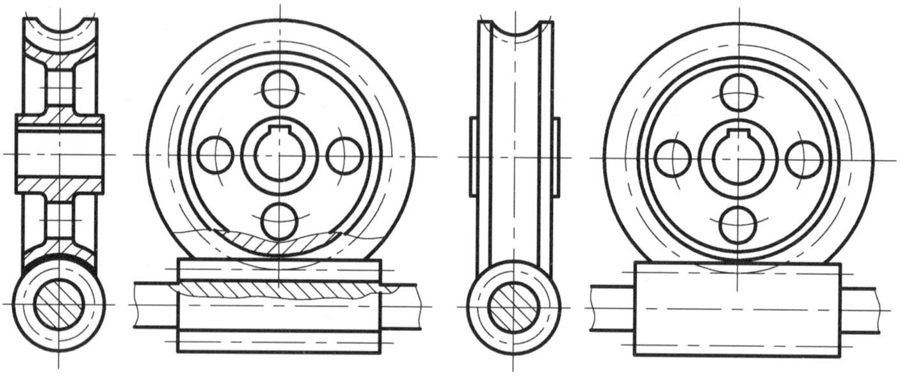

图 7－36　蜗杆、蜗轮的啮合画法

第四节　滚动轴承

滚动轴承是用来支承旋转轴的部件，结构紧凑，摩擦阻力小，能在较大的载荷、较高的转速下工作，转动精度较高，在工业中应用十分广泛。滚动轴承的结构及尺寸已经标准化，由专业厂家生产，选用时可查阅有关标准。

一、滚动轴承的结构和类型

滚动轴承的结构一般由四部分组成，如图 7－37 所示。

外圈——装在机体或轴承座内，一般固定不动。

内圈——装在轴上，与轴紧密配合且随轴转动。

滚动体——装在内外圈之间的滚道中，有滚珠、滚柱、滚锥等类型。

保持架——用来均匀分隔滚动体，防止滚动体之间相互摩擦与碰撞。

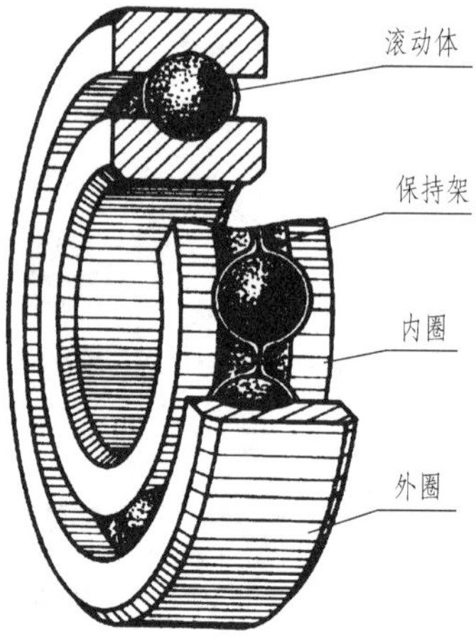

图 7－37　滚动轴承的结构

滚动轴承按承受载荷的方向可分为以下三种类型：

向心轴承——主要承受径向载荷，常用的向心轴承如深沟球轴承。

推力轴承——只承受轴向载荷，常用的推力轴承如推力球轴承。

向心推力轴承——同时承受轴向和径向载荷，常用的如圆锥滚子轴承。

二、滚动轴承的代号

滚动轴承的代号一般打印在轴承的端面上，由基本代号、前置代号和后置代号三部分组成，排列顺序如下：

前置代号 基本代号 后置代号

1. 基本代号

基本代号表示滚动轴承的基本类型、结构及尺寸，是滚动轴承代号的基础。基本代号由轴承类型代号、尺寸系列代号和内径代号构成(滚针轴承除外)，其排列顺序如下：

类型代号 尺寸系列代号 内径代号

(1) 类型代号

轴承类型代号用阿拉伯数字或大写英文字母表示，其含义见表7-6。

表7-6 滚动轴承类型代号

代号	轴承类型	代号	轴承类型
0	双列角接触球轴承	7	角接触球轴承
1	调心球轴承	8	推力圆柱滚子轴承
2	调心滚子轴承和推力调心滚子轴承	N	圆柱滚子轴承
3	圆锥滚子轴承	NN	双列或多列圆柱滚子轴承
4	双列深沟球轴承	U	外球面球轴承
5	推力球轴承	QJ	四点接触球轴承
6	深沟球轴承		

(2) 尺寸系列代号

尺寸系列代号由滚动轴承的宽(高)度系列代号和直径系列代号组合而成，用两位数字表示。它主要用来区别内径相同而宽(高)度和外径不同的轴承。详细情况请查阅有关标准。

(3) 内径代号

内径代号表示轴承的公称内径，见表7-7。

表7-7 滚动轴承内径代号

轴承公称内径/mm	内径代号	示例
0.6到10 (非整数)	用公称内径毫米数直接表示，在其与尺寸系列代号之间用“/”分开	深沟球轴承618/2.5 $d=2.5$ mm
1到9(整数)	用公称内径毫米数直接表示，对深沟及角接触球轴承7、8、9直径系列，内径与尺寸系列代号之间用“/”分开	深沟球轴承625 深沟球轴承618/5 $d=5$ mm

（续表）

轴承公称内径/mm		内径代号	示　例
10 到 17	10	00	深沟球轴承 6200 $d=10$ mm
	12	01	
	15	02	
	17	03	
20 到 480 （22、28、32 除外）		公称内径除以 5 的商数，商数为个位数时，需在商数左边加“0”，如 08	调心滚子轴承 23208 $d=40$ mm
大于和等于 500 以及 22、28、32		用公称内径毫米数直接表示，但在与尺寸系列之间用“/”分开	调心滚子轴承 230/500 $d=500$ mm 深沟球轴承 62/22 $d=22$ mm

2. 前置代号和后置代号

前置代号和后置代号是轴承在结构形状、尺寸、公差、技术要求等有改变时，在其基本代号左、右添加的补充代号。具体情况可查阅有关的国家标准。

轴承代号标记示例：

6　2　08

- 08 —— 内径代号：$d=8\times5=40$ mm
- 2 —— 尺寸系列代号：宽度系列代号 0 省略，直径系列代号为 2
- 6 —— 轴承类型代号：6 表示深沟球轴承

N　21　10

- 10 —— 内径代号：$d=10\times5=50$ mm
- 21 —— 尺寸系列代号：宽度系列代号为 2，直径系列代号为 1
- N —— 轴承类型代号：N 表示圆柱滚子轴承

3. 滚动轴承的画法

国家标准 GB/T4459.7－1998 对滚动轴承的画法作了统一规定，有简化画法和规定画法，简化画法又分为通用画法和特征画法两种。

（1）简化画法

用简化画法绘制滚动轴承时，应采用通用画法和特征画法。但在同一图样中，一般只采用其中的一种画法。

① 通用画法。在剖视图中，当不需要确切地表示滚动轴承的外形轮廓、载荷特性、结构特征时，可用矩形线框以及位于线框中央正立的十字形符号来表示。矩形线框和十字形符号均用粗实线绘制。十字形符号不应与矩形线框接触，通用画法的尺寸比例见表7－8。

表 7－8　滚动轴承通用画法的尺寸比例示例

通用画法	需表示外圈有挡边的通用画法	需表示内圈有单挡边的通用画法
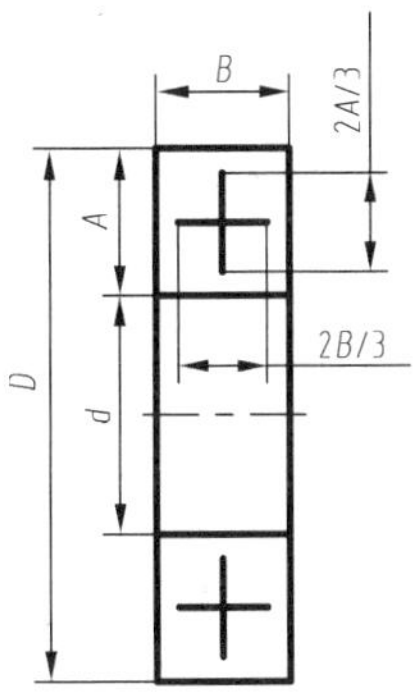	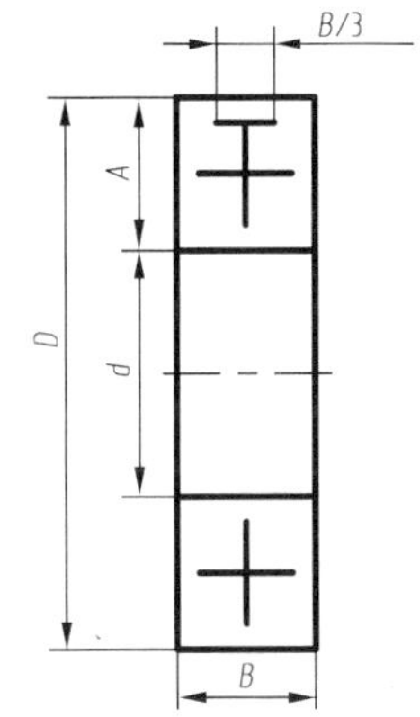	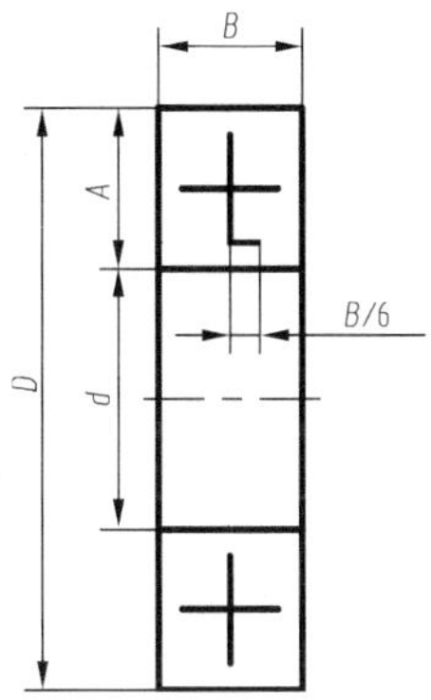

② 特征画法。在剖视图中，如果需要比较形象地表示滚动轴承的结构特征时，可采用在矩形线框内画出其结构要素符号的方法表示。特征画法的矩形线框、结构要素符号均用粗实线绘制。常用滚动轴承的特征画法的尺寸比例示例见表 7－9。

表 7－9　滚动轴承特征画法的尺寸比例示例

深沟球轴承	圆锥滚子轴承	推力球轴承
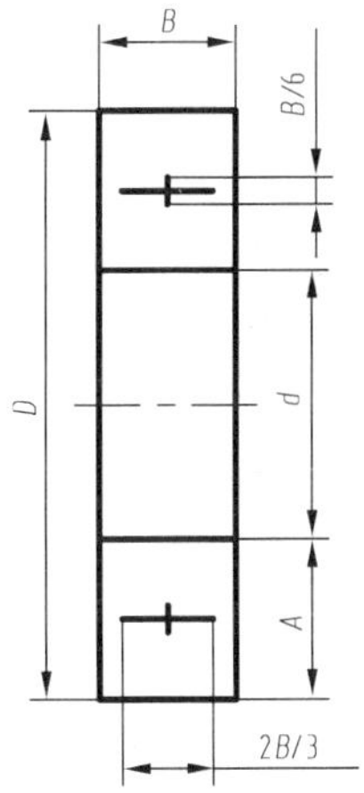	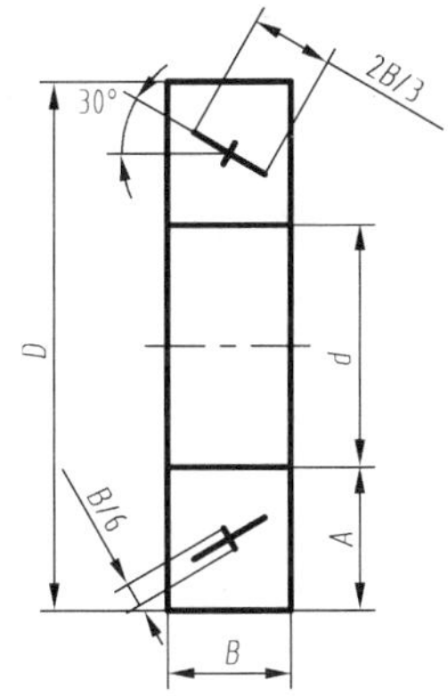	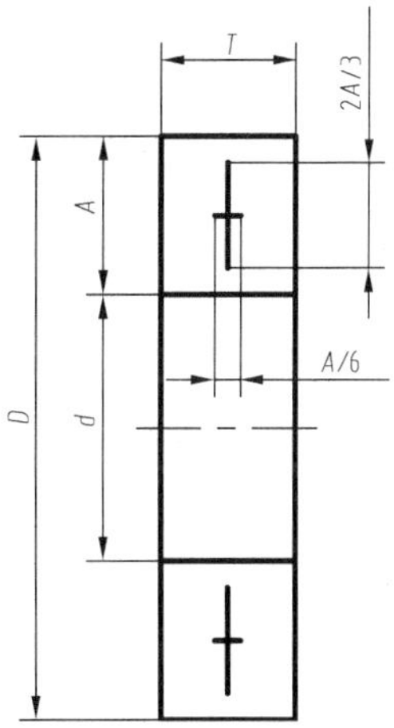

（2）规定画法

必要时，滚动轴承可采用规定画法绘制。采用规定画法绘制滚动轴承的剖视图时，轴承的滚动体不画剖面线，其各套圈等可画成方向和间隔相同的剖面线，滚动轴承的保持架及倒角等可省略不画。规定画法一般绘制在轴的一侧，另一侧按通用画法绘制。规定画法中各种符号、矩形线框和轮廓线均用粗实线绘制。其尺寸比例见表 7－10。

表 7-10 滚动轴承规定画法的尺寸比例示例

深沟球轴承	圆锥滚子轴承	推力球轴承
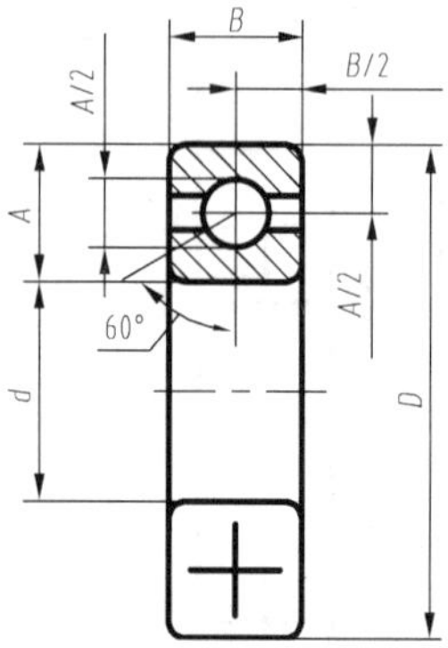	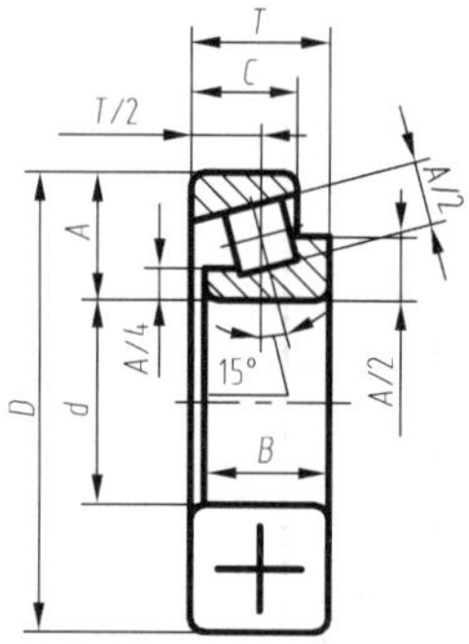	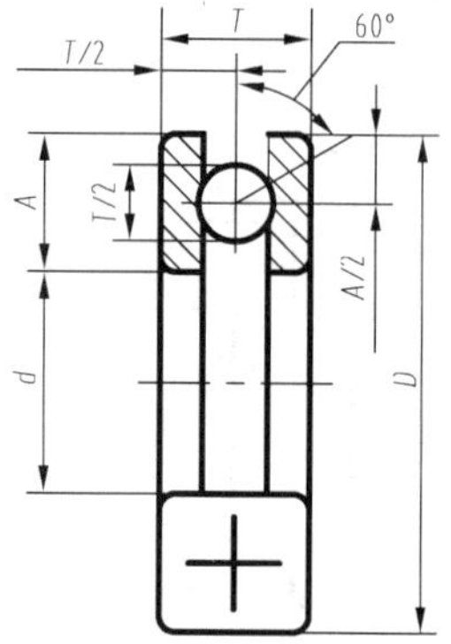

第五节 弹 簧

弹簧是机械、电器设备中一种常用的零件，主要用于减震、夹紧、储存能量和测力等。弹簧的种类很多，使用较多的是圆柱螺旋弹簧，如图 7-38 所示。本节主要介绍圆柱螺旋压缩弹簧的尺寸计算和规定画法。

(a) 压缩弹簧　　(b) 拉伸弹簧　　(c) 扭力弹簧

图 7-38 圆柱螺旋弹簧

一、圆柱螺旋压缩弹簧各部分的名称及尺寸计算

(1) 簧丝直径 d——制造弹簧所用金属丝的直径。

(2) 弹簧外径 D——弹簧的最大直径。

(3) 弹簧内径 D_1——弹簧的内孔直径，即弹簧的最小直径。$D_1=D-2d$。

（4）弹簧中径 D_2——弹簧轴剖面内簧丝中心所在柱面的直径，即弹簧的平均直径，$D_2=(D+D_1)/2=D_1+d=D-d$。

（5）有效圈数 n——保持相等节距且参与工作的圈数。

（6）支承圈数 n_2——为了使弹簧工作平衡，端面受力均匀，制造时将弹簧两端的 3/4 至 1/4 圈压紧靠实，并磨出支承平面。这些圈主要起支承作用，所以称为支承圈。支承圈数 n_2 表示两端支承圈数的总和。一般有 1.5、2、2.5 圈三种。

（7）总圈数 n_1——有效圈数和支承圈数的总和，即 $n_1=n+n_2$。

（8）节距 t——相邻两有效圈上对应点间的轴向距离。

（9）自由高度 H_0——未受载荷作用时的弹簧高度（或长度），$H_0=nt+(n_2-0.5)d$。

（10）弹簧的展开长度 L——制造弹簧时所需的金属丝长度，$L\approx n_1\sqrt{(\pi D_2)^2+t^2}$。

（11）旋向——与螺旋线的旋向意义相同，分为左旋和右旋两种。

二、圆柱螺旋压缩弹簧的规定画法

1. 弹簧的画法

GB/T4459.4-2003 对弹簧的画法作了如下规定：

（1）在平行于螺旋弹簧轴线的投影面的视图中，其各圈的轮廓应画成直线。

（2）有效圈数在 4 圈以上时，可以每端只画出 1～2 圈（支承圈除外），其余省略不画。

（3）螺旋弹簧均可画成右旋，但左旋弹簧不论画成左旋或右旋，均需注写旋向“左”字。

（4）螺旋压缩弹簧如要求两端并紧且磨平时，不论支承圈为多少均按支承圈为 2.5 圈绘制，必要时也可按支承圈的实际结构绘制。

弹簧的表示方法有剖视、视图和示意画法，如图 7-39 所示。

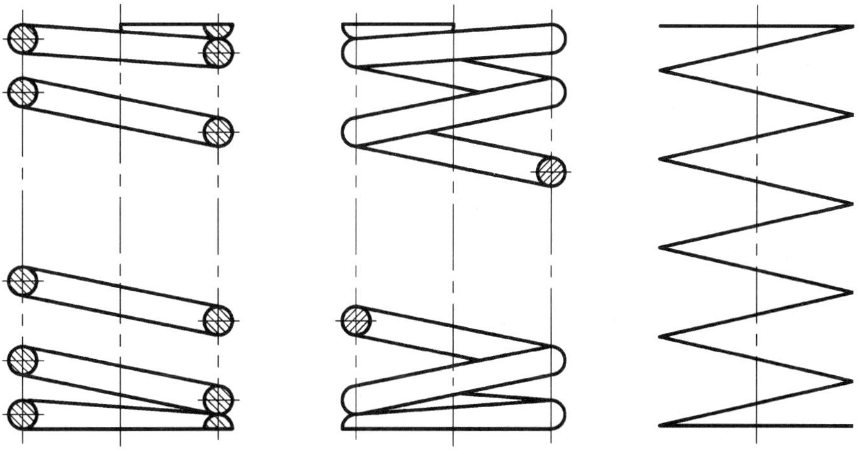

(a) 剖视　　(b) 视图　　(c) 示意图

图 7-39　圆柱螺旋压缩弹簧的表示法

圆柱螺旋压缩弹簧的画图步骤如图 7-40 所示。

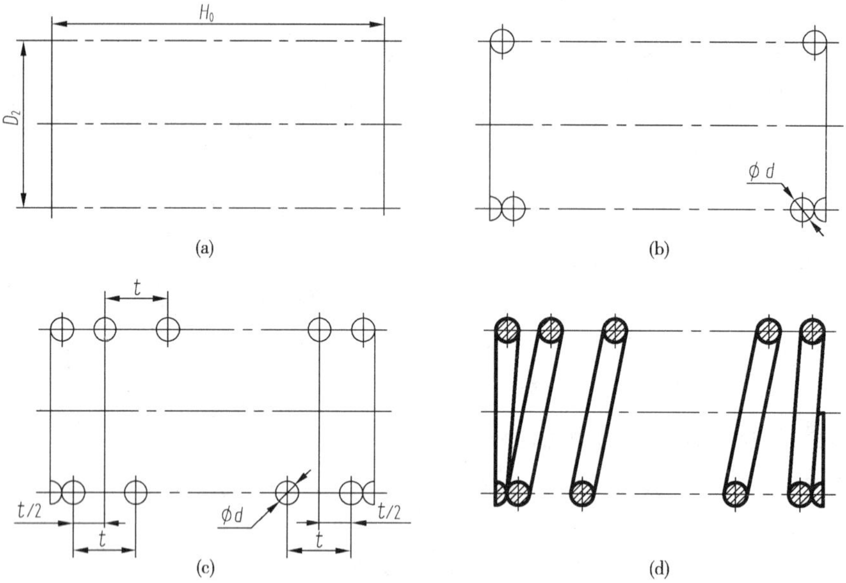

(a) (b)

(c) (d)

图 7-40　圆柱螺旋压缩弹簧的画图步骤

2. 装配图中弹簧的简化画法

在装配图中，弹簧被看作实心物体，因此，被弹簧挡住的结构一般不画出。可见部分应画至弹簧的外轮廓或弹簧的中径处，如图 7-41(a)、(b)所示。当簧丝直径在图形上小于或等于 2 mm 并被剖切时，其剖面可以涂黑表示，如图 7-41(b)所示。也可采用示意画法，如图 7-41(c)所示。

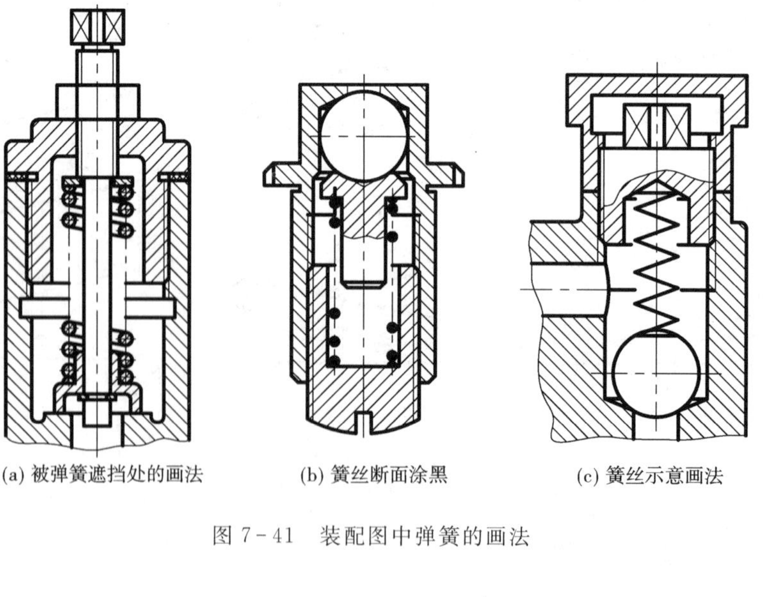

(a) 被弹簧遮挡处的画法　(b) 簧丝断面涂黑　(c) 簧丝示意画法

图 7-41　装配图中弹簧的画法

第八章 零件图

第一节 零件图概述

一、零件图的作用

任何一台机器或部件，都是由若干零件按一定的装配关系和技术要求装配而成的。表达单个零件的图样称为零件图，图 8－1 所示为蜗轮轴零件图。零件图是设计部门提交给生产部门的重要技术文件，是制造和检验零件的主要依据。

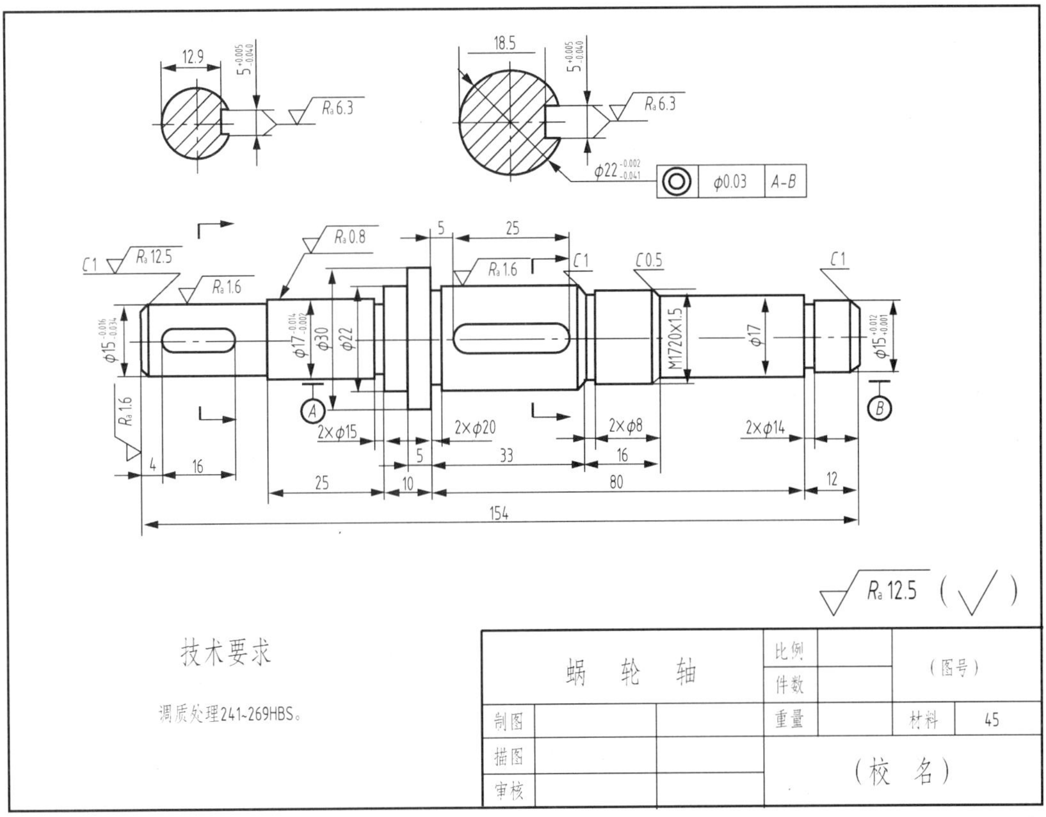

图 8－1 蜗轮轴零件图

二、零件图的内容

既然零件图是指导制造和检验的图样，因此，图样中必须包含制造和检验该零件时所需的全部资料。由图 8-1 可以看出，一张完整的零件图应该包括以下内容。

1. 一组视图

用一组视图来完整、清晰、准确地表达出零件的结构形状。如图 8-1 蜗轮轴零件图，采用了主视图和两处移出剖面图。

2. 全部尺寸

完整、正确、清晰与合理地标注出制造和检验该零件所需的尺寸。

3. 技术要求

用规定的代(符)号、数字和文字注解，简明、准确地给出零件在制造、检验和使用时应达到的质量指标要求，如表面粗糙度、尺寸公差、材料热处理等要求。

4. 标题栏

根据国标规定，一般将标题栏放在图样的右下角，用于填写零件的名称、材料、数量、图样的编号、比例以及设计人员、审核人员的签名和日期等。

第二节　零件的视图选择和尺寸标注

一、零件的视图选择

零件的视图选择，就是根据对零件的结构形状、加工方法以及它在机器或部件中所处的位置和作用等综合因素的分析，选用适当的视图、剖视图、断面图等各种表达方法，将零件的结构形状完整、清晰地表达出来。零件的视图选择主要包括两方面内容：一是如何选择，二是根据零件的复杂程度选择其他视图。

1. 主视图的选择

主视图是表达零件最重要的一个视图，选择得是否恰当，对零件结构形状的表达，以及画图和看图是否方便影响很大，因此，画零件图时，必须首先选择好主视图。选择主视图应注意以下原则：

(1)加工位置原则，即主视图应尽可能地反映零件的加工位置。加工位置是指零件在机床上加工时的装夹位置。轴套、轮盘等这类零件，主要是在车床上进行加工，其装夹位置的特征是轴线处于水平状态。为了便于看图、加工，这类零件主视图中的零件轴线也处于水平位置，如图 8-1 和图 8-2b 所示。

(2)工作位置原则，工作位置是指零件安装在机器中的位置。支座、箱体等这类零件，其结构形状一般比较复杂，在加工不同表面时，其加工位置往往也不同，从而不宜只按照某一加工位置选定主视图，这类零件的主视图一般都按工作位置安放。按工作位置选择主视图，便于对照装配图来绘制和阅读零件图。如果零件的工作位置是倾斜的，或者工作时零件在运动，其位置不断变化，则习惯上将零件摆正，使尽量多的表面平行或垂直于基本投影面。

(3)形体特征原则，即主视图应能较好地反映零件的形状特征。这是选择主视图投影方向的依据。经过形体分析，把能够最大限度反映零件结构特点的方向作为主视图的投影方向。如图 8-2a 所示泵轴，比较按箭头 A 和按箭头 B 两个投影方向所作的视图(如图 8-2b、图 8-2c 所示)，显然，A 向的视图更充分地反映了泵轴的形状特征，因此以 A 向作为主视图的投影方向。

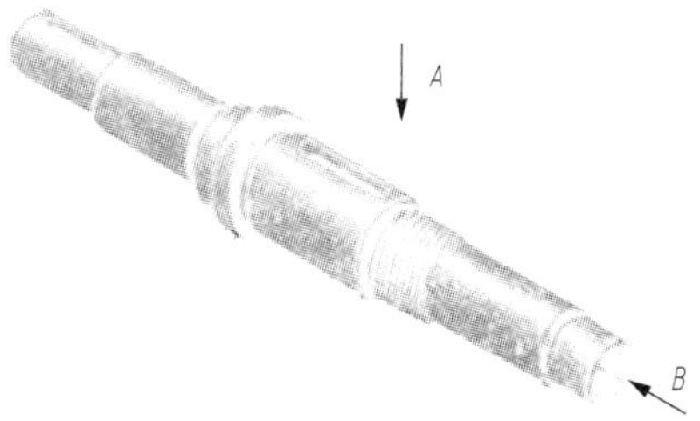

a）轴

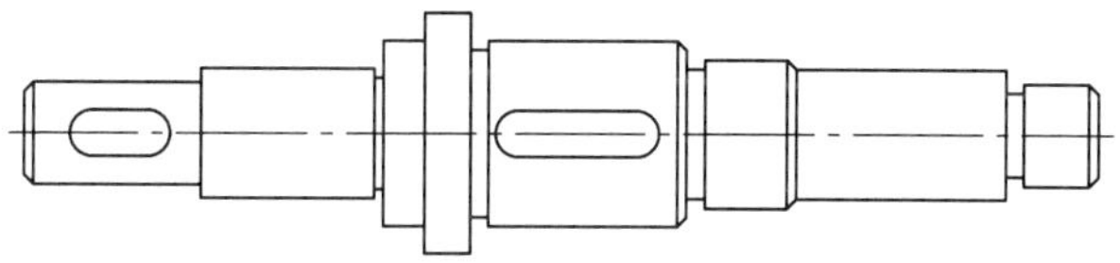

b）A向（好）

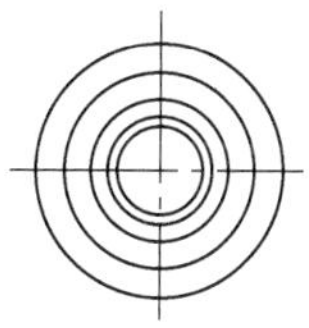

c）B向（不好）

图 8-2　泵轴的主视图选择

2. 其他视图的选择

在主视图选定之后，要根据零件的结构特点和复杂程度，对主视图中没有表达清楚的部分，必须选择其他视图，包括剖视图、断面图、局部放大图和简化画法等。选择其他视图时要注意以下几点：

(1)所选择的表达方法要恰当。每个视图都有明确的表达目的；对零件的内部形状与外部形状、主体形状与局部形状的表达，每个视图都应有所侧重。

(2)所选视图的数量要恰当。在完整、清晰地表达零件内、外结构形状的前提下，尽量减少图形个数，以便于画图和看图。

(3)对于表达同一内容的视图，应拟出几种表达方法进行比较，以确定一种较好的表达方案。

二、零件图的尺寸标注

零件图中标注的尺寸是加工和检验零件的重要依据。

1. 零件图的尺寸基准

(1)设计基准

根据零件的结构特点、设计要求，用以确定该零件在机器中的位置和几何关系的一些面、线被称为设计基准。常见的设计基准是：①零件上主要回转结构的轴心线；②零件结构的对称中心面；③零件的重要支承面、装配面及两零件重要结合面；④零件的主要加工面。

(2)工艺基准

根据零件加工制造、测量和检验等工艺要求所选定的一些面、线被称为工艺基准。

任何一个零件都有长、宽、高三个方向的尺寸，每个尺寸都有基准，因此每个方向至少要有一个基准。同一个方向上有多个基准时，其中必有一个是主要基准，其余为辅助基准。

2. 重要尺寸和非重要尺寸

(1)重要尺寸

直接影响零件的使用性能和安装精度的尺寸称为重要尺寸。重要尺寸主要包括规格尺寸、连接尺寸、安装尺寸、确定零件间相对位置的尺寸、有配合要求的尺寸等，一般都注有公差。

(2)非重要尺寸

仅满足零件的机械性能结构形状和工艺要求的尺寸称为非重要尺寸，如倒角、退刀槽、凸台、凹坑、壁厚等，一般不标注公差。

3. 尺寸标注需要注意的问题

(1)重要尺寸应从主要基准直接标出

为了保证零件质量，避免不必要的尺寸换算和误差累积，重要尺寸应该从主要基准出发直接标注。如图 8－3a 表示一个轴承架的安装方法，它在机器中是用接触面Ⅰ、Ⅱ和对

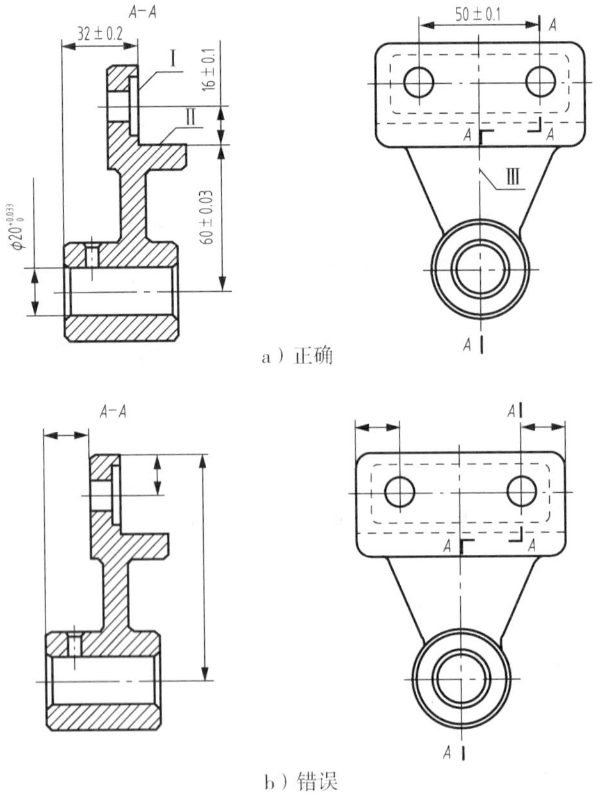

图 8－3　轴承架的重要尺寸

称面Ⅲ来定位的，因而这三个面就作为设计基准来标注轴承架的重要尺寸；图 8－3b 所示的标注法则是错误的。

（2）尺寸不能标注成封闭的尺寸链

封闭尺寸链是指一组首尾相接的链状尺寸组，在几个尺寸构成的尺寸链中，应选一个不重要的或一般要求的尺寸空出不注，使所有尺寸误差都积累到这一段，以保证重要尺寸的精度，提高加工的经济性。如图 8－4a 所示的尺寸标注为封闭的尺寸链；图 8－4b 为正确标注。

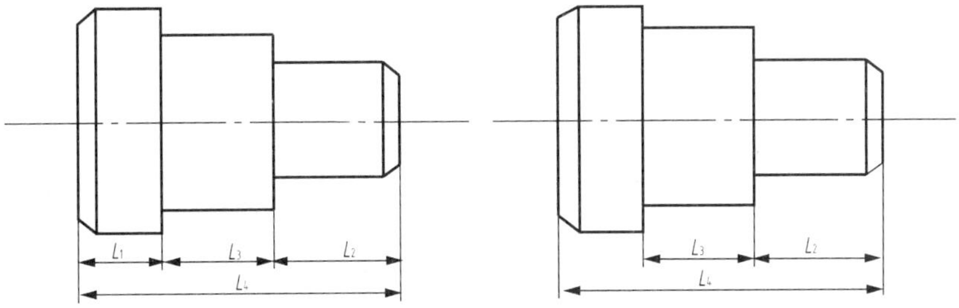

a）封闭　　b）不封闭

图 8－4　尺寸链

（3）尺寸标注应便于测量

尺寸标注有多种方案，但要注意所注尺寸是否便于测量。如图 8－5 所示的零件图中，不便于测量的尺寸标注方案是不合理的。

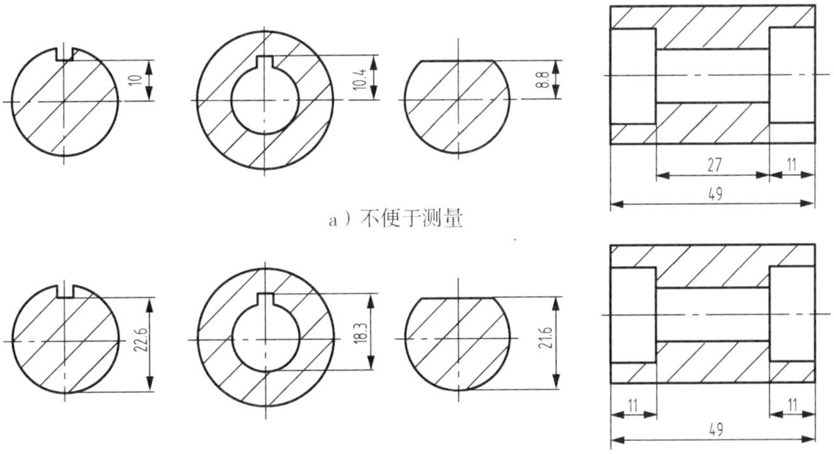

b）便于测量

图 8－5　所注尺寸应便于测量

4. 常见孔的尺寸标注

零件上的光孔、螺孔、沉孔等常见结构要素，其尺寸除采用普通注法外，还可以采用旁注法，如表 8－1 所示。

表 8－1 常见孔的尺寸标注方法

类型	旁注法		普通注法
光孔	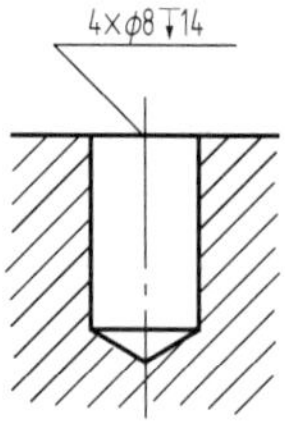	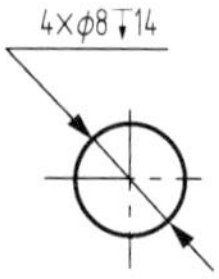	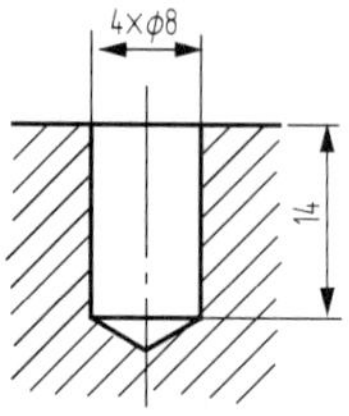
螺孔	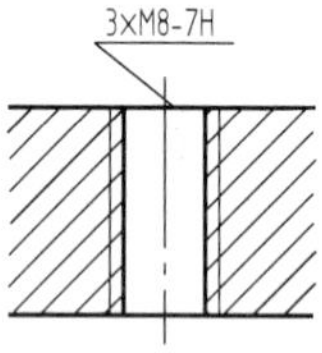	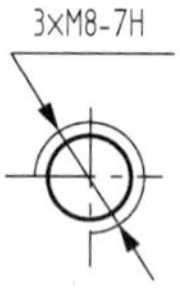	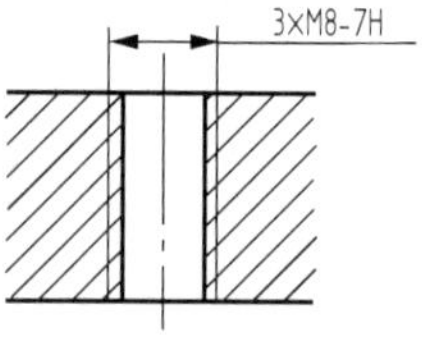
	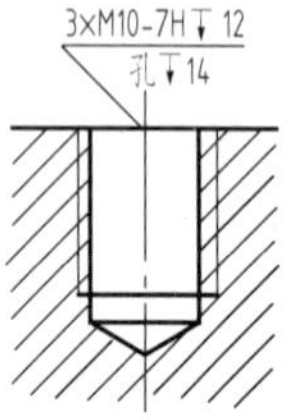	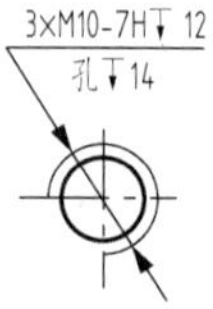	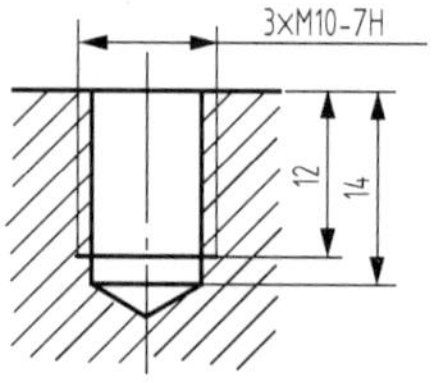
沉孔	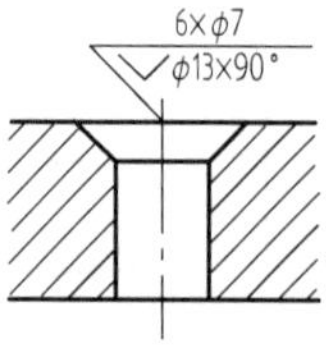	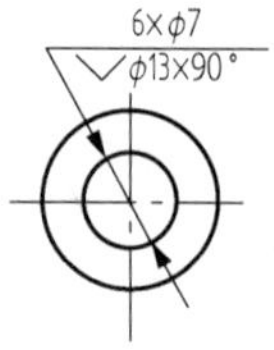	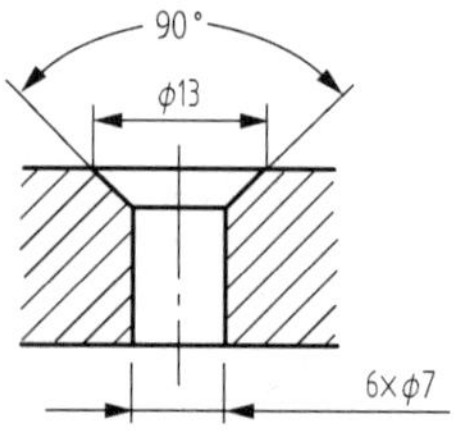
	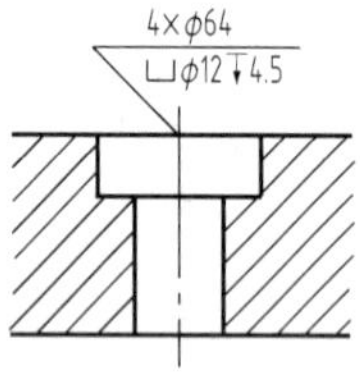	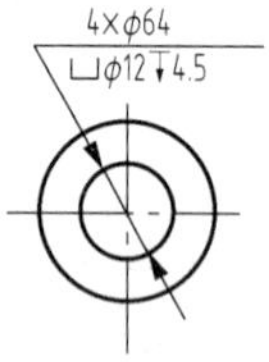	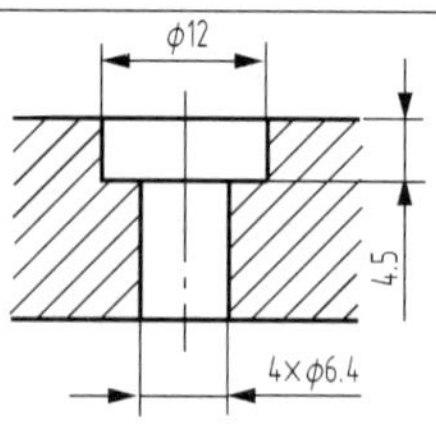
	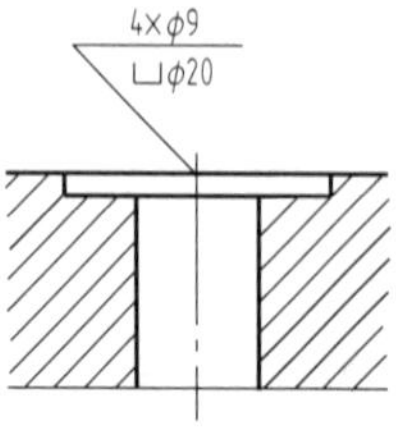	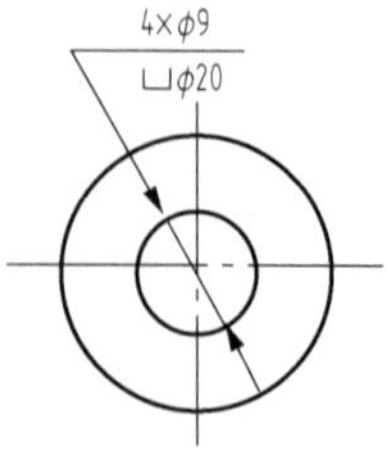	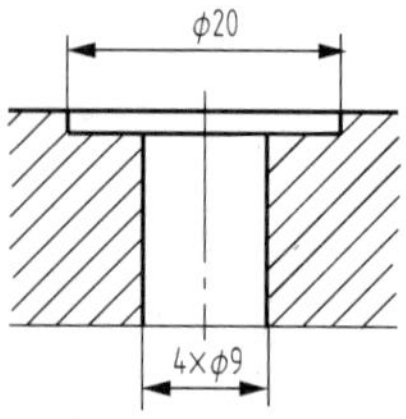

5. 合理标注尺寸的方法和步骤

(1)合理选择尺寸基准

在对零件进行结构性能分析的基础上,了解零件加工测量的基础,选择尺寸基准,特别是主要尺寸基准。

(2)标注重要尺寸

根据零件的设计要求,对有关该零件性能、产品规格、零件在机器中的定位等重要尺寸,应首先标注。

(3)标注一般尺寸

考虑工艺要求,对于机械加工的部分应增加加工工序标注,常见结构应按标准标注,逐个标注零件上每个形体的定位和定形尺寸,在标注总体尺寸时,注意不能使尺寸封闭。

(4)检查

最后用形体分析和结构分析对尺寸进行检查,看看是否有遗漏,图上所注尺寸是否清晰,零件在长、宽、高三个方向上的尺寸链是否正确。

三、 典型零件的视图选择和尺寸标注

零件的结构形式多种多样,根据零件的结构特点、加工方法和功用,可以把零件大致分为以下四类:

(1)轴套类零件——轴、衬套等零件。

(2)盘盖类零件——端盖、阀盖、转子、齿轮、凸轮等零件。

(3)叉架类零件——拨叉、连杆、支座等零件。

(4)箱体类零件——阀体、泵体、减速箱体等零件。

1. 轴套类零件

(1)用途及结构特征

轴套类零件包括各种用途的轴和套。轴主要用来支承传动零件(如带轮、齿轮等)和传递动力。套一般是装在轴上或机体孔中,用于定位、支承、导向或保护传动零件。

轴套类零件结构形状通常比较简单,一般由大小不同的同轴回转体(如圆柱、圆锥)组成,具有轴向尺寸大于径向尺寸的特点。轴有直轴和曲轴、光轴和阶梯轴、实心轴和空心轴之分。阶梯轴上直径不等所形成的台阶称为轴肩,可供安装在轴上的零件轴向定位用。轴类零件上常有倒角、倒圆、退刀槽、砂轮越程槽、键槽、花键、螺纹、销孔、中心孔等结构。

(2)视图选择

① 主视图

这类零件主要在车床、磨床上加工,应按照其加工位置及形状特征原则选择主视图。通常轴线水平放置,采用一个基本视图作为主视图。

② 其他视图

轴套类零件的主要结构形状是同轴回转体,在主视图上注出相应的直径符号“ϕ”,即可表示清楚形体特征,故一般不必再绘其他基本视图(结构复杂的轴例外)。

基本视图上未表达完整清楚的局部结构形状(如键槽、退刀槽、销孔等),可另用断面图、局部视图和局部放大图等补充表达,这样,既清晰又便于标注尺寸。

(3)尺寸标注

轴套类零件标注尺寸时,一般选取水平放置的轴线作为径向尺寸基准(即宽度和高度方向的尺寸基准),如图 8-6,以此基准标注各段直径尺寸。长度方向尺寸基准一般选择重要的轴肩面。

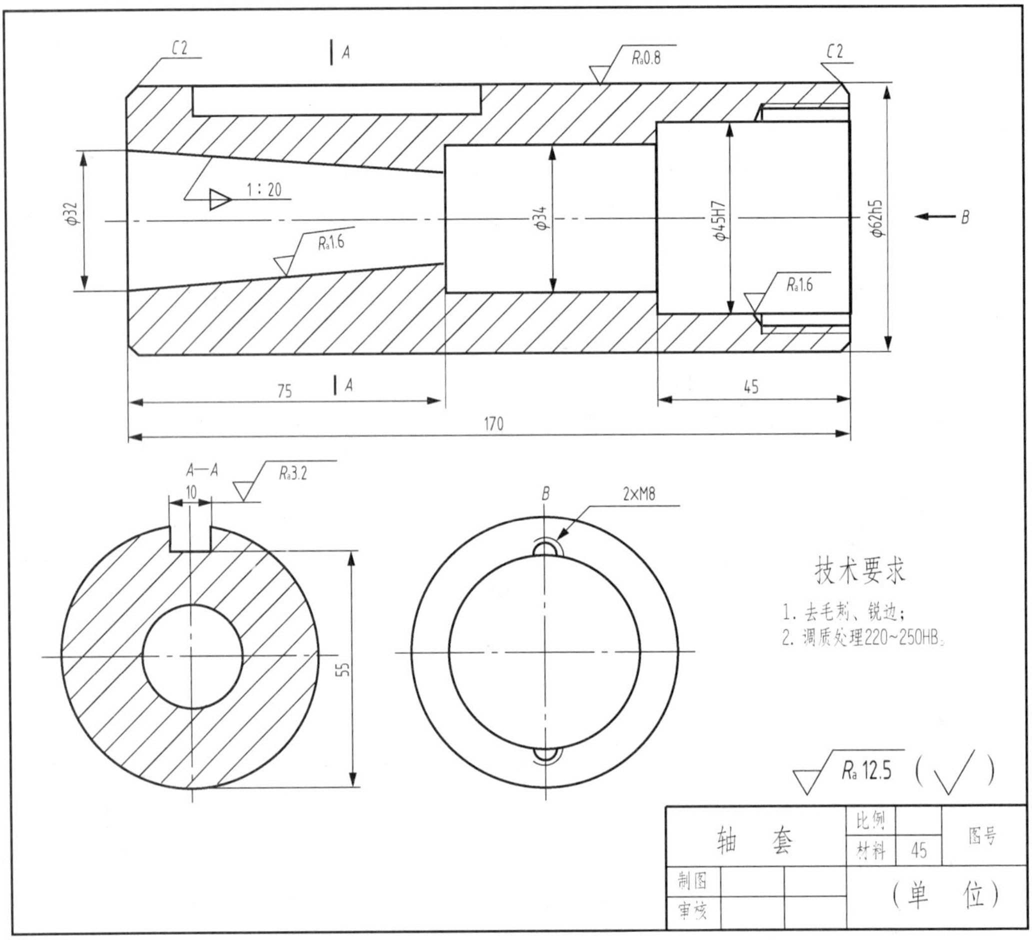

图 8-6 轴套零件图

2. 盘盖类零件

(1)用途及结构特征

盘盖类零件包括各种用途的轮和盘盖零件,其毛坯多为铸件或锻件。轮一般用键、销与轴连接,用以传递扭矩。盘盖可起支承、定位和密封等作用。

轮类零件常见有手轮、带轮、链轮、齿轮、蜗轮、飞轮等,盘类零件有圆、方各种形状的法兰盘、端盖等。轮盘类主体部分多系回转体,一般径向尺寸大于轴向尺寸。其上常有均布的孔、肋、槽和子耳板、齿等结构,透盖上常有密封槽。轮一般由轮毂、轮辐和轮缘三部分组成,较小的轮也可制成实体(辐板)式。

(2)视图选择

① 主视图

a. 盘盖类零件的主要回转面和端面都在车床上加工，故其主视图的选择与轴套类零件相同，即也按加工位置将其轴线水平安放画主视图，但对有些不以车削加工为主的某些盘盖类零件，也可按工作位置安放画视图，但其主视投射方向的形状特征性原则应首先满足。

b. 通常选投影非圆的视图作主视图，其主要视图通常侧重反映内部形状，故多用各种剖视。

② 其他视图

a. 盘盖类零件一般需两个基本视图。当基本视图图形对称时，可只画一半或略大于一半；有时也可用局部视图表达。

b. 基本视图未能表达的其他结构形状，可用断面图或局部视图表达，如有较小结构，可用局部放大图表达。

(3)尺寸标注

盘盖类零件标注尺寸时，通常选用通过轴孔的轴线作为径向尺寸基准标注零件的高度和宽度方向上的外形及内孔尺寸，如图 8-7 所示的主视图中，ϕ35、ϕ53、ϕ29 及左视图中 75 等内外形尺寸。长度方向尺寸基准，一般选取重要的端面或结合面，如图中主视图中左端面，选择该面作为基准标注长度方向的尺寸 44、5、15 等。

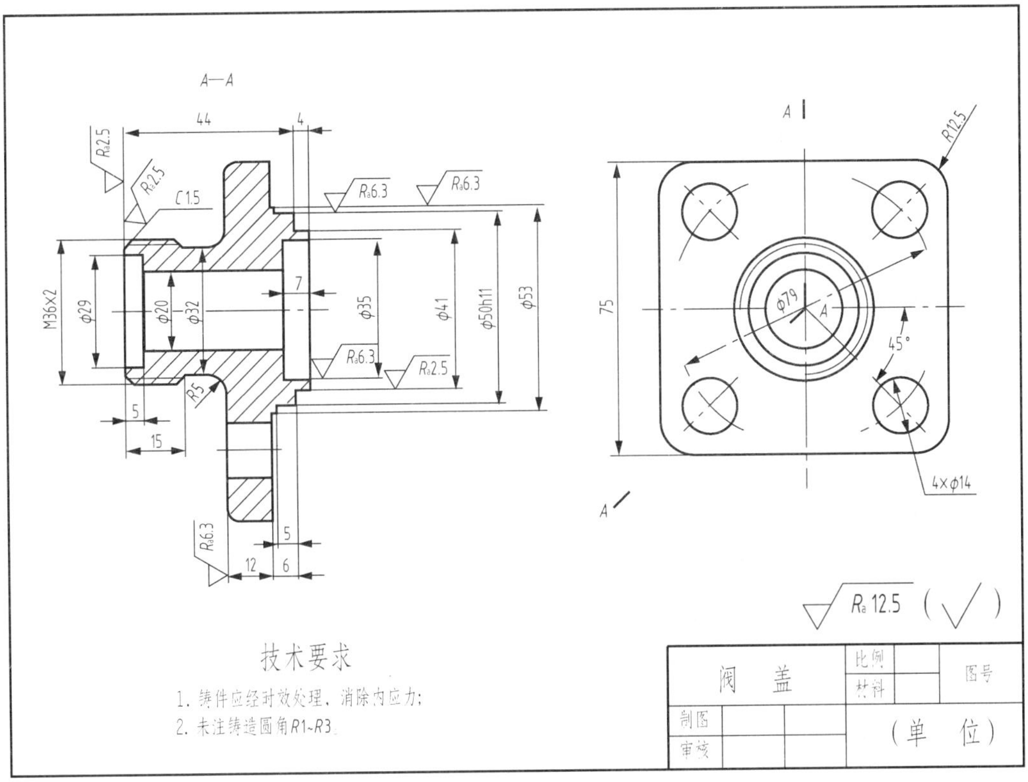

图 8-7　阀盖零件图

3. 叉架类零件

(1)用途及结构特征

叉架类零件包括各处用途的叉杆零件和支架零件。叉杆零件多为运动件,通常起传动、连接、调节或制动作用;支架零件通常起支承、连接等作用。其毛坯多为铸件或锻件。

此类零件形状不规则,外形比较复杂。叉杆零件常有弯曲或倾斜结构,其上常有肋板、轴孔、耳板、底板等,局部结构常有油槽、油孔、螺孔、沉孔等。

(2)视图选择

① 主视图

a. 叉架类零件加工部位较少,加工时各工序位置不同,较难区别主次工序,故是在符合主视投射方向的特征原则的前提下,按工作(安装)位置安放主视图。

b. 主视图常采用剖视图(形状不规则时用局部剖视为多)表达主体外形和局部内形,其上的肋剖切时应采用规定画法。表面过渡线较多,应仔细分析,正确表示。

② 其他视图

a. 叉架类零件结构形状(尤为外形)较复杂,通常需要两个或两个以上的基本视图,并多用局部剖视兼顾内外形状来表达。

b. 叉杆零件的倾斜结构常用向视图、旋转视图、局部视图、斜剖视图、断面图等表达。此类零件应适当分散地表达其结构形状。

(3)尺寸标注

尺寸基准的选择应根据叉架类零件的形状特征,同时考虑设计要求和便于切削加工和测量。如图 8-8 所示的支架零件图,高度方向基准选择上通孔的水平轴线,以此标注定位尺寸 90 和 22。长度方向基准选择支架左端面,以此标注 76、20、52 等尺寸,宽度方向基准选择宽度方向对称面,以此标注 32、64 等尺寸。

4. 箱体类零件

(1)用途及结构特征

箱体类零件一般是机器的主体,起承托、容纳、定位、密封和保护等作用,其材料多为铸件。

箱体类零件的结构形状复杂,尤其是内腔。此类零件多有带安装孔的底板,上面常有凹坑或凸台结构,支承孔处常设有加厚凸台或加强肋,表面过渡线较多。

(2)视图选择

① 主视图

箱体类零件加工部位多,加工工序也较多(如需车、刨、铣、钻、镗、磨等),各工序加工位置不同,较难区分主次工序,因此这类零件的主视图在其投射方向应在符合形状特征性原则的前提下,都按工作位置安放。

主视图常采用各种剖视图表达主要结构。

② 其他视图

箱体类零件内外结构形状都很复杂,常需三个或三个以上的基本视图,并以适当的剖视表达主体内部的结构。

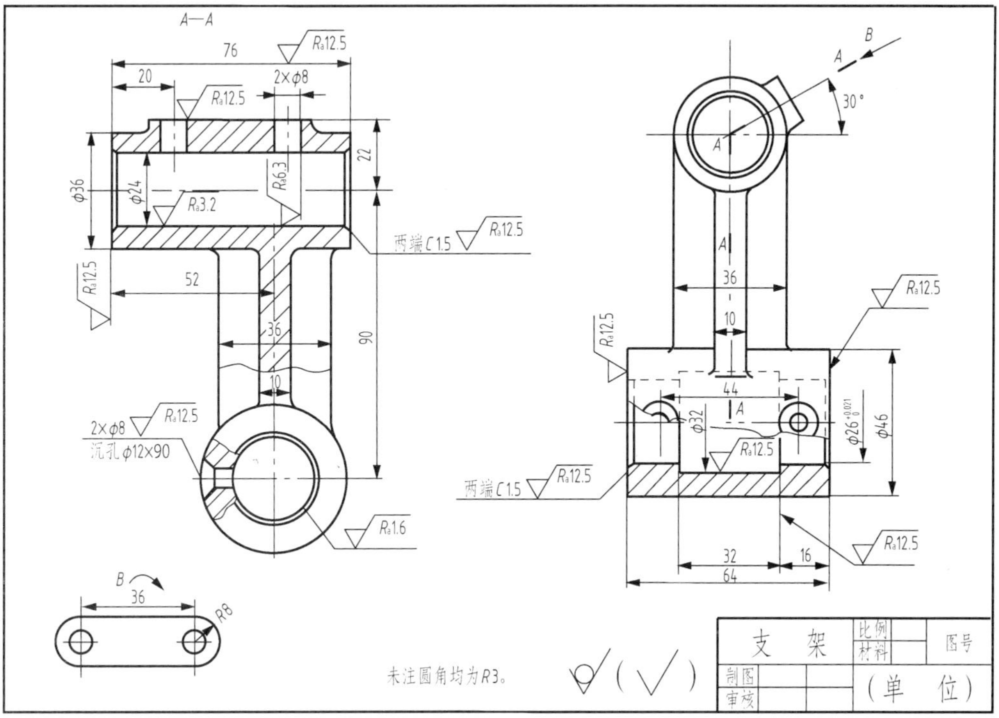

图 8-8 支架零件图

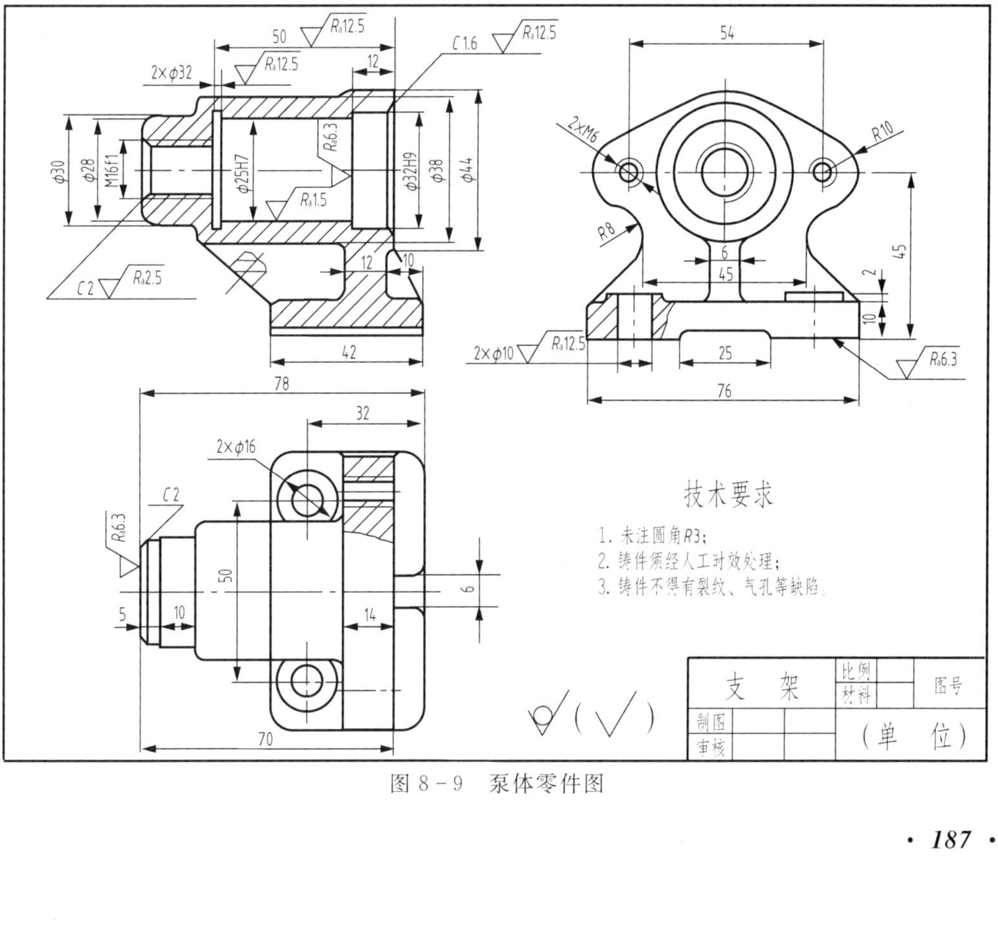

图 8-9 泵体零件图

基本视图尚未表达清楚的局部结构可用局部视图、断面图等表达。对加工表面的截交线、相贯线和非加工表面的过渡线应认真分析，正确图示。

(3)尺寸标注

箱体类零件的尺寸基准常选轴线、重要接触面、安装面以及对称面等。图 8-9 中泵体长度方向的主要尺寸基准选择在右端面，该面也是与泵盖接触的表面，以此基准标注尺寸 70、50、12 等，另外选择底座的右端面作为长度方向的辅助基准，以此标注底座安装孔长度方向的定位尺寸 32。宽度方向的主要尺寸基准为泵体的前后对称面，以此标注外形宽度尺寸 76 以及螺纹孔的定位尺寸 54 和阶梯孔定位尺寸 50。高度方向选择底面为尺寸基准，以此标注 10、45 等定位尺寸。

第三节　零件图上的技术要求及其注写

零件图上的技术要求主要包括：零件的表面粗糙度、公差与配合、形状和位置公差、材料与热处理、表面处理等。本节仅简要介绍其中最常用的表面粗糙度、公差与配合。

一、表面粗糙度

1. 基本概念

零件在加工时，由于刀痕、金属表面的塑性变形、机器的振动等原因，使被加工表面产生微小的峰与谷，即使相当光滑的表面，经过放大观察，也有高低不平的微小峰谷。这种加工表面上具有微小间距的峰谷所组成的微观几何形状特征，称为表面粗糙度。

表面粗糙度是评定零件表面加工质量的重要技术指标，它对零件的配合性能、耐磨性、耐腐蚀性、抗疲劳性和密封性等都有直接的影响。一般而言，零件上凡是配合表面或是有相对运动的表面，其表面粗糙度应达到一定的要求，但是，过高的表面粗糙度要求会增大加工成本，所以，在满足使用要求的前提下，应合理选用表面粗糙度，尽量降低对粗糙度的要求。

表面粗糙度的评定参数，国标(GB/T 131—2006)给定了三个，分别是轮廓算术平均偏差(R_a)、波纹度轮廓(W_a)和原始轮廓(P_a)，这里介绍推荐优先选用的轮廓算术平均偏差(R_a)。

如图 8-10，在取样长度 l(用于判别具有表面粗糙度特征的一段基准线长度)内，轮廓

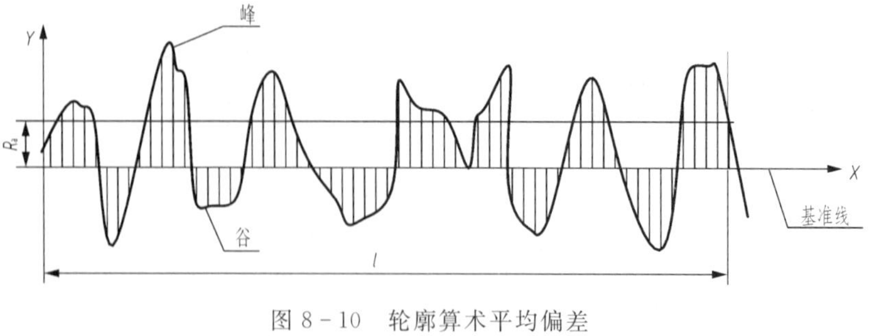

图 8-10　轮廓算术平均偏差

偏距 Y 绝对值的算术平均值，称为轮廓算术平均偏差，用 R_a 表示，即

$$R_a = \frac{1}{l}\int_0^l |y(x)|\,dx$$

或近似表示为

$$R_a = \frac{1}{n}\sum_{i=1}^{n} |y_i|$$

式中：n 为测点数，y_i 为轮廓线上任一被测点到基准线的距离。R_a 数值越大，表面越粗糙。R_a 的选用值列于表 8－2 中，设计时，应优先选用第一系列数值。

表 8－2　轮廓算术平均偏差 R_a 数值

第一系列	第二系列	第一系列	第二系列	第一系列	第二系列	第一系列	第二系列
	0.008						
	0.010						
0.012			0.125		1.25	12.5	
	0.016			1.6			16.0
	0.020	0.20			2.0		20
0.025			0.25		2.5	25	
	0.032			3.2			32
	0.040	0.40			4.0		40
0.050					5.0	50	
	0.063		0.63	6.3			63
	0.080	0.80			8.0		80
0.100			1.00		10.0	100	

2. 表面粗糙度的标注方法

(1)基本图形符号

基本图形符号由两条不等长的与标注表面成 60°夹角的直线构成，如图 8－11a 所示。该基本图形符号仅用于简化代号标注，没有补充说明时不能单独使用。如果基本图形符号与补充的或辅助的说明一起使用，则不需要进一步说明为了获得指定的表面是否应去除材料或不去除材料。

(2)扩展图形符号

如需要表示指定表面是用去除材料的方法获得，则应在基本图形符号上加一短横，如图 8－11b。除材料主要是指切削加工，如车、铣、刨、钻、磨以及其他工艺方法(剪切、抛光、腐蚀、电火花加工、气割等)。

如需要表示指定表面是用不去除材料的方法获得，如铸造、锻造、冲压变形、热轧、冷轧、粉末冶金等，应在基本图形符号上加一圆圈，如图 8－11c。

a)　　b)　　c)

图 8 - 11

(3)完整图形符号

当要求标注表面结构特征的补充信息时，应在上述三个图形符号的长边上加一横线，如图 8 - 12 所示。

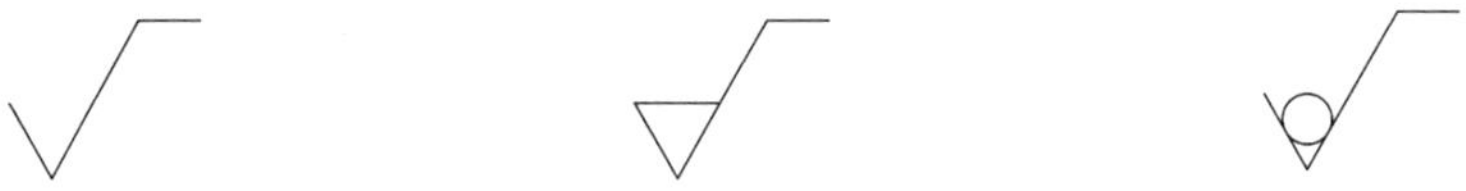

a)　　b)　　c)

图 8 - 12

(4)工件轮廓各表面的图形符号

当在图样某个视图上构成封闭轮廓的各表面具有相同的表面结构要求时，应在上述完整图形符号上加一圆圈，标注在图样中工件的封闭轮廓线上，如图 8 - 13 所示。如果标注会引起歧义时，各表面应分别标注。

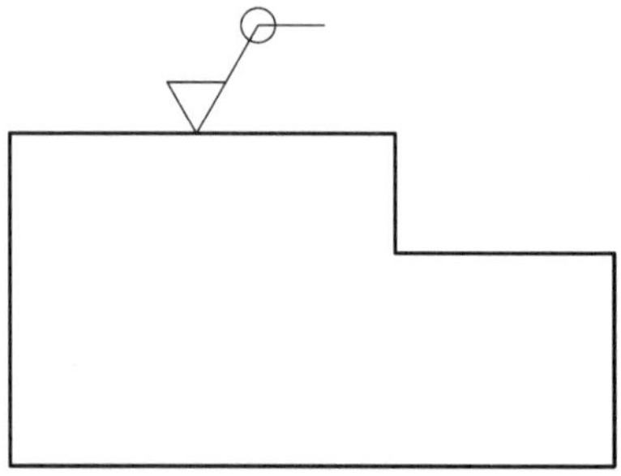

图 8 - 13

(5)关于图形符号的比例和尺寸

① 图形符号的比例

基本图形符号和附加部分的比例如图8 - 14、图 8 - 15 和图 8 - 16 所示。其中图 8 - 14d 所示符号的水平线长度取决于其上下所标注内容的长度。图 8 - 14c 至图 8 - 14e 中的符号形状与 GB/T14691 中相应的大写字母相同，尺寸见图 8 - 16 所示，其中在“a”、“b”、“d”、和“e”区域中的所有字母高应该等于 h，区域“c”中的字体可以是大写字母、小写字母或汉字，这个区域的高度可以大于 h，以便能够写出小写字母的尾部。

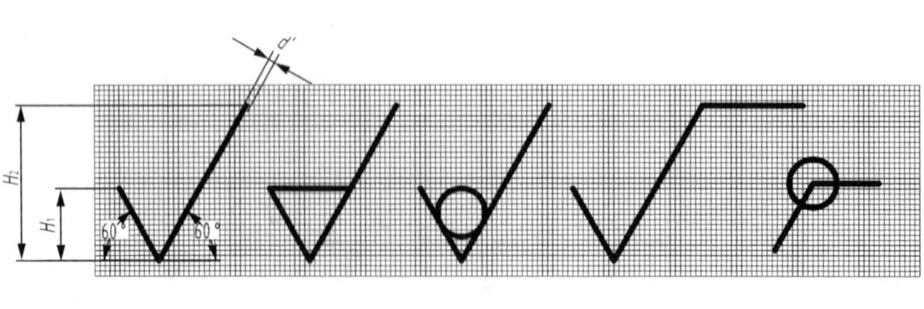

a)　　b)　　c)　　d)　　e)

图 8 - 14

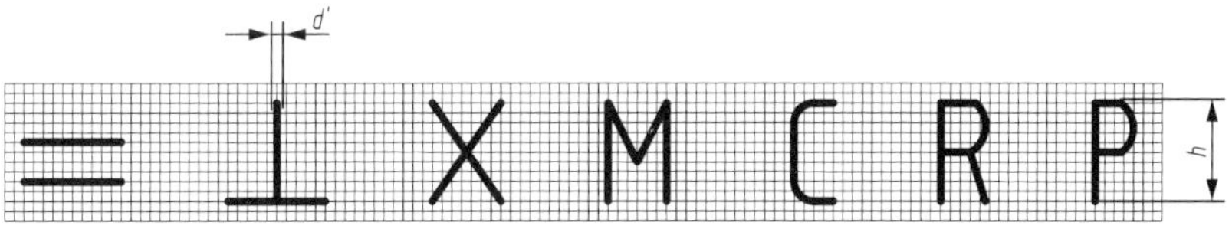

图 8－15

图形符号的比例和尺寸数值及其有关规定在符号中注写位置的比例如图 8－16 所示。

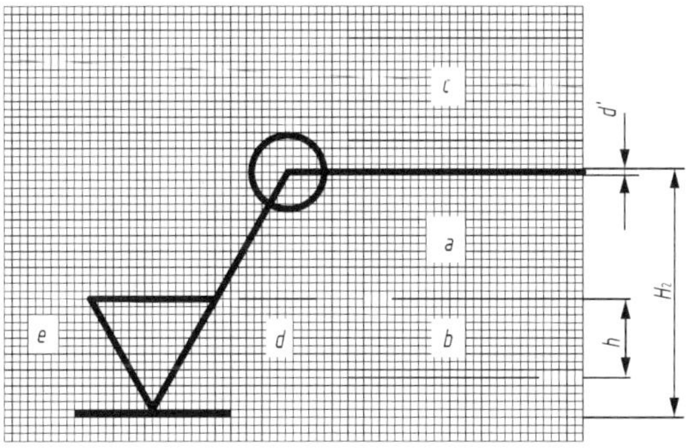

图 8－16

② 图形符号的尺寸

图形符号的尺寸如表 8－3 所示。

表 8－3

数字和字母的高度 h(GB/T14690)	2.5	3.5	5	7	10	14	20
符号的线宽 d' 字母的线宽 d	0.25	0.35	0.5	0.7	1	1.4	2
高度 H_1	3.5	5	7	10	14	20	28
高度 H_2(最小值)	7.5	10.5	15	21	30	42	60

(6)表面粗糙度标注的规定及示例

在图样上标注表面粗糙度的基本规则是：表面粗糙度符(代)号应注在可见轮廓线、尺寸线、尺寸界限或者它们的延长线上；符号的尖端必须从材料以外指向表面；在同一图样上，每一表面标注一次符(代)号，并尽可能靠近有关尺寸线。

表面结构要求对每一表面一般只标注一次，并尽可能注在相应的尺寸及其公差的同一视图上。除非另有说明，所标注的表面结构要求是对完工零件表面的要求。

① 表面结构符号、代号的标注位置与方向

总的原则是根据 GB/T4458.4 的规定，使表面结构的注写和读取方向与尺寸的注写和读取方向一致，如图 8－17 所示。

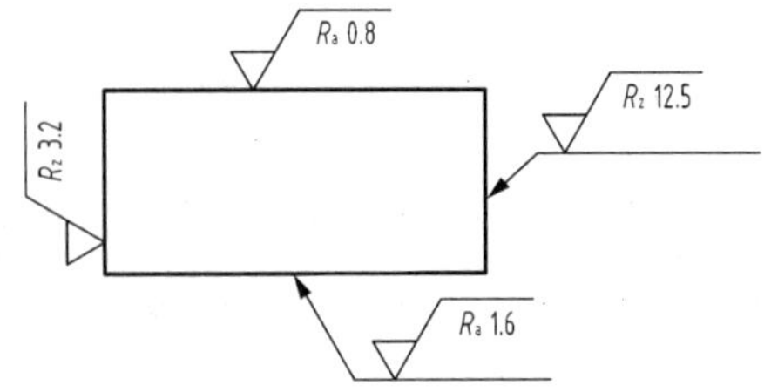

图 8－17

a. 标注在轮廓线上或指引线上：表面结构要求可标注在图样的可见轮廓线上，其符号应从材料外指向并接触表面。必要时，表面结构符号也可用带箭头或黑点的指引线引出标注，如图 8－18 和图 8－19 所示。

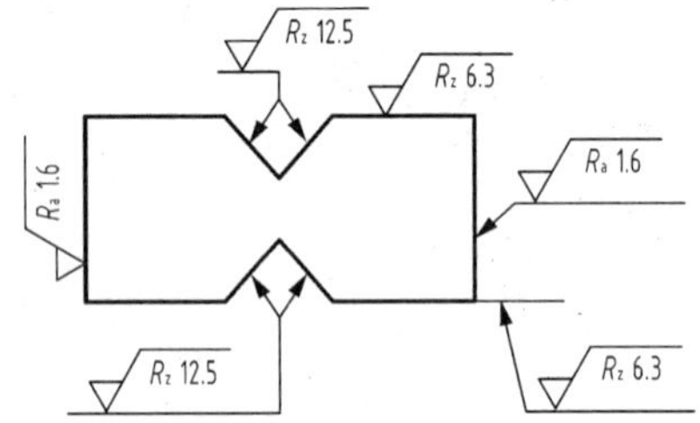

图 8－18

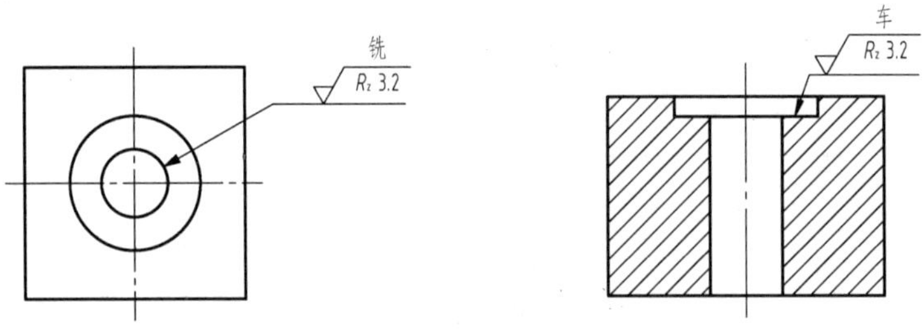

图 8－19

b. 标注在特征尺寸的尺寸线上：在不致引起误解时，表面结构要求可以标注在给定的尺寸线上，如图 8－20 所示。

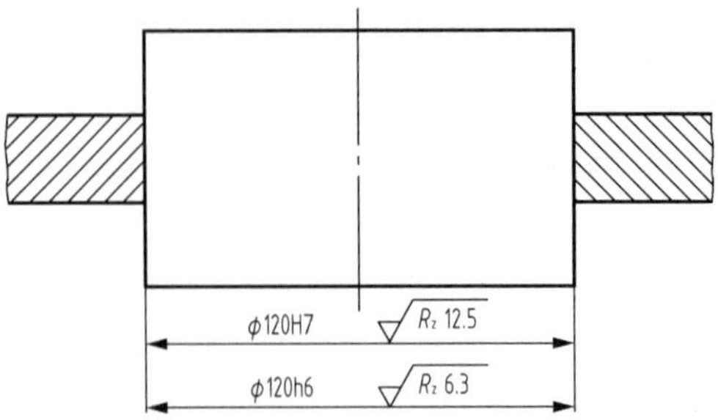

图 8－20

c. 标注在形位公差的框格上：表面结构要求可标注在形位公差框格的上方，如图 8 - 21a 和图 8 - 21b 所示。

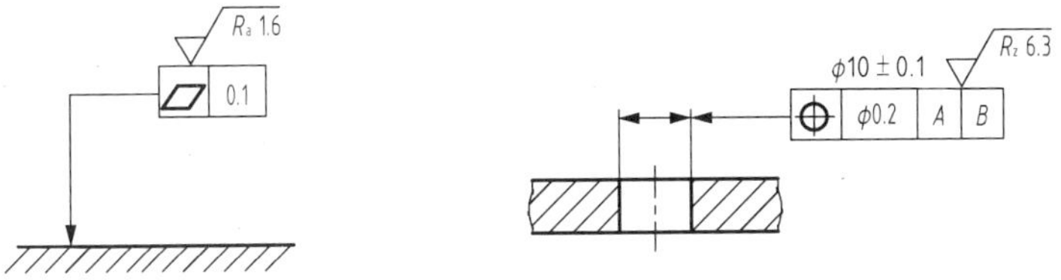

a)　　b)

图 8 - 21

d. 标注在延长线上：表面结构要求可以直接标注在延长线上，或用带箭头的指引线引出标注，如图 8 - 18 和图 8 - 22 所示。

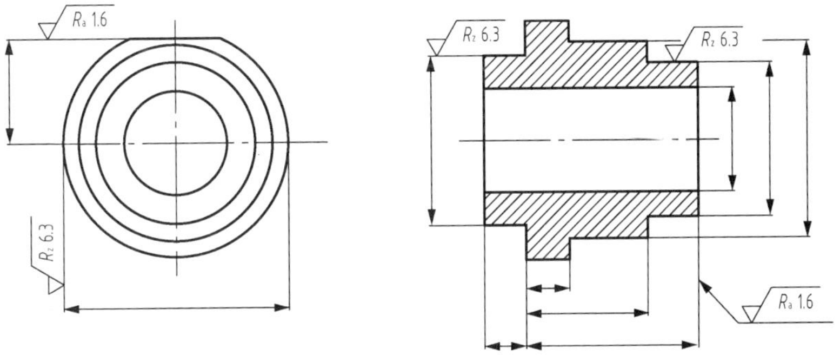

图 8 - 22

e. 标注在圆柱和棱柱表面上：圆柱和棱柱表面的表面结构要求只标注一次，如图 8 - 22。如果每个棱柱表面有不同的表面结构要求，则应分别单独标注，如图 8 - 23 所示。

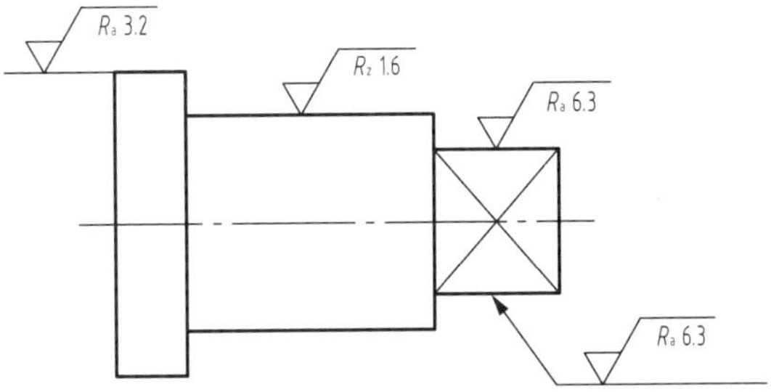

图 8 - 23

② 表面结构要求的简化注法

标注表面结构要求的代号时，即使不附带其他有关符号也是较麻烦的，为此，标准中规定了几种简化的标注方法，供设计图样时选用。

a. 有相同表面结构要求的简化注法：当工件的多数（包括全部）表面具有相同的表面结构要求时，其符号、代号可统一标注在图样的标题栏附近。此时（除全部表面有相同要求的情况外），表面结构要求的符号后面应该有：在圆括号内给出无任何其他标注的基本符号，如图 8－24 所示；在圆括号内给出不同的表面结构要求，如图 8－25 所示。

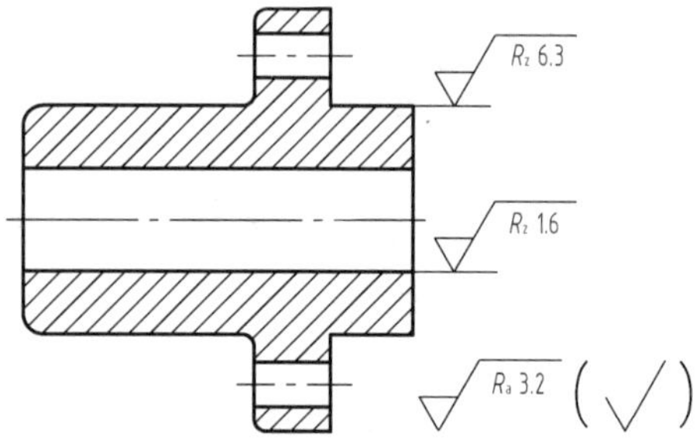

图 8－24

不同的表面结构要求应直接标注在图形中，如图 8－24 和图 8－25 所示。

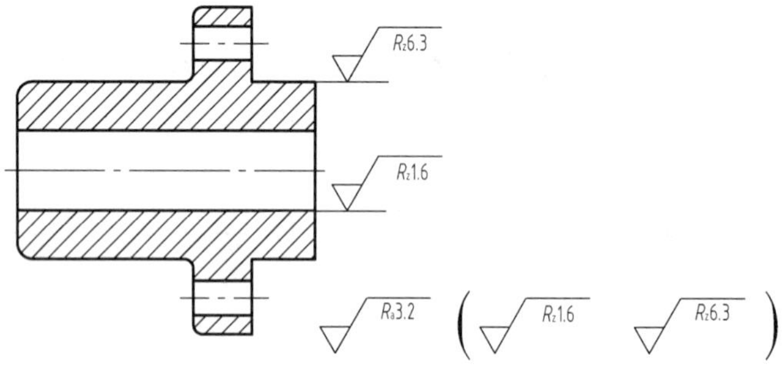

图 8－25

b. 多个表面有共同要求的注法：当多个表面具有相同的表面结构要求或图纸空间有限时，可以采用简化注法。此时，既可用带字母的完整符号，以等式的形式，在图形或标题栏附近，对有相同表面结构要求的表面进行简化标注，如图 8－26 所示；也可以只用表面结构符号，进行简化标注，如图8－27、图 8－28 和图 8－29 所示。

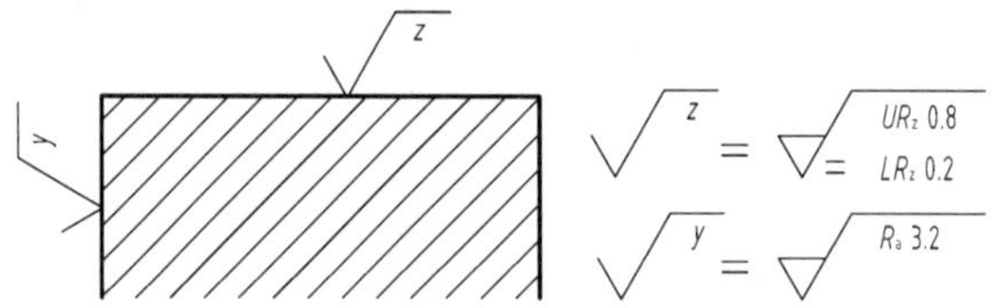

图 8－26

图 8－27

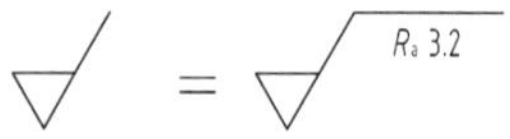

图 8－28

图 8－29

c. 由两种或多种工艺获得的同一表面的注法：由几种不同的工艺方法获得的同一表面，当需要明确每种工艺方法的表面结构要求时，可按图 8－30 所示进行标注。该图同时给出了镀覆前后的表面结构要求，这里与以往标准不同的是，不需要加镀覆“前”、“后”等字样，但要用粗虚线画出其范围并标注相应的尺寸。

d. 在同一表面上，如果有不同的表面结构要求时，须用细实线画出两个不同要求部分的分界线，并注出相应的表面结构符号和尺寸，如图 8－31 所示。

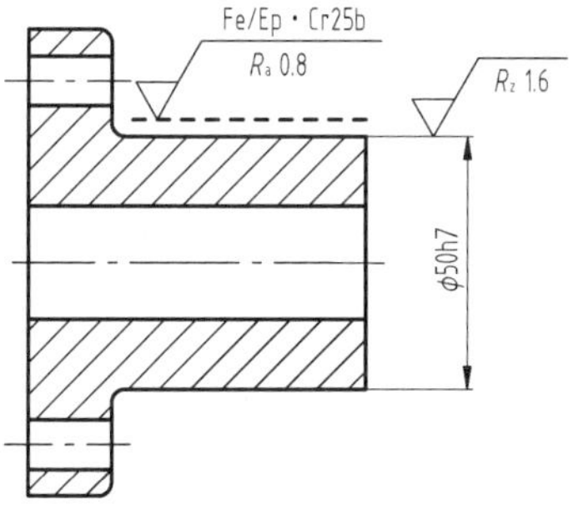

图 8－30

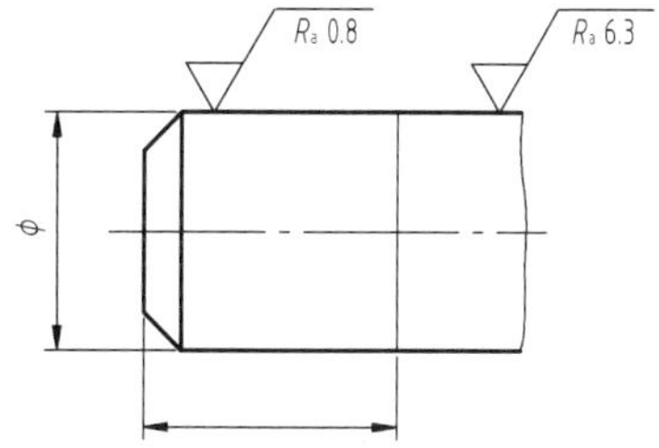

图 8－31

e. 对于零件上连续表面及重要要素（孔、槽、齿等）的表面（如图 8－32 和图 8－33 所示）和用细实线连接不连续的同一表面（如图 8－34 所示），其表面结构代号不需要在所有表面标注，只需要标注一次。

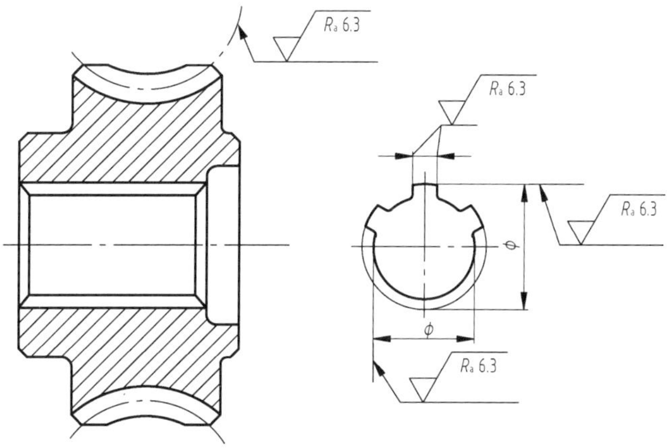

图 8－32

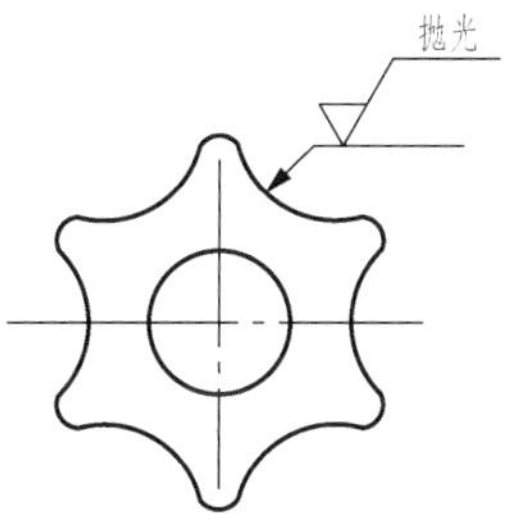

图 8－33

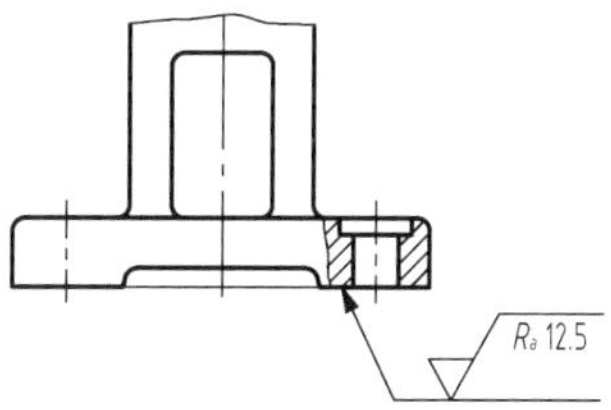

图 8－34

f. 下述一些要素的表面结构代号都不必标注在工作表面上，可以标注在其他表示这些工作面的线上：

中心孔的工作表面的表面结构代号，可以标注在表示中心孔代号的引线上；键槽工作面、倒角、圆角的表面结构代号可以注在尺寸线上，如图 8－35 所示。

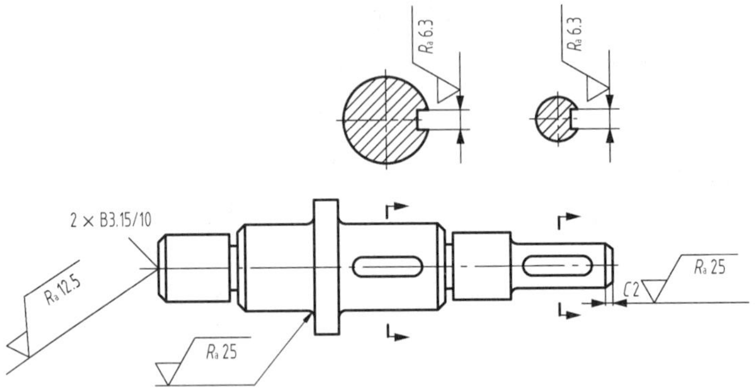

图 8－35

齿轮、渐开线花键等零件的工作表面在没有画出齿形时，其表面结构代号应该注在分度线上，如图 8－36 和图 8－37 所示。

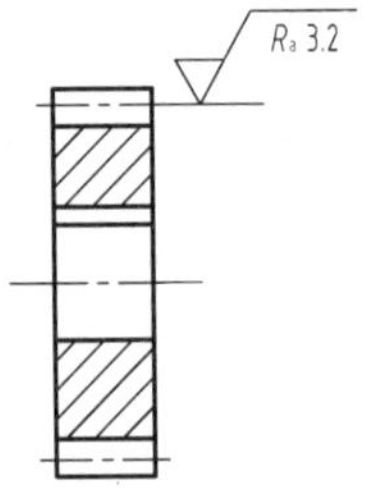

图 8－36

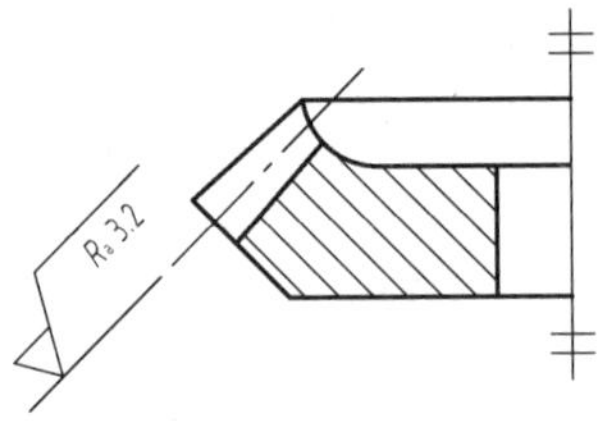

图 8－37

二、公差与配合

1. 零件的互换性

互换性是指同一规格的一批零件中，任取一件，不经选择和修配，就能顺利地装配到机器上，达到规定的性能要求，零件的这种性质，称为互换性。现代化的机械工业，要求机械零件具有互换性，才有利于生产部门广泛地组织协作，进行高效率的专业化生产。

制造零件时，不可能把零件的尺寸做得绝对准确，为了保证互换性，必须对零件的尺寸规定一个允许的变动量，这个允许的变动量，称为尺寸公差（简称公差）。

2. 公差的基本术语及定义

下面以图 8－38 为例，说明公差的基本术语。

（1）基本尺寸

基本尺寸是设计时给定的尺寸，是确定尺寸偏差的起始尺寸，如图 8－38a 中 $\phi20$。

（2）实际尺寸

实际尺寸是零件加工后，通过测量得到的尺寸。

(3)极限尺寸

极限尺寸是允许尺寸变化的两个极限值。其中较大的一个称为最大极限尺寸，如图 8－38b 中 $\phi20.010$；较小的一个称为最小极限尺寸，如图 8－38b 中 $\phi19.990$。实际尺寸在这两个尺寸之间即为合格。

(4)尺寸偏差(简称偏差)

尺寸偏差是某一尺寸减去其基本尺寸所得的代数差。最大极限尺寸和最小极限尺寸减其基本尺寸分别得到上偏差和下偏差，同称为极限偏差。国标规定，孔的上、下偏差分别用大写字母 ES、EI 表示；轴的上、下偏差分别用小写字母 es、ei 表示。偏差是一代数值。在图 8－38b 中：

$$上偏差\ es=20.010-20=+0.010$$

$$下偏差\ ei=19.990-20=-0.010$$

(5)尺寸公差(T)

尺寸公差是允许零件实际尺寸的变动量。因为尺寸公差总是最大极限尺寸减去最小极限尺寸，所以尺寸公差一定是正值。在图 8－38b 中：

$$T=(20.010-19.990)=0.020(\mathrm{mm})$$

或

$$T=es-ei=[0.010-(-0.010)]=0.020(\mathrm{mm})$$

(6)零线和公差带

为了便于分析，一般将公差带与基本尺寸的关系，按放大比例画成简图，称为公差带图，如图 8－38c 所示。

在公差带图中，确定偏差的一条基准直线，称为零线，通常以零线表示基本尺寸；表示上、下偏差的两条直线所限定的区域即为公差带。

公差带由标准公差和基本偏差两个基本要素构成，标准公差确定公差带的大小，基本偏差确定公差带的位置。

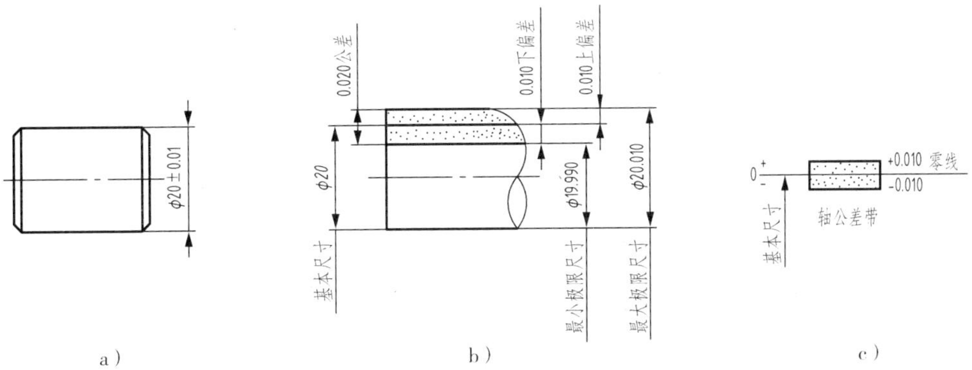

a)　　b)　　c)

图 8－38　公差的基本术语

(7)标准公差

标准公差是由国家标准规定、用以确定公差带大小的任一公差。其数值由公差等级和基本尺寸来确定。标准公差用"IT"表示，分为20个等级，分别为IT01、IT0、IT1～IT18，如IT8表示标准公差8级。公差的大小随公差等级符号由IT01到IT18依次增大，尺寸精度依次降低。

标准公差是基本尺寸的函数。同一公差等级，基本尺寸越大，标准公差值也越大。国家标准把≤500mm的基本尺寸分成13段，按不同公差等级列出各个基本尺寸分段的公差值，具体可以参考机械零件手册中的有关附表。

选用公差等级的原则是：在满足使用要求的前提下，尽可能的选用要求较低的公差等级，以降低零件的加工成本。

(8)基本偏差

国家标准规定：基本偏差用于确定公差带相对零线位置的上偏差或下偏差，一般是靠近零线的那个偏差。当公差带位于零线上方时，基本偏差为下偏差；当公差带位于零线下方时，基本偏差为上偏差，如图8-39所示。

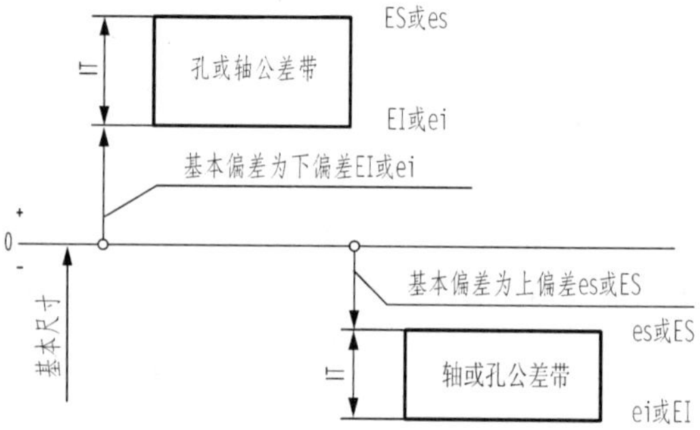

图8-39　基本偏差

国家标准分别对孔和轴各规定了28个基本偏差，分别用大、小写拉丁字母表示，按顺序排列。图8-40所示为基本偏差系列，图中各公差带在基本偏差一端封口，表明公差带的位置，另一端由标准公差数值确定，故画成开口的。

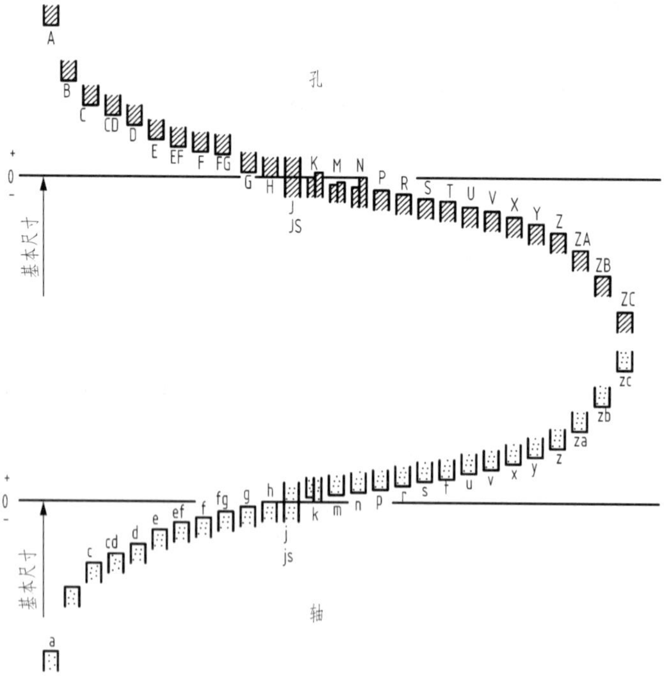

图8-40　基本偏差系列

孔和轴的公差带代号由基本偏差代号和公差等级代号组成，例如：

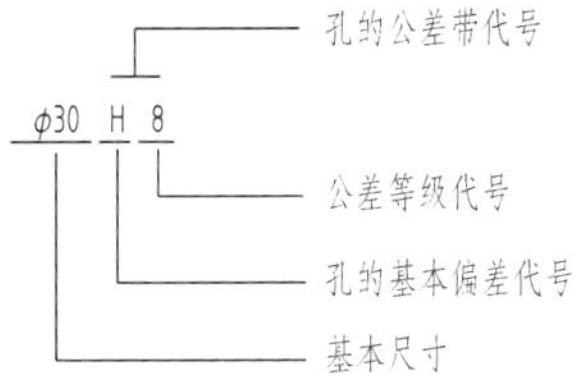

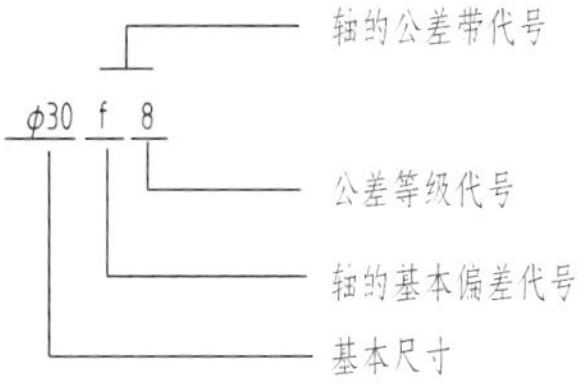

3. 配合

基本尺寸相同且相互结合的孔和轴的公差带之间的关系，称为配合。配合可以分为间隙配合、过盈配合和过渡配合三类。

(1)间隙配合

孔的公差带在轴的公差带之上，具有间隙(X)的配合(包括最小间隙为零的配合)，如图 8-41a 所示。

(2)过盈配合

孔的公差带在轴的公差带之下，具有过盈(Y)的配合(包括最小过盈为零的配合)，如图 8-41b 所示。

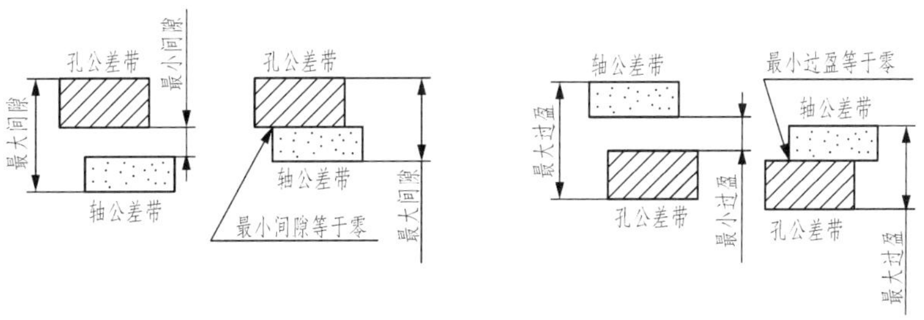

a）间隙配合　　　　b）过盈配合

图 8-41　间隙配合和过盈配合

(3)过渡配合

孔和轴的公差带相互交叠，随着孔和轴的实际尺寸变化，可能得到间隙配合，也可能得到过盈配合，但间隙或过盈都很小，如图 8-42 所示。

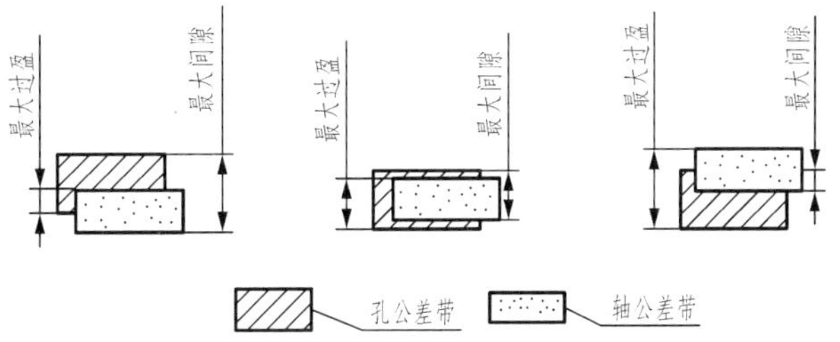

图 8-42　过渡配合

（4）基准制

为了简化和有利于标准化，国家标准规定了两种基准制，即基孔制和基轴制。

基孔制：基本偏差为一定的孔的公差带，与不同基本偏差的轴的公差带形成各种配合的一种制度，如图 8－43a 所示。基孔制的孔称为基准孔，国标规定其下偏差为零，用代号 H 表示。

基轴制：基本偏差为一定的轴的公差带，与不同基本尺寸的孔的公差带形成各种配合的一种制度，如图 8－43b 所示。基轴制的轴称为基准轴，国标规定其上偏差为零，用代号 h 表示。

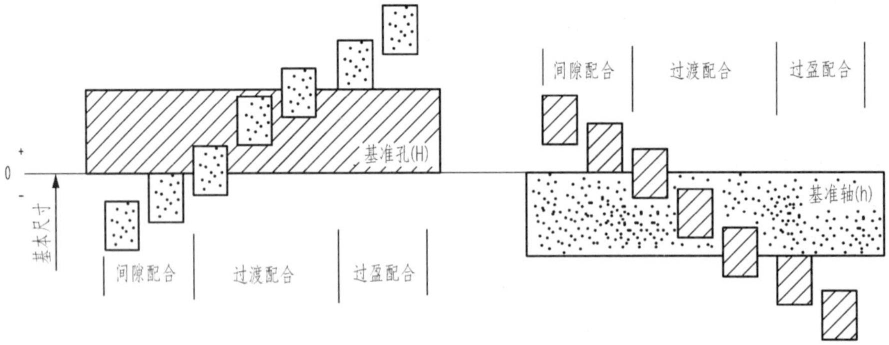

a）基孔制　　b）基轴制

图 8－43　基孔制和基轴制的公差带

从基本偏差系列图（如图 8－40 所示）可以看出，基孔制中轴的基本偏差从 a～h 用于间隙配合，j～zc 用于过渡配合及过盈配合；基轴制中孔的基本偏差从 A～H 用于间隙配合，J～ZC用于过渡配合及过盈配合。

一般情况下，加工轴的圆柱面比加工孔容易，应优先选用基孔制。

国家标准根据我国的生产实际并参照国际公差标准的规定，在尺寸≤500mm 的范围内制定了优先及常用配合，应尽量选用优先配合及常用配合。基孔制和基轴制的优先、常用配合见表 8－4 及表 8－5。

4. 公差与配合的标注

（1）在装配图中的标注

国家标准规定采用组合的形式标注配合的代号，即在基本尺寸后面，用一个分式来表示，分子为孔的公差带代号，分母为轴的公差带代号，一般形式如下：

$$\text{孔和轴的基本尺寸}\frac{\text{孔的公差带代号}}{\text{轴的公差带代号}}$$

具体标注如图 8－44 所示。

（2）在零件图中的标注

在零件图中标注公差有三种形式：①只注公差代号，如图 8－45a 所示；②只注上、下偏差数值，如图 8－45b 所示；③混合标注，即同时注出公差带代号以及上、下偏差数值，这时上、下偏差数值需加括号，如图 8－45c 所示。

表 8-4 基孔制优先、常用配合

基准孔	轴																				
	a	b	c	d	e	f	g	h	js	k	m	n	p	r	s	t	u	v	x	y	z
	间隙配合								过渡配合			过盈配合									
H6						H6/f5	H6/g5	H6/h5	H6/js5	H6/k5	H6/m5	H6/n5	H6/p5	H6/r5	H6/s5	H6/t5					
H7						H7/f6	**H7/g6**	**H7/h6**	H7/js6	**H7/k6**	H7/m6	**H7/n6**	**H7/p6**	H7/r6	**H7/s6**	H7/t6	**H7/u6**	H7/v6	H7/x6	H7/y6	H7/z6
H8					H8/e7	**H8/f7**	H8/g7	**H8/h7**	H8/js7	H8/k7	H8/m7	H8/n7	H8/p7	H8/r7	H8/s7	H8/t7	H8/u7				
				H8/d8	H8/e8	H8/f8		H8/h8													
H9			H9/c9	**H9/d9**	H9/e9	H9/f9		**H9/h9**													
H10		H10/c10	H10/d10					H10/h10													
H11	H11/a11	H11/b11	**H11/c11**	H11/d11				**H11/h11**													
H12		H12/b12						**H12/h12**													

注：(1) $\frac{H6}{n5}$、$\frac{H7}{p6}$在基本尺寸小于或等于 3mm 和$\frac{H8}{r7}$在小于或等于 100mm 时，为过渡配合；

(2)表中的黑体字为优先配合。

表 8-5 基轴制优先、常用配合

基准轴	也																				
	A	B	C	D	E	F	G	H	JS	K	M	N	P	R	S	T	U	V	X	Y	Z
	间隙配合								过渡配合			过盈配合									
h5							G6/h5	H6/h5	JS6/h5	K6/h5	M6/h5	N6/h5	P6/h5	R6/h5	S6/h5	T6/h5					
h6						F7/h6	**G7/h6**	**H7/h6**	JS7/h6	**K7/h6**	M7/h6	**N7/h6**	**P7/h6**	R7/h6	**S7/h6**	T7/h6	**U7/h6**				
h7					E8/h7	F8/h7		**H8/h7**	JS8/h7	K8/h7	M8/h7	N8/h7									
h8				D8/h8	E8/h8	F8/h8		H8/h8													
h9				**D9/h9**	E9/h9	F9/h9		**H9/h9**													
h10				D10/h10				H10/h10													
h11	A11/h11	B11/h11	**C11/h11**	D11/h11				**H11/h11**													
h12			B12/h12					H12/h12													

注：表中的黑体字为优先配合。

如果上、下偏差数字相同，符号相反，可在基本尺寸后加注“±”号，再填写偏差数字，其高度和基本尺寸数字相同。

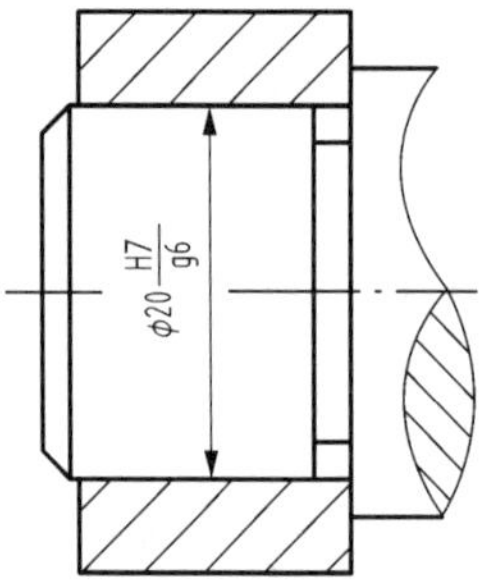

图 8－44　装配图中配合代号的标注

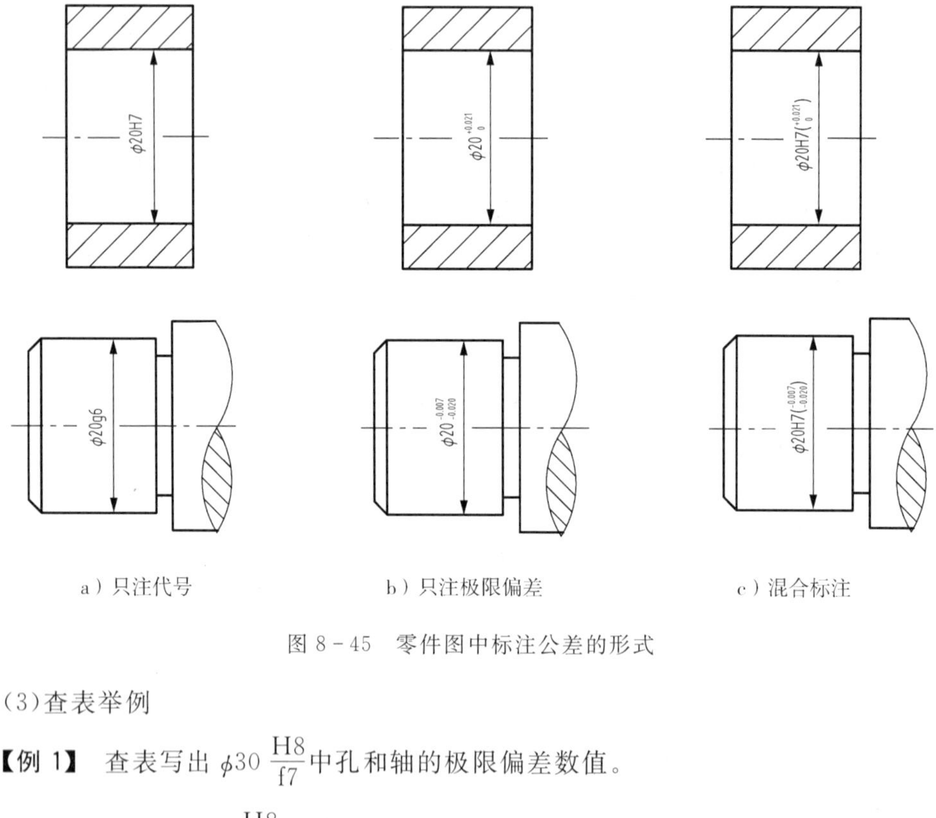

a）只注代号　　b）只注极限偏差　　c）混合标注

图 8－45　零件图中标注公差的形式

（3）查表举例

【例 1】　查表写出 $\phi30\ \frac{H8}{f7}$ 中孔和轴的极限偏差数值。

查表 8－4 可知，$\phi30\ \frac{H8}{f7}$ 是基孔制的优先间隙配合。

查表得 $\phi30H8$ 基准孔的上、下偏差为：$^{+33}_{0}\ \mu m$，与基本尺寸的单位统一后，$\phi30H8$ 可以写成 $\phi\ 30^{+0.033}_{0}$。

查表得 $\phi30f7$ 配合轴的上、下偏差为 $^{-20}_{-41}\ \mu m$，与基本尺寸的单位统一后，$\phi30f7$ 可以写成 $\phi\ 30^{-0.020}_{-0.041}$。在零件图上的标注形式，可以参考图 8－44。

【例 2】 查表写出 $\phi 30\ \frac{K7}{h6}$ 中孔和轴的极限偏差数值。

查表 8-5 可知，$\phi 30\ \frac{K7}{h6}$ 是基轴制的优先过渡配合。

查得 ϕ30h6 基准轴的上、下偏差为 $^{0}_{-13}\mu m$，与基本尺寸的单位统一后，ϕ30h6 可以写成 $\phi 30^{\ 0}_{-0.013}$。

查得 ϕ30K7 配合孔的上、下偏差为 $^{+6}_{-15}\mu m$，与基本尺寸的单位统一后，ϕ30K7 可以写成 $\phi 30^{+0.006}_{-0.015}$。在零件图上的标注形式，可以参考图 8-44。

第四节 零件结构的工艺性

零件的结构特征，主要是根据设计要求确定的，但是制造工艺也会对零件结构有一些要求，这就是零件的工艺结构。工艺结构不合理，常常会使工艺复杂化，加工困难，甚至造成废品。下面简要介绍零件的一些常见工艺结构。

一、机械加工工艺结构

1. 倒角和倒圆

为了去除零件上毛刺、锐边和便于装配，在轴端和孔口，一般都加工出 30°、45°或 60°的一小段锥面，称为倒角。为了避免因应力集中产生裂纹，在轴肩处往往加工成小圆角过渡的形式，称为倒圆。倒角和倒圆的画法与标注形式如图 8-46 所示。倒角和圆角宽度按孔（轴）径查国标确定。

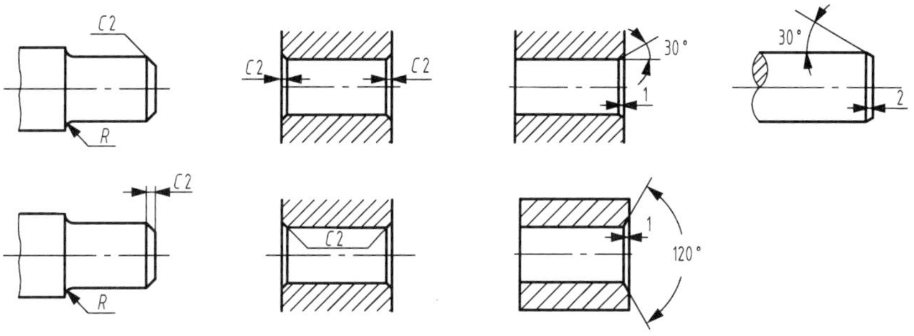

图 8-46 倒角和倒圆

2. 退刀槽和越程槽

在车制螺纹或磨削时，为了使刀具、砂轮切削到需要的位置又便于退刀，常常在零件的台肩处预先车出沟槽，称为螺纹退刀槽或砂轮越程槽，如图 8-47 所示。

3. 钻孔结构

用钻头加工的盲孔或阶梯孔，其末端锥坑应画成 120°，但图上不必标注角度，孔深尺寸不包括锥坑，如图 8－48 所示。

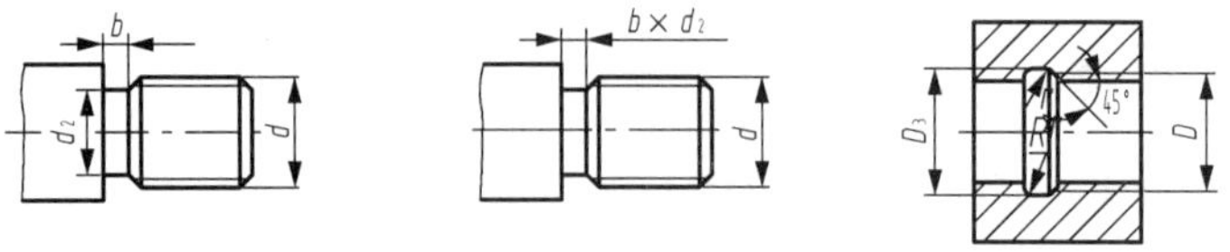

a）退刀槽

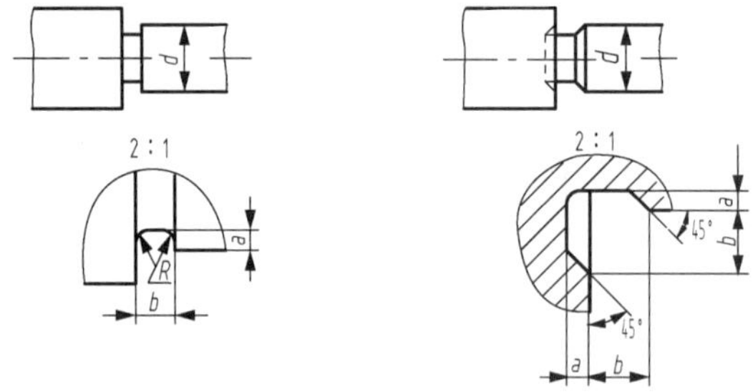

b）越程槽

图 8－47　退刀槽和越程槽

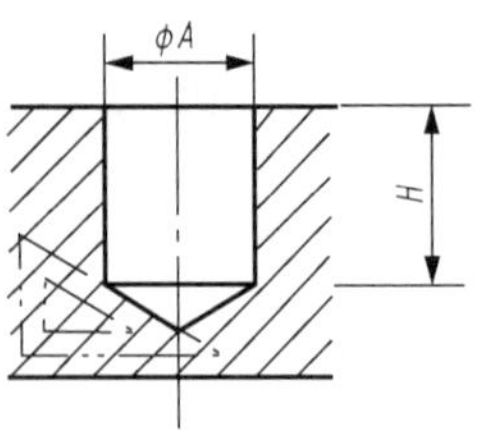

a）盲孔

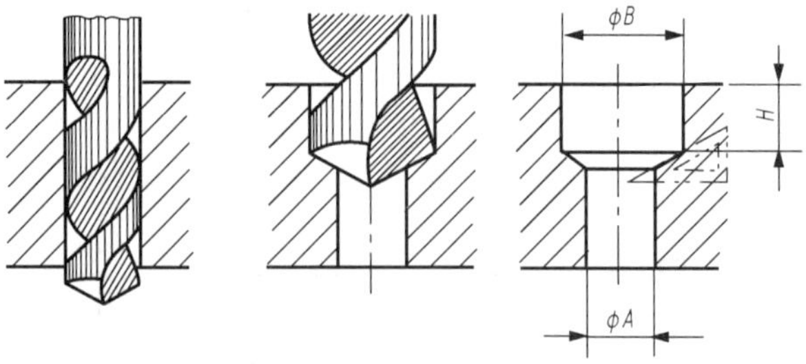

b）阶梯孔

图 8－48　钻孔末端

钻头的轴线应尽量垂直于被钻零件表面，以免孔的位置偏移或折断钻头，如图 8－49 所示。

a）错误

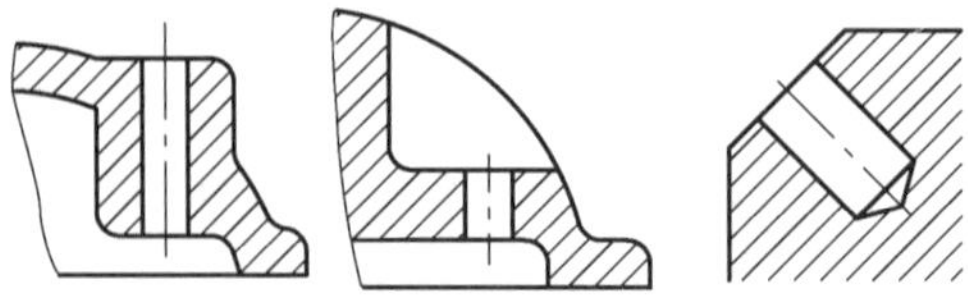

b）正确

图 8－49　钻孔的轴线应垂直于零件表面

4. 凸台和凹坑

为了保证零件间的良好接触，同时减少加工面积、节约成本，将螺纹紧固件连接的支承面做成凸台或凹坑的形式，如图 8 - 50a、b 所示。图 8 - 50c、d 所示凹槽、凹腔为零件接触或配合表面常见的结构形式。

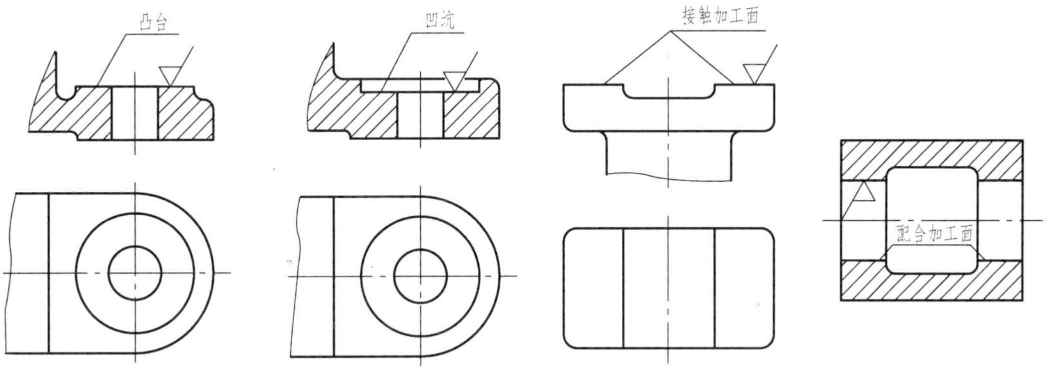

a）凸台　　b)）凹坑　　c）凹槽　　d）凹腔

图 8 - 50　凸台和凹坑等结构

二、铸件的工艺结构

1. 拔模斜度

在铸造零件毛坯时，为了从砂型中取出木模，木模的内外壁沿着拔模方向做成约 1∶20的斜度，称为拔模斜度，因此，在铸件表面也形成相应的斜度，如图 8 - 51a 所示。因为拔模斜度很小，通常在图样上可以不画出来，也不标注，如图 8 - 51b 所示，必要时还可以用文字在技术要求中说明。

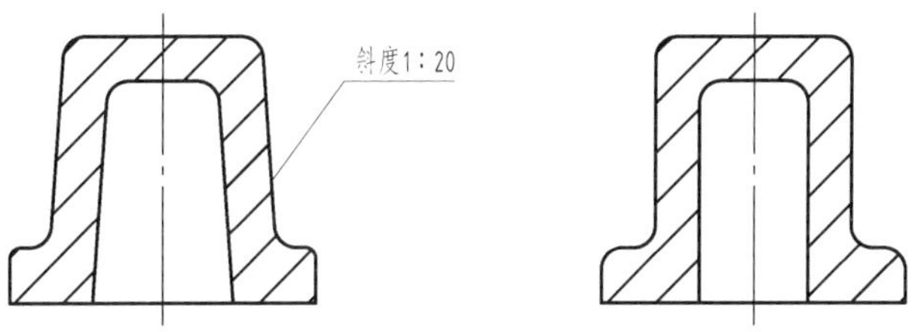

a）　　b）

图 8 - 51　拔模斜度

2. 铸造圆角

为了便于造型，避免浇铸时铁水将砂型转角处冲毁，同时防止铸件转角处在冷却时产生裂纹，所以在铸件相邻表面间的转角处均设计成圆角过渡，如图 8 - 52 所示。铸造圆角半径一般取壁厚的 0.3 左右，大约 3～5mm，在图上应该画出，但可以不标注，通常在技术要求中统一说明。

铸件表面经过机械加工之后，铸造圆角即被切除，这时应该画成尖角或倒角，如图8 - 52。

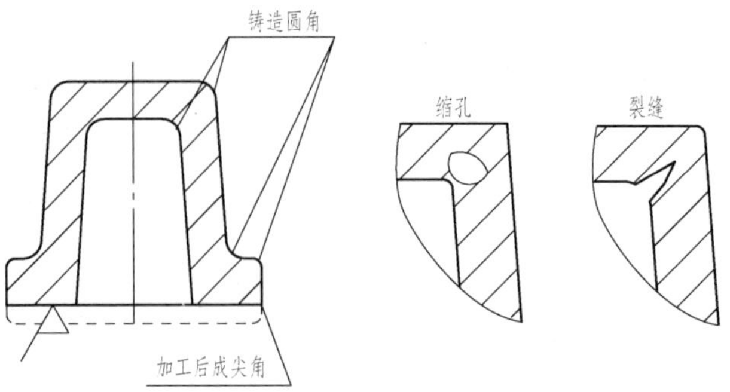

图 8 - 52 铸造圆角

由于铸造圆角的存在,零件表面相交处形成了光滑过渡,其交线就不明显了,这种交线称为过渡线,如图8 - 53所示。

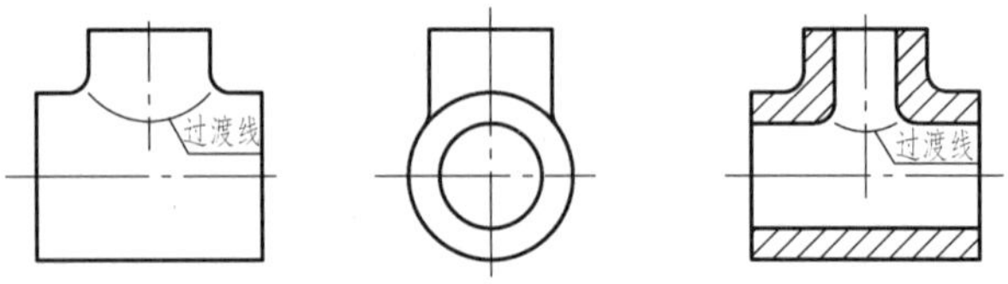

a)两圆柱相交

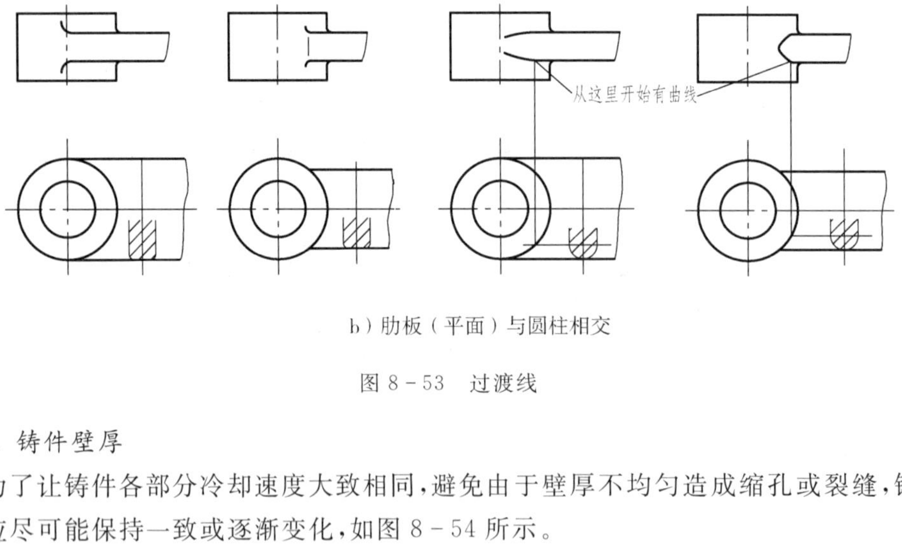

b)肋板(平面)与圆柱相交

图 8 - 53 过渡线

3. 铸件壁厚

为了让铸件各部分冷却速度大致相同,避免由于壁厚不均匀造成缩孔或裂缝,铸件的壁厚应尽可能保持一致或逐渐变化,如图 8 - 54 所示。

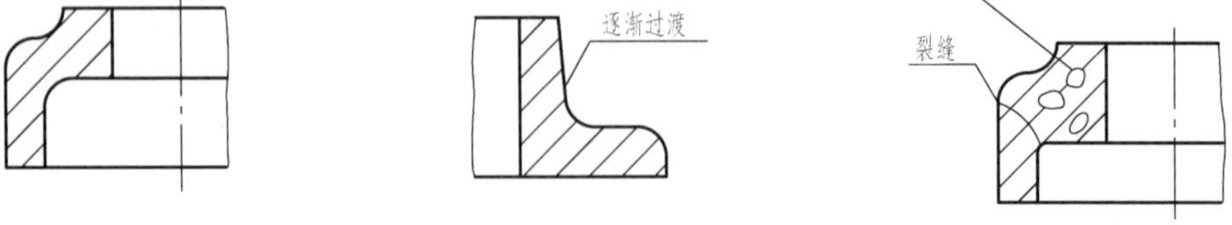

a)壁厚均匀　b)逐渐过渡　c)壁厚不均匀造成缺陷

图 8 - 54 铸件壁厚

第五节　零件测绘

零件测绘是根据实际零件，画出图形、测量出尺寸和制定出技术要求的过程。在机器设备的仿造、修配或技术改造中，常常在机器的现场进行零件测绘。测绘时，先画零件草图，然后根据草图绘制出零件工作图。草图是绘制零件工作图的依据，因此，草图必须具有零件图的全部内容。

1. 绘制零件草图

零件草图通常是以简单绘图工具，目测比例，徒手绘制。草图是绘制零件图的依据，因此，零件草图应该做到视图正确，尺寸完整合理，图面尽可能工整，绝对不能潦草马虎。在计算机绘图技术广泛应用的情况下，草图的绘制技术显得日益重要。以下以图 8－55a 所示支座为例，说明零件草图的绘制方法和步骤。

(1)结构分析

首先了解零件的名称、材料，然后分析零件的结构形状特征，如图 8－55a，分清加工面与非加工面。

(2)确定表达方案

该零件为铸件，加工工序较多，加工位置不确定，因此，主要根据形体特征及工作位置原则选定主视图的方向，如图 8－55a 所示。再根据该支座的结构复杂程度，选用俯视图、左视图。左视图以阶梯剖方法作 $A—A$ 全剖视，俯视图作 $B—B$ 全剖视，并以 C 向局部视图表明顶部凸台的实形，如图 8－55b。总之，应通过比较，选用视图数量少、表达得完整清晰、有利于看图的表达方案。

(3)定比例、布图、画图

根据零件的大小、视图的复杂程度，选择作图比例，然后在纸上定出中心线及作图基准线，注意留出位置，以便标注尺寸和注写技术要求、标题栏等等。以目测比例画出零件的各个视图，对于零件上的制造缺陷，或使用后的磨损均不能画出，如图 8－55b。

(4)测量并标注尺寸

测量尺寸要根据零件的结构特点，合理选用量具，注意测量方法，对于键槽、退刀槽、螺纹等标准结构，应调整测量结果与标准数值一致。标注尺寸时，应先确定尺寸基准，画好尺寸界线、尺寸线和尺寸箭头，然后集中测量尺寸，逐一标注，如图 8－55c 所示，图中长度方向的尺寸基准为对称面(点画线表示)，高度方向的尺寸基准是底平面，宽度方向的尺寸基准是 ϕ72H8 孔的后端面。

(5)注写表面粗糙度和其他技术要求，填写标题栏，并认真审查复核。

2. 画零件工作图

在画零件草图时，由于徒手作图、现场测量等因素的限制，图面上难免会有疏漏和不足，因此，在画零件工作图之前，必须对草图进行认真整理、仔细校核，如对表达方法、尺寸标注的合理性等内容进行逐一复查、修订补充；对表面粗糙度、尺寸公差和其他技术要求应进一步查对，必要时重新计算选用，最后根据核查后的草图画出零件工作图。

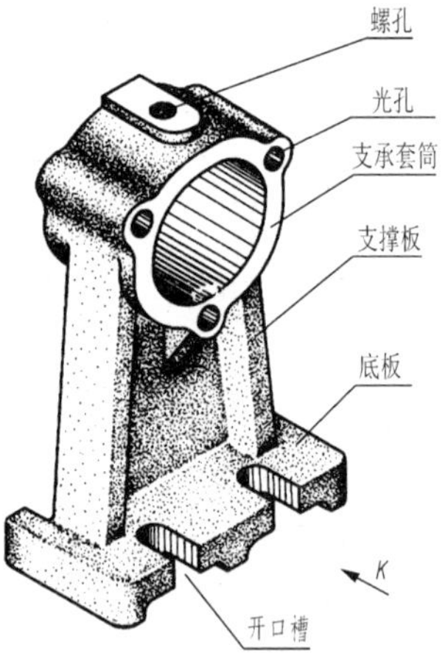

a）支座的结构分析

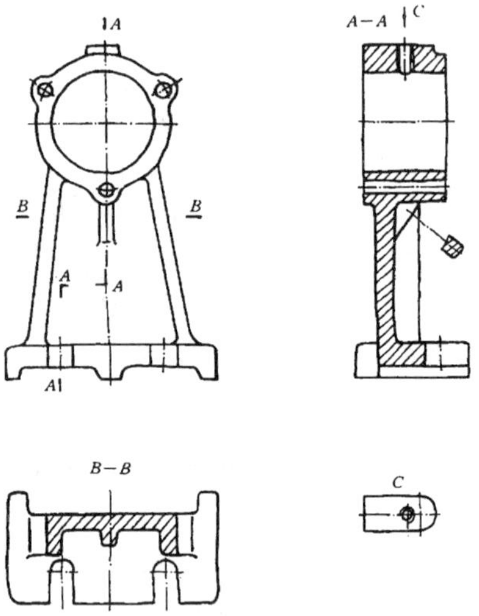

b）画支座的视图

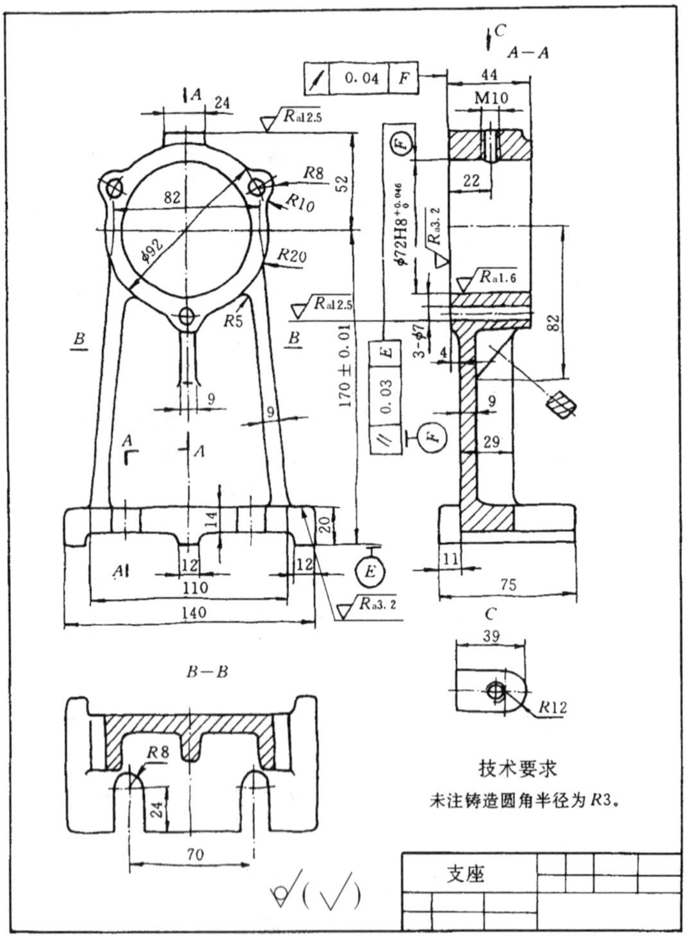

c）标注尺寸及技术要求

图 8-55　零件草图的结构分析和绘图步骤

第六节 读零件图

读零件图的目的是根据已有的零件图，了解零件的名称、材料、用途，并分析其图形、尺寸及技术要求，从而构思出零件各组成部分的结构特点，做到对零件有一个完整、具体的认识，以便准确理解设计意图，进而为制造该零件拟订适当的工艺方案。

一、读零件图的方法和步骤

1. 概括了解

首先从标题栏了解零件的名称、材料、比例等，对零件有一个初步的概念。

2. 分析视图，想像形状

从主视图入手，分析其他视图和主视图的对应关系、各个视图所采用的表达方法。然后，以形体分析法为主，结合线面分析法，进行零件结构分析，逐一看懂零件各部分的形状、结构特点，进而综合想象出零件的完整形状。

3. 分析尺寸

结合零件的结构特点以及用途，先找出尺寸的主要基准，明确重要尺寸，然后了解其他尺寸。注意运用形体分析法看懂各组成部分的定形尺寸和定位尺寸，验证尺寸标注的完整性、合理性。

4. 了解技术要求

主要包括表面粗糙度(分清须切削加工的表面)、尺寸公差(了解一些重要尺寸的公差要求)以及形位公差和其他技术要求，这些都是制定加工工艺的依据。

5. 综合分析

综合以上四个方面的分析，对零件有较全面、完整的了解。应该指出的是，上述步骤不应简单地割裂开来，实际读图时，往往是交叉反复地进行。

二、读零件图举例

现以图 8－56 为例，说明读零件图的具体过程。

1. 读标题栏，对零件进行概括了解

由标题栏可以看出，该零件的名称为轴承架，属于叉架类零件。作图比例为 1∶1，材料为 HT200，毛坯为铸件，经机械加工完成。

2. 分析视图，想象形状

该零件采用主、左两视图，另外增加一个 *B* 向(后视)局部视图。主视图反映了轴承架外形的主要特征，零件上端的左右两侧采用局部剖视，表达轴承孔和近处的两个 M12 的螺纹孔；左视图采用了全剖视图，剖切平面通过主视图左右的对称面，还在上端螺孔处采用了局部剖视；*A* 向局部视图用于表达零件后面凸台的实形。对照视图间的投影关系，可以想像出该零件的形状，如图 8－57 所示。

3. 分析尺寸

(1)主要尺寸基准

该零件左右对称，长度方向选左右对称面为尺寸基准，即主视图中符合“D”所指点画线，宽度方向以后方的安装面“E”为基准，高度方向以轴线“F”为基准，如图 8－56 所示。

(2)定形尺寸

根据形体分析法，对确定零件各组成部分形状大小的尺寸进行分析，如零件左右两耳板上的轴承孔的孔径 ϕ25H7，就确定了轴承孔直径的大小和尺寸公差。其他定形尺寸请读者自行分析。

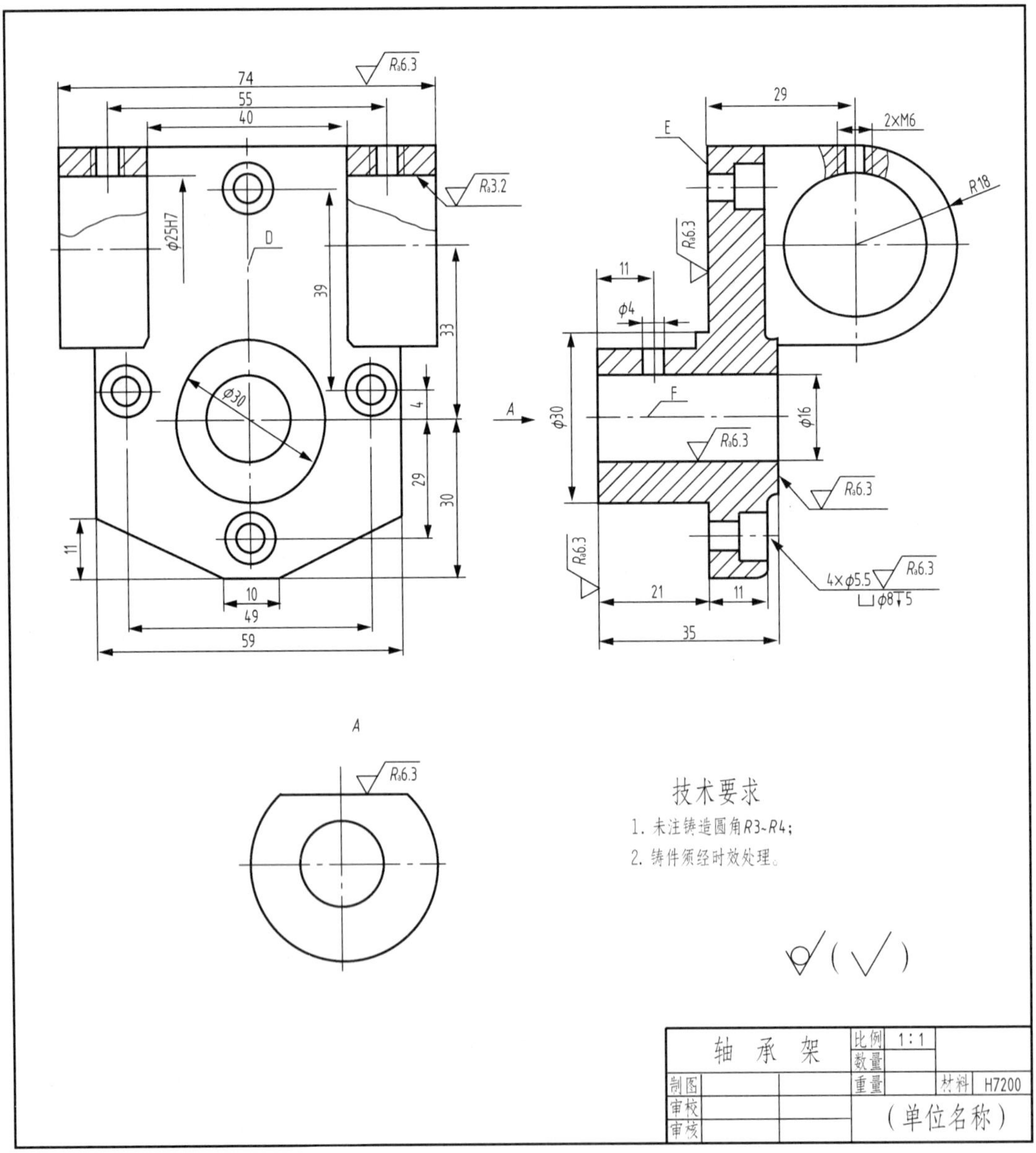

图 8－56　轴承架零件图

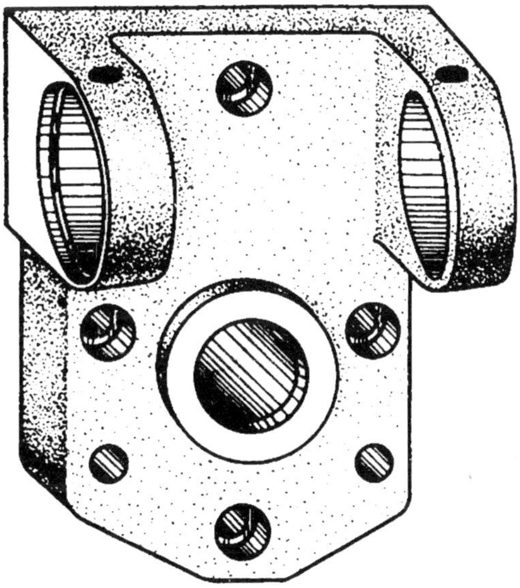

图 8-57 轴承架

(3)定位尺寸

以“D”为基准,在主视图上标注出 55、48 等长度方向的定位尺寸;高度方向的定位尺寸较多,在主视图上由基准“F”注出的有 33、30、6、23 等;宽度方向,在左视图上,由基准“E”注出的有 29 等。

4. 了解技术要求

该零件毛坯为铸件,要经过时效处理,才能进行机械加工。由图 8-56 可知,该零件很多表面需经切削加工,圆柱孔配合面的表面粗糙度为 3.2,几处接触面的表面粗糙度为 6.3,其余仍为铸件原来的表面状态,这从图纸标题栏上面统一标注的粗糙度符合可知。

综合上面的四个方面的分析,就可以得出该零件的完整概念,真正看懂这张零件图。

第九章 装配图

第一节 装配图的作用和内容

装配图是表示产品及其组成部分的连接、装配关系的图样。它用以表达该机器(或部件)的构造,零件之间的装配与连接关系,装配体的工作原理,以及生产该装配体的技术要求、检验要求等。

如图 9-1 所示为滑动轴承装配图。

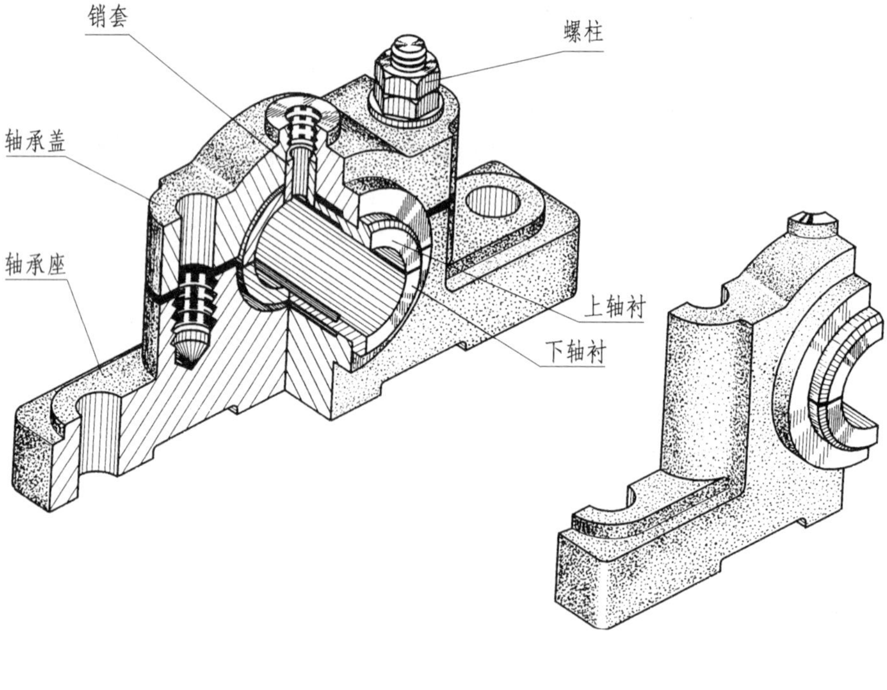

(a) 轴测图

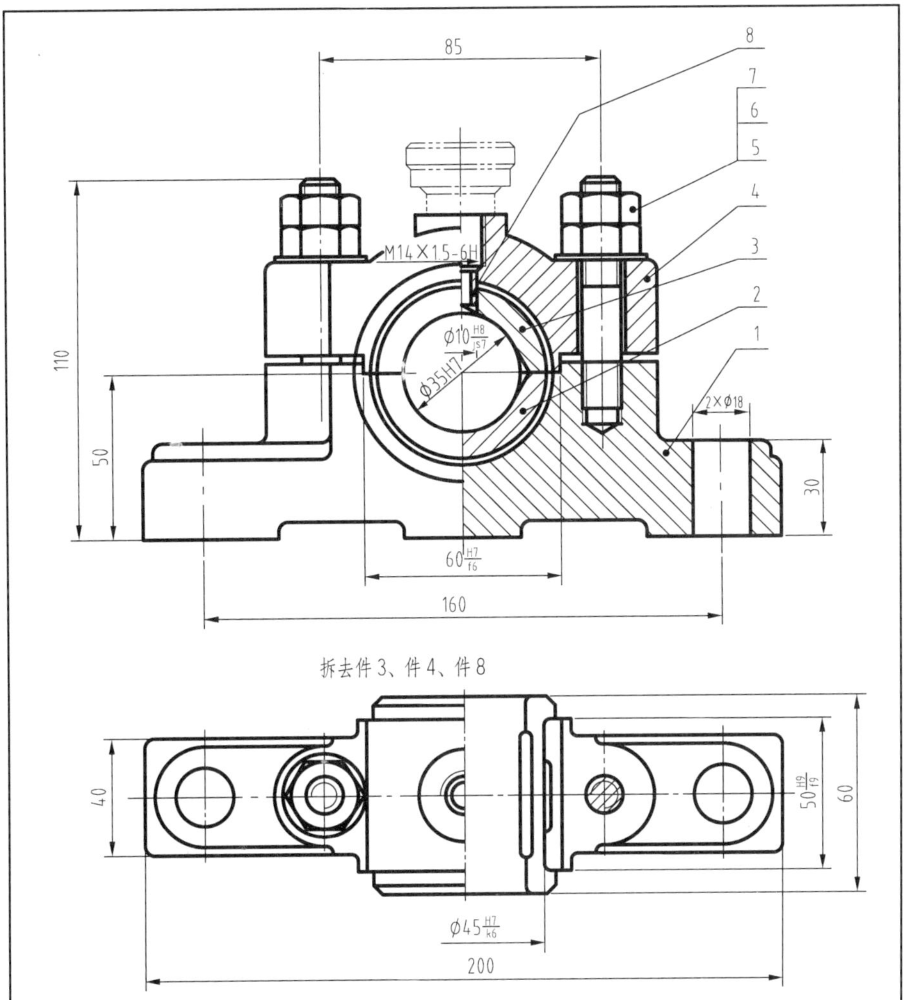

技术要求

调整试转后，零件用煤油清洗，工作面涂一层薄干油。

序号	名称	数量	材料	备注
8	销套	1	45	
7	螺母 M12	4	Q235	GB/T5170-1986
6	螺柱 M2×70	2	Q235	GB/T5898-1988
5	垫圈 12	2	Q235	GB/T597.1-1985
4	轴承盖	1	HT150	
3	上轴衬	1	ZCuAl10Fe3	
2	下轴衬	1	ZCuAl10Fe3	
1	轴承座	1	HT150	

滑动轴承		比例	1:1	共1张
		数量		
制图				
审核				

(b) 滑动轴承装配图

图 9-1 滑动轴承

从图中可看出，一张完整的装配图应具有下列内容：

(1) 一组视图；

(2) 必要的尺寸；

(3) 零件编号、明细栏和标题栏；

(4) 技术要求等。

第二节 装配图的规定画法和特殊表示法

零件图的各种表达方法在装配图中同样适用。但由于装配图所表达的目的与零件图不同,因此国家标准中规定了有关绘制装配图的画法。

一、装配图的规定画法

(1) 两零件的接触面或配合(包括间隙配合)表面,规定只画一条线;而非接触面、非配合表面,即使间隙再小,也应画两条线,如图 9-2 所示。

(2) 相邻两零件的剖面线倾斜方向应相反,或方向一致但间隔不等,如图 9-3 所示。同一零件在各视图上的剖面线画法应一致。宽度小于或等于 2mm 的狭小面积的剖面线,可以涂黑代替,如图 9-4 所示的垫片。

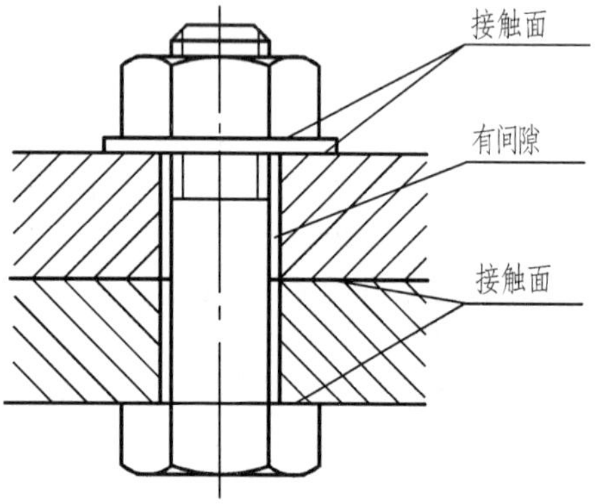

图 9-2 相邻零件轮廓线的画法

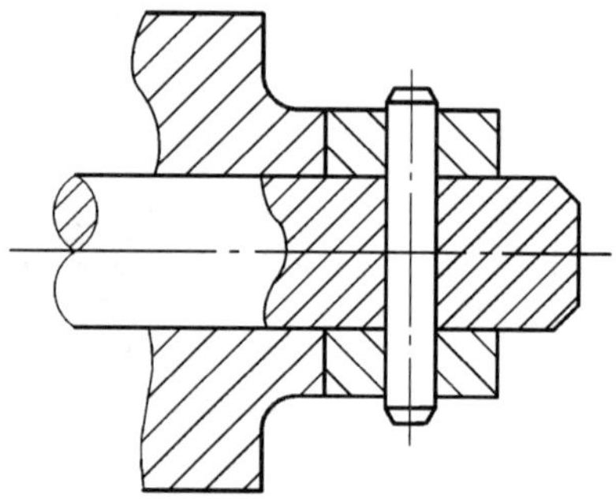
图 9-3 相邻零件剖面线画法

(3) 在装配图上作剖视时,当剖切平面通过标准件(螺母、螺钉、垫圈、销、键等)和实心件(轴、杆、柄、球等)的基本轴线时,这些零件按不剖绘制(即不画剖面线)。如图 9-1 主视图右半部剖视图中的螺母、垫圈、双头螺柱的画法。

二、装配图的特殊表达方法

1. 拆卸画法

对于在某视图上已表达清楚的零件,如在另一视图上重复出现,或其图形将影响后面零件的表达时,可假想将该零件拆去不画。如图 9-1 所示的俯视图,是将轴承盖、上轴衬等沿对称中心线拆去一半后画出的。它相当于沿着轴承盖与轴承座的结合面而作的半剖视图。如将螺柱等联接件同时拆去,则俯视图上只需画出螺孔。

对于拆去零件的视图,可在视图上方标注“拆去件×、件×……”。如拆去的零件明显时,也可省略不注。

2. 假想画法

对于与该部件相关联但不属于该部件的零(部)件,可用双点画线画出其轮廓,以利于

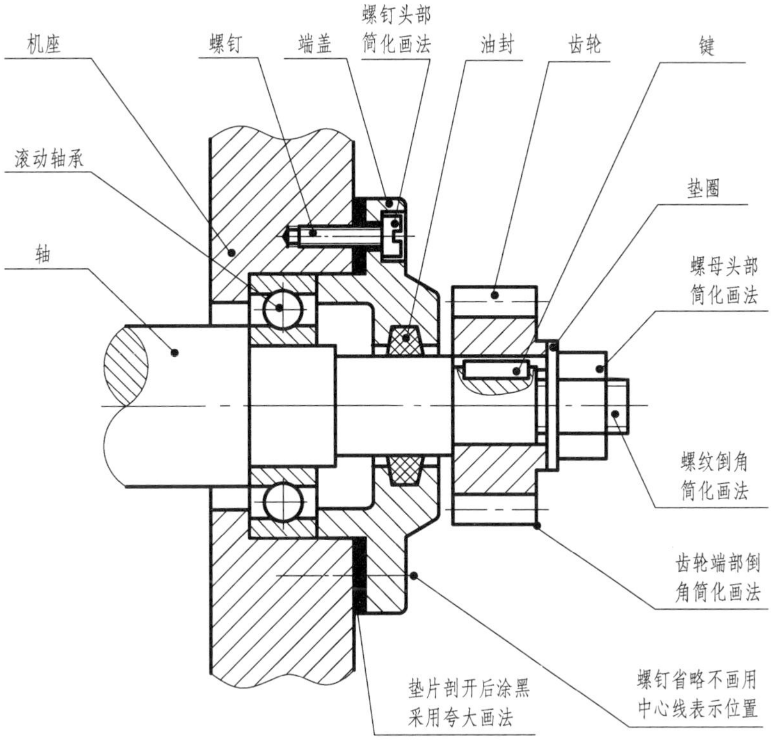

图 9-4 规定画法与简化画法

表达该部件的装配关系和工作原理，如图 9-1 所示的油杯。对于某零件在装配体中的运动范围或极限位置，也可用双点画线画出其轮廓，如图 9-5 所示。

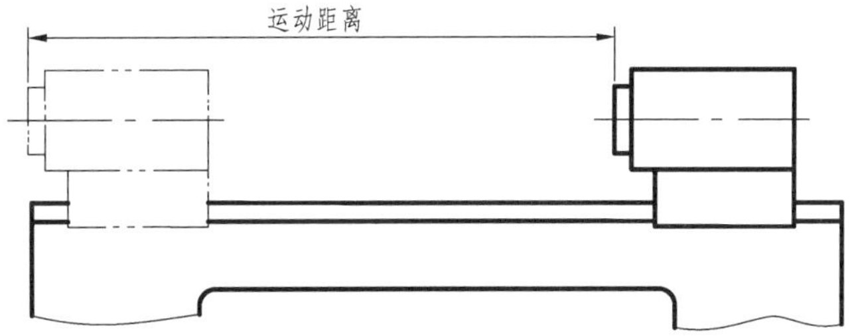

图 9-5 运动零件极限位置的假想画法

3. 简化画法

(1) 装配图中，零件的工艺结构如小圆角、倒角、退刀槽等可省略不画。

(2) 对于装配图中若干相同的零件组，可以详细地画出一组或几组，其余只需画出点画线表示其装配位置，如图 9-4 中的螺钉连接。

(3) 装配图中的螺栓、螺母、滚动轴承等均可采用简化画法，滚动轴承也可采用示意画法。

4. 夸大画法

对于薄、细以及斜度、锥度很小的零件及小间隙，可以适当地加厚、加粗、加大画出，使这些部位的轮廓特征明显。对于厚度或直径小于 2mm 的薄、细零件的剖面，可用涂黑代替剖面线，如图 9－4 中的垫片。

第三节　装配图的视图选择和画法

绘制部件或机器的装配图时，要从有利于生产、便于读图的角度出发，恰当地选择视图。

一、装配图的视图选择

装配图的作用是表达机器或部件的工作原理、装配关系以及主要零件的结构形状。视图选择的目的是以最少的视图，完整、清晰地表达出机器或部件的装配关系和工作原理。视图选择的一般步骤为：

1. 部件分析

对要绘制的机器或部件的工作原理、装配关系及主要零件形状、零件与零件之间的相对位置、定位方式等进行深入细致的分析。

2. 确定主视图

主视图的选择应符合机器或部件的工作位置或习惯放置位置。尽可能反映该机器或部件的结构特点、工作状况及零件之间的装配、连接关系；应能明显地表示机器或部件的工作原理。主视图通常取剖视，以表达零件主要装配干线（如工作系统、传动路线）。如图 9－1 所示的主视图采用了半剖视，既明显地反映滑动轴承的结构特点，又将零件间的配合、连接关系表示得很清楚，同时也符合其工作位置。

3. 其他视图的选择

其他视图的选择应能补充主视图尚未表达或表达不够充分的部分。一般情况下，机器或部件中的每一种零件至少应在视图中出现一次。如图 9－1 中俯视图采用了拆卸画法（半剖），侧重表示轴承座、轴承盖等主体零件的外形和轴衬孔内的油槽结构。

二、装配图的画法

在考虑表达方案时，一般应先绘制装配草图，经审查修改后方可正规作图。装配图画图步骤如下：

（1）定比例、选图幅、合理布局。画图的比例及图幅大小，应根据装配体的大小、复杂程度及所确定的表达方案而定。还要考虑尺寸标注、编注序号、明细栏等所占的位置。

视图布局通过画装配体的基准面、基准线来安排，如图 9－6(a)所示。

（2）依次画主要零件和较大零件的轮廓，如图 9－6(b)、(c)所示。画每一零件时，均应在各视图中按各部分对应关系同时进行。

(3) 画其他零件及各零件的细节部分，如图 9－6(d)所示，按事先确定的方案画出剖视部分或其他图形。

(4) 检查所画视图，加深图线，标注尺寸，注写技术要求，编序号，填写标题栏、明细栏，完成的装配图如图 9－1 所示。

(5) 对完成的装配图进行全面校核。

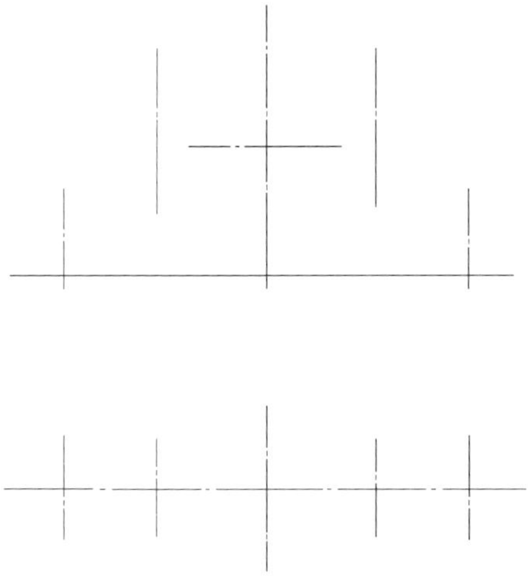

(a)画中心线、基准线

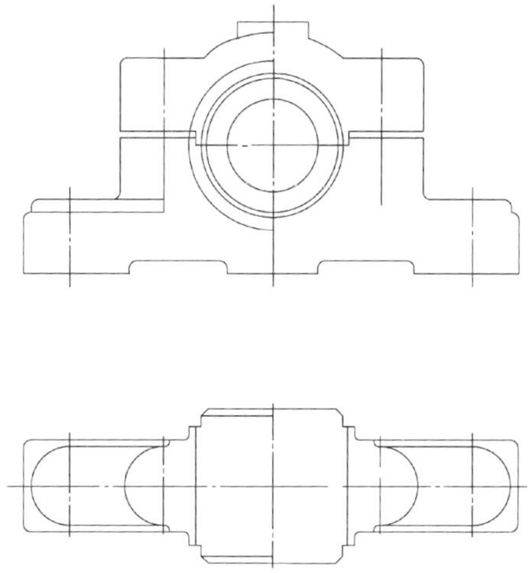

(b) 画轴承座、轴承盖

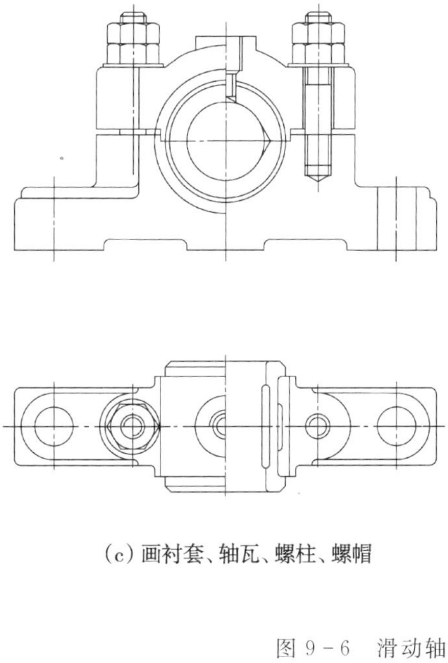

(c) 画衬套、轴瓦、螺柱、螺帽

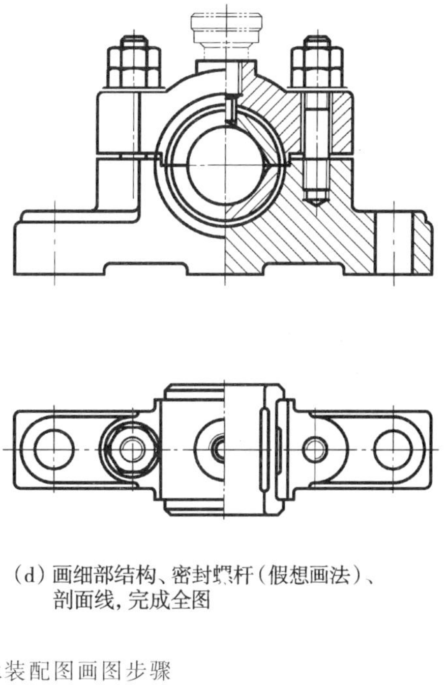

(d) 画细部结构、密封螺杆(假想画法)、剖面线，完成全图

图 9－6 滑动轴承装配图画图步骤

第四节 装配图的尺寸标注和技术要求

一、尺寸标注

装配图应标注以下几类尺寸：

1. 性能（规格）尺寸

这类尺寸表明装配体的性能和规格大小。如图 9－1 所示轴承孔的直径 ϕ35H7，它反映所支承的轴的直径大小。

2. 装配关系尺寸

这类尺寸表明装配体上相关零件之间的装配关系。

（1）配合尺寸　如图 9－1 所示的 ϕ35H7、60H7/f6。

（2）主要轴线的定位尺寸　如图 9－1 所示 ϕ35H7 孔的中心高 50。

（3）各装配干线轴线间的距离　如图 9－23 所示两齿轮的中心距 28.76 ±0.016。

3. 安装尺寸

如图 9－1 所示轴承座上两安装孔的直径 ϕ18 和两孔中心距 160。标注这类尺寸是为了将该部件安装到某机台上，对于机台来说，它是加工相同直径的孔和两孔中心距所必需的尺寸，以完成该部件在机台上的螺栓联接。

4. 总体尺寸

这类尺寸是指装配体总长、总宽、总高的尺寸。它是包装、安装所占用体积、面积设计所需要的尺寸。如滑动轴承的总长 200、总宽 60、总高 110。

5. 其他主要尺寸

这类尺寸是指设计时经过计算而确定的尺寸。如图 9－23 所示齿轮油泵装配图中根据齿轮模数（m）、齿数（z）计算出来的两齿轮的中心距 28.76±0.016；影响输入输出油的流量和压力的进、出油口的直径 G3/8。还有主要零件的某些主要结构尺寸，如图 9－1 所示联接轴承盖与轴承座的两螺柱的中心距 85。

二、技术要求

一般应注写以下几方面的内容：

（1）在装配过程中的注意事项和装配后应满足的要求，如精度要求、润滑要求、密封要求、保证的间隙等；

（2）检验、试验的条件和规范以及操作要求；

（3）机器或部件的性能、规格参数，包装、运输、使用时的注意事项和涂饰等要求。

第五节　装配图的零件序号、标题栏和明细栏

为了方便看图，便于生产管理，对组成部件的所有零件（组件），应在装配图上编写序号，并在标题栏上方编制相应的明细栏（填写零件序号、名称、材料、数量等）。

一、序号编排方法

将组成部件的所有零件（包括标准件）进行统一编号。相同的零（部）件编一个序号，一般只标注一次。如图 9－1 所示的四个螺母、两个螺柱各编一个号。序号应注写在视图外明显的位置上。序号的注写形式如图 9－7 所示，其注写规定如下：

（1）序号的字号应比图上尺寸数字大 1 号，如图 9－7（a）所示；或大两号，如图 9－7（b）所示。一般从被注零件的轮廓内用细实线画出指引线，在零件一端画圆点，另一端画水平细实线或细实线圆。

（2）直接将序号写在指引线附近，这时的序号应比图上尺寸数字大两号，如图 9－7（c）所示。

（3）当指引线所指零件很薄，或是涂黑的剖面而不便画圆点时，则可用箭头代替圆点，箭头直接指在该部件的轮廓线上图，如图 9－7（d）所示。

（4）画指引线不要相互交叉，不要与剖面平行，必要时允许画成一次折线，如图 9－7（e）所示。

（5）对于一组联接件，可按如图 9－7（f）所示的形式引注。

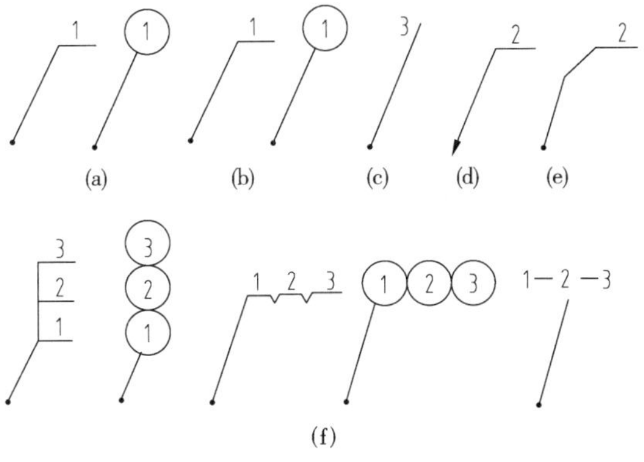

图 9－7　序号注写形式

（6）序号应按顺时针（或逆时针）方向整齐地顺次排列。如在整个图上无法连续时，可只在每个水平或垂直方向顺次排列。

（7）在编写序号时，要尽量使各序号之间距离均匀一致。

二、标题栏及明细栏

明细栏一般应绘制在标题栏上方。表格内应填写零件的编号、名称、材料、数量等内

容。

明细栏的填写，应由下向上顺序填写零件编号。当标题栏上方位置不够时，可移至标题栏左边继续填写。

如图 9 - 8 所示格式可供学习时使用。

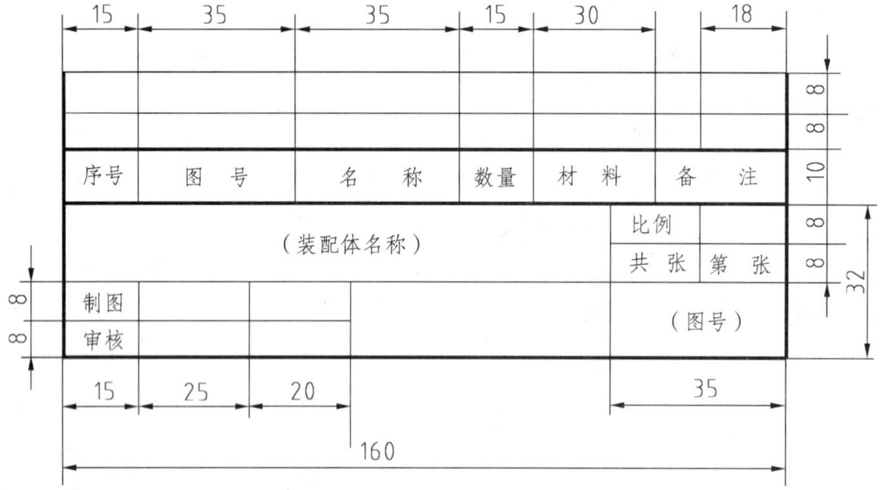

图 9 - 8 标题栏及明细栏格式

第六节 常见的装配结构

在设计和绘制装配图的过程中，应该考虑装配结构的合理性，以保证部件的性能要求以及零件加工和装拆的方便。下面仅就常见的装配结构问题作简要介绍。

1. 两个零件接触面的数量

两个零件接触时，在同一方向接触面一般只有一个，避免两组面同时接触，不然就要提高接触面处的尺寸精度，增加加工成本，如图 9 - 9 所示。

2. 两零件接触处拐角的结构

如轴与孔端面接触时，在拐角处孔边要倒角或轴根切槽，以保证两端面能紧密接触，如图 9 - 10 所示。

3. 密封装置的结构

在一些部件或机器中，常需要有密封装置，以防止液体外流或灰尘进入。如图 9 - 11 所示的密封装置是用在泵和阀上的常见结构。通常用浸油的石棉绳或橡胶作填料，拧紧压盖螺母，通过填料压盖即可将填料压紧，起到密封作用。但填料压盖与阀体端面之间必须留有一定间隙，才能保证将填料压紧，而轴与填料压盖之间应有一定的间隙，以免转动时产生磨擦。

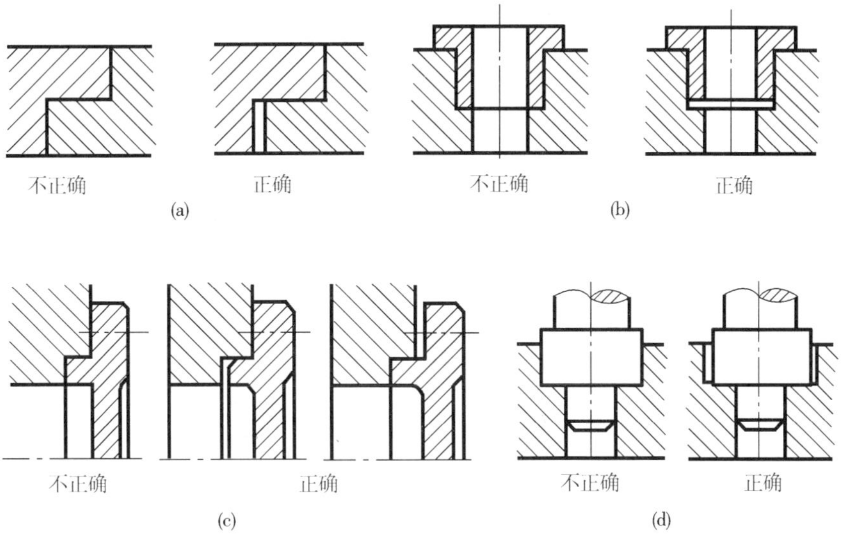

图 9－9　两零件接触面

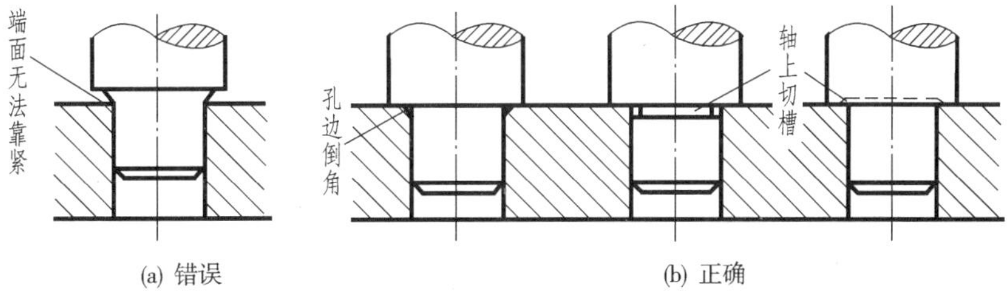

图 9－10　两零件接触面拐角处结构

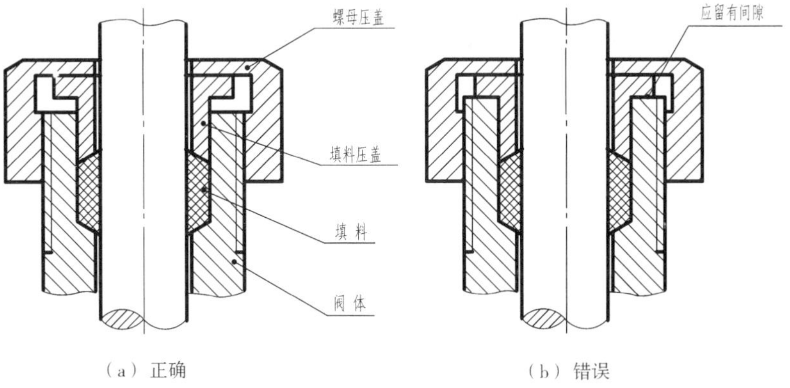

图 9－11　填料密封装置画法

4. 零件在轴向的定位结构

装在轴上的滚动轴承及齿轮等一般都要有轴向定位结构，以保证零件在轴向不产生移动。如图 9-12 所示，轴上的滚动轴承及齿轮是靠轴的台肩来定位的，齿轮的一端用螺母、垫圈来压紧，垫圈与轴肩的台阶面间应留有间隙，以便压紧。

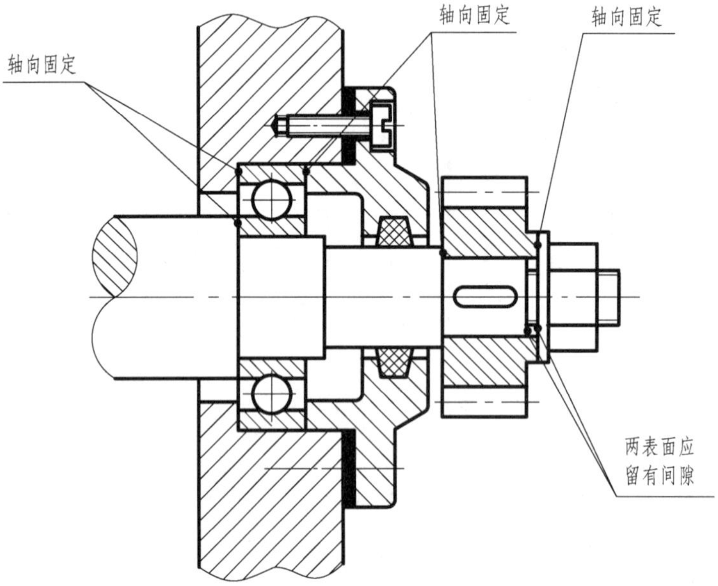

图 9-12　轴向定位结构

5. 考虑维修、安装、拆卸的方便

如图 9-13(b)、(d)所示，滚动轴承装在箱体轴承孔及轴上的情形是合理的，若设计成如图 9-13(a)、(c)所示，将无法拆卸。

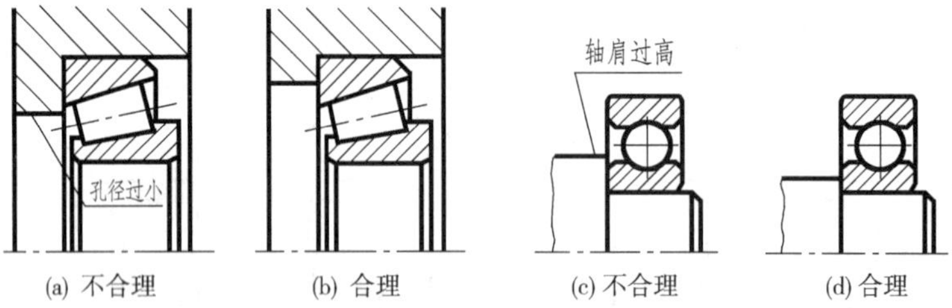

图 9-13　滚动轴承的合理安装

如图 9-14 所示，在安排螺钉位置时，应考虑扳手的空间活动范围。图9-14(a)中所留空间太小，扳手无法使用，图 9-14(b)是正确的结构形式。

如图 9-15 所示，应考虑螺钉放入时所需要的空间。图 9-15(a)中所留空间太小，螺钉无法放入，图 9-15(b)是正确的结构形式。

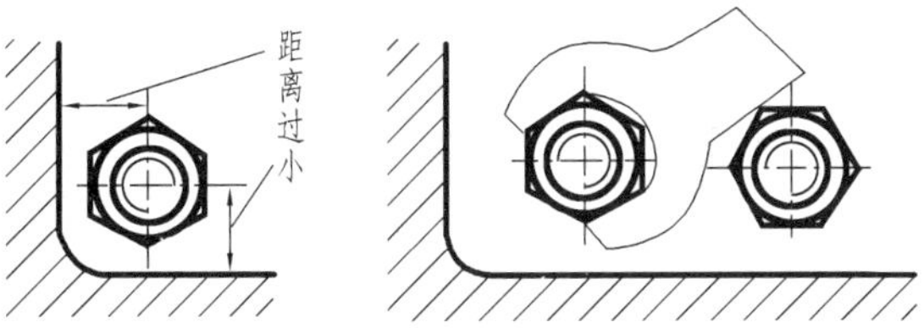

(a) 不合理　　(b) 合理

图 9-14　应考虑扳手活动范围

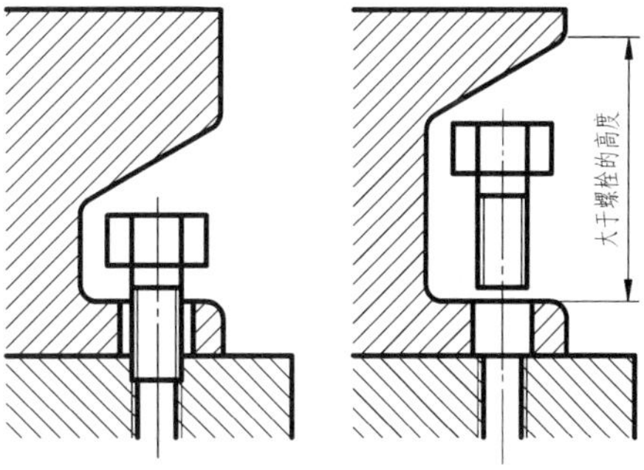

（a）正确　　（b）错误

图 9-15　应考虑拧入螺钉所需空间

第七节　装配体的测绘

根据部件实物画出零件草图，进行测量，最后整理出装配图和零件图的过程叫部件测绘。在生产中，为了仿造其他机械设备或技术改造时，在没有现成的技术资料情况下，就需要对机器或部件进行测绘，以得到有关的资料。现以机用虎钳为例，说明装配体的测绘方法和步骤。

一、分析装配体

在测绘之前，首先要对部件进行全面地了解和分析，了解其用途、性能、工作原理、结构特点以及零件之间的装配关系。

了解的方法，一是参阅有关资料、说明书或同类产品的图纸，二是经过拆卸，对部件及零件进行全面了解。

如图 9-16 所示是机用虎钳的装配轴测图。虎钳是装在机床工作台上，用来夹紧零件，以便进行加工的夹具。其工作原理是用手柄转动螺杆，螺杆带动螺母，使活动钳身沿着固定钳身作直线运动，使钳口闭合或开放，即可夹紧或卸下零件。

二、拆卸零件和画装配示意图

1. 拆卸零件

（1）在拆卸工作进行之前，应先分析，确定拆卸顺序，然后再按顺序逐个拆下。对于过盈配合的零件，原则上不拆；对过渡配合的零件，如不影响画图和测量也可不拆。

（2）将拆下的零件逐一编号，妥善保管。对于小零件如螺钉、键、销等，要防止丢失；对重要零件上的重要表面，要防止碰伤、变形、生锈，以免影响精度。

（3）对较复杂的装配体，为了便于在拆卸后重装，往往要绘制装配示意图，用以表示零件间的相对位置和配合关系，如图 9-17 所示为机用虎钳装配示意图。

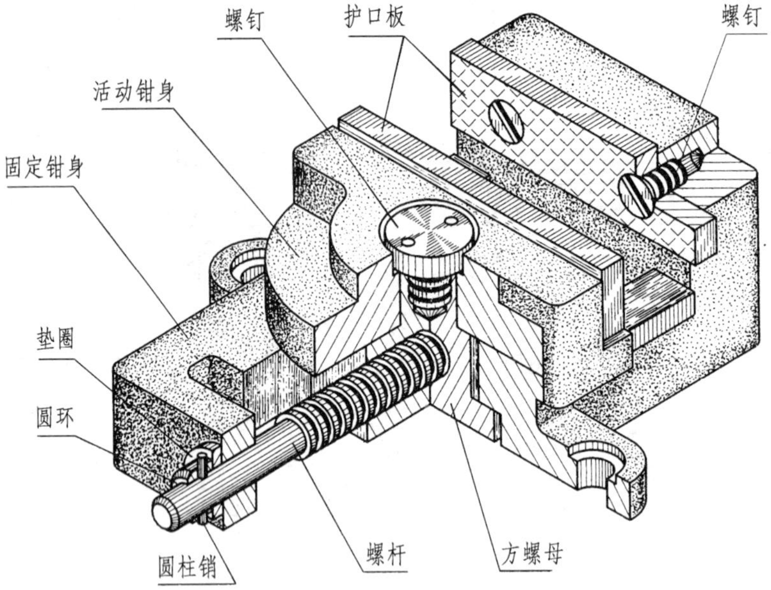

图 9-16　机用虎钳轴测图

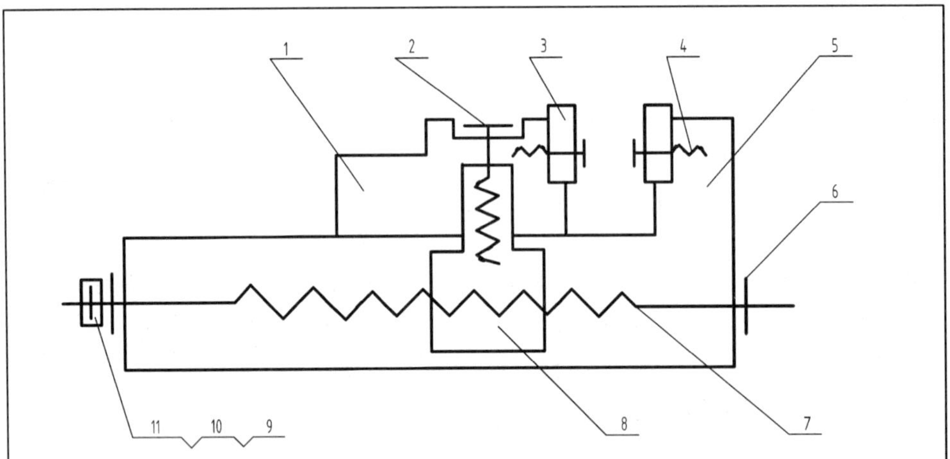

序号	名称	数量	材料	备注
11	销	1	35	A4x20
10	圆环	1	Q235-A	
9	垫圈	1	Q235-A	
8	方螺母	1	Q235-A	
7	螺杆	1	45	
6	垫圈	1	Q235-A	
5	钳座	1	HT200	
4	螺钉	2	35	M8x18
3	钳口板	2	45	
2	螺钉	1	35	
1	活动钳身	1	HT200	

机用虎钳装配示意图			
比例	1:1		
数量	1		
制图		重量	材料
描图			
审核			

图 9-17　机用虎钳装配示意图

2. 画装配示意图

装配示意图是用规定符号和简单图线画出组成装配体各零件的大致轮廓，用以说明零件之间的装配关系和相对位置及工作原理等的图形，如图 9 - 17 所示。画装配示意图时，应注意以下几点：

（1）示意图是将装配体假设为透明物体而绘制的，因而外形轮廓和内部构造均可反映出来。

（2）每个零件只画大致轮廓，并用单线表示。

（3）装配示意图一般只画一个或两个视图。两个零件的接触面要留出间隙，以区别不同零件。

（4）装配示意图一般应编出零件序号，列表写出零件的名称、数量、材料等项目。

三、画零件草图

零件草图是画装配图和零件工作图的依据，因此，在拆卸工作结束后，对零件进行测绘，画出零件草图，如图 9 - 18 所示为活动钳身的零件草图。

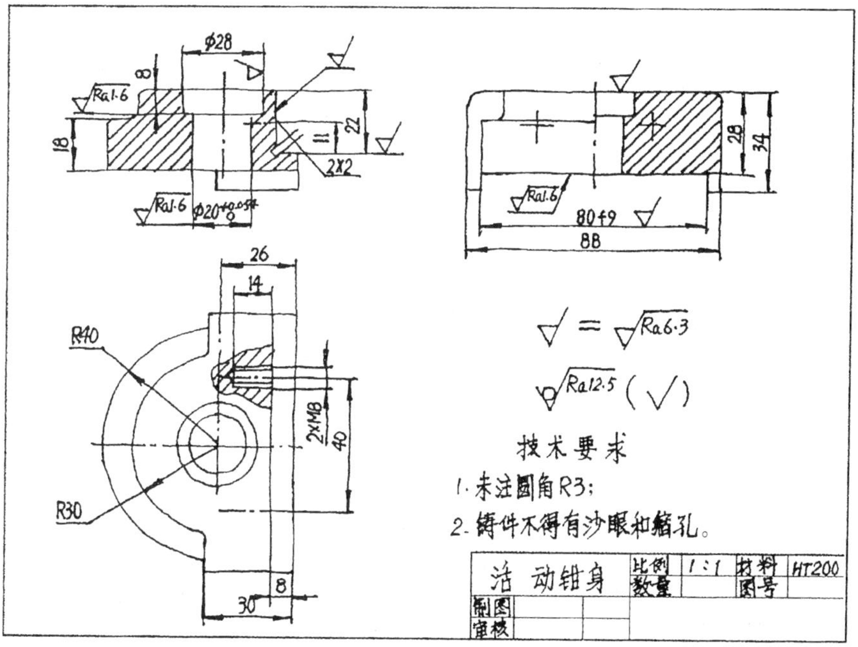

图 9 - 18 活动钳身零件草图

零件测绘在第八章中已详细介绍，不再赘述。在画零件草图时应注意以下几点：

（1）标准件不画草图，但要测出其结构要素（如螺纹基本直径、螺距等），然后查标准表，确定其标记代号，列出明细表，予以详细记录。

（2）零件的配合尺寸的确定，应正确判定配合状况，并成对地在两零件的草图上进行标注。

（3）零件材料的确定，一般可从外观判定材料是钢、铸铁、铸钢还是有色金属等，再根据零件的作用和工作条件，对比同类型产品选定材料的牌号。

四、画装配图

根据测绘的零件草图、标准件和装配示意图画出装配图。画装配图的方法和步骤在本章第三节中已有详细介绍。图9-19 所示为机用虎钳的装配图。

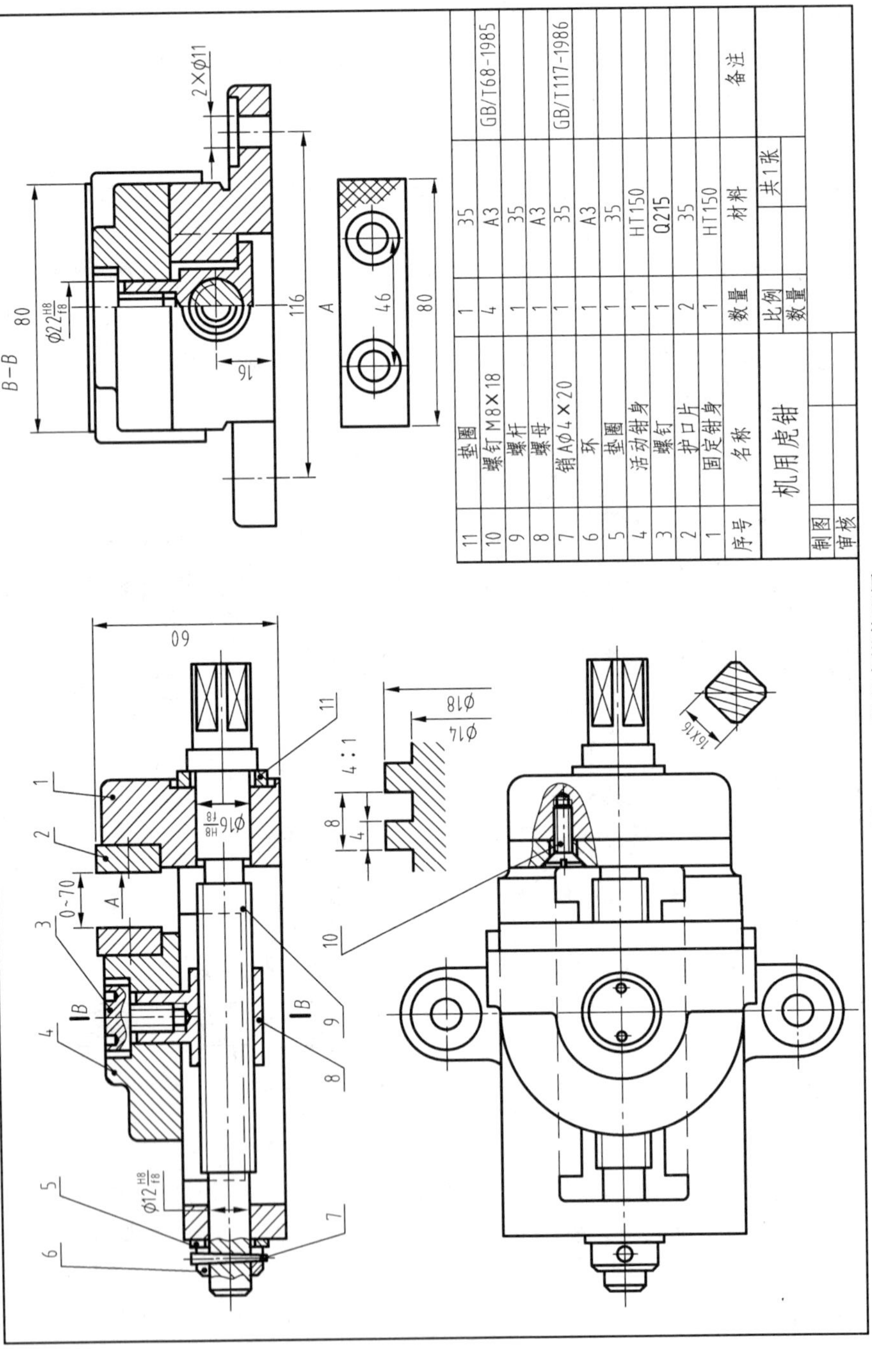

图 10-19 机用虎钳装配图

五、画零件工作图

根据装配图和零件草图，整理绘制出一套零件工作图。画零件工作图时，其视图选择不强求与零件草图或装配图的表达方案完全一致。但对画零件草图中不合理的部分都要进行认真修改。注意配合尺寸或相关尺寸应协调一致，画完后要进行检查，要求整套零件工作图和装配图中无错误。如图 9－20、如图 9－21、如图 9－22 所示为机用虎钳中的零件工作图。

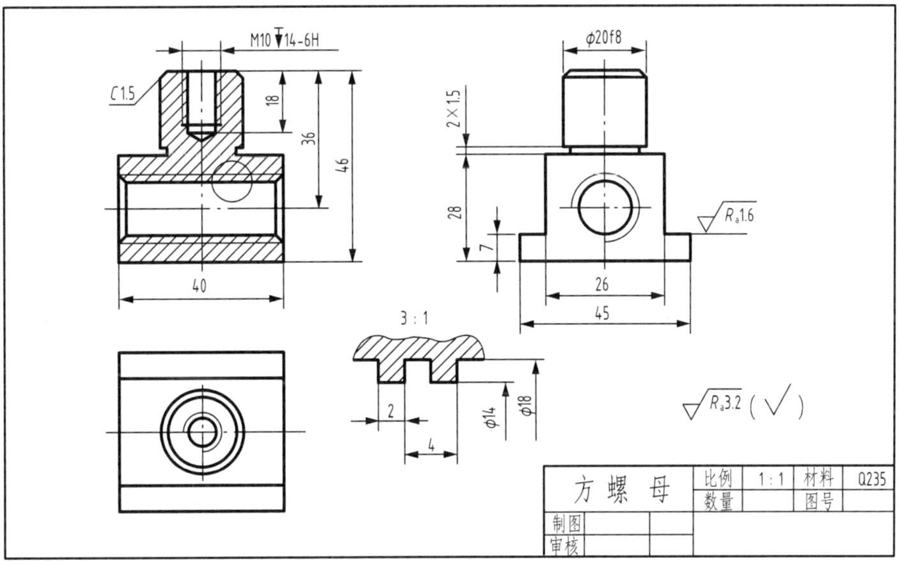

图 9－20　方螺母零件图

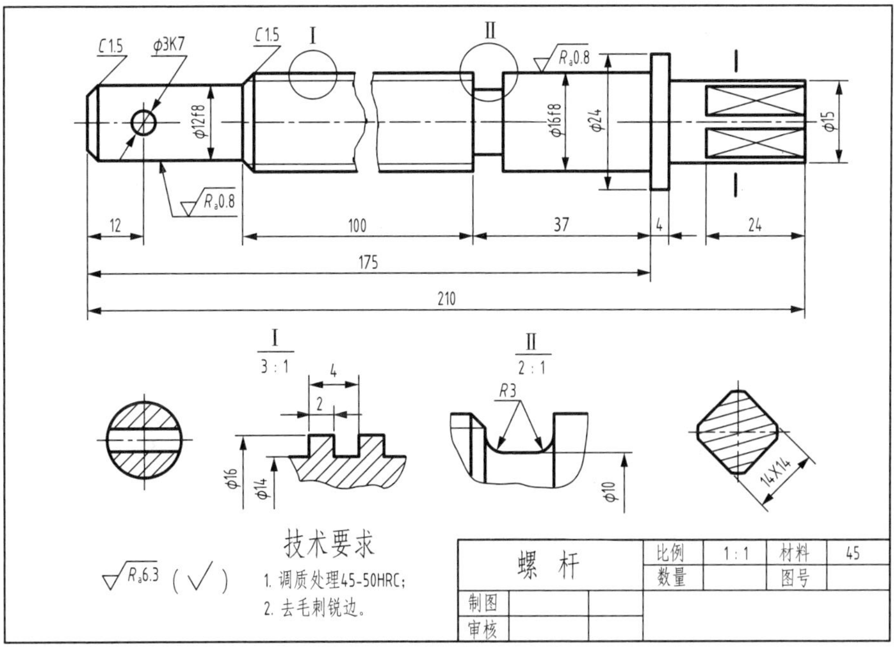

图 9－21　螺杆零件图

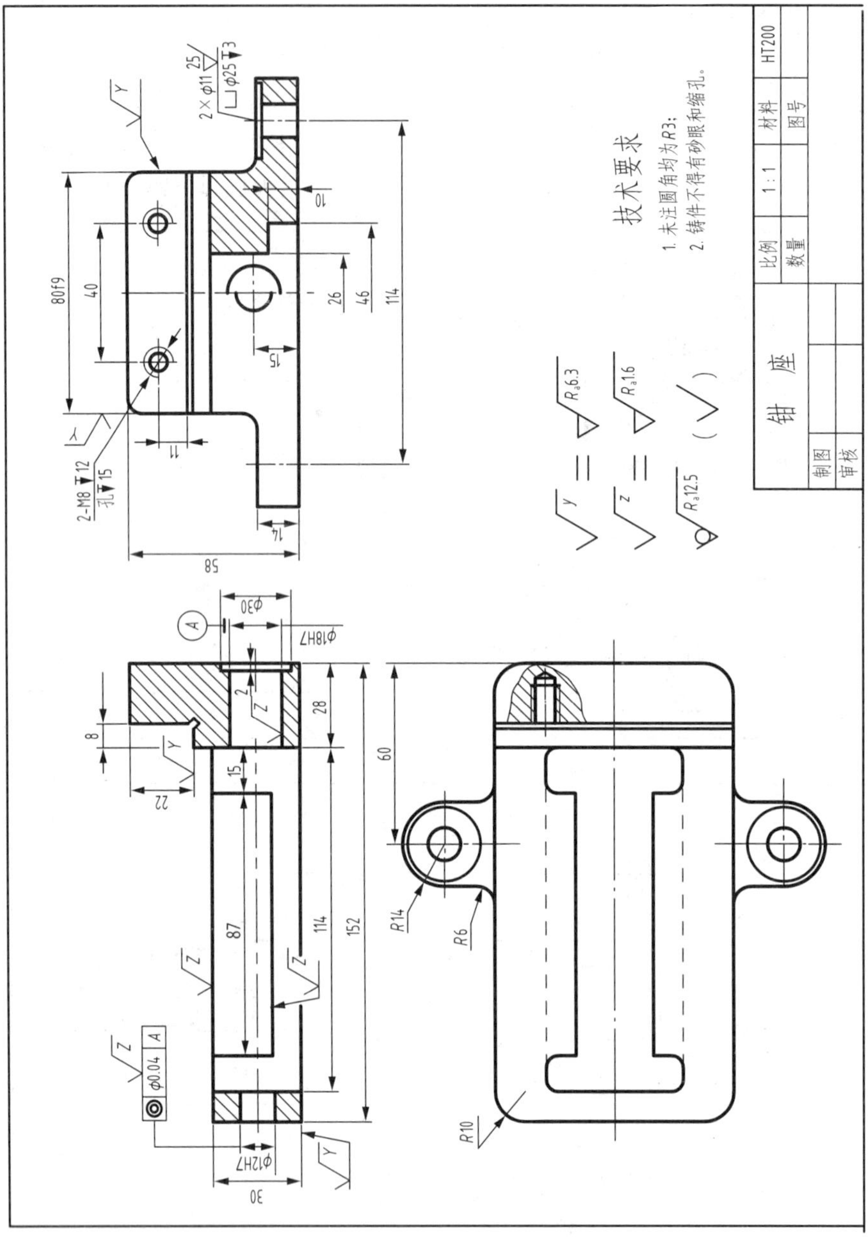

第八节　读装配图，拆画零件图

在生产过程中，经常要遇到读装配图的问题。在设计时，需依据装配图设计零件并画出零件图；在装配时，需根据装配图将零件组装成部件和机器；在维修时，需参照装配图进行拆卸和重装；在技术交流时，需参阅装配图来了解机器或部件的具体情况等。因此，工程技术人员必须具备读装配图的能力。

一、读装配图的方法和步骤

读装配图的目的是了解机器或部件的性能、工作原理、装配关系和各零件的主要结构、作用以及拆装顺序等。

下面以如图 9－23 所示的齿轮油泵装配图为例，说明读装配图的一般方法和步骤。如图 9－24 所示是齿轮油泵轴测图。

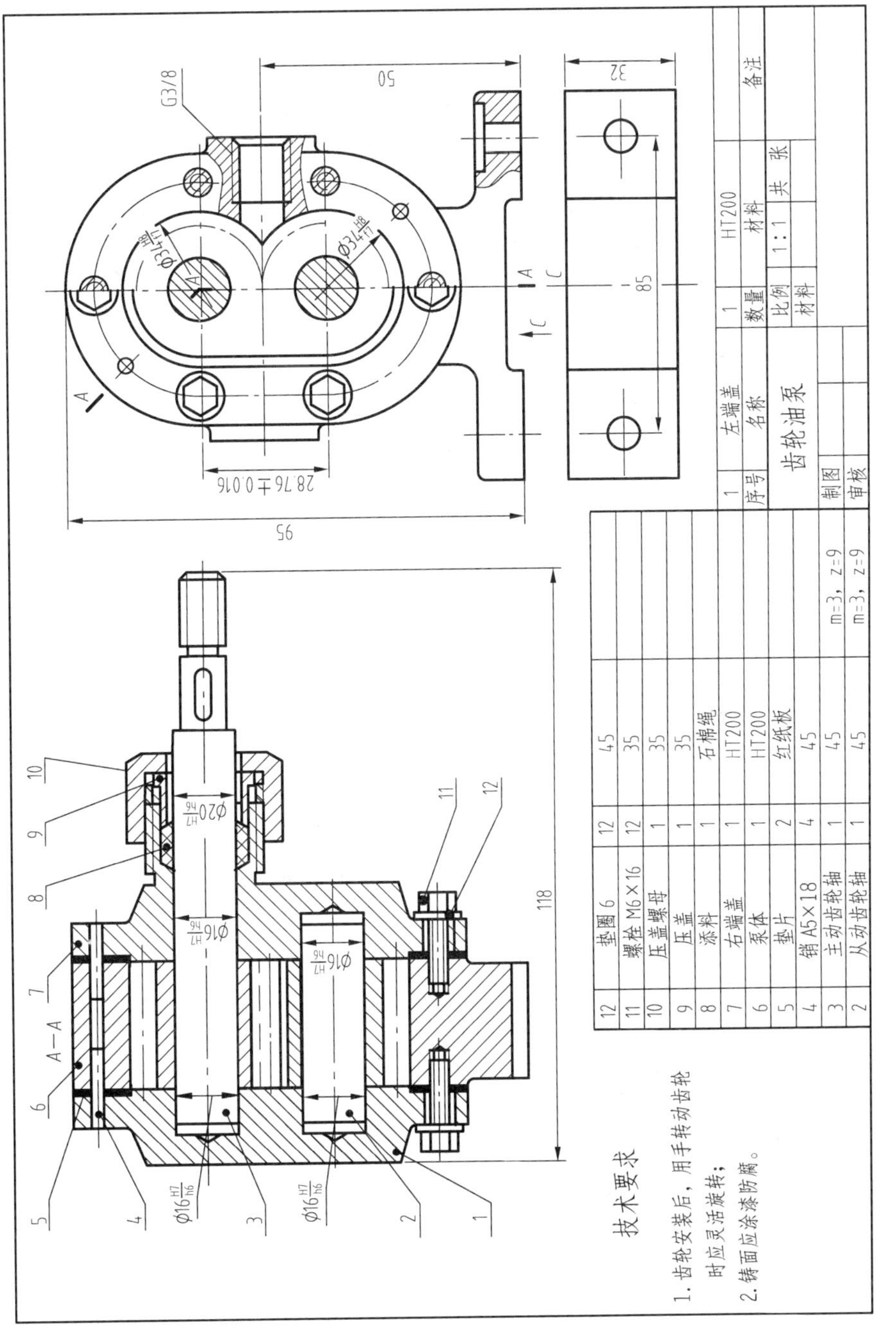

序号	名称	数量	材料	备注
12	垫圈 6	12	45	
11	螺栓 M6×16	12	35	
10	压盖螺母	1	35	
9	压盖	1	35	
8	添料	1	石棉绳	
7	右端盖	1	HT200	
6	泵体	1	HT200	
5	垫片	2	红纸板	
4	销 A5×18	4	45	
3	主动齿轮轴	1	45	m=3，z=9
2	从动齿轮轴	1	45	m=3，z=9
1	左端盖	1	HT200	

图10-23 齿轮油泵装配图

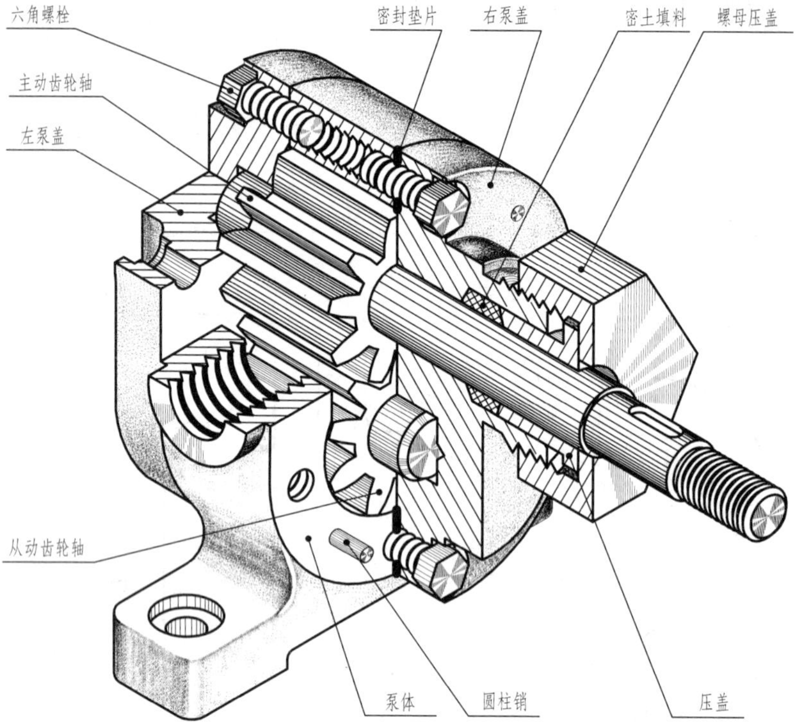

图 9-24　齿轮油泵轴测图

1. 概括了解

读装配图时，首先通过标题栏和产品说明书了解部件的名称、用途。从明细栏了解组成该部件的零件名称、数量、材料以及标准件的规格。通过对视图的浏览，了解装配图的表达情况和复杂程度。从绘图比例和外形尺寸了解部件的大小。从技术要求看该部件在装配、试验、使用时有哪些具体要求，从而对装配图的大体情况和内容有一个概括的了解。

齿轮油泵是机器润滑、供油系统中的一个部件。其体积较小，要求传动平稳，保证供油，不能有渗漏。它由十二种零件组成，其中有标准件五种。由此可知，这是一个较简单的部件。

2. 分析视图

了解各视图、剖视图、断面图的数量，各自的表达意图和它们相互之间的关系，明确视图名称、剖切位置、投射方向，为下一步深入看图作准备。

齿轮油泵装配图共选用两个基本视图。主视图采用了全剖视 $A-A$，它将该部件的结构特点和零件间的装配、连接关系大部分表达出来。左视图采用了半剖视图（拆卸画法），它是沿左端盖 1 和泵体 6 的结合面剖切的，清楚地反映油泵的外部形状和齿轮的啮合情况，以及泵体与左、右端盖的连接和油泵与机体的装配方式。局部剖视则是用来表达进油口和螺栓孔的内部情况。

3. 分析传动路线和工作原理

一般可从图样上直接分析,当部件比较复杂时,需参考说明书。分析时,应从机器或部件的传动入手:当主动齿轮3按逆时针方向(从左视图上观察)转动时,带动从动齿轮轴2,从而使后者作顺时针方向转动。传动关系清楚了,就可分析出工作原理,如图9-25所示:当一对齿轮在泵体内作啮合传动时,啮合区内前边空间的压力降低而产生局部真空,油池内的油在大气压力作用下进入油泵低压区内的进油口,随着齿轮的转动,齿槽中的油不断沿箭头方向被带至后边的出油口,把油压出,送至机器中需要润滑的部位。

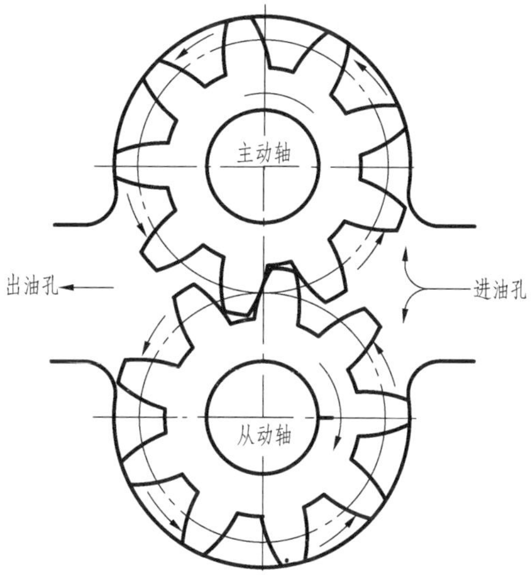

图9-25 油泵工作原理示意图

凡属泵、阀类部件都要考虑渗漏问题。为此,该泵在泵体与端盖的结合处加入了垫片5,并在齿轮轴3的伸出端用密封圈8、压盖9、压盖螺母10加以密封。

4. 分析装配关系

分析清楚零件之间的配合关系、连接方式和接触情况,能够帮助我们进一步了解为保证实现部件的功能所采取的相应措施,更加深入地了解部件。

如连接方式。从图中可以看出,它是采用四个圆柱销定位、十二个螺栓紧固的方法将两个端盖与泵体牢靠地连接在一起。

如配合关系,两轴与左、右泵盖配合是$\phi 16H7/h6$,为间隙配合,它采用了间隙配合中间隙为最小的方法,以保证轴在孔中既能转动,又可减少或避免轴的径向跳动。

尺寸28.76 ± 0.016,则反映对齿轮啮合中心距的要求。可以想像出,这个尺寸准确与否将会直接影响齿轮的传动情况。另外一些配合代号请读者自行分析。

5. 分析零件主要结构形状和用途

前面的分析是综合性的。为了深入了解部件,还应进一步分析零件的主要结构形状和用途。

分析时,应先看简单件,后看复杂件。即将标准件、常用件及一看即明的简单零件看懂后,再将其从图中"剥离"出去,然后集中精力分析剩下的为数不多的复杂零件。

分析时,应依据剖面线划定各零件的投影范围。根据同一零件的剖面线在各个视图上方向相同、间隔相等的规定,首先将复杂零件在各个视图上的投影范围及其轮廓分析清楚,进而运用形体分析法并辅以线面分析法进行仔细推敲,还可借助丁字尺,三角板、分规等帮助找投影关系。此外，分析零件主要结构形状时，还应考虑零件要采用这种结构形状的原因，以进一步分析该零件的作用。

当某些零件的结构形状在装配图上表达不够完整时，可先分析相邻零件的结构形状，根据它和周围零件的关系及其作用，再来确定该零件的结构形状就比较容易了。但有时还需参考零件图来加以分析，以弄清零件的细小结构及其作用。

6. 归纳总结

在以上分析的基础上，还要对技术要求和全部尺寸进行分析，并把部件的性能、结构、装配、操作、维修等几方面联系起来研究，进行归纳总结，这样对部件才能有一个全面的了解。

上述读图方法和步骤，是为初学者读图时理出的一个思路，彼此不能截然分开。读图时还应根据装配图的具体情况而加以选用（齿轮油泵的轴测图参见本书171页图8-43）。

二、由装配图拆画零件图

在设计新机器时，通常是根据使用要求先画出装配图，确定实现其工作性能的主要结构，然后根据装配图再来画零件图。由装配图拆画零件图，简称“拆图”。拆图的过程，也是继续设计零件的过程。

1. 拆画零件图的要求

（1）拆图前，必须认真阅读装配图，全面深入地了解设计意图，分析清楚装配关系、技术要求和各个零件的主要结构。

（2）画图时，要从设计方面考虑零件的作用和要求，从工艺方面考虑零件的制造和装配，使所画的零件图既符合设计要求又符合生产要求。

2. 拆画零件图应注意的几个问题

（1）完善零件结构。由于装配图主要是表达装配关系，因此对某些零件的结构形状往往表达得不够完整，在拆图时，应根据零件的功用加以补充、完善。

（2）重新选择表达方案。装配图的视图选择是从表达装配关系和整个部件情况考虑的，因此在选择零件的表达方案时不能简单照搬，应根据零件的结构形状，按照零件图的视图选择原则重新考虑。当然，许多零件，尤其是箱体类零件的主视图方位与装配图还是一致的。对于轴套类零件，一般仍按加工位置（轴线水平放置）选取主视图。

（3）补全工艺结构。在装配图上，零件的细小工艺结构，如倒角、倒圆、退刀槽等往往被省略。拆图时，这些结构必须补全，并加以标准化。

（4）补齐所缺尺寸，协调相关尺寸。由于装配图上的尺寸很少，所以拆图时必须补全。装配图上已注出的尺寸，应在相关零件图上直接注出；未注的尺寸，则由装配图上按所用比例大小直接量取，数值可作适当圆整；装配图上尚未体现的，则需自行确定。

相邻零件接触面的有关尺寸和连接件的有关定位尺寸必须一致，拆图时应一并将它们注在相关零件图上。对于配合尺寸和重要的相对位置尺寸，应注出偏差数值。

（5）确定表面粗糙度。表面粗糙度应根据零件表面的作用和要求确定。接触面与配合面的表面粗糙度数值要小些，自由表面的表面粗糙度数值要大些。但有密封、耐腐蚀、美观等要求的表面粗糙度数值则要小一些。

(6) 注写技术要求。技术要求将直接影响零件的加工质量。正确制定技术要求，涉及许多专业知识，初学者可参照同类产品的相应零件，用类比法确定。

3. 拆画零件图举例

下面以拆画如图 9－23 所示齿轮油泵装配图中的右端盖为例，介绍拆图的方法和步骤。

(1) 确定零件的结构形状。根据图 9－23 零件序号 7 和剖面符号看出，右端盖的投影轮廓分明，左连接板、中支承板、右空心凸缘的结构也比清楚，但连接板、支承板的端面形状不明确，而左视图上又没有直接表达，需仔细分析确定。

从主视图上看，左、右端盖的销孔、螺孔均与泵体贯通。从左视图上看，销孔、螺孔的分布情况很清楚，而两个端盖上的连接板、支承板的内部结构和它们所起的作用又完全相同，据此，可确定右端盖的端面形状与左端盖的端面形状完全一样。

(2) 选择表达方案。经过分析、比较确定，主视图的投射方向应与装配图一致。它既符合该零件的安装位置、工作位置和加工位置，又突出了零件的结构形状特征。主视图也采用全剖视，既可将三个组成部分的外部结构及其相对位置反映出来，又可将其内部结构，如阶梯孔、销孔、螺孔等表达得很清楚。那么，该零件的端面形状怎样表达呢？

总的来看，选左视图或右视图均可。如选右视图，其优点是避免了虚线，但视图位置发生了变化，不便与装配图对照；若选左视图，长圆形支承板的投影轮廓则为虚线，但可省略几个没必要画出的圆，使图形更显清晰，制图更为简便，同时也便于和装配图对照，故左视图也应与装配图一致。

(3) 尺寸标注。除了标注装配图上已给出的尺寸和可直接从装配图上量取的一般尺寸外，还应确定以下几种特殊尺寸：

① 根据 M6 查表确定了螺栓孔的尺寸，即 $6\times\phi6.6$；又确定了细牙普通螺纹 M27×1.5 的尺寸。

② 查表确定了退刀槽的尺寸 $\phi24.7$。

③ 为了保证圆柱销定位的准确性，确定销孔应与泵体同钻铰。

④ 确定了螺孔、销孔的定位尺寸 $R22$ 和 $45°$，该尺寸则必须与左端盖和泵体上的相关尺寸协调一致。

(4) 确定表面粗糙度。有钻铰的孔和有相对运动的孔的表面粗糙度数值要小，故给出的 R_a 分别为 0.8 和 1.6；其他表面的表面粗糙度则是按常规给出的。

(5) 技术要求。参考有关同类产品的资料，注写了技术要求，并根据装配图上给出的公差带代号查出了相应的公差值。

如图 9－26 所示为齿轮油泵中右端盖的零件图。

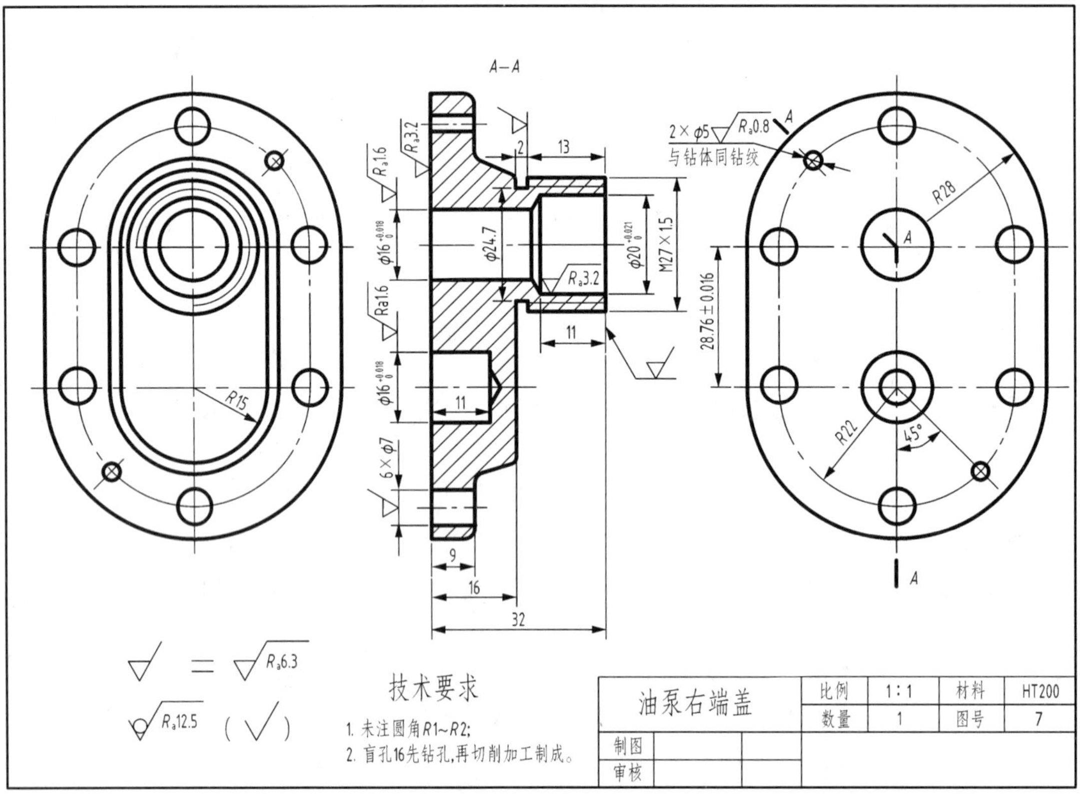
A—A
2×ϕ5 Ra0.8
与钻体同钻绞
A
R28
R15
R22
45°
28.76±0.016
ϕ16 +0.018 0
ϕ24.7
ϕ20 +0.021 0
M27×1.5
Ra3.2
Ra1.6
6×ϕ7
2
13
11
9
16
32
Ra6.3
Ra12.5
技术要求
1. 未注圆角R1~R2;
2. 盲孔16先钻孔,再切削加工制成。
油泵右端盖
比例
1∶1
材料
HT200
数量
1
图号
7
制图
审核

图 9-26　右端盖零件图

第十章 其他工程图样

在工业生产中，经常遇到一些用金属薄板制造的零件，如防护罩、通风管道、油罐、除尘器等。在制造这些板材制件时，先要画出制件的展开图（俗称放样），然后按图下料成型，再用焊接等工艺加工完成。因此，展开图和焊接图也是工程上常用的技术图样。本章主要介绍展开图与焊接图的有关知识及其画法。

第一节　展开图

将机件表面按其实际形状和大小摊平在一个平面上称为机件表面展开。展开后所得到的平面图形，称为该机件表面的展开图。画展开图的实质就是根据立体的投影图，求出立体表面展开后的实形。求立体表面展开后实形的方法有图解法和计算法两种。图解法是根据展开原理得到的，关键是求线段的实长和曲线的展开长度，而计算法是用解析计算代替图解法中的展开作图过程。本节只介绍图解法。

一、平面立体的展开

展开平面立体时，应根据平面立体的视图所表达的投影关系，求出平面立体各表面的真实形状和大小，并依次地画在同一平面上。

1. 棱柱管展开

棱柱管的各条棱线相互平行，如果从某棱线处断开，然后将棱面沿着与棱线垂直的方向打开并依次摊平在一个平面内，就得到了棱柱管的展开图。这种绘制展开图的方法称为平行线法。

作图时应当求出各条棱线之间的距离和棱线的各自实长，并且展开后各棱线仍然保持互相平行的关系。

【例 10－1】　求作斜口直立四棱柱管的展开图（如图 10－1 所示）。

分析：从图 10－1(a)可以看出，四棱柱的 4 条棱线均为铅垂线，其正面投影反映了棱线的实长；下底面 $ABCD$ 为水平面，其水平投影反映了实形。因为棱线垂直于下底面，所以棱线必然垂直于下底面的 4 条边，则棱线之间的距离就是下底面四边形的边长，并且展开后下底面的 4 条边成一直线。作图方法与步骤如图 10－1 所示：

(1) 选棱线 AE 为基准棱线，确定 AE 在展开图中的位置，且取 $AE=a'e'$（或 $a''e''$）。

(2) 过 A 点作棱线 AE 的垂直线，且在该垂直线上截取线段 $AB=ab$、$BC=bc$、$CD=cd$、$DA=da$，得 B、C、D、A 点。

(3) 过 B、C、D、A 点分别作直线平行于棱线 AE，并分别截取线段 $BF=b'f'$、$CG=c'g'$、$DH=d'h'$、$AE=a'e'$，得 F、G、H、E 点。

(4) 依次连接 E、F、G、H、E 各点，即得到斜口直立四棱柱管的展开图，如图 10-1(b)所示。

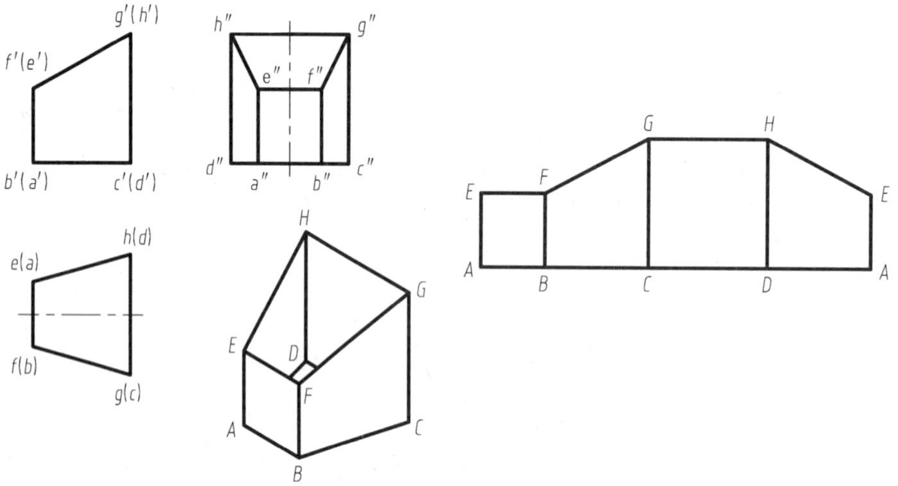

(a) (b)

图 10-1 斜口直立四棱柱管的展开图

2. 棱锥管展开

棱锥管的所有棱线汇交于锥顶，因此在求作棱锥管的展开图时，首先应确定各条棱线的实长及其相互之间的夹角，或者求出底面多边形每边的实长，即得各棱面的实形，依次将其展开在一个平面内。由于各条棱线汇交于一点，这种求作展开图的方法称为放射线法。

【例 10-2】 求作四棱锥管的展开图(如图 10-2 所示)。

分析：该机件可以看成是由四棱锥截割而成的四棱锥台。其上下底面为水平面，其水平投影反映底面多边形各边的实长，而 4 条棱线的实长可以利用直角三角形法或旋转法求得，因而可以求出各棱面的实形，然后依次将棱面展开在一个平面内，即得到其展开图。作图方法与步骤如图 10-2 所示：

(1) 在主视图上求出棱线交点的投影 s' 及其水平投影 s，在 $b'c'$ 的延长线上量取 $OA_1=sa$，由 O 点作垂直线与过 s' 的水平线交于 S_1，S_1A_1 即为四棱锥棱线的实长。

(2) 由 e' 作水平线交 S_1A_1 于 E_1，则 A_1E_1 即为四棱锥管的棱线的实长。

(3) 以 S 点为圆心，以 S_1A_1 为半径作圆弧，在该圆弧上截取弦长 $AB=ab$、$BC=bc$、$CD=cd$、$DA=da$，并将 A、B、C、D、A 各点与 S 点连线，得到四棱锥的展开图。

(4) 以 S 为圆心，S_1E_1 为半径作圆弧交棱锥各棱线于 E、F、G、H、E 各点，依次连各点，即得四棱锥管的展开图，如图 10-2(b)所示。

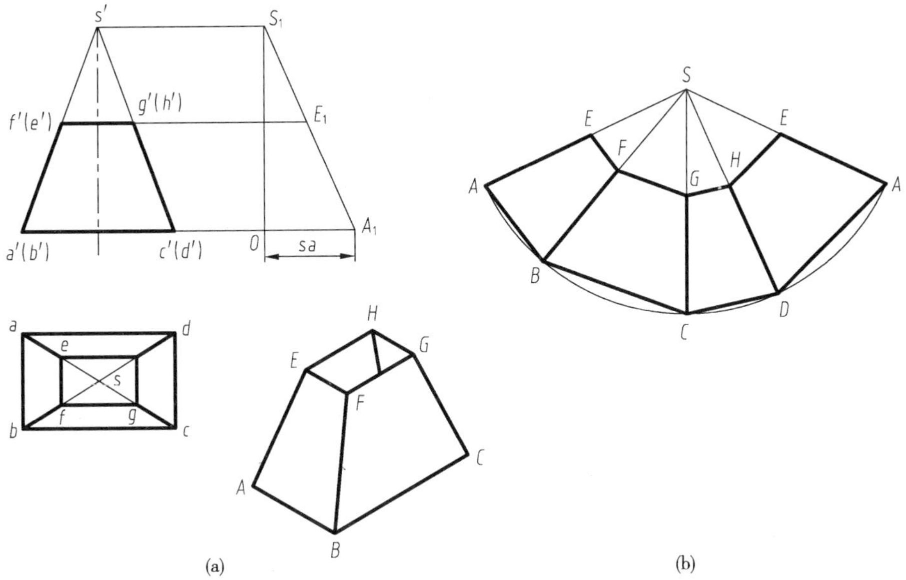

(a)　　(b)

图 10-2　四棱锥管的展开图

二、曲面立体的展开

1. 圆柱管件展开

圆柱管是使用最多的管件，它的相邻两条素线相互平行，可以用平行线法作出其展开图。它的展开图是一个矩形，矩形的一直角边是圆面的展开线，即长度等于圆面周长的直线；另一直角边是圆柱管面上的某一素线，其长度等于圆柱管的高。正圆柱管的展开图如图 10-3 所示。

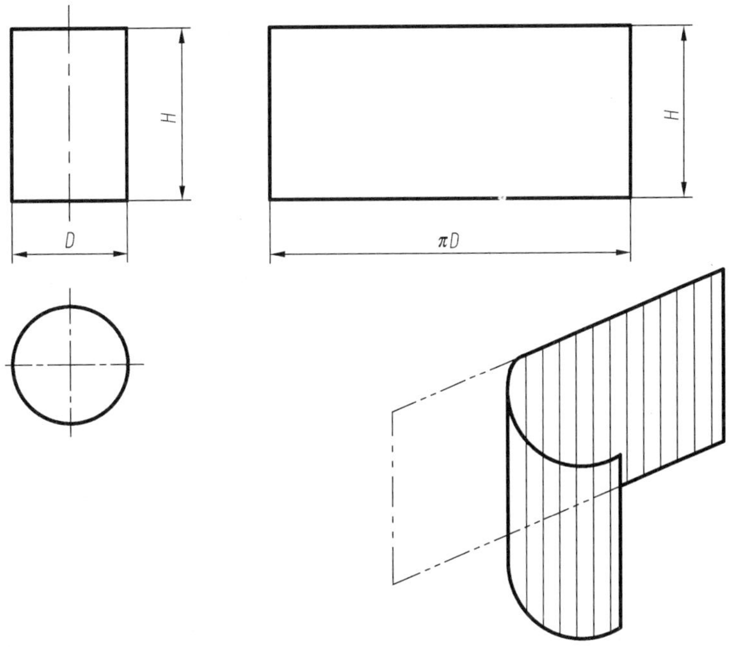

图 10-3　圆柱管的展开图

【例 10-3】 求作斜截正圆柱管的展开图(如图 10-4 所示)。

分析:正圆柱管斜截后,使得圆柱面上的各条素线的长度不相等。作展开图时应根据视图的投影关系求出若干素线的实长,然后光滑连接这些素线的端点,即可得到展开图。作图方法与步骤如图 10-4 所示:

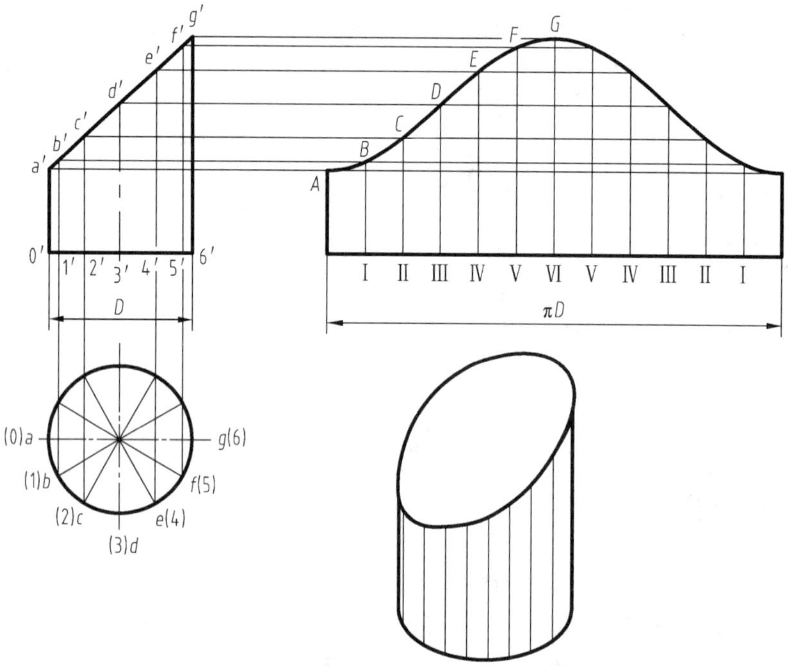

图 10-4 斜截正圆柱管的展开图

(1) 将圆柱管的底圆周长分成若干等分(例如在本图中分为 12 等分),得到若干等分点,例如 2 点;求出等分点的正面投影,例如点 2′;过等分点的正面投影作相应的素线,即得到素线的实长,例如 2′c′。

(2) 将圆周长展开成直线,其长度为 πD,并取同样的等分(例如在本图中的 12 等分),得到等分点,例如Ⅱ点;过这些等分点作该直线的垂直线,得到圆柱面展开后的各素线的位置线,例如ⅡC。

(3) 把斜截正圆柱管的正面投影上各素线的实长移至展开图上,得到相应素线的端点,例如素线ⅡC 的端点 C。

(4) 依次光滑连接各素线的端点,即得到斜截正圆柱管的展开图。

【例 10-4】 求作等径三通管的展开图(如图 10-5 所示)。

分析:等径三通管实际上为相贯体。画等径三通管的展开图,应该首先确定相贯线,然后以相贯线为界限,将它划分为两个圆柱管的切割体,再按基本体的展开方法作出各自的展开图。由于两个圆柱管的轴线都平行于正面,它们的表面素线的正面投影都反映实长,所以可以按照图 10-4 的方法画出它们的展开图。作图方法与步骤如图 10-5 所示:

(1) 求出相贯线的投影。两圆柱管垂直正交且直径相等,因此,相贯线的正面投影为互相垂直的两线段。

(2) 作正立圆柱管Ⅰ的展开图,方法同例 10－3 的作图原理。

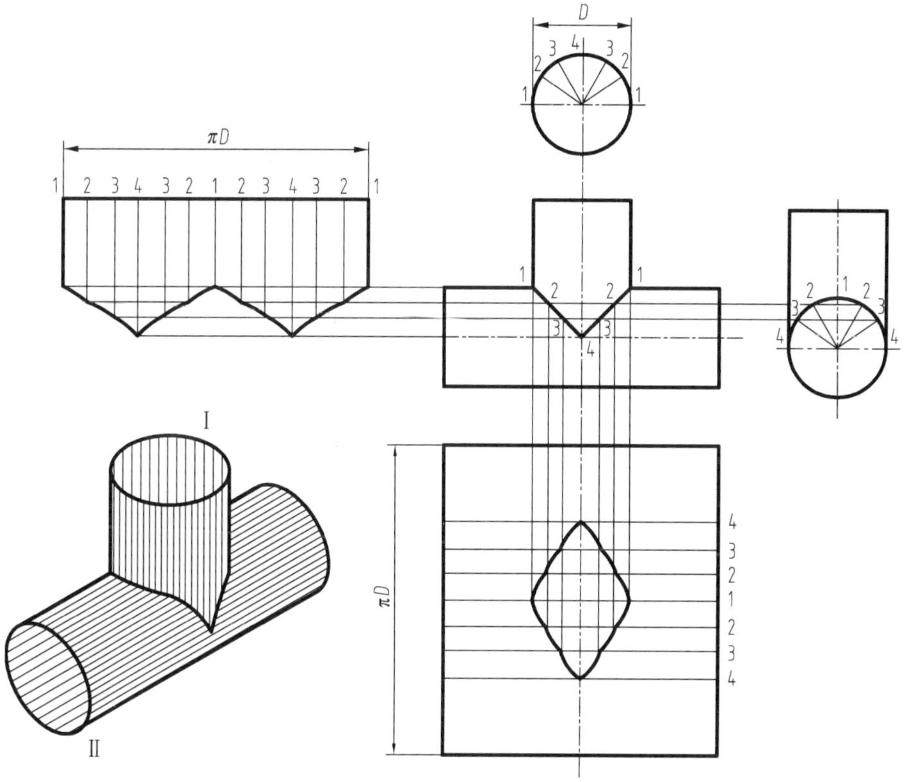

图 10－5　等径三通管的展开图

(3) 作水平圆柱管Ⅱ的展开图,方法同图 10－3 所示。然后求出相贯线点的位置,依次光滑地将各相贯线点连线,就可以得到相贯线所围成的孔的展开图。

2. 圆锥管件展开

由于圆锥面上所有素线汇交于锥顶,所以可用放射线法求作圆锥管件的展开图。正圆锥面展开后为扇形,用计算方法可求出该扇形的直线边等于圆锥素线的实长,扇形的弧长等于底圆的周长 πD,中心角为 $\alpha=180°\dfrac{D}{R}$,如图10－6所示。

【例 10－5】 求作斜截圆锥管的展开图(如图 10－7 所示)。

分析: 斜截圆锥管的展开图为正圆锥展开图的一部分。因此,应该首先作出正圆锥的展开图,然后求出切口平面与正圆锥面各素线的交点,再确定这些点在相应素线实长上的真实位置,得到被截素线的实长,依次连接这些素线的端点,即可得到所要求作的展开图。作图方法与步骤如图 10－7 所示:

(1) 求出锥顶的正面投影 s',作出正圆锥面的展开图。

(2) 用旋转法求出被截去素线的实长,例如素线 SⅡ被截去的素线长度为 SB。

(3) 以 s' 为圆心,以被截去素线的实长为半径画圆弧,与相应的正圆锥素线相交可得到若干交点,例如 A、B、C、…… 依次光滑连接这些交点,即可得到斜截正圆锥管的展开图。

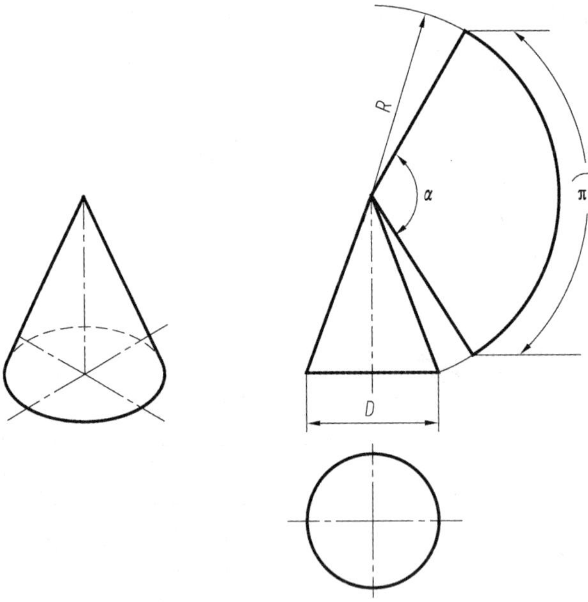

图 10-6　正圆锥管的展开图

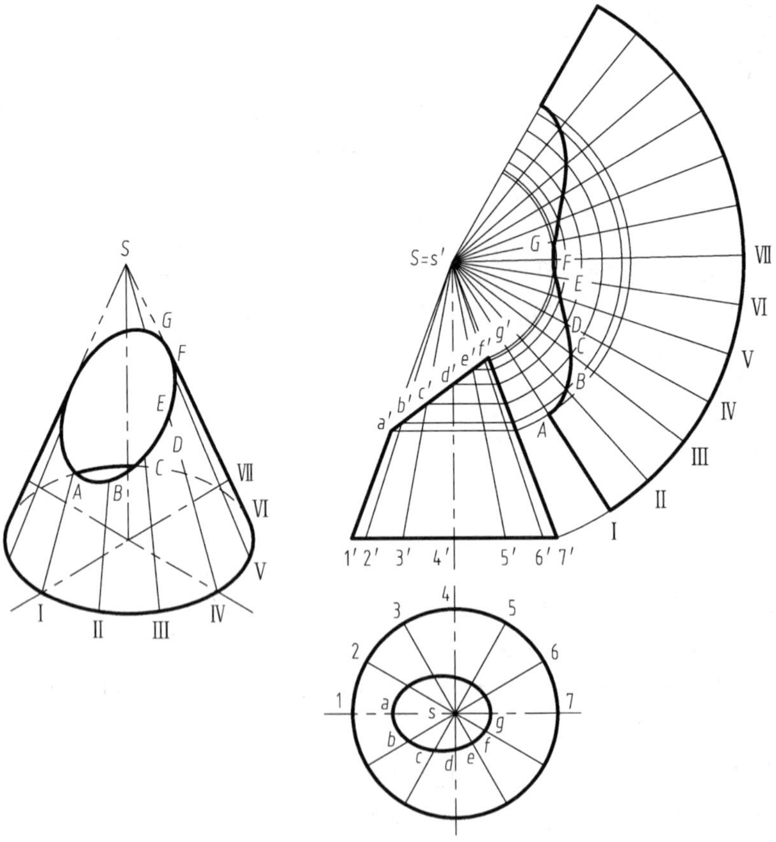

图 10-7　斜截圆锥管的展开图

三、变形接头的展开

变形接头一般用在流体通道必须变化的过渡地方，使通道的形状逐渐变化，减小过渡处的阻力，以便流体能顺畅通过。变形接头的表面多由平面、曲面混合而成，这类管件的展开一般采用三角形法，即将变形接头的表面分割成一定数量的三角形，然后求出各个三角形的实形，依次画在平面上，从而得到整个变形接头的展开图。

【例 10－6】 求作变形接头的展开图(如图 10－8 所示)。

分析：该变形接头为一个上圆下方的变形接头，它的表面由 4 个等腰三角形和 4 个相等的倾斜椭圆锥面组成，其轴测图如图 10－8(b)所示。它的下底面 $ABCD$ 为水平面，水平投影反映了下底面多边形的实形，每条为实长的边即为等腰三角形的底边，只要求出腰的实长就可以得到等腰三角形的实形。对于变形接头的椭圆锥面可将其分成若干个三角形，用棱锥面近似代替椭圆锥面，然后求出三角形的实形。最后将变形接头的全部组成部分的实形依次画在同一个平面内，就得到变形接头的展开图。作图方法与步骤如图 10－8 所示：

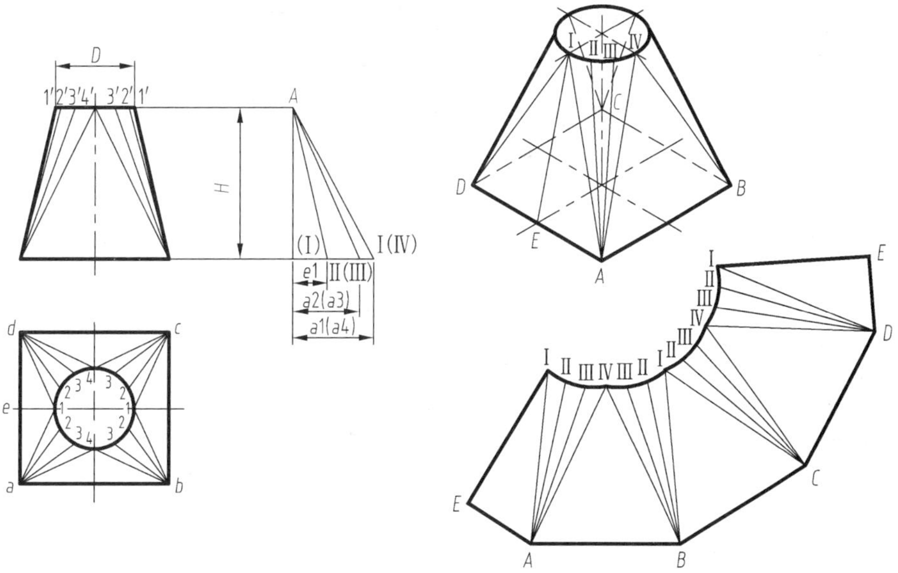

(a) (b)

图 10－8 变形接头的展开图

(1) 在变形接头的水平投影上，将顶圆的每 1/4 周长分为 3 等分，得点 1、2、3、4，并求出其正面投影 1′、2′、3′、4′，再将它们与 A 点的同面投影连线，得到椭圆锥面的 4 条素线 AⅠ、AⅡ、AⅢ、AⅣ的两面投影，如图 10－8(a)所示。

(2) 取素线的水平投影和其正面投影两端点的 z 坐标差(即变形接头的高)为两直角边作直角三角形，求出素线的实长为 AⅠ、AⅡ、AⅢ、AⅣ，且AⅡ＝AⅢ，AⅠ＝AⅣ，同为等腰三角形腰的实长；用同样方法求得等腰三角形高的实长 EⅠ，如图 10－8(a)所示。

(3) 作等腰三角形 ABⅣ的实形：取 $AB＝ab$，分别以 A、B 点为圆心，以腰长 AⅣ为半径作圆弧得到交点Ⅳ，△ABⅣ为实形，如图 10－8(b)所示。

(4) 作椭圆圆锥的实形：分别以Ⅳ、A 点为圆心，以圆弧$\overset{\frown}{43}$的弦长、AⅡ为半径作圆弧得交点Ⅲ，则△AⅢⅣ为椭圆锥面的 1/3 实形。用相同方法依次做出椭圆锥面的其余部分的实形△AⅡⅢ和△AⅢ。光滑连接Ⅰ、Ⅱ、Ⅲ、Ⅳ点，得到一个椭圆锥面的实形，如图 10－8(b)所示。

(5) 以 A、Ⅰ为圆心，分别$\frac{1}{2}AD$、EⅠ为半径作圆弧得到交点 E，则△A EⅠ为等腰三角形 A ⅠD 一半的实形，EⅠ为变形接头展开图切口的结合边。

(6) 重复上述的作图步骤，依次作出变形接头其余组成部分的实形，并且画在同一个平面内，从而得到整个变形接头的展开图，如图 10－8(b)所示。

第二节　焊 接 图

焊接是将焊件连接处局部加热熔化或加热加压熔化，使连接处融合为一体的一种加工方法，它是一种不可拆连接。常用的焊接方法有手工电弧焊、气焊等。焊接图是表示焊接加工要求的一种图样。在焊接图中，应将焊接件的结构和焊接的有关内容表示清楚。为此，国家标准规定了焊缝的画法、符号、尺寸标注方法和焊接方法的表示代号。

一、焊接接头型式和焊缝的规定画法

1. 焊接接头型式

常用的焊接接头型式有：对接接头、T 型接接头、角接接头和搭接接头等，如图 10－9 所示。

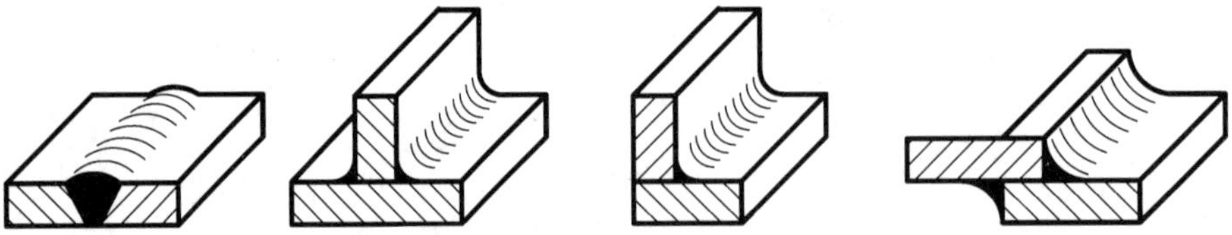

(a) 对接接头　(b) T 型接接头　(c) 角接接头　(d) 搭接接头

图 10－9　焊接接头的型式

2. 焊缝的规定画法

在焊接连接里，其焊接融合处称为焊缝。焊缝又分为对接焊缝、点焊缝和角焊缝等。在图样中一般不需要特别表示焊缝，只在焊缝处标注焊缝符号即可，如图 10－10 所示。按照国家标准 GB/T12212－1990 的规定，在技术图样中，一般按 GB/T324－1988 规定的焊缝符号表示焊接。

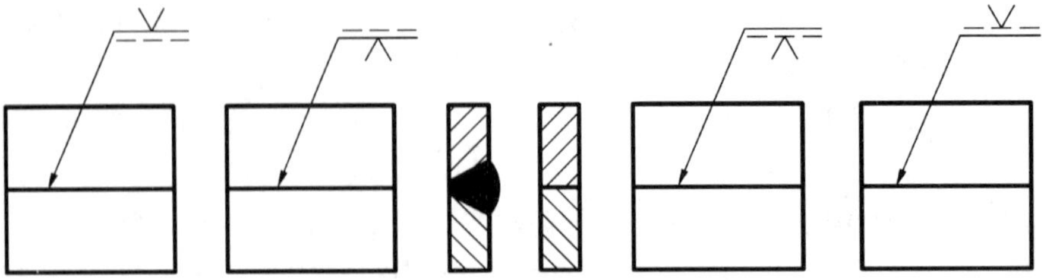

图 10－10　焊缝的规定画法

如果需要在图样中绘制焊缝时，除了标注焊缝符号外，可以用一些规定的图线表示焊缝。一般图中可见焊缝用一组细实线圆弧或直线线段表示（这些线段允许徒手绘制），也允许采用粗线[宽度为(2～3*b*)]表示焊缝，如图 10－11 所示。但在同一图样中，只允许采用一种画法。

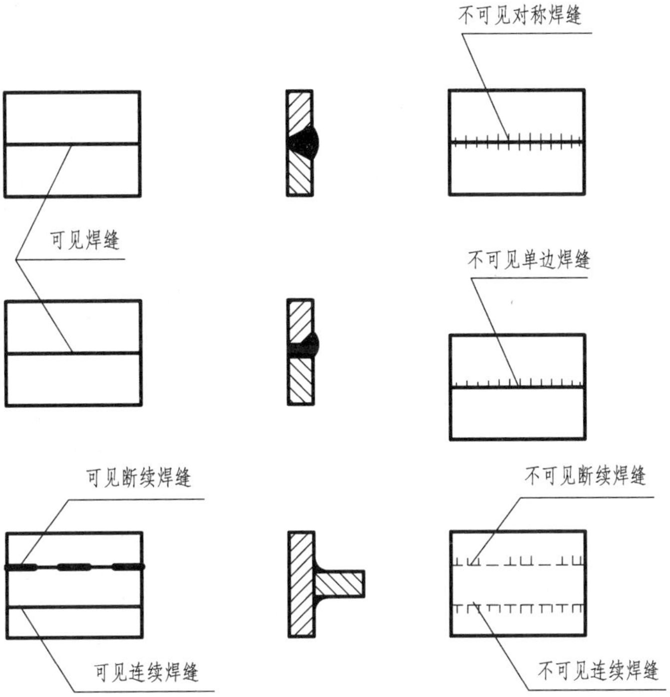

图 10－11 用图线表示焊缝的画法

二、焊缝符号及其标注

技术图样中的焊缝一般应采用 GB/T324－1988 中规定的焊缝符号表示。焊缝符号一般由基本符号、辅助符号、指引线和焊缝尺寸符号等组成，必要时还可以加上补充符号。

1. 基本符号

基本符号是表示焊缝横截面形状的符号，近似于焊缝横截面的形状。基本符号采用粗实线（线宽约为 0.7*b*）绘制。常用焊缝的基本符号见表 10－1。

表 10－1 常用焊缝的基本符号

焊缝名称	焊缝型式	符号	焊缝名称	焊缝型式	符号
I 型焊缝	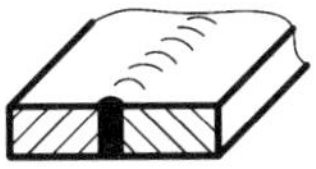	‖	带钝边单边 V 型焊缝		
V 型焊缝		V	带钝边 U 型焊缝		

（续表）

焊缝名称	焊缝型式	符号	焊缝名称	焊缝型式	符号
钝边 Y 型焊缝	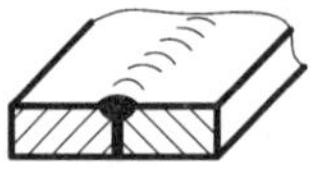	Y	角焊缝	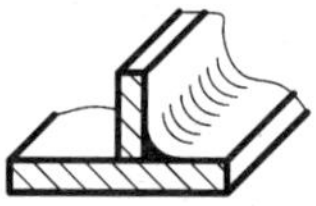	△
单边 V 型焊缝	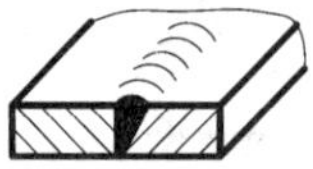		点焊缝	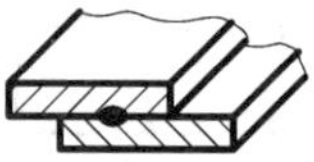	○

2. 辅助符号和补充符号

辅助符号是表示焊缝表面形状特征的符号，采用粗实线（线宽与基本符号相同）绘制。当不需要确切地说明焊缝的表面形状时，可以不用辅助符号。补充符号是为了补充说明焊缝的某些特征而采用的符号。常用的焊缝的辅助符号和补充符号见表 10－2。

表 10－2　焊缝的辅助符号和补充符号

名称	平面符号	凹面符号	凸面符号	三面焊缝符号	周围焊缝符号	现场符号
型式		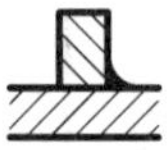		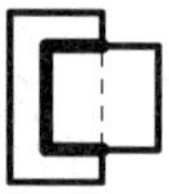		
符号	—	⌣	⌢		○	
说明	表示焊缝表面平齐	表示焊缝表面凹陷	表示焊缝表面凸起	表示三面焊缝符号的开口方向与三面焊缝的实际方向画的基本一致	表示环绕工件周围施焊	表示在现场或工地施焊

3. 指引线

指引线用细实线绘制，一般由带箭头的指引线（简称箭头线）和两条基准线（一条为实线，另一条为虚线）两部分组成，必要时可以加上尾部（90°夹角的细实线），如图 10－12 所示。

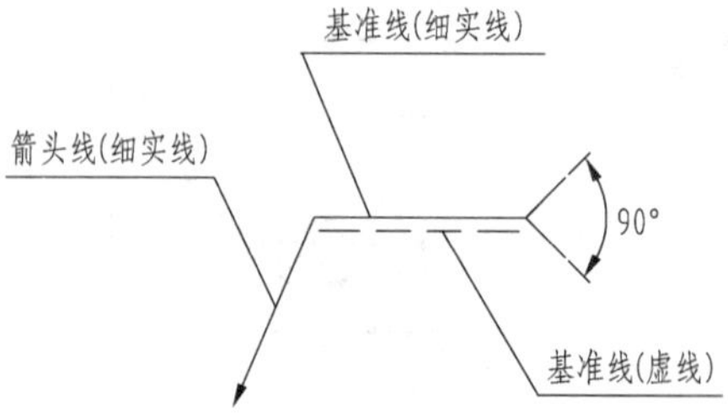

图 10－12　指引线

（1）箭头线和接头的关系

箭头线和接头的关系分为接头的箭头侧和接头的非箭头侧，其具体含义如图 10－13 和图 10－14 所示。

(a) 焊缝在箭头侧　　(b) 焊缝在非箭头侧

图 10－13　带单角焊缝的 T 型接头

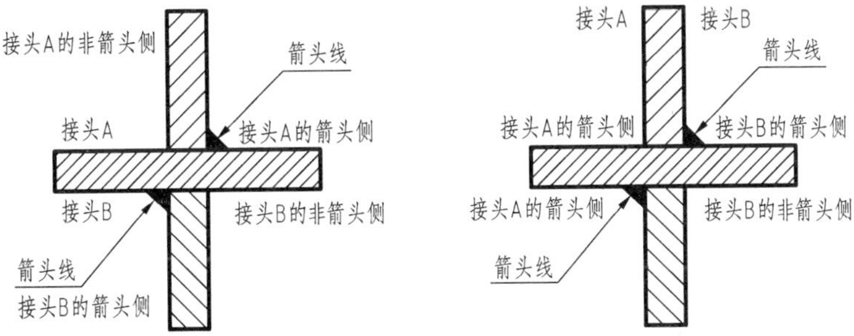

(a)　　(b)

图 10－14　双角焊缝十字接头

（2）箭头线的位置

箭头线直接指向焊缝时，可以指在焊缝的正面或反面，如图 10－15(a)、(b)所示。但在标注单边 V 形焊缝、带钝边的单边 V 形焊缝、带钝边 J 带焊缝时，箭头线应指向带有坡口一侧的工件，如图 10－15(c)、(d)所示。必要时允许箭头线弯折一次，如图 10－16 所示。

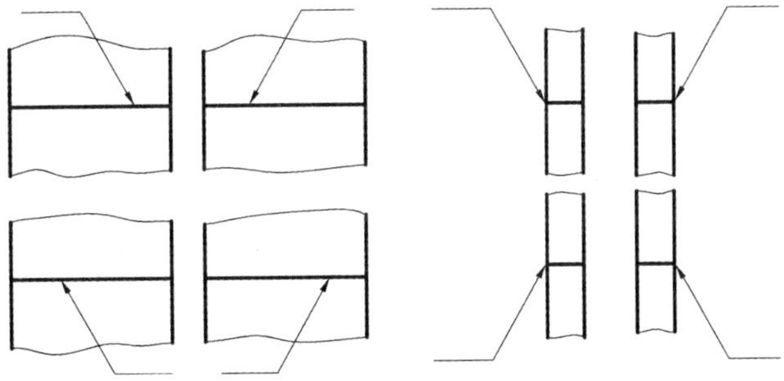

(a)　　(b)

(c)　　(d)

图 10－15　箭头线的位置

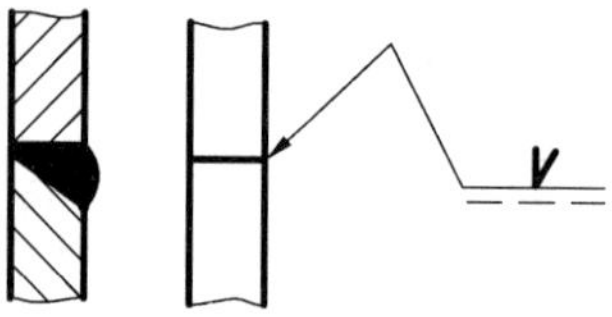

图 10－16　弯折的箭头线

(3) 基准线的位置

基准线一般应与图样标题栏的边长相平行，必要时，也可与标题栏的长边相垂直。基准线的虚线，一般画在基准线实线的下方，也可以画在基准线实线的上方，如图 10－10 所示。

(4) 基本符号相对基准线的位置

基本符号相对基准线的位置有如下规定：

① 如果焊缝在接头的箭头侧，则基本符号应标注在基准线的实线侧，如图 10－17(a)所示。

② 如果焊缝在接头的非箭头侧，则基本符号应标注在基准线的虚线侧，如图 10－17(b)所示。

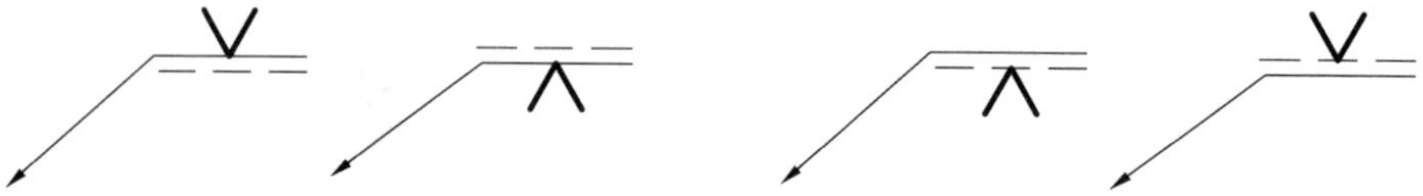

(a) 焊缝在接头的箭头侧　　(b) 焊缝在接头的非箭头侧

③ 标注对称焊缝及双面焊缝时，可不加虚线，如图 10－17(c)、(d)所示。

(c) 对称焊缝　　(d) 双面焊缝

图 10－17　基本符号相对基准线的位置

(5) 焊缝尺寸符号及其标注位置

焊缝尺寸一般不标注，只有在设计或生产部门需要注明焊缝尺寸时才标注。常用的焊缝尺寸符号见表 10－3。

表 10－3　焊缝尺寸符号

名　称	符　号	名　称	符　号
板材厚度	δ	焊点直径	d
钝边高度	p	焊缝长度	l
焊角高度	K	对接焊缝根部间隙	b
焊缝宽度	c	坡口角度	α

焊缝尺寸的标注位置规定如下：

① 在焊缝基本符号左边标注：钝边高度 p、坡口高度 H、焊角高度 K、焊缝宽度 c、焊点直径 d、焊缝增高量 h、熔透深度 s、坡口圆弧半径 R。

② 在焊缝基本符号右边标注：焊缝长度 l、焊缝间隙 e、相同焊缝数量 n。

③ 在焊缝基本符号上边标注：坡口角度 α、对接焊缝根部间隙 b。

常见的焊缝尺寸的标注示例见表 10－4。

表 10－4 焊缝的标注示例

接头型式	焊缝型式	标注示例	说 明
对接接头	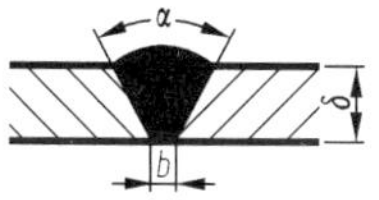	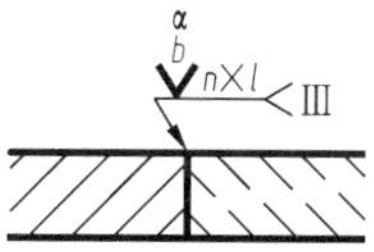	Ⅲ 表示用手工电弧焊，V 形焊缝，坡口角度为 α，对接间隙为 b，有 n 条焊缝，焊缝的长度为 l
	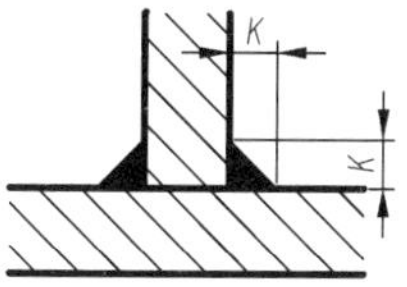	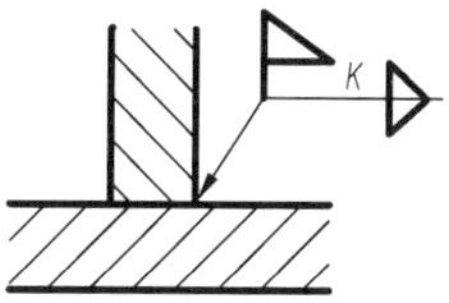	表示在现场装配时进行焊接 表示双面角焊缝，焊角高为 K
T 型接头	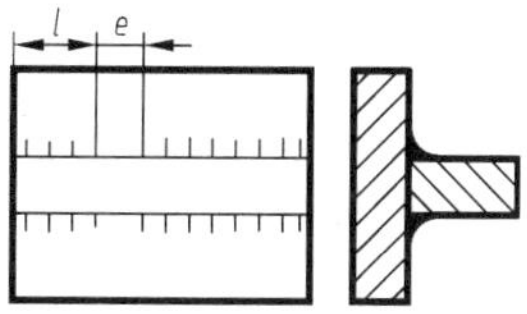	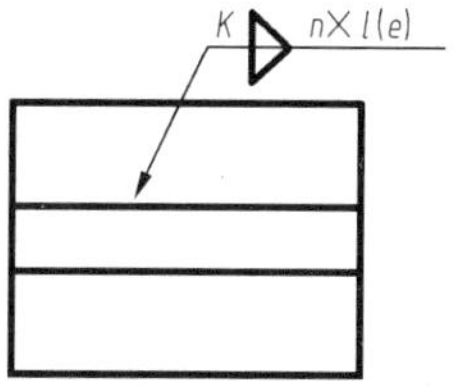	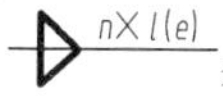表示有 n 条断续双面链状角焊缝。l 表示焊缝的长度，e 表示断续焊缝的间距
	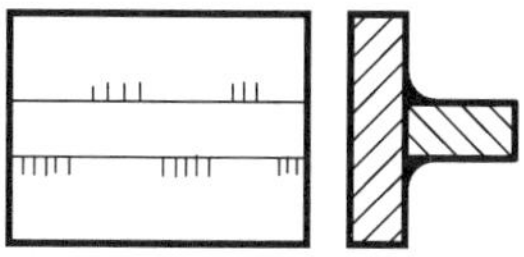	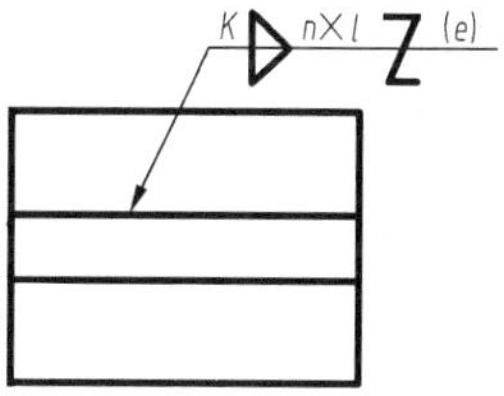	Z 表示断续交错焊缝

（续表）

接头型式	焊缝型式	标注示例	说　明
角接接头	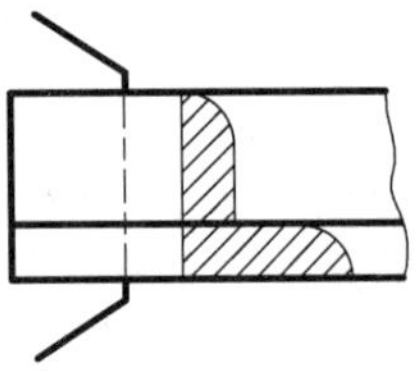	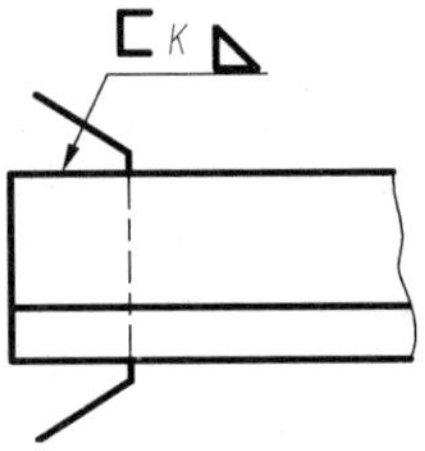	⊏表示三面焊接 ◺表示单面角焊缝
	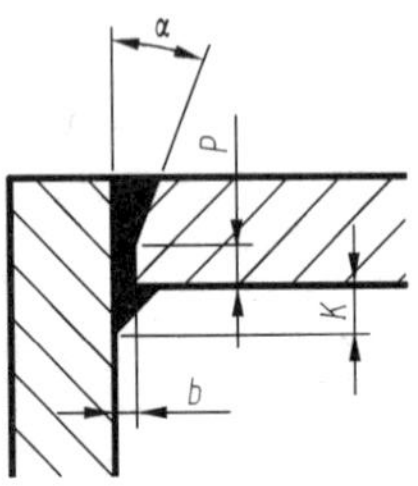	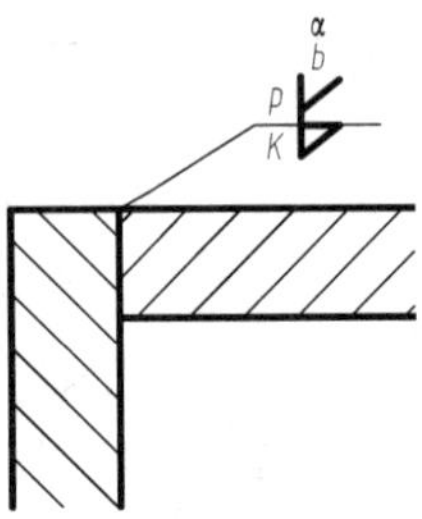	表示双面焊缝，上面为带钝边单边 V 形焊缝，下面为角焊缝
搭接接头	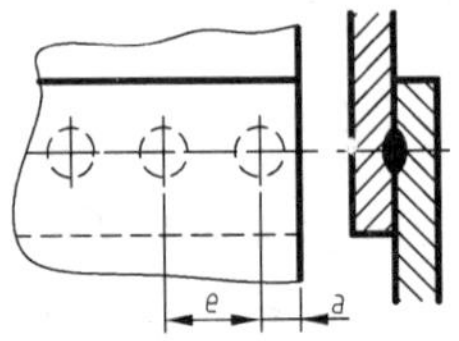	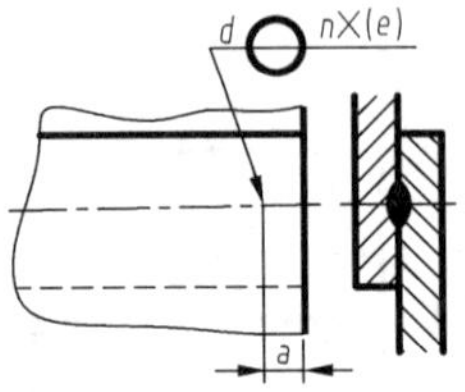	○表示点焊，*d* 表示焊点直径，*e* 表示焊点的间距，*a* 表示焊点至板边的间距

三、焊接图样示例

图 10－18 所示为一焊接件实例——支座的焊接图。图中的焊缝标注表明了各构件联接处的接头形式、焊缝符号及焊缝尺寸。焊接方法在技术要求中统一说明，因此在基准线尾部不再标注焊接方法的代号。

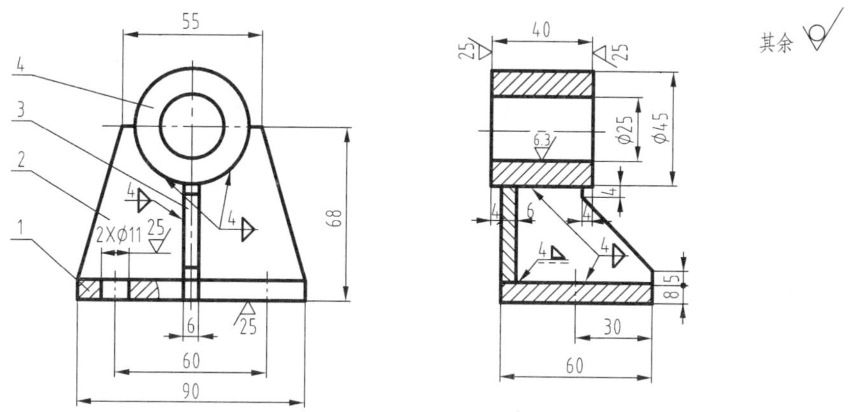

技术要求

1. 本构件焊接后应先整形再加工轴孔、底平面及安装孔；

2. 全部采用手工电弧焊。

4	轴　承	1	Q275			
3	肋　板	1	Q235			
2	支承板	1	Q235			
1	底　板	1	Q235			
序号	名　称	数量	材料	备注		
支　座		共一张	第一张	比　例		
		数　量		图　号		
制图			(单位)			
审核						

图 10－18　支座的焊接图

附　　录

附表 1　普通螺纹直径与螺距(摘自 GB/T 196～197－2003)　　(mm)

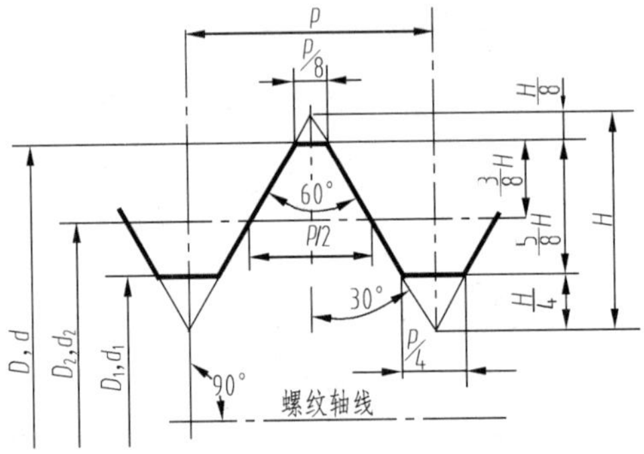

D—内螺纹大径
d—外螺纹大径
D_2—内螺纹中径
d_2—外螺纹中径
D_1—内螺纹小径
d_1—外螺纹小径
P—螺距

标记示例：

M10－6g(粗牙普通外螺纹、公称直径 $d=10$、右旋、中径及顶径公差带均为 6g、中等旋合长度)

M10×1LH－6H(细牙普通内螺纹、公称直径 $D=10$、螺距 $P=1$、左旋、中径及顶径公差带均为 6H、中等旋合长度)

公称直径 D、d			螺距 P		粗牙螺纹小径 D_1、d_1
第一系列	第二系列	第三系列	粗牙	细　牙	
4	—	—	0.7	0.5	3.242
5	—	—	0.8		4.134
6	—	—	1	0.75、(0.5)	4.917
	—	7			5.917
8	—	—	1.25	1、0.75、(0.5)	6.647
10	—	—	1.5	1.25、1、0.75、(0.5)	8.376
12	—	—	1.75	1.5、1.25、1、(0.75)、(0.5)	10.106
—	14	—	2		11.835
—	—	15		1.5、(1)	*13.376
16	—	—	2	1.5、1、(0.75)、(0.5)	13.835
—	18	—	2.5	2、1.5、1、(0.75)、(0.5)	15.294
20	—	—			17.294
—	22	—			19.294
24	—	—	3	2、1.5、1、(0.75)	20.752
—	—	25	—	2、1.5、(1)	*22.835
—	27	—	3	2、1.5、1、(0.75)	23.752
30	—	—	3.5	(3)、2、1.5、1、(0.75)	26.211
—	33	—		(3)、2、1.5、(1)、(0.75)	29.211
—	—	35	—	1.5	*33.376
36	—	—	4	3、2、1.5、(1)	31.670
—	39	—			34.670

注：(1)优先选用第一系列，其次是第二系列，第三系列尽可能不用。
(2)括号内尺寸尽可能不用。
(3)M14×1.25 仅用于火花塞；M35×1.5 仅用于滚动轴承锁紧螺母。
(4)带 * 号的为细牙参数，是对应于第一种细牙螺距的小径尺寸。

附表 2　梯形螺纹(摘自 GB/T 5796.1～5796.4－2005)　　(mm)

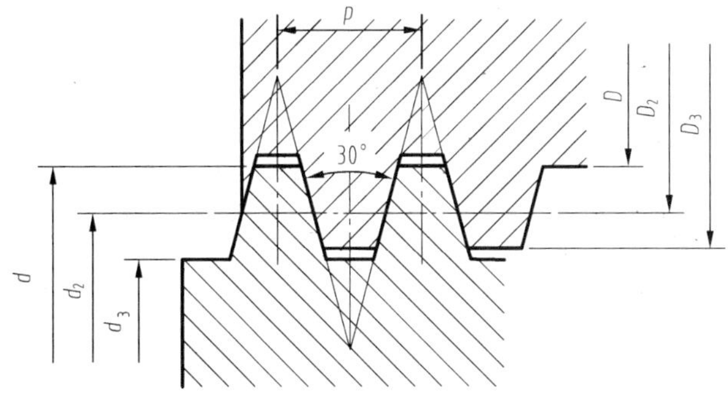

d—外螺纹大径(公称直径)
d_1—外螺纹小径
D—内螺纹大径
D_1—内螺纹小径
d_2—外螺纹中径
D_2—内螺纹中径
P—螺距
a_c—牙顶间隙

标记示例：

Tr40×7－7H(单线梯形内螺纹、公称直径 D＝40、螺距 P＝7、右旋、中径及顶径的公差带为 7H、中等旋合长度)

Tr60×18(P9)LH－8e－L(双线梯形外螺纹、公称直径 d＝60、导程 s＝18、螺距 P＝9、左旋、中径及顶径的公差带为 8e、长旋合长度)

梯 形 螺 纹 的 基 本 尺 寸

d 公称系列		螺距 P	中径 $d_2=D_2$	大径 D	小径		d 公称系列		螺距 P	中径 $d_2=D_2$	大径 D	小径	
第一系列	第二系列				d_1	D_1	第一系列	第二系列				d_1	D_1
8	—	1.5	7.25	8.3	6.2	6.5	32	—	6	29.0	33	25	26
—	9	2	8.0	9.5	6.5	7	—	34		31.0	35	27	28
10	—		9.0	10.5	7.5	8	36	—		33.0	37	29	30
—	11		10.0	11.5	8.5	9	—	38	7	34.5	39	30	31
12	—	3	10.5	12.5	8.5	9	40	—		36.5	41	32	33
—	14		12.5	14.5	10.5	11	—	42		38.5	43	34	35
16	—	4	14.0	16.5	11.5	12	44	—		40.5	45	36	37
—	18		16.0	18.5	13.5	14	—	46	8	42.0	47	37	38
20	—		18.0	20.5	15.5	16	48	—		44.0	49	39	40
—	22	5	19.5	22.5	16.5	17	—	50		46.0	51	41	42
24	—		21.5	24.5	18.5	19	52	—		48.0	53	43	44
—	26		23.5	26.5	20.5	21	—	55	9	50.5	56	45	46
28	—		25.5	28.5	22.5	23	60	—		55.5	61	50	51
—	30	6	27.0	31.0	23.0	24	—	65	10	60.0	66	54	55

注:(1)优先选用第一系列的直径。
(2)表中所列的螺距和直径,是优先选择的螺距及与之对应的直径。

附表 3　管螺纹

用螺纹密封的管螺纹

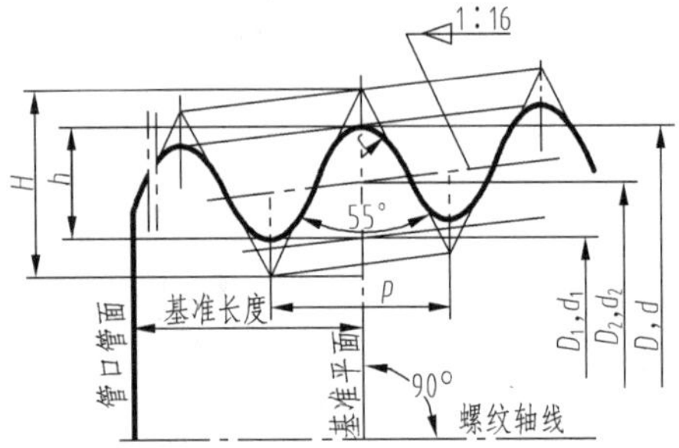

非螺纹密封的管螺纹

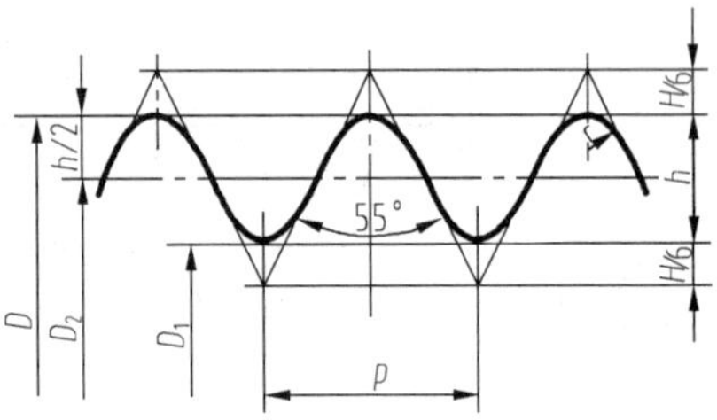

标记示例：

R1/2(尺寸代号 1/2,右旋圆锥外螺纹)

R_c1/2－LH(尺寸代号 1/2,左旋圆锥内螺纹)

R_P1/2(尺寸代号 1/2,右旋圆柱内螺纹)

标记示例：

G1/2－LH(尺寸代号 1/2,左旋内螺纹)

G1/2A(尺寸代号 1/2,A 级右旋外螺纹)

G1/2－LH(尺寸代号 1/2,B 级左旋外螺纹)

尺寸代号	基面上的直径(GB/T 7306) 基本直径(GB/T 7307)			螺距 P /mm	牙高 h /mm	圆弧半径 r/mm	每 25.4mm 内的牙数 n	有效螺纹长度 (GB/T7306) /mm	基准的基本长度 (GB/T7306) /mm
	大径 $d=D$ /mm	中径 $d_2=D_2$ /mm	小径 $d_1=D_1$ /mm						
1/16	7.723	7.142	6.561	0.907	0.581	0.125	28	6.5	4.0
1/8	9.728	9.147	8.566					6.5	4.0
1/4	13.157	12.301	11.445	1.337	0.856	0.184	19	9.7	6.0
3/8	16.662	15.806	14.950					10.1	6.4
1/2	20.955	19.793	18.631	1.814	1.162	0.249	14	13.2	8.2
3/4	26.441	25.279	24.117					14.5	9.5
1	33.249	31.770	30.291	2.309	1.479	0.317	11	16.8	10.4
$1\frac{1}{4}$	41.910	40.431	28.952					19.1	12.7
$1\frac{1}{2}$	47.803	46.324	44.845					19.1	12.7
2	59.614	58.135	56.656					23.4	15.9
$2\frac{1}{2}$	75.184	73.705	72.226					26.7	17.5
3	87.884	86.405	84.926					29.8	20.6
4	113.030	111.551	110.072					35.8	25.4
5	138.430	136.951	135.472					40.1	28.6
6	163.830	162.351	160.872					40.1	28.6

六角头螺栓-C 级(摘自 GB/T 5780-2000)

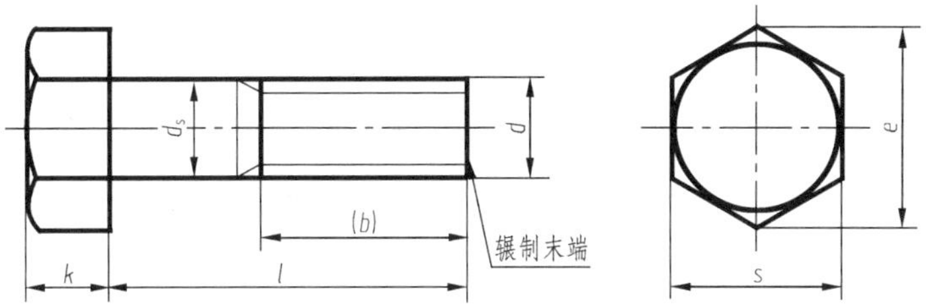

标记示例：

螺栓　GB/T5780　M20×100　(螺纹规格 d=M20、公称长度 l=100、性能等级为 4.8 级、不经表面处理、杆身半螺纹、C 级的六角头螺栓)

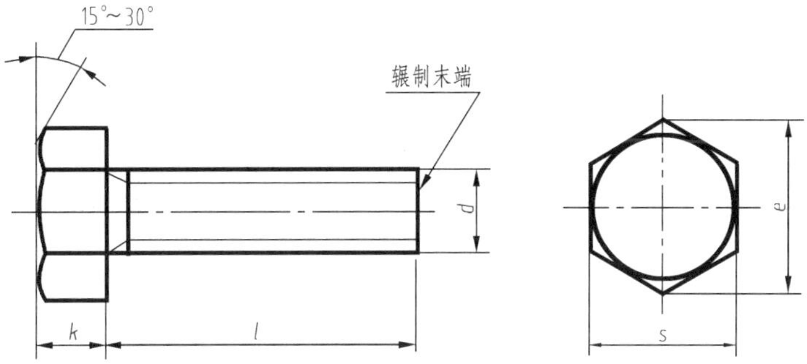

标记示例：

螺栓　GB/T 5781　M12×80　(螺纹规格 d=M12、公称长度 l=80、性能等级为 4.8 级、不经表面处理、全螺纹、C 级的六角头螺栓)

螺纹规格 d		M5	M6	M8	M10	M12	M16	M20	M24	M30	M36	M42	M48
$b_{参考}$	$l\leqslant 125$	16	18	22	26	30	38	40	54	66	78	—	—
	$125<l\leqslant 1200$	—	—	28	32	36	44	52	60	72	84	96	108
	$l>200$	—	—	—	—	—	57	65	73	85	97	109	121
$k_{公称}$		3.5	4.0	5.3	6.4	7.5	10	12.5	15	18.7	22.5	26	30
s_{max}		8	10	13	16	18	24	30	36	46	55	65	75
e_{max}		8.63	10.9	14.2	17.6	19.9	26.2	33.0	39.6	50.9	60.8	72.0	82.6
d_{smax}		5.48	6.48	8.58	10.6	12.7	16.7	20.8	24.8	30.8	37.0	45.0	49.0
$l_{范围}$	GB/T 5780-2000	25~50	30~60	35~80	40~100	45~120	55~160	65~200	80~240	90~300	110~300	160~420	180~480
	GB/T 5781-2000	10~40	12~50	16~65	20~80	25~100	35~100	40~100	50~100	60~100	70~100	80~420	90~480
$l_{系列}$		10、12、16、20~50(5 进位)、(55)、60、(65)、70~160(10 进位)、180、220~500(20 进位)											

注：(1)括号内的规格尽可能不用。

(2)螺纹公差：8g(GB/T5780-2000)、6g(GB/T 5781-2000)；机械性能等级：4.6 级、4.8 级；产品等级：C。

附表 5　双头螺柱(摘自 GB/T 897～900－2000)　　(mm)

$b_m=1d$(GB/T 897)　$b_m=1.25d$(GB/T898)　$b_m=1.5d$(GB/T 899)　$b_m=2d$(GB/T 900)

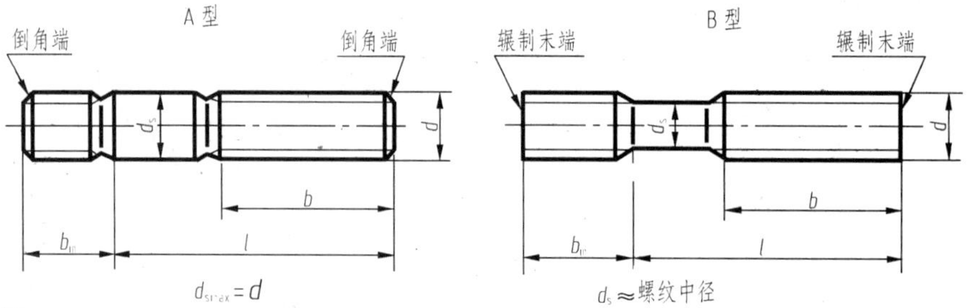

m 标记示例：

螺柱　GB/T 900　M10×50(两端均为粗牙普通螺纹、$d=10$、$l=50$、性能等级为 4.8 级、不经表面处理、B 型、$b_m=2d$ 的双头螺柱)

螺柱　GB/T 900　AM10－10×1×50(旋入机体一端为粗牙普通螺纹、旋螺母端为螺距 $P=1$ 的细牙普通螺纹、$d=10$、$l=50$、性能等级为 4.8 级、不经表面处理、A 型、$b_m=2d$ 的双头螺柱)

螺纹规格 d	b_m(旋入机体端长度)				l(螺柱长度) / b(旋螺母端长度)
	GB/T 897	GB/T 898	GB/T 899	GB/T 900	
M4	—	—	6	8	$\frac{16\sim22}{8}$ $\frac{25\sim40}{14}$
M5	5	6	8	10	$\frac{16\sim22}{10}$ $\frac{25\sim50}{16}$
M6	6	8	10	12	$\frac{20\sim22}{10}$ $\frac{25\sim30}{14}$ $\frac{32\sim75}{18}$
M8	8	10	12	16	$\frac{20\sim22}{12}$ $\frac{25\sim30}{16}$ $\frac{32\sim90}{22}$
M10	10	12	15	20	$\frac{25\sim28}{14}$ $\frac{30\sim38}{16}$ $\frac{40\sim120}{26}$ $\frac{130}{32}$
M12	12	15	18	24	$\frac{25\sim30}{14}$ $\frac{32\sim40}{16}$ $\frac{45\sim120}{26}$ $\frac{130\sim180}{32}$
M16	16	20	24	32	$\frac{30\sim38}{16}$ $\frac{45\sim55}{20}$ $\frac{60\sim120}{30}$ $\frac{130\sim200}{36}$
M20	20	25	30	40	$\frac{35\sim40}{20}$ $\frac{45\sim65}{30}$ $\frac{70\sim120}{38}$ $\frac{130\sim200}{44}$
(M24)	24	30	36	48	$\frac{45\sim50}{25}$ $\frac{55\sim75}{35}$ $\frac{80\sim120}{46}$ $\frac{130\sim200}{52}$
(M30)	30	38	45	60	$\frac{60\sim65}{40}$ $\frac{70\sim90}{50}$ $\frac{95\sim120}{66}$ $\frac{130\sim200}{72}$ $\frac{210\sim250}{85}$
M36	36	45	54	72	$\frac{65\sim75}{45}$ $\frac{80\sim110}{60}$ $\frac{120}{78}$ $\frac{130\sim200}{84}$ $\frac{210\sim300}{97}$
M42	42	52	63	84	$\frac{70\sim80}{50}$ $\frac{85\sim110}{70}$ $\frac{120}{90}$ $\frac{130\sim200}{96}$ $\frac{210\sim300}{109}$
M48	48	60	72	96	$\frac{80\sim90}{60}$ $\frac{95\sim110}{80}$ $\frac{120}{102}$ $\frac{130\sim200}{108}$ $\frac{210\sim300}{121}$
$l_{系列}$	12、(14)、16、(18)、20、(22)、25、(28)、30、(32)、35、(38)、40、45、50、55、60、(65)、70、75、80、(85)、(95)、100～260(10 进位)、280、300				

注：(1)尽可能不采用括号内的规格。

(2)$b_m=1d$，一般用于钢对钢；$b_m=(1.25\sim1.5)d$，一般用于钢对铸铁；$b_m=2d$，一般用于钢对铝合金。

附表 6　开槽盘头螺钉(摘自 GB/T 67—2000)、开槽沉头螺钉(摘自 GB/T 68—2000)　(mm)

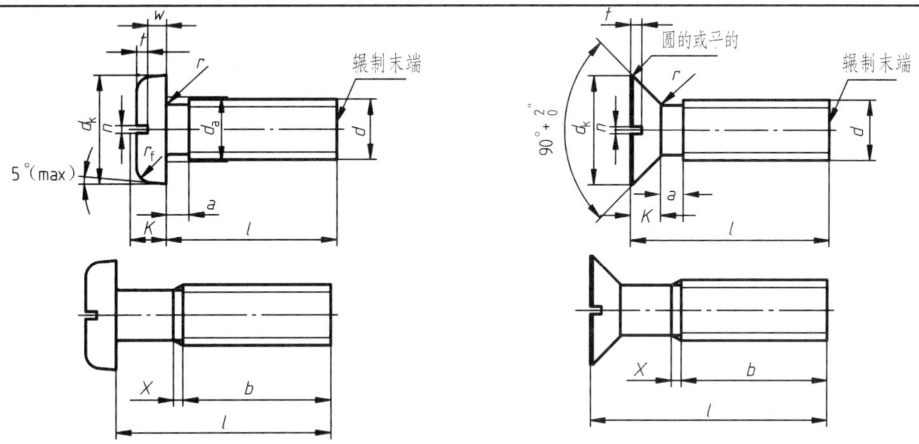

无螺纹部分杆径≈中径或=螺纹大径

标记示例：

螺纹规格 d=M5、公称长度 l=20、性能等级为 4.8 级、不经表面处理的开槽盘头螺钉(或开槽沉头螺钉)的标记为：

螺钉　GB/T 67　M5×20(或 GB/T 68　M5×20)

螺纹规格 d			M1.6	M2	M2.5	M3	M4	M5	M6	M8	M10
螺距 P			0.35	0.4	0.45	0.5	0.7	0.8	1	1.25	1.5
a		max	0.7	0.8	0.9	1	1.4	1.6	2	2.5	3
b		min	25	25	25	25	38	38	38	38	38
n		公称	0.4	0.5	0.6	0.8	1.2	1.2	1.6	2	2.5
X		max	0.9	1	1.1	1.25	1.75	2	2.5	3.2	3.8
开槽盘头螺钉	d_K	max	3.2	4	5	5.6	8	9.5	12	16	20
	d_a	max	2.1	2.6	3.1	3.6	4.7	5.7	6.8	9.2	11.2
	K	max	1	1.3	1.5	1.8	2.4	3	3.6	4.8	6
	r	min	0.1	0.1	0.1	0.1	0.2	0.2	0.25	0.4	0.4
	r_f	参考	0.5	0.6	0.8	0.9	1.2	1.5	1.8	2.4	3
	t	min	0.35	0.5	0.6	0.7	1	1.2	1.4	1.9	2.4
	w	min	0.3	0.4	0.5	0.7	1	1.2	1.4	1.9	2.4
	l 商品规格范围		2～16	2.5～20	3～25	4～30	5～40	6～50	8～60	10～80	12～80
开槽沉头螺钉	d_K	max	3	3.8	4.7	5.5	8.4	9.3	11.3	15.8	18.3
	K	max	1	1.2	1.5	1.65	2.7	2.7	3.3	4.65	5
	r	max	0.4	0.5	0.6	0.8	1	1.3	1.5	2	2.5
	t	min	0.32	0.4	0.5	0.6	1	1.1	1.2	1.8	2
	l 商品规格范围		2.5～16	3～20	4～25	5～30	6～40	8～50	8～60	10～80	12～80
公称长度 l 的系列			2,2.5,3,4,5,6,8,10,12,(14),16,20～80(5 进位)								

技术条件	材料	力学性能等级	螺纹公差	公差产品等级	表面处理
	钢	4.8、5.8	6g	A	(1)不经处理 (2)镀锌钝化

注：(1)公称长度 l 中的(14)、(55)、(65)、(75)等规格尽可能不采用。

(2)对开槽盘头螺钉，$d \leqslant$ M3、$l \leqslant 30$ mm 或 $d \geqslant$ M4、$l \leqslant 40$ mm 时，制出全螺纹($b=l-a$)；

对开槽沉头螺钉，$d \leqslant$ M3、$l \leqslant 30$ mm 或 $d \geqslant$ M4、$l \leqslant 45$ mm 时，制出全螺纹[$b=l-(K+a)$]。

附表 7 紧定螺钉

(mm)

开槽锥端紧定螺钉(GB/T 71—1985)

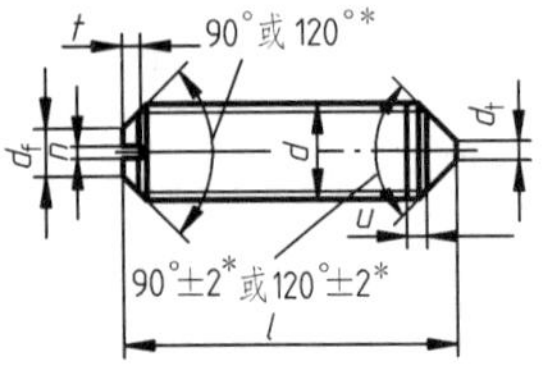

标记示例：

螺纹规格 $d=$ M5、公称长度 $l=12$mm、性能等级为 14H 级、表面氧化的开槽锥端紧定螺钉的标记为：

螺钉 GB/T 71 M5×12

开槽平端紧定螺钉(GB/T 73—1985)

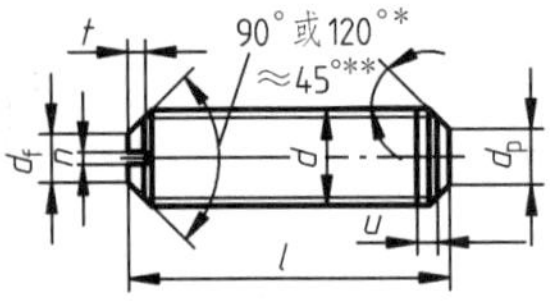

标记示例：

螺纹规格 $d=$ M5、公称长度 $l=12$mm、性能等级为 14H 级、表面氧化的开槽平端紧定螺钉的标记为：

螺钉 GB/T 73 M5×12

开槽长圆柱端紧定螺钉(GB/T 75—1985)

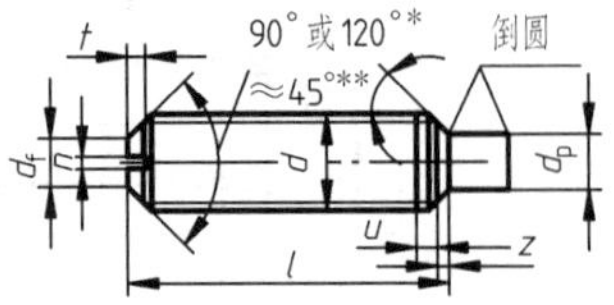

标记示例：

螺纹规格 $d=$ M5、公称长度 $l=12$mm、性能等级为 14H 级、表面氧化的开槽长圆柱端紧定螺钉的标记为：

螺钉 GB/T 75 M5×12

螺纹规格 d			M3	M4	M5	M6	M8	M10	M12
螺 距 P			0.5	0.7	0.8	1	1.25	1.5	1.75
$d_1 \approx$			螺 纹 小 径						
d_t	max		0.3	0.4	0.5	1.5	2	2.5	3
d_p	max		2	2.5	3.5	4	5.5	7	8.5
n	公称		0.4	0.6	0.8	1	1.2	1.6	2
t	min		0.8	1.12	1.28	1.6	2	2.4	2.8
z	max		1.75	2.25	2.75	3.25	4.3	5.3	6.3
不完整螺纹的长度 u			$\leqslant 2P$						
l 范围（商品规格）	GB/T 71		4～16	6～20	8～25	8～30	10～40	12～50	14～60
	GB/T 73		3～16	4～20	5～25	6～30	8～40	10～50	12～60
	GB/T 75		5～16	6～20	8～25	8～30	10～40	12～50	14～60
	短螺钉	GB/T 73	3	4	5	6	—	—	—
		GB/T 75	5	6	8	8、10	10、12、14	12、14、16	14、16、20
公称长度 l 的系列			3、4、5、6、8、10、12、(14)、16、20、25、30、35、40、45、50、(55)、60						

注：(1)尽可能不采用括号内的规格。

(2)表图中，* 公称长度在表中 l 范围内的短螺钉应制成 120°；* * 90°或 120°和 45°仅适用于螺纹小径以内的末端部分。

附表 8　1 型六角螺母

(mm)

Ⅰ型六角螺母—A 和 B 级(摘自 GB/T 6170-2000)

Ⅰ型六角头螺母—细牙—A 和 B 级(摘自 GB/T 6171-2000)

Ⅰ型六角螺母 C 级(摘自 GB/T 41-2000)

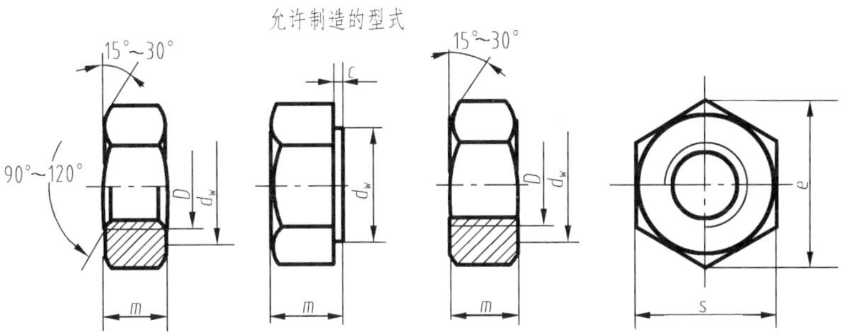

标记示例：

螺母　GB/T 41　M12　(螺纹规格 D=M12、性能等级为 5 级、不经表面处理、C 级的Ⅰ型六角螺母)

螺母　GB/T6171　M24×2　(螺纹规格 D=M24、螺距 P=M24、性能等级为 10 级、不经表面处理、B 级的Ⅰ型细牙六角螺母)

螺纹规格	D	M4	M5	M6	M8	M10	M12	M16	M20	M24	M30	M36	M42	M48
	$D\times P$	—	—	—	M8×1	M10×1	M12×15	M16×15	M20×2	M24×2	M30×2	M36×3	M42×3	M48×3
c		0.4	0.5		0.6				0.8					1
s_{max}		7	8	10	13	16	18	24	30	36	46	55	65	75
e_{min}	A、B 级	7.66	8.79	11.05	14.38	17.77	20.03	26.75	32.95	39.95	50.85	60.79	72.02	82.6
	C 级	—	8.63	10.89	14.2	17.59	19.85	26.17						
m_{max}	A、B 级	3.2	4.7	5.2	6.8	8.4	10.8	14.8	18	21.5	25.6	31	34	38
	C 级	—	5.6	6.1	7.9	9.5	12.2	15.9	18.7	22.3	26.4	31.5	34.9	38.9
d_{wmin}	A、B 级	5.9	6.9	8.9	11.6	14.6	16.6	22.5	27.7	33.7	42.7	51.1	60.6	69.4
	C 级	—	6.9	8.7	11.5	14.5	16.5	22						

注：(1)P——螺距。

(2)A 级用于 $D\leqslant 16$ 的螺母；B 级用于 $D>16$ 的螺母；C 级用于 $D\geqslant 5$ 的螺母。

(3)螺纹公差：A、B 级为 6H，C 级为 7H；机械性能等级：A、B 级为 6,8,10 级，C 级为 4,5 级。

附表 9　垫　　圈 (mm)

平垫圈—A 级(摘自 GB/T 97.1-2002)　　平垫圈　倒角型—A 级(摘自 GB/T 97.2-2002)

平垫圈—C 级(摘自 GB/T 95-2002)　　标准型弹簧垫圈(摘自 GB/T 93-1987)

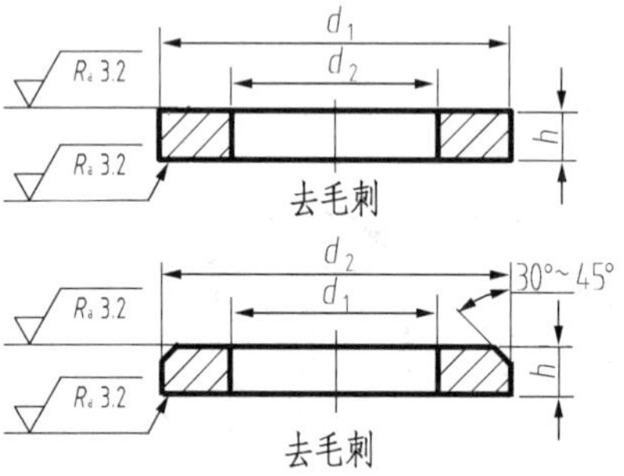

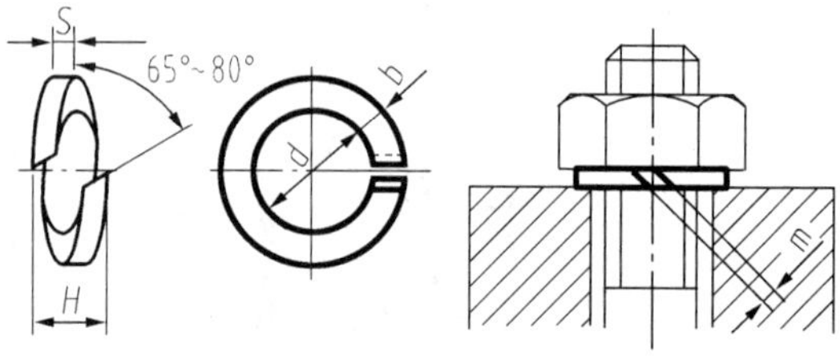

标记示例：

垫圈　GB/T 95　8-100HV(标准系列、公称尺寸 $d=8$、性能等级为 100HV、不经表面处理的平垫圈)

垫圈　GB/T 93　10(规格 10、材料为 65Mn、表面氧化的标准型弹簧垫圈)

公称尺寸 d (螺纹规格)		4	5	6	8	10	12	14	16	20	24	30	36	42	48
GB/T 97.1-1985 (A 级)	d_1	4.3	5.3	6.4	8.4	10.5	13.0	15	17	21	25	31	37	—	—
	d_2	9	10	12	16	20	24	28	30	37	44	56	66	—	—
	h	0.8	1	1.6	1.6	2	2.5	2.5	3	3	4	4	5	—	—
GB/T 97.2-1985 (A 级)	d_1	—	5.3	6.4	8.4	10.5	13	15	17	21	25	31	37	—	—
	d_2	—	10	12	16	20	24	28	30	37	44	56	66	—	—
	h	—	1	1.6	1.6	2	2.5	2.5	3	3	4	4	5	—	—
GB/T 95-1985 (C 级)	d_1	—	5.5	6.6	9	11	13.5	15.5	17.5	22	26	33	39	45	52
	d_2	—	10	12	16	20	24	28	30	37	44	56	66	78	92
	h	—	1	1.6	1.6	2	2.5	2.5	3	3	4	4	5	8	8
GB/T 93-1987	d_1	4.1	5.1	6.1	8.1	10.2	12.2	—	16.2	20.2	24.5	30.5	36.5	42.5	48.5
	$s=b$	1.1	1.3	1.6	2.1	2.6	3.1	—	4.1	5	6	7.5	9	10.5	12
	H	2.8	3.3	4	5.3	6.5	7.8	—	10.3	12.5	15	18.6	22.5	26.3	30

注：(1)A 级适用于精装配系列，C 级适用于中等装配系列。

(2)C 级垫圈没有 $R_a3.2$ 和去毛刺的要求。

附表 10　平键及键槽各部尺寸(摘自 GB/T 1095－2003)

（mm）

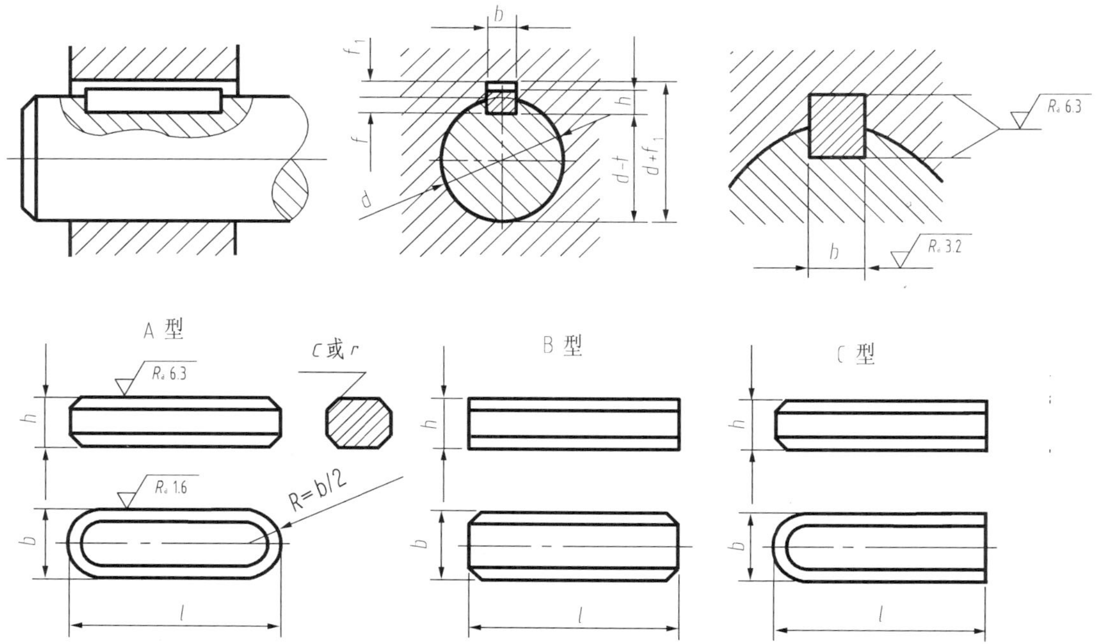

标记示例：

键　16×100　GB/T 1096（圆头普通平键、$b=16$、$h=10$、$L=100$）

键　B16×100　GB/T 1096（平头普通平键、$b=16$、$h=10$、$L=100$）

键　C16×100　GB/T 1096（单圆头普通平键、$b=16$、$h=10$、$L=100$）

（续表）

轴	键		键槽								
			宽度			深度				半径 r	
				极限偏差							
				一般键连接		轴 t		毂 t_1			
公称直径 d	公称尺寸 $b\times h$	长度 L	公称尺寸	轴 N9	毂 JS9	公称尺寸	极限偏差	公称尺寸	极限偏差	最大	最小
>10～12	4×4	8～45	4	0 −0.030	±0.015	2.5	+0.1 0	1.8	+0.1 0	0.08	0.16
>12～17	5×5	10～56	5			3.0		2.3		0.16	0.25
>17～22	6×6	14～70	6			3.5		2.8			
>22～30	8×7	18～90	8	0 −0.036	±0.018	4.0	+0.2 0	3.3	+0.2 0		
>30～38	10×8	22～110	10			5.0		3.3		0.25	0.40
>38～44	12×8	28～140	12	0 −0.043	±0.0215	5.0		3.3			
>44～50	14×9	36～160	14			5.5		3.8			
>50～58	16×10	45～180	16			6.0		4.3			
>58～65	18×11	50～200	18			7.0		4.4			
>65～75	20×12	56～220	20	0 −0.052	±0.026	7.5		4.9		0.40	0.60
>75～85	22×14	63～250	22			9.0		5.4			
>85～95	25×14	70～280	25			9.0		5.4			
>95～110	28×16	80～320	28			10		6.4			
$L_{系列}$	6～22（进位）、25、28、32、36、40、45、50、56、63、70、80、90、100、110、125、140、160、180、200、220、250、280、320、360、400、450、500										

注：(1)$(d-t)$和$(d+t_1)$两组组合尺寸的极限偏差相应的 t 和 t_1 的极限偏差选取，但$(d-t)$极限偏差应取负号（－）。

(2)键 b 的极限偏差为 h9，键 h 的极限偏差为 h11，键长 L 的极限偏差为 h14。

附表 11　圆柱销(摘自 GB/T 119.1－2000)

(mm)

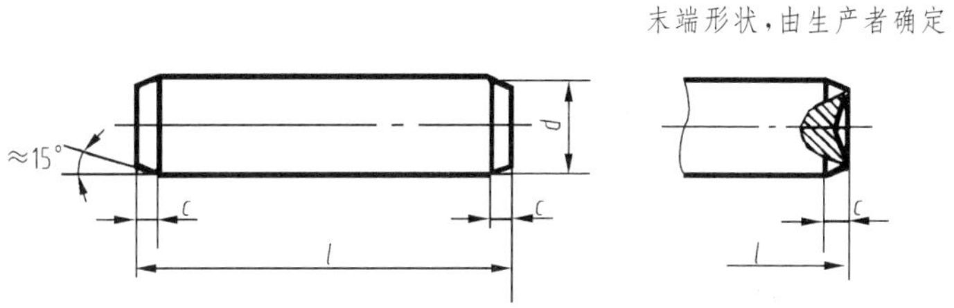

标记示例：

销　GB/T 119.1　6 m6×30　(公称直径 $d=6$，公差为 m6，公称长度 $l=30$，材料为钢、不经淬火、不经表面处理的圆柱销)

销　GB/T 119.1　10 m6×30－Al　(公称直径 $d=10$、公差为 m6，公称长度 $l=30$，材料为 Al 组奥氏体不锈钢、表面简单处理的圆柱销)

d(公称) m6/h8	2	3	4	5	6	8	10	12	16	20	25
$c\approx$	0.35	0.5	0.63	0.8	1.2	1.6	2	2.5	3	3.5	4
$l_{范围}$	6～20	8～30	8～40	10～50	12～60	14～80	18～95	22～140	26～180	35～200	50～200
$l_{系列}$(公称)	2、3、4、5、6～32(2 进位)、35～100(5 进位)、120～200(20 进位)										

附表 12　圆锥销(摘自 GB/T 117－2000)

(mm)

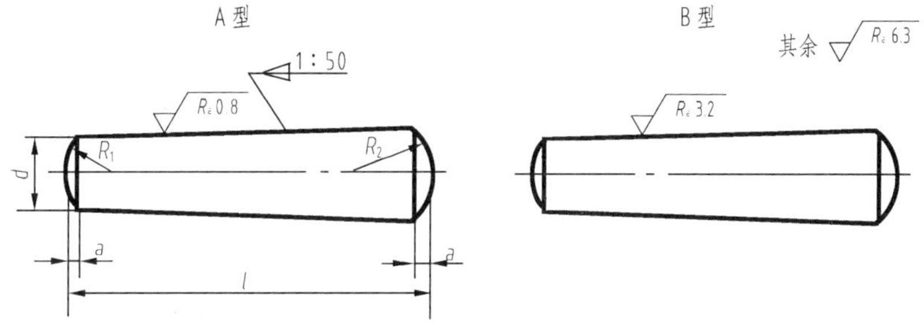

$$R_1\approx d\qquad R_2\approx\frac{a}{2}+d+\frac{(0.021)^2}{8a}$$

标记示例：

销　GB/T 117　A10×60　(公称直径 $d=10$，长度 $l=60$，材料为 35 钢、热处理硬度 28～38HRC、表面氧化处理的 A 型圆锥销)

$d_{公称}$	2	2.5	3	4	5	6	8	10	12	16	20	25
$a\approx$	0.25	0.3	0.4	0.5	0.63	0.8	1.0	1.2	1.6	2.0	2.5	3.0
$l_{范围}$	10～35	10～35	12～45	14～55	18～60	22～90	22～120	26～160	32～180	40～200	45～200	50～200
$l_{系列}$	2、3、4、5、6～32(2 进位)、35～100(5 进位)、120～200(20 进位)											

附表 13 中心孔(GB/T145－2001)

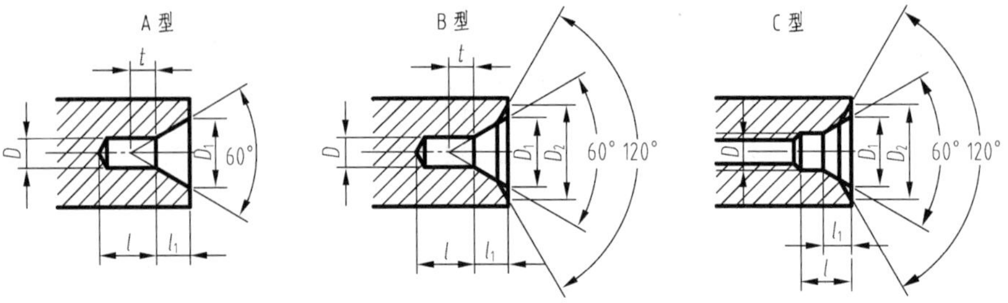

中心孔尺寸 mm

A、B 型							C 型					选择中心孔参考数据(非标准内容)		
D	A 型			B 型			D	D_1	D_2	l	参考 l_1	原料端部最小直径 D_o	轴状原料最大直径 D_c	工件最大重量 t
	D_1	参考		D_1	参考									
		l_1	t		l_1	t								
2.00	4.25	1.95	1.8	6.30	2.54	1.8						8	>10～18	0.12
2.50	5.30	2.42	2.2	8.00	3.20	2.2						10	>18～30	0.2
3.15	6.70	3.07	2.8	10.00	4.03	2.8	M3	3.2	5.8	2.6	1.8	12	>30～50	0.5
4.00	8.50	3.90	3.5	12.50	5.05	3.5	M4	4.3	7.4	3.2	2.1	15	>50～80	0.8
(5.00)	10.60	4.85	4.4	16.00	6.41	4.4	M5	5.3	8.8	4.0	2.4	20	>80～120	1
6.30	13.20	5.98	5.5	18.00	7.36	5.5	M6	6.4	10.5	5.0	2.8	25	>120～180	1.5
(8.00)	17.00	7.79	7.0	22.40	9.36	7.0	M8	8.4	13.2	6.0	3.3	30	>180～220	2
10.00	21.20	9.70	8.7	28.00	11.66	8.7	M10	10.5	16.3	7.5	3.8	42	>220～260	3

注:(1)尺寸 l 取决于中心钻的长度,此值不应小于 t 值(对 A 型、B 型)。
(2)括号内的尺寸尽量不采用。
(3)R 型中心孔未列人。

中心孔表示法

要　求	符　号	标注示例	说　明
在完工的零件上要求保留中心孔			采用 B 型中心孔 D=2.5mm　D_1=8mm 在完工的零件上要求保留
在完工的零件上可以保留中心孔	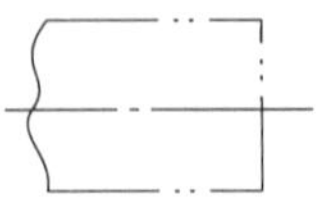		采用 A 型中心孔 D=4mm　D_1=8.5mm 在完工的零件上是否保留都可以
在完工的零件上不允许保留中心孔			采用 A 型中心孔 D=1.6mm　D_1=3.35mm 在完工的零件上不允许保留

附表 14 滚动轴承

深沟球轴承（摘自 GB/T 276－1994）

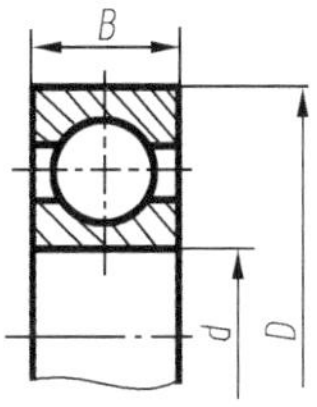

标记示例：

滚动轴承 6310 GB/T 276－1994

圆锥滚子轴承（摘自 GB/T 297－1994）

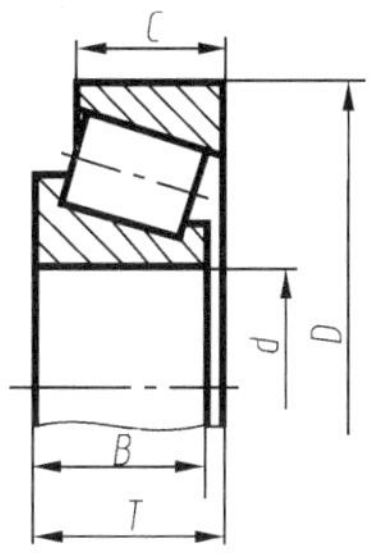

标记示例：

滚动轴承 30212 GB/T 297－1994

单向推力球轴承（摘自 GB/T 301－1995）

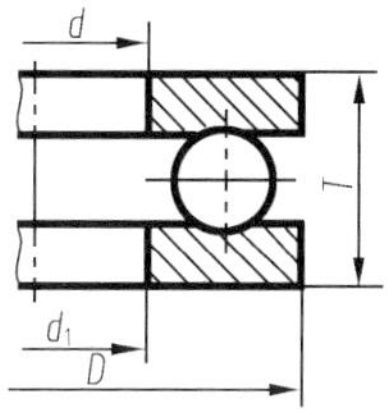

标记示例：

滚动轴承 51305 GB/T 301－1995

轴承型号	尺寸/mm			轴承型号	尺寸/mm					轴承型号	尺寸/mm			
	d	D	B		d	D	B	C	T		d	D	T	d_1
尺寸系列[(0)2]				尺寸系列(02)						尺寸系列(12)				
6202	15	35	11	30203	17	40	12	11	13.25	51202	15	32	12	17
6203	17	40	12	30204	20	47	14	12	15.25	51203	17	35	12	19
6204	20	47	14	30205	25	52	15	13	16.25	51204	20	40	14	22
6205	25	52	15	30206	30	62	16	14	17.25	51205	25	47	15	27
6206	30	62	16	30207	35	72	17	15	18.25	51206	30	52	16	32
6207	35	72	17	30208	40	80	18	16	19.75	51207	35	62	18	37
6208	40	80	18	30209	45	85	19	16	20.75	51208	40	68	19	42
6209	45	85	19	30210	50	90	20	17	21.75	51209	45	73	20	47
6210	50	90	20	30211	55	100	21	18	22.75	51210	50	78	22	52
6211	55	100	21	30212	60	110	22	19	23.75	51211	55	90	25	57
6212	60	110	22	30213	65	120	23	20	24.75	51212	60	95	26	62
尺寸系列[(0)3]				尺寸系列(03)						尺寸系列(13)				
6302	15	42	13	30302	15	42	13	11	14.25	51304	20	47	18	22
6303	17	47	14	30303	17	47	14	12	15.25	51305	25	52	18	27
6304	20	52	15	30304	20	52	15	13	16.25	51306	30	60	21	32
6305	25	62	17	30305	25	62	17	15	18.25	51307	35	68	24	37
6306	30	72	19	30306	30	72	19	16	20.75	51308	40	78	26	42
6307	35	80	21	30307	35	80	21	18	22.75	51309	45	85	28	47
6308	40	90	23	30308	40	90	23	20	25.25	51310	50	95	31	52
6309	45	100	25	30309	45	100	25	22	27.25	51311	55	105	35	57
6310	50	110	27	30310	50	110	27	23	29.25	51312	60	110	35	62
6311	55	120	29	30311	55	120	29	25	31.50	51313	65	115	36	67
6312	60	130	31	30312	60	130	31	26	33.50	51314	70	125	40	72

附表 15 优先配合孔的极限偏差表

(μm)

代号	C	D	E	F	G	H						JS		K		M		N		P		R	S	T	U
基本尺寸/mm	等级																								
	11	10	9	8	7	6	7	8	9	10	11	6	7	6	7	6	7	6	7	6	7	7	7	7	7
≤3	+120 +60	+60 +20	+39 +14	+20 +6	+12 +2	+6 0	+10 0	+14 0	+25 0	+40 0	+60 0	±3	±5	0 −6	0 −10	−2 −8	−2 −12	−4 −10	−4 −14	−6 −12	−6 −16	−10 −20	−14 −24	—	−18 −28
>3～6	+145 +70	+78 +30	+50 +20	+28 +10	+16 +4	+8 0	+12 0	+18 0	+30 0	+48 0	+75 0	±4	±6	+2 −6	+3 −9	−1 −9	0 −12	−5 −13	−4 −16	−9 −17	−8 −20	−11 −23	−15 −27	—	−19 −31
>6～10	+170 +80	+98 +40	+61 +25	+35 +13	+20 +5	+9 0	+15 0	+22 0	+36 0	+58 0	+90 0	±4.5	±7	+2 −7	+5 −10	−3 −12	0 −15	−7 −16	−4 −19	−12 −21	−9 −24	−13 −28	−17 −32	—	−22 −37
>10～18	+205 +95	+120 +50	+75 +32	+43 +16	+24 +6	+11 0	+18 0	+27 0	+43 0	+70 0	+110 0	±5.5	±9	+2 −9	+6 −12	−4 −15	0 −18	−9 −20	−5 −23	−15 −26	−11 −29	−16 −34	−21 −39	—	−26 −44
>18～24	+240 +110	+149 +65	+92 +40	+53 +20	+28 +7	+13 0	+21 0	+33 0	+52 0	+84 0	+130 0	±6.5	±10	+2 −11	+6 −15	−4 −17	0 −21	−11 −24	−7 −28	−18 −31	−14 −35	−20 −41	−27 −48	—	−33 −54
>24～30																								−33 −54	−40 −61
>30～40	+280 +120	+180 +80	+112 +50	+64 +25	+34 +9	+16 0	+25 0	+39 0	+62 0	+100 0	+160 0	±8	±12	+3 −13	+7 −18	−4 −20	0 −25	−12 −28	−8 −33	−21 −37	−17 −42	−25 −50	−34 −59	−39 −64	−51 −76
>40～50	+290 +130																							−45 −70	−61 −86
>50～65	+330 +140	+220 +100	+134 +60	+76 +30	+40 +10	+19 0	+30 0	+46 0	+74 0	+120 0	+190 0	±9.5	±15	+4 −15	+9 −21	−5 −24	0 −30	−14 −33	−9 −39	−26 −45	−21 −51	−30 −60	−42 −72	−55 −85	−76 −106
>65～80	+340 +150																					−32 −62	−48 −78	−64 −94	−91 −121
>80～100	+390 +170	+260 +120	+159 +72	+90 +36	+47 +12	+22 0	+35 0	+54 0	+87 0	+140 0	+220 0	±11	±17	+4 −18	+10 −25	−6 −28	0 −35	−16 −38	−10 −45	−30 −52	−24 −59	−38 −73	−58 −93	−78 −113	−111 −146
>100～120	+400 +180																					−41 −76	−66 −101	−91 −126	−131 −166

附表 16 优先配合轴的极限偏差表

(μm)

代号	c	d	e	f	g	h							js	k	m	n	p	r	s
基本尺寸/mm	11	9	8	7	6	5	6	7	8	9	10	11	6	6	6	6	6	6	6
≤3	−60 −120	−20 −45	−14 −28	−6 −16	−2 −8	0 −4	0 −6	0 −10	0 −14	0 −25	0 −40	0 −60	±3	+6 0	+8 +2	+10 +4	+12 +6	+16 +10	+20 +14
>3~6	−70 −145	−30 −60	−20 −38	−10 −22	−4 −12	0 −5	0 −8	0 −12	0 −18	0 −30	0 −48	0 −75	±4	+9 +1	+12 +4	+16 +8	+20 +12	+23 +15	+27 +19
>6~10	−80 −170	−40 −76	−25 −47	−13 −28	−5 −14	0 −6	0 −9	0 −15	0 −22	0 −36	0 −58	0 −90	±4.5	+10 +1	+15 +6	+19 +10	+24 +15	+28 +19	+32 +23
>10~18	−95 −205	−50 −93	−32 −59	−16 −34	−6 −17	0 −8	0 −11	0 −18	0 −27	0 −43	0 −70	0 −110	±5.5	+12 +1	+18 +7	+23 +12	+29 +18	+34 +23	+39 +28
>18~30	−110 −240	−65 −117	−40 −73	−20 −41	−7 −20	0 −9	0 −13	0 −21	0 −33	0 −52	0 −84	0 −130	±6.5	+15 +2	+21 +8	+28 +15	+35 +22	+41 +28	+48 +35
>30~40	−120 −280	−80 −142	−50 −89	−25 −50	−9 −25	0 −11	0 −16	0 −25	0 −39	0 −62	0 −100	0 −160	±8	+18 +2	+25 +9	+33 +17	+42 +26	+50 +34	+59 +43
>40~50	−130 −290																		
>50~65	−140 −330	−100 −174	−60 −106	−30 −60	−10 −29	0 −13	0 −19	0 −30	0 −46	0 −74	0 −120	0 −190	±9.5	+21 +2	+30 +11	+39 +20	+51 +32	+60 +41	+72 +53
>65~80	−150 −340																	+62 +43	+78 +59
>80~100	−170 −390	−120 −207	−72 −126	−36 −71	−12 −34	0 −15	0 −22	0 −35	0 −54	0 −87	0 −140	0 −220	±11	+25 +3	+35 +13	+45 +23	+59 +37	+73 +51	+93 +71
>100~120	−180 −400																	+76 +54	+101 +79

附表 17　标准公差数值(GB/T1800.3－1998)

基本尺寸 mm		标准公差级																	
		IT1	IT2	IT3	IT4	IT5	IT6	IT7	IT8	IT9	IT10	IT11	IT12	IT13	IT14	IT15	IT16	IT17	IT18
大于	至	μm											mm						
—	3	0.8	1.2	2	3	4	6	10	14	25	40	60	0.1	0.14	0.25	0.4	0.6	1	1.4
3	6	1	1.5	2.5	4	5	8	12	18	30	48	75	0.12	0.18	0.3	0.48	0.75	1.2	1.8
6	10	1	1.5	2.5	4	6	9	15	22	36	58	90	0.15	0.22	0.36	0.58	0.9	1.5	2.2
10	18	1.2	2	3	5	8	11	18	27	43	70	110	0.18	0.27	0.43	0.7	1.1	1.8	2.7
18	30	1.5	2.5	4	6	9	13	21	33	52	84	130	0.21	0.33	0.52	0.84	1.3	2.1	3.3
30	50	1.5	2.5	4	7	11	16	25	39	62	100	160	0.25	0.39	0.62	1	1.6	2.5	3.9
50	80	2	3	5	8	13	19	30	46	74	120	190	0.3	0.46	0.74	1.2	1.9	3	4.6
80	120	2.5	4	6	10	15	22	35	54	87	140	220	0.35	0.54	0.87	1.4	2.2	3.5	5.4
120	180	3.5	5	8	12	18	25	40	63	100	160	250	0.4	0.63	1	1.6	2.5	4	6.3
180	250	4.5	7	10	14	20	29	46	72	115	185	290	0.46	0.72	1.15	1.85	2.9	4.6	7.2
250	315	6	8	12	16	23	32	52	81	130	210	320	0.52	0.81	1.3	2.1	3.2	5.2	8.1
315	400	7	9	13	18	25	36	57	89	140	230	360	0.57	0.89	1.4	2.3	3.6	5.7	8.9
400	500	8	10	15	20	27	40	63	97	155	250	400	0.63	0.97	1.55	2.5	4	6.3	9.7
500	630	9	11	16	22	32	44	70	110	175	280	440	0.7	1.1	1.75	2.8	4.4	7	11
630	800	10	13	18	25	36	50	80	125	200	320	500	0.8	1.25	2	3.2	5	8	12.5
800	1000	11	15	21	28	40	56	90	140	230	360	560	0.9	1.4	2.3	3.6	5.6	9	14
1000	1250	13	18	24	33	47	66	105	165	260	420	660	1.05	1.65	2.6	4.2	6.6	10.5	16.5
1250	1600	15	21	29	39	55	78	125	195	310	500	780	1.25	1.95	3.1	5	7.8	12.5	19.5
1600	2000	18	25	35	46	65	92	150	230	370	600	920	1.5	2.3	3.7	6	9.2	15	23
2000	2500	22	30	41	55	78	110	175	280	440	700	1100	1.75	2.8	4.4	7	11	17.5	28
2500	3150	26	36	50	68	96	135	210	330	540	860	1350	2.1	3.3	5.4	8.6	13.5	21	33

注：(1)基本尺寸大于 500mm 的 IT1 至 IT5 的标准公差数值为试行的。
(2)基本尺寸小于或等于 1mm 时，无 IT14 至 IT18。

附表 18　常用材料及热处理

1. 常用钢材(GB/T 700、GB/T 699、GB/T 3077、GB/T 11352、GB/T 5676)

名称		钢号	主要用途	说明
碳素结构钢		Q215－A	受力不大的铆钉、螺钉、凸轮、焊件、渗碳件	Q 表示屈服点，数字表示屈服点数值，A、B 等表示质量等级
		Q215－A	螺栓、螺母、拉杆、钩、连杆、楔、轴、焊件	
		Q215－B	金属构造件中一般机件、拉杆、轴、焊件	
		Q215－A	重要的螺钉、拉杆、钩、楔、连杆、轴、销、齿轮	
		Q275	键、牙嵌离合器、链板、闸带、受大静载荷的齿轮轴	
优质碳素结构钢		08F	要求可塑性好的零件：管子、垫片、渗碳件、氰化件	(1) 数字表示钢中平均含碳量的万分数，例如 45 表示平均含碳量为 0.45%； (2) 序号表示抗拉强度、硬度依次增加，延伸率依次降低
		15	渗碳件、紧固件、冲模锻件、化工容器	
		20	杠杆、轴套、钩、螺钉、渗碳件与氰化件	
		25	轴、辊子、连接器，紧固件中的螺栓、螺母	
		30	曲轴、转轴、摇杆、拉杆、横梁、星轮	
		35	曲轴、摇杆、拉杆、键、销、螺栓、转轴	
		40	齿轮、齿条、链轮、凸轮、轧辊、曲柄轴	
		45	齿轮、轴、联轴器、衬套、活塞销、链轮	
		50	活塞杆、齿轮、不重要的弹簧	
		55	齿轮、连杆、扁弹簧、轧辊、偏心轮、轮圈、轮缘	
		60	叶片、弹簧	
		30Mn	螺栓、杠杆、制动板	含锰量 0.7%～1.2%的优质碳素钢
		40Mn	用于承受疲劳载荷零件：轴、曲轴、万向联轴器	
		50Mn	用于高负荷下耐磨的热处理零件：齿轮、摩擦片	
		60Mn	弹簧、发条	
合金结构钢	铬钢	15Cr	渗碳齿轮、凸轮、活塞销、离合器	(1) 合金结构钢前面两位数字表示钢中含碳量的万分数； (2) 合金元素以化学符号表示； (3) 合金元素含量小于 1.5%时，仅注出元素符号
		20Cr	较重要的渗碳件	
		30Cr	重要的调质零件：轮轴、齿轮、摇杆、重要的螺栓、滚子	
		40Cr	较重要的调质零件：齿轮、进气阀、辊子、轴	
		45Cr	强度及耐磨性高的轴、齿轮、螺栓	
	铬锰钛钢	20CrMnTi	汽车上的重要渗碳齿轮	
		30CrMnTi	汽车、拖拉机上强度高的渗碳齿轮	
铸钢		ZG230－450	机座、箱体、支架	ZG 表示铸钢，数字表示屈服点及抗拉强度(MPa)
		ZG310－570	齿轮、飞轮、机架	

2. 常用铸铁(GB/T 9469、GB/T 1348、GB/T 9400)

名称	牌　号	硬度(HB)	主　要　用　途	说　明
灰铸铁	HT100	114～173	机床中受轻负荷,磨损无关紧要的铸件,如托盘、把手、手轮等	HT 是灰铸铁代号,其后数字表示抗拉强度(MPa)
	HT150	132～197	承受中等弯曲应力,摩擦面间压强高于 500MPa 的铸件,如机床底工作台、汽车变速箱、泵体、阀体、阀盖等	
	HT200	151～229	承受较大弯曲应力,要求保持气密性的铸件,如机床立柱、刀架、齿轮箱体、床身、油缸、泵体、阀体、皮带轮、轴承盖和架等	
	HT250	180～269	承受较大弯曲应力,要求保持气密性的铸件,如气缸套、齿轮、机床床身、立柱、齿轮箱体、油缸、泵体、阀体等	
	HT300	207～313	承受弯曲应力、拉应力、要求高度气密性的铸件,如高压油缸、泵体、阀体、汽轮机隔板等	
	HT	238～357	轧钢、辊子、炼焦柱等	
球墨铸铁	QT400－15 QT400－18	130～180 130～180	韧性高、低温性能好、且有一定的耐蚀性,用于制作汽车、拖拉机中的轮毂、壳体、离合器拔叉等	QT 为球墨铸铁代号,其后第一组数字表示抗拉强度(MPa),第二组数字表示延伸率(%)
	QT500－7 QT450－10 QT600－3	170～230 160～210 190～270	具有中等强度和韧性,用于制作内燃机中油泵齿轮、汽轮机的中温气缸隔板、水轮机阀门体等	
可锻铸铁	KTH300－06 KTH350－10 KTZ450－06 KTB400－05	≤150 ≤150 150～200 ≤200	用于承受冲击、振动等零件,如汽车零件、机床附件、各种管接头、低压阀门、曲轴和连杆等	KTH、KTZ、KTB 分别为黑心球光体、白心可锻铸铁代号,其后第一组数字表示抗拉强度(MPa),第二组数字表示延伸率(%)

3. 常用有色金属及其合金(GB/T 1176、GB/T 3190)

名称或代号	牌　号	主　要　用　途	说　明
普通黄铜	H62	散热器、垫圈、弹簧、各种网、螺钉及其他零件	H 表示黄铜，字母后的数字表示含铜的平均百分数
40－2 锰黄铜	ZCuZn40Mn2	轴瓦、衬套及其他减磨零件	Z 表示铸造，字母后的数字表示含铜、锰、锌的平均分数
5－5－5 锡青铜	ZCuSn5PbZb5	在较高负荷和中等滑动速度下工作的耐磨、耐蚀零件	字母后的数字表示含锡、铅、锌的平均百分数
9－2 铝青铜 10－3 铝青铜	ZCuA19Mn2 ZCuAl10Fe3	耐蚀、耐磨零件，要求气密性高的铸件，高强度、耐磨、耐蚀零件及 250 ℃以下工作的管配件	字母后的数字表示含铝、锰或铁的平均百分数
17－4－4 铅青铜	ZCuPb17Sn4ZnA	高滑动速度的轴承和一般耐磨件等	字母后的数字表示含铅、锡或锌的平均百分数
ZL201 （铝铜合金） ZL301 （铝铜合金）	ZA1Cu5Mn ZA1CuMg10	用于铸造形状较简单的零件，如支臂、挂架梁等 用于铸造小型零件，如海轮配件、航空配件等	
硬　铝	LY12	高强度硬铝，适用于制造高负荷零件及构件，但不包括冲压件和锻压件，如飞机骨架等	LY 表示硬铝，数字表示顺序号

4. 常用非金属材料

材料名称及标准号		牌　号	主　要　用　途	说　明
工业用橡胶板	耐酸橡胶板 (GB/T55747)	2807 2709	具有耐酸碱性能，用作冲制密封性能较好的垫圈	较高硬度 中等硬度
	耐油橡胶板 (GB/T55747)	3707 3709	可在一定温度的油中工作，适用冲制各种形状的垫圈	较高硬度
	耐热橡胶板 (GB/T55747)	4708 4710	可在热空气、蒸汽（100℃）中工作，用作冲制各种垫圈和隔热垫板	较高硬度 中等硬度
尼龙	尼龙 66 尼龙 100		用于制作齿轮等传动零件，有良好的消音性，运转时噪声小	具有高抗拉强度和冲击韧性，耐热（＞100℃）、耐弱酸、耐弱碱、耐油性好
耐油橡胶石棉板 (GB/T539)			供航空发动机的煤油、润滑油及冷气系统结合处的密封垫材料	有厚度 0.4～3.0 的十种规格
毛　毡 (FJ/T314)			用作密封、防漏油、防震、缓冲衬垫等，按需选用细毛、半粗毛、粗毛	厚度为 1～30
有机玻璃板 (HG/T2－343)			适用于耐腐蚀和需要透明的零件，如油标、油杯、透明管道等	耐盐酸、硫酸、草酸、烧酸和纯碱等一般碱性及二氧化碳、臭氧等腐蚀

5. 常用热处理及表面处理

名词		代号及标注示例	说明	应用
退火		Th	将钢件加热到临界温度以上(一般是 710℃～715℃,个别合金钢 800℃～900℃)30℃～50℃,保温一段时间,然后缓慢冷却	用来消除铸、锻、焊零件的内应力、降低硬度、便于切削加工,细化金属晶粒,改善组织、增加韧性
正火		Z	将钢件加热到临界温度以上,保温一段时间,然后用空气冷却,冷却速度比退火快	用来处理低碳和中碳结构钢及渗碳零件,使其组织细化,增加强度与韧性,减少内应力,改善切削性能
淬火		C C48:淬火回火至 45～50HRC	将钢件加热到临界温度以上,保温一段时间,然后在水、盐水或油中急速冷却,使其得到高硬度	用来提高钢的硬度和强度极限,但淬火会引起内应力使钢变脆,所以淬火后必须回火
回火		回火	回火是将淬硬的钢件加热到临界点以下的温度,保温一段时间,然后在空气中或油中冷却下来	用来消除淬火后的脆性和内应力,提高钢的塑性和冲击韧性
调质		T T235:调质处理到 220～250HB	淬火后在 450℃～650℃进行高温回火,称为调质	用来使钢获得高的韧性和足够的强度,重要的齿轮、轴及丝杆等零件需经调质处理
表面淬火	火焰淬火	H54:火焰淬火后,回火到 50～55HRC	用火焰或高频电流,将零件表面迅速加热至临界温度以上,急速冷却	使零件表面获得高硬度,而心部保持一定的韧性,使零件既耐磨又能承受冲击,表面淬火常用来处理齿轮等
	高频淬火	G52:高频淬火后,回火到 50～55HRC		
渗碳淬火		S0.5－C59:渗碳层深 0.5,淬火硬度 56～62HRC	在渗碳剂中将钢件加热到 900℃～950℃,停留一定时间,将碳渗入钢表面,深度约为 0.5～2,再淬火后回火	增加钢件的耐磨性能、表面硬度、抗拉强度和疲劳极限,适用于低碳、中碳(含量<0.40%)结构钢的中小型零件

（续表）

名　词	代号及标注示例	说　明	应　用
氮　化	D0.3－900：氮化层深度 0.3，硬度大于 850HV	氮化是在 500℃～600℃通入氮的炉子内加热，向钢的表面渗入氮原子的过程，氮化层为 0.025～0.8，氮化时间需 40～50 小时	增加钢件的耐磨性能、表面硬度、疲劳极限和抗蚀能力，适用于低碳、中碳（含量＜0.40%）结构钢的中小型零件
氰　化	Q59：氰化淬火后，回火至 56～62HRC	在 820℃～860℃炉内通入碳和氮，保温 1～2 小时，使钢件的表面同时渗入碳、氮原子，可得到 0.2～0.5 的氰化层	增加表面硬度，耐磨性、疲劳强度和耐蚀性，用于要求硬度高、耐磨的中、小型及薄片零件和刀具等
时　效	时效处理	低温回火后、精加工之前，加热到 100℃～160℃，保持 10～40 小时，对铸件也可用天然时效（放在露天中一年以上）	使工件消除内应力和稳定形状，用于量具、精密丝杆、床身导轨、床身等
发蓝发黑	发蓝或发黑	将金属零件放在很浓的碱和氧化剂溶液中加热氧化，使金属表面形成一层氧化铁所组成的保护性薄膜	美观，防腐蚀，用于一般连接的标准件和其他电子类零件
硬　度	HB（布氏硬度）	材料抵抗硬的物体压入其表面的能力称硬度，根据测定的方法不同，可分布氏硬度、洛氏硬度和维氏硬度 硬度的测定是检验材料经热处理后的机械性能	用于退火、正火、调质的零件及铸件的硬度检验
	HRC（洛氏硬度）		用于经淬火、回火、调质的零件及铸件的硬度检验
	HV（维氏硬度）		用于薄层硬化零件的硬度检验

参考文献

[1] 钱可强主编．机械制图．北京:高等教育出版社,2003

[2] 左晓明主编．机械制图．北京:高等教育出版社,2002

[3] 金大鹰主编．机械制图(第三版)．北京:机械工业出版社,1997

[4] 刘小年主编．机械制图(第二版)．北京:机械工业出版社,1999

[5] 劳动部培训司编．机械制图．北京:中国劳动出版社,1993

[6] 双元制培训机械专业理论教材编委会编．机械工人专业制图．北京:高等教育出版社,1998

[7] 中国纺织大学工程图学教研室编．画法几何及工程机械制图(第四版)．上海:上海科学技术出版社,1997

[8] 阮五洲主编．工程图学．合肥:合肥工业大学出版社,2009

[9] 李明主编．工程制图(第2版)．合肥:合肥工业大学出版社,2011